A Series of Food Science & Technogy Textbooks

食品科技系列

普通高等教育"十二五"规划教材

食品检测与分析

王喜波　张英华　主编

江连洲　主审

U0233868

化学工业出版社

·北京·

本书系统地阐述了食品分析的原理、操作方法和检验技术，涉及食品和加工的多个方面：主要营养素检测的基本原理和分析方法，现代仪器分析的基本原理和在食品分析中的应用，以及常用的物性分析与感官评定。本书内容包括食品样品的采集、制备、处理与保存，食品的物理检测法，食品理化分析，气相色谱，液相色谱，紫外光谱分析，红外光谱分析，以及食品的感官检验等十五章内容，层次清晰、内容安排合理，及时贯彻新版食品卫生检验国家标准，具有"实用、规范、新颖"的特点。

　　本书适用于高等院校食品类专业的教学使用以及从事食品质量管理、食品生产经营等方面的人员阅读，也可供相关科研、技术人员参考。

图书在版编目（CIP）数据

食品检测与分析/王喜波，张英华主编 . —北京：化学工业出版社，2013.5（2024.9重印）

普通高等教育"十二五"规划教材

ISBN 978-7-122-16876-4

Ⅰ.①食… Ⅱ.①王…②张… Ⅲ.①食品检验-高等学校-教材②食品分析-高等学校-教材 Ⅳ.①TS207.3

中国版本图书馆 CIP 数据核字（2013）第 061072 号

责任编辑：赵玉清　　　　　　　　　　　　文字编辑：张春娥
责任校对：顾淑云　　　　　　　　　　　　装帧设计：尹琳琳

出版发行：化学工业出版社（北京市东城区青年湖南街 13 号　邮政编码 100011）
印　　装：北京天宇星印刷厂
787mm×1092mm　1/16　印张 19½　字数 495 千字　2024 年 9 月北京第 1 版第 5 次印刷

购书咨询：010-64518888　　　　　　　售后服务：010-64518899
网　　址：http://www.cip.com.cn
凡购买本书，如有缺损质量问题，本社销售中心负责调换。

定　　价：48.00 元

编写人员名单

主编 王喜波　张英华

编者 王喜波（东北农业人学）

　　　　张英华（东北农业大学）

　　　　李升福（淮海工学院）

　　　　张英春（哈尔滨工业大学）

　　　　孟祥河（浙江工业大学）

　　　　潘明喆（东北农业大学）

主审 江连洲（东北农业大学）

前　言

目前，食品安全问题已成为世界性的问题，日益引起广大民众的关注，不仅影响到企业的声誉、工人农民的利益，也关系到整个食品产业链的安全稳定运行，更直接影响着人类的身体健康。目前，食品分析检测技术也在不断地拓展和更新。为了使学生能够接触到最新、最先进的检测方法，并与国际通用的分析方法接轨，急需一本能够涵盖最新检测技术和方法、适合食品专业特点的教材，使得内容更加实用、规范、新颖，最终达到培养适应当前社会经济发展的创新应用型人才这一目标。

本书取材新颖，内容丰富，涉及食品和加工的多个方面：主要营养素检测的基本原理和分析方法，现代仪器分析的基本原理和在食品分析中的应用，以及常用的物性分析与感官评定。本书内容包括食品样品的采集、制备、处理与保存，食品的物理检测法，食品理化分析，气相色谱，液相色谱，紫外光谱分析，红外光谱分析，以及食品的感官检验等十五章内容，层次清晰、内容安排合理，及时贯彻新版食品卫生检验国家标准，具有"实用、规范、新颖"的特点。

本书的编写内容结合本领域最新研究动态，力求内容丰富而有重点、广泛而有深度、新颖而又生动；在系统介绍基本知识的基础上，联系国内外食品质量与安全性实例；同时，采用大量图表示例，将深奥、晦涩的知识直观化、形象化，便于学生理解和自学；摒弃以往教材中不适合食品检测与分析方面的教学内容，从满足需求出发，以常规技术为基础，关键技术为重点，增加快速检测技术的比重；同时采用新颖的编排形式，引入启发式论述方式，在提出疑点难点的同时，提出更深层次的问题与读者探讨。

本书系统地阐述了食品分析的原理、操作方法和检验技术，编写力争简明扼要，通俗易懂，具有理论与实践相结合、指导性与实用性强的特点。讲述时以评定食品质量安全为切入点，以实用检验技术为立足点，以指导食品生产管理为出发点，适用于高等院校食品类专业教学使用以及从事食品质量管理、食品生产经营等方面的人员阅读，也可供相关科研、技术人员参考。本书配套相应实验教材同步出版。

本书由东北农业大学王喜波、张英华主编，其中张英华负责第一章绪论、第十一章气相色谱分析法、第十二章高效液相色谱分析法、第十三章紫外-可见吸收光谱法、第十四章红外吸收光谱法、第十五章免疫学检测技术在食品分析中的应用等内容的编写；王喜波负责第六章灰分及几种重要矿物元素含量的测定、第八章脂类的测定、第九章糖类物质的测定等内容的编写；哈尔滨工业大学张英春负责第三章食品感官分析技术的编写；淮海工学院李升福负责第五章水分和水分活度的测定、第七章酸度的测定、第十章蛋白质和氨基酸的测定等内容的编写；浙江工业大学孟祥河负责第二章样品的采集、制备、处理与保存的内容编写；东北农业大学潘明喆负责第四章食品的物理检测法编写工作。全书由王喜波、张英华统稿，由东北农业大学江连洲教授主审。

本书得到国家大豆产业技术体系（CARS-04-PS25）的支持，编写过程中还得到了许多老师和同学的指导和帮助，东北农业大学食品学院的在读研究生徐迪、刘佳奇和田雪等同学为本书的图表处理做了很多工作，在此一并致谢。

限于编者的水平，书中的不足之处在所难免，希望得到广大读者的批评指正。

编者

2013 年 2 月

前　言

目　录

第一章 绪 论

食品分析工作是食品质量管理过程中的一个重要环节，在确保原材料供应方面起着保障作用，在最终产品检验方面起着监督和标示作用。食品质量的优劣，不仅要看其色、香、味是否令人满意，还要看它所含的营养成分的质量高低，更重要的是有毒有害的物质是否存在，了解这一切都需要对食品进行分析。食品分析贯穿于产品开发、研制、生产和销售的全过程。作为分析检验工作者，应根据待测样品的性质和项目的特殊要求选择合适的分析方法，分析结果的成功与否取决于分析方法的合理选择、样品的制备、分析操作的准确以及对分析数据的正确处理和合理解释。而要正确地做到这一切，必须有赖于食品分析工作者有坚实的理论基础知识，对分析方法的全面了解，熟悉各种法规、标准和指标，还须具备熟练的操作技能和高度的责任心。

一、食品分析的性质和作用

食品分析是专门研究各种食品组成成分的检测方法及有关理论，进而评定食品品质的一门技术性学科。

食品分析是分析化学的一个分支，其作为整个食品工业质量管理程序的重要组成部分，贯穿于食品开发、生产、贮藏以及销售的全过程。

食品分析是利用物理、化学、生化等学科的基本理论及其他学科的基础，对食品工业生产中的物料、半成品、成品的主要成分及其含量和有关工艺参数进行检测，其作用是：①控制和管理生产，保证和监督食品的质量；②为新产品的开发，以及新技术、新工艺的探讨提供可靠的数据。

二、食品分析的内容

食品分析的范围很广，分析项目也有所差异，主要包括以下内容。

（1）食品营养成分的分析　食品营养成分的分析是食品分析的经常性项目和主要内容。食品必须含有人体所需的营养成分，才能保证人体的营养需要，因此，必须对各种食物进行营养成分分析，根据食物中各种营养成分的含量，以营养学的观点来评价食品的营养价值，以便做到合理营养。此外，在食品工业生产中，对工艺配方的确定、工艺合理性的鉴定、生产过程的控制及成品质量的监测等都离不开营养成分分析。食品中主要的营养成分分析包括常见的七大营养素，以及食品营养标签所要有的所有项目的检测。按照食品标签法规要求，所有食品商品标签上都应注明该食品的主要配料、营养要素和热量。对于保健食品和功能食品，还须有特殊成分的含量及其介绍。食品中主要的营养成分有：水分（及水分活度值）、灰分及矿物质元素、有机酸、脂肪、碳水化合物、蛋白质与氨基酸、维生素等。

（2）食品中污染物质的分析　食品在生产、加工、包装、运输、贮藏、销售等各个环节中，常产生、引入或污染某些对人体有害的物质，按其性质分为化学性污染和生物性污染两大类。化学性污染的来源主要是环境污染造成的，有农药残留、兽药残留、有毒重金属等；此外，还有来源于包装材料中的有害物质，如塑化剂、印刷油墨中的多氯联苯、荧光增白剂等。生物性污染指微生物及其毒素，如黄曲霉毒素；有害生物如寄生虫及虫卵、蝇、蛾、螨等。该课程的主要内容包括食品分析的基本知识、食品的感官检验和物理检验、食品中营养成分的分析以及食品中限量成分的检测等。本书除了介绍国内外常用的分析方法外，还包括一些新的分析方法，增加了现代仪器分析方法所占的比重。

食品分析是研究各种食品组成成分的检测的有关理论和技术，并进而评定食品品质及其变化的一门技术性学科。食品分析相关课程重点介绍国家标准分析方法，突出分析方法的理论解释、适用范围及特点，方法间的比较与选择，以及应用中的注意事项等内容，使学生能够充分理解方法原理，并能有所选择地应用。作为一门实践性较强的课程，必须保证学生熟练掌握相关食品分析方法，并能在实际工作中合理运用。

三、食品分析方法的选择

目前常用的食品分析方法主要有下列四类。

(1) 食品的感官鉴定法　各种食品都具有各自感官特征，如色、香、味等，如液态食品有澄清、透明等感官指标，固体食品有软、硬、韧性、黏、滑、干燥等能为人体感官判定和接受的指标。感官分析又称感官检验或感官评价，主要依靠检验者的感觉器官（眼、耳、鼻、舌、皮肤）的功能，如视觉、嗅觉、味觉和触觉等的感觉，结合平时积累的实践经验，并借助一定的器具对食品的色泽、气味、滋味、质地、口感、形状和组织结构等质量特性和卫生状况进行判定和客观评价的方法。感官检验具有简便易行、快速灵敏等特点。感官鉴定是食品质量鉴定的主要内容之一，在食品分析中占有重要地位，应用非常广泛。

(2) 物理分析方法　根据食品的某些物理指标如密度、折射率、旋光度等与食品的组成成分及其含量之间的关系进行检测，进而判断被检食品纯度和组成的方法。如密度法可测定酒精和蔗糖的含量等。

(3) 化学分析方法　是以物质的化学反应为基础，对食品中某组分的性质和数量进行测定的一种方法，包括定性分析和定量分析。定性分析主要是确定某种物质在食品中是否存在；定量分析是确定某种物质在食品中的准确含量。化学分析法使用仪器简单，在常量分析范围内结果较准确，有完整的分析理论，计算方便，所以是常规分析的主要方法。

(4) 仪器分析方法　仪器分析方法是在物理、化学分析的基础上发展起来的一种快速、准确的分析方法。这种方法灵敏、快速、准确，尤其对微量成分分析所表现出的优势是理化分析无法比拟的，但必须借助特殊的仪器，如分光光度计、气相色谱仪、液相色谱仪、红外光谱等。食品中很多复杂成分含量较低，例如在相应的标准中，农药残留、兽药残留、食品添加剂和一些有毒物质的残留量等限定在很低的级别，通常需要大型仪器才能完成分析工作。因此，仪器分析方法对于食品质量与安全的管理和监控，具有非常重要的意义。

食品分析方法的选择通常要考虑到样品的分析目的、分析方法本身的特点，如专一性、准确度、精密度、分析速度、设备条件、成本费用、操作要求等，以及方法的有效性和适用性。用于生产过程指导或企业内部的质量评估，可选用分析速度快、操作简单、费用低的快速分析方法，而对于成品质量鉴定或营养标签的产品分析，则应采用法定分析方法。采用标准的分析方法、利用统一的技术手段，对于比较与鉴别产品质量，在各种贸易往来中提供统一的技术依据，提高分析结果的权威性具有重要的意义。

食品理化分析的目的在于为生产部门和市场管理监督部门提供准确、可靠的分析数据，以便生产部门根据这些数据对原料的质量进行控制，制定合理的工艺条件，保证生产的正常进行，以较低的成本生产出符合质量标准和卫生标准的产品；市场管理和监督部门则根据这些数据对被检食品的品质和质量作出正确而客观的判断和评定，防止质量低劣食品危害消费者的身心健康。因此为达到以上目的，除了需要采用正确的方法采集样品，并对采取的样品进行合理的制备和预处理外，选择正确的分析方法是保证分析结果准确的又一关键环节。

对样品中待测成分的分析方法往往很多，选择最恰当的分析方法是需要周密考虑的，一般地讲，应该综合考虑以下各因素：

① 根据生产和科研工作对分析结果要求的准确度和精密度来选择适当的分析方法。

② 根据待测样品的数目和要求取得分析结果的时间来选择适当的分析方法。在满足分析结果要求的准确度和精密度的前提下，尽量达到简便、快速的效果。

③ 根据样品的具体特征来选择制备待测液、定量某成分和消除干扰的适宜方法。

④ 根据实验室具体的设备条件和技术条件来选择适当的分析方法。

四、采用的标准

我国的法定分析方法有中华人民共和国国家标准（GB）、行业标准和地方标准等，其中国家标准为仲裁法。对于国际间的贸易，采用国际标准则具有更有效的普遍性。

食品标准是经过一定的审批程序，在一定范围内必须共同遵守的规定，是企业进行生产技术活动和经营管理的依据。根据标准性质和使用范围，食品技术标准可分为国际标准、国家标准、行业标准、地方标准和企业标准等。

1. 国际标准

国际标准是指国际上有权威的区域标准、世界上主要经济发达国家的国家标准和通行的团体标准，包括知名跨国企业标准在内的其他国际上公认先进的标准。这些国际组织中与食品质量安全有关的主要有：

（1）国际标准化组织（ISO） 国际标准化组织（International Organization for Standardization）简称ISO，是一个国际标准化组织，其成员由来自世界上100多个国家的标准化团体组成，ISO是全球性的非政府组织，是国际标准化领域中的一个十分重要的组织。其宗旨是：在世界范围内促进标准化工作的发展，以利于国际间物资交流和互助，并扩大知识、科学、技术和经济方面的合作。其主要任务是：制定国际标准，协调世界范围内的标准化工作，与其他国际性组织合作研究有关的标准化问题。

（2）国际食品法典委员会（Codex Alimentarius Commission，CAC） 是由联合国粮农组织（FAO）和世界卫生组织（WHO）共同建立，以保障消费者的健康和确保食品贸易公平为宗旨的一个制定国际食品标准的政府间组织。自1961年第11届粮农组织大会和1963年第16届世界卫生大会分别通过了创建CAC的决议以来，已有173个成员国和1个成员国组织（欧盟）加入该组织，覆盖全球99%的人口。宗旨是保护消费者的健康，促进食品的国际贸易。所有国际食品法典标准都是在其各下属委员会中讨论和制定，然后经CAC大会审议后通过。CAC标准都是以科学为基础，并在获得所有成员国的一致同意的基础上制定出来的。CAC成员国参照和遵循这些标准，既可以避免重复性工作又可以节省大量人力和财力，而且有效地减少了国际食品间的贸易摩擦，促进了贸易的公平和公正。

（3）官方分析化学家协会（AOAC） 国际AOAC是世界上最早的农产品、食品行业性国际标准化组织。1884年成立于美国，称为"官方农业化学家协会"（Association of Official Agricultural Chemists），1965年更名为"官方分析化学家协会"（Association of Official Analytical Chemists），1991年第二次更名为"国际AOAC分析化学家协会"（AOAC International）。AOAC制订的食品分析标准方法，在国际食品分析领域有较大的影响，被许多国家所采纳。AOAC是世界性的会员组织，其宗旨在于促进分析方法及相关实验室品质保证的发展及规范化。它的主要职责之一是组织实施分析方法的有效性评价。AOAC建立了一套完整、系统、严密的分析方法效率评价程序，100多年来，批准了2700多个分析方法，作为国际AOAC标准方法被世界各国广泛采用，被称为"金标准"，这是AOAC对国际标准化建设的最大贡献，也是它100多年誉满全球的基础。

要使企业生产与国际接轨，我们必须逐步采用国际标准排除贸易技术堡垒。

2. 国家标准

(1) 中国标准 《中华人民共和国标准化法》将中国标准分为国家标准、行业标准、地方标准（DB）、企业标准（QB）四级。

① 国家标准 国家标准分为强制性国标（GB）和推荐性国标（GB/T）。强制性国标是保障人体健康以及人身和财产安全的标准和法律及行政法规规定强制执行的国家标准；推荐性国标是指生产、检验、使用等方面，通过经济手段或市场调节而自愿采用的国家标准。但推荐性国标一经接受并采用，或各方商定同意纳入经济合同中，就成为各方必须共同遵守的技术依据，具有法律上的约束性。

国家标准是全国范围内的统一技术要求，由国务院标准化行政主管部门编制。我国国家标准中又分为强制执行标准和推荐执行标准。国家强制执行标准是要求所有进入市场的同类产品（包括国产和进口）都必须达到的标准，也是关系到人的健康与安全的重要指标。

国家标准的编号由国家标准的代号、国家标准发布的顺序号和标准发布的年号构成。用GB×××（该标准序号）—××××（制定年份）来表示，如：GB 2719—2003 食醋卫生标准。

国家推荐执行标准是建议企业参照执行的标准，用GB/T×××—××××表示，如：GB/T 5009.39—2003 酱油卫生标准的分析方法。

另外，对于技术尚在发展中，需要有相应的标准文件引导其发展或具有标准化价值，尚不能制定为标准的项目，以及采用国际标准化组织、国际电工委员会及其他国际组织的技术报告的项目，可以制定国家标准化指导性技术文件，代号为GB/Z。

② 行业标准 对没有国家标准而又需要在全国某个行业范围内统一的技术要求，可以制定行业标准，在全国某个行业范围内统一技术要求，由国务院有关行政主管部门编制的标准，如中国轻工业联合会颁布的轻工行业标准为QB、中国商业联合会颁布的商业行业标准为SB（如SB 10337—2000 配制食醋）、农业部颁布的农业行业标准NY，国家质量监督检验检疫总局颁布的商检标准为SN。如为推荐标准，同样在字头后添加/T字样，如NY/T 447—2001 韭菜中甲胺磷等七种农药残留检测方法。

③ 地方标准及企业标准 地方标准又称为区域标准：对没有国家标准和行业标准而又需要在省、自治区、直辖市范围内统一的工业产品的安全、卫生要求，可以制定地方标准。地方标准由省、自治区、直辖市标准化行政主管部门制定，并报国务院标准化行政主管部门和国务院有关行政主管部门备案，在公布国家标准或者行业标准之后，该地方标准即应废止。地方标准属于我国的四级标准之一。编号由四部分组成：'B（地方标准代号）'+'省、自治区、直辖市行政区代码前两位'+'/'+'顺序号'+'年号'。

对企业生产的产品，尚没有国际标准、国家标准、行业标准及地方标准的，如某些新开发的产品，企业必须自行组织制订相应的标准，报主管部门审批、备案，作为企业组织生产的依据。企业标准开头字母为Q，其后再加本企业及所在地拼音缩写、备案序号等。对已有国家标准、行业标准或地方标准的，鼓励企业制定严于国家标准、行业标准或地方标准要求的企业标准。

标准经制订、审批、发布、实施，随着生产发展、科学的进步，当原标准已不再长期利于产品质量的进一步提高时，就要对原标准进行修订或重新制订。为促进生产发展应尽量采用国际标准和国外先进标准。

行业标准和企业标准原则上必须严于国家标准，否则便没有意义。国家对食品企业的最低要求是其产品必须达到国家强制性标准，但企业也可执行行业或企业标准，说明其产品质量更优。无论食品外包装上标明的产品标准号属哪一级别的标准，都应当是很郑重、严肃的行为，都是企业向消费者做出的保证和承诺，表明本产品的各项指标均达到了相关标准要求。

国家监督执法部门在监督检查中，对未达到国家强制性标准和未达到产品外包装上所标明的标准者，一律判为不合格产品。

（2）其他国家标准代号 世界经济技术发达国家的国家标准主要指美国（ANS）、德国（DIN）、英国（BS）、法国（NS）、瑞典（SIS）、瑞士（SNV）、意大利（UNI）、俄罗斯（TOCIP）、日本（日本工业标准，JIS）等 9 个国家的国家标准。

五、分析误差及其控制

1. 误差

人们对自然现象的研究，不仅要进行定性的观察，还必须通过各种测量进行定量描述。由于被测量的数值形式常常是不能以有限位的数来表示；由于人们的认识能力的不足和科学水平的限制，实验中测得的值和它的真值并不一致，这种矛盾在数值上的表现即为误差。随着科学水平的提高和人们的经验、技巧以及专门知识的丰富，误差可以控制得越来越少，但不能使误差为零，误差始终存在于一切科学实验的过程中。

由于误差歪曲了事物的客观形象，而它们又必然存在，所以，我们就必须分析各类误差产生的原因及其性质，从而制定控制误差的有效措施，正确处理数据，以求得正确的结果。

研究实验误差，不仅使我们能正确地鉴定实验结果，还能指导我们正确地组织实验。如合理地设计仪器、选用仪器及选定测量方法，使我们能以最经济的方式获得最有利的效果。

分析结果与真实值之间的差值称为误差。根据误差产生的原因和性质，将误差分为系统误差和偶然误差两大类。

（1）系统误差 又称可测误差，它是由化验操作过程中某种固定原因造成的，按照某一确定的规律发生的误差。

① 系统误差产生的原因

a. 方法误差 是由于分析方法本身所造成。例如，在重量分析中，沉淀的溶解损失或吸附某些杂质而产生的误差；在滴定分析中，反应进行不完全，干扰离子的影响，滴定终点和等当点的不符合，以及其他副反应的发生等，都会系统地影响测定结果。

b. 仪器误差 主要是仪器本身不够准确或未经校准所引起的。如天平、砝码和量器刻度不够准确等，在使用过程中就会使测定结果产生误差。

c. 操作误差 主要是指在正常操作情况下，由于分析工作者掌握操作规程与正确控制条件稍有出入而引起的。例如，使用了缺乏代表性的试样；试样分解不完全或反应的某些条件控制不当等。

d. 个人误差 有些误差是由于分析者的主观因素造成的，称之为"个人误差"。例如，在读取滴定剂的体积时，有的人读数偏高，有的人读数偏低；在判断滴定终点颜色时，有的人对某种颜色的变化辨别不够敏锐，偏深或偏浅等所造成的误差。

e. 试剂误差 由于试剂不纯或蒸馏水中含有微量杂质所引起。

② 系统误差的特点

a. 重复性 系统误差是由固定因素造成的，所以在多次测定中重复出现。

b. 单向性 使测得结果偏高总是偏高，偏低总是偏低。当重复进行化验分析时会重复出现。

c. 可测性 系统误差的大小基本是恒定不变，并可检定，故又称之为可测误差；系统误差的原因可以发现，其数值大小可以测定，因此是可以校正的。

③ 系统误差校正方法 采用标准方法与标准样品进行对照实验。根据系统误差产生的原因采取相应的措施，如进行仪器的校正以减小仪器的系统误差；采用纯度高的试剂或进行空白试验，校正试剂误差。严格训练与提高操作人员的技术业务水平，以减少操作误差等。

（2）偶然误差

① 来源：偶然性因素。偶然误差也称随机误差，是由某些难以控制、无法避免的偶然因素造成的，其大小与正负值都是不固定的。如操作中温度、湿度、灰尘或电压波动等的影响都会引起分析数值的波动，而使某次测量值异于正常值。

② 偶然误差特点 偶然误差的大小和正负都不固定，没有任何规律；但随着测定次数的增加，偶然误差具有统计规律性，一般服从正态分布规律。在一定的条件下，在有限次数测量值中，其误差的绝对值不会超过一定界限。大小相等的正、负误差出现的概率相等。小误差出现的机会多，大误差出现的机会少，特别大的正、负误差出现的概率非常小，故偶然误差出现的概率与其大小有关。

为了减少偶然误差，应该重复多次平行实验并取结果的平均值。在消除了系统误差的条件下，多次测量结果的平均值可能更接近真实值。

（3）错误误差 此为操作者的粗心大意、过失误差，如确系发生，数据必舍。

2. 误差的表示方法

（1）准确度 准确度是指测定值与真实值的符合程度。它主要反映测定系统中，存在的系统误差和偶然误差的综合性指标，它决定了检验结果的可靠程度。

准确度通常用误差（error）来表示。

① 对单次测定值

$$绝对误差(E)＝测定值(x)－真实值(x_t)$$

相对误差（E_r 或 $E\%$）：

$$E_r＝\frac{测得值（平均值）(x)－真实值(x_t)}{x_t}×100\%$$

② 对一组测定值

对 B 物质客观存在量为 μ 的分析对象进行分析，得到 n 个测定值 X_1、X_2、X_3、$\cdots$、X_n，对 n 个测定值进行平均，得到测定结果的平均值，那么

测定的绝对误差为：

$$E＝\overline{x}_i－x_t$$

测定结果的相对误差为：

$$E_r＝\frac{E}{\mu}×100\%$$

相对误差表示误差在测定结果中所占的百分率，分析结果的准确度常用相对误差来表示。绝对误差和相对误差都有正值和负值。正值表示分析结果偏高，负值表示分析结果偏低。

应该注意的是，真实值是客观存在的，但不可能直接测定，在食品分析中一般用试样多次测定值的平均值或标准样品配制实际值表示。此外，实验室常通过回收试验的方法确定准确度。多次回收试验还可以发现检验方法的系统误差。

（2）精密度 精密度是在相同测量条件下，对同一被测量进行连续多次测量所得结果之

间的一致性。

精密度是由偶然误差造成的，它反映了分析方法的稳定性和重现性，体现了一组平行测定数据之间的离散程度。

精密度的高低可用偏差、相对平均偏差、标准偏差（标准差）、变异系数来表示。

① 绝对偏差　单次测定值与平均值之差，有正负。

② 相对偏差　单次测定值的绝对偏差与多次平行测定平均值之比值的百分比，有正负。

$$绝对偏差(d)=x-\bar{x}$$

$$相对偏差(d\%)=\frac{d}{\bar{x}}\times100\%=\frac{x-\bar{x}}{x}\times100\%$$

式中　d——单次测定结果的绝对偏差；

x——单次测定结果；

$\bar{x}$——n 次测定结果的算术平均值；

$d\%$——单次测定结果的相对偏差。

③ 平均偏差　又称算术平均偏差，是各次测定偏差绝对值的平均值，用来表示一组数据的精密度，为正值。

优点：简单；

缺点：大偏差得不到应有反映。

$$\bar{d}=\frac{\sum|x-\bar{x}|}{n}$$

④ 相对平均偏差　在一组平行测定中，平均偏差与平均值之比；为正值。

$$平均偏差(\bar{d})=\frac{|d_1|+|d_2|+|d_3|+\cdots+|d_n|}{n}=\frac{\sum|d_i|}{n}$$

$$相对平均偏差(\bar{d}\%)=\frac{\bar{d}}{x_i}\times100\%=\frac{\sum|d_i|}{n\bar{x}}\times100\%$$

式中　$\bar{d}$——平均偏差；

n——测定次数；

$\bar{x}$——测定平均值；

d_i——第 i 次测定值与平均值的绝对偏差，$d_i=|x_i-\bar{x}|$；

$\sum|d_i|$——n 次测定的绝对偏差之和，$\sum|d_i|=|x_1-\bar{x}|+|x_2-\bar{x}|+\cdots+|x_n-\bar{x}|$；

x_i——第 i 次测定值。

【例1】　用凯氏定氮法测定鸡浓缩料中粗蛋白含量，5 次测定结果如下：55.51%、55.50%、55.46%、55.49%、55.51%，求 5 次测量值的平均值 $(\bar{x})$、平均偏差 $(\bar{d})$ 及相对平均偏差 $(\bar{d}\%)$。

$$算术平均值(\bar{x})=\frac{\sum x_i}{n}=\frac{55.51\%+55.50\%+55.46\%+55.49\%+55.51\%}{5}=55.49\%$$

$$平均偏差(\bar{d})=\frac{\sum|d_i|}{n}=\frac{\sum|x_i-\bar{x}|}{n}=\frac{0.02\%+0.01\%+0.03\%+0.00\%+0.02\%}{5}=0.016\%$$

$$相对平均偏差(\bar{d}\%)=\frac{\sum|d_i|}{n\bar{x}}\times100\%=\frac{0.016\%}{55.49\%}\times100\%=0.028\%$$

⑤ 标准偏差　对同一被测量作 n 次测量，表征测量结果分散性的量。它比平均偏差更灵敏地反映出较大偏差的存在。

$$标准偏差(S) = \sqrt{\frac{\sum\limits_{i=1}^{n}(x_i - \overline{x})^2}{n-1}} = \sqrt{\frac{\sum\limits_{i=1}^{n}d_i^2}{n-1}} = \sqrt{\frac{\sum\limits_{i=1}^{n}d_i^2}{f}}$$

标准偏差（S）是对有限的测定次数而言，表示各测定值对平均值 $\overline{x}$ 的偏离。表示无限次数测定时，要使用总体标准偏差 σ。

$$总体标准偏差(\sigma) = \sqrt{\frac{\sum\limits_{i=1}^{n}(x_i - \overline{x})^2}{n}}$$

⑥ 相对标准偏差　又称变异系数（CV），是指标准偏差在平均值 $\overline{x}$ 中所占的百分率。

$$相对标准偏差(CV) = \frac{S}{\overline{x}} \times 100\%$$

标准偏差（S）、相对标准偏差（CV）与总体标准偏差等三式中符号的意义与平均偏差、相对平均偏差式中符号意义相同。

⑦ 平均值的标准偏差

$$平均值的标准偏差(S_{\overline{x}}) = \frac{S}{\sqrt{n}}$$

式中　　S——标准偏差；

n——测定次数。

【例2】　分析蛋糕中淀粉的含量得到如下数据（%）：37.45，37.20，37.50，37.30，37.25。计算此结果的算术平均值、极差、平均偏差、标准偏差（变异系数）、相对标准偏差与平均值的标准偏差。

解：

$$算术平均值(\overline{x}) = \frac{\sum x_i}{n} = \frac{37.45\% + 37.20\% + 37.50\% + 37.30\% + 37.25\%}{5} = 37.34\%$$

$$极差(R) = x_{max} - x_{min} = 37.50\% - 37.20\% = 0.30\%$$

各次测定的偏差（%）分别是：$d_1 = +0.11$；$d_2 = -0.14$；$d_3 = +0.16$；$d_4 = -0.04$；$d_5 = -0.09$。

$$平均偏差(\overline{d}) = \frac{\sum |d_i|}{n} = \frac{0.11 + 0.14 + 0.04 + 0.16 + 0.09}{5} = 0.1(\%)$$

$$标准偏差(S) = \sqrt{\frac{\sum\limits_{i=1}^{n}d_i^2}{n-1}} = \sqrt{\frac{(0.11)^2 + (0.14)^2 + (0.04)^2 + (0.16)^2 + (0.09)^2}{5-1}} = 0.13(\%)$$

$$相对标准偏差(CV) = \frac{S}{\overline{x}} \times 100\% = \frac{0.13}{37.34} \times 100\% = 0.35\%$$

在一般分析工作中，多采用简便的算术平均偏差或标准偏差表示精密度。

而在需要对一组分析结果的分散程度进行判断，或对一种分析方法所能达到的精密程度进行考察时，就需要对一组分析数据进行处理，校正系统误差，按一定的规则剔除可疑数据，计算数据的平均值和各数据对平均值的偏差和平均偏差，最后按要求的置信度求出平均值的置信区间。

（3）准确度和精密度的关系　系统误差是定量分析中误差的主要来源，它影响分析结果的准确度；偶然误差影响分析结果的精密度。获得良好的精密度并不能说明准确度就高，只有在消除了系统误差之后，精密度好，准确度才高。

根据以上分析可以知道：准确度高一定需要精密度好，但精密度好不一定准确度高。若精密度很差，说明所测结果不可靠，虽然由于测定的次数多可能使正负偏差相互抵消，但已失去衡量准确度的前提。因此，在评价分析结果的时候，还必须将系统误差和偶然误差的影响结合起来考虑，以提高分析结果的准确度。

准确度反映的是测定值与真实值的符合程度；精密度反映的则是测定值与平均值的偏离程度；准确度高精密度一定高；精密度高是准确度高的前提，但精密度高，准确度不一定高。

六、原始数据的记录与处理

1. 原始数据记录要注意有效数字的表示

食品分析过程中所测得的一手数据称为原始数据，它要用有效数字表示。有效数字就是实际能测量到的数字，它表示了数字的有效意义和准确程度。

有效数字是指实际上能测量到的数字，通常包括全部准确数字和一位不确定的可疑数字。一般可理解为在可疑数字的位数上有±1个单位，或在其下一位上有±5个单位的误差。有效数字保留的位数与测量方法及仪器的准确度有关。

（1）记录测量数据时，只允许保留一位可疑数字。

（2）有效数字的位数反映了测量的相对误差，不能随意舍去或保留最后一位数字。

如，分析天平称量：1.2123（g）（万分之一）；滴定管读数：23.26（mL）。

（3）有效数字位数

① 数据中的"0"作具体分析，数字中间的"0"，如2005中"00"都是有效数字。数字前边的"0"，如0.012kg，其中"0.0"都不是有效数字，它们只起定位作用。数字后边的"0"，尤其是小数点后的"0"，如2.50中的"0"是有效数字，即2.50是三位有效数字。

② 在所有计算式中，常数、稀释倍数以及乘数等非测量所得数据，视为无限多位有效数字。

③ pH等对数值，有效数字位数仅取决于小数部分数字的位数。如pH=10.20，应为两位有效数字。

看看下面各数的有效数字的位数：

1.0008	43181	五位有效数字
0.1000	10.98%	四位有效数字
0.0382	1.98×10^{-10}	三位有效数字
54	0.0040	两位有效数字
0.05	2×10^5	一位有效数字
3600	100	位数模糊

pH=11.20对应于 $[H^+] = 6.3 \times 10^{-12}$，两位有效数字

2. 有效数字的计算规则

（1）加减法计算的结果，其小数点以后保留的位数，应与参加运算各数中小数点后位数最少的相同（绝对误差最大），总绝对误差取决于绝对误差大的。

$$0.0121 + 12.56 + 7.8432 = 0.01 + 12.56 + 7.84 = 20.41$$

（2）乘除法计算的结果，其有效数字保留的位数，应与参加运算各数中有效数字位数最少的相同（相对误差最大），总相对误差取决于相对误差大的。

$$(0.0142 \times 24.43 \times 305.84)/28.7 = (0.0142 \times 24.4 \times 306)/28.7 = 3.69$$

（3）乘方或开方时，结果有效数字位数不变。

（4）对数运算时，对数尾数的位数应与真数有效数字位数相同；如：尾数0.20与真数

6.3 都为两位有效数字，而不是四位有效数字。

（5）方法测定中按其仪器精度确定了有效数字的位数后，先进行运算，运算后的数值再修约。

3. 数字修约规则

有效数字的修约按照四舍六入五留双（四舍五入奇进偶合）处理。

（1）在拟舍弃的数字中，若左边第一个数字小于5（不包括5）时，则舍去，即所拟保留的末位数字不变。

例如：将14.2432修约到保留一位小数。

修约前　14.2432　修约后　14.2

（2）在拟舍弃的数字中，若左边第一个数字大于5（不包括5）时，则进一，即所拟保留的末位数字加一。

例如：将26.4843修约到只保留一位小数。

修约前　26.4843　　修约后　26.5

（3）在拟舍弃的数字中，若左边第一位数字等于5，其右边的数字并非全部为零时，则进一，即所拟保留的末位数字加一。

例如：将1.0501修约到只保留一位小数。

修约前　1.0501　修约后　1.1

（4）在拟舍弃的数字中，若左边第一个数字等于5，其右边的数字皆为零时，所拟保留的末位数字若为奇数则进一，若为偶数（包括"0"）则不进。

例如：将下列数字修约到只保留一位小数。

修约前　　　修约后

0.3500　　　0.4

0.4500　　　0.4

1.0500　　　1.0

（5）所拟舍弃的数字，若为两位以上数字时，不得连续进行多次修约，应根据所拟舍弃数字中左边第一个数字的大小，按上述规定一次修约出结果。

例如：将15.4546修约成整数。

正确的做法是：

修约前　　　修约后

15.4546　　　15

不正确的做法是：

修约前　　一次修约　　二次修约　　三次修约　　四次修约（结果）

15.4546　　15.455　　　15.46　　　　15.5　　　　16

4. 分析结果的表示方法

食品分析检验的结果将报告出被测物质含量，根据被测试样的状态及被测物质的含量范围，检验结果可用不同的单位表示。

检验结果的表示应采用法定计量单位并尽量与食品标准一致。

对常量组分检测的结果，一般有以下几种表示方法：

（1）百分含量（％）　以每百克（或每百毫升）样品所含被测组分的质量（g）来表示。单位为g/100g、g/100mL。食品中的营养成分习惯用此法表示。

（2）千分含量（‰）　以每千克（或每升）样品所含被测组分的质量（g）来表示。单位是 g/kg、g/L。

（3）毫克百分含量　单位为 mg/100g、mg/100mL。

对于痕微量组分检验的结果可用以下单位表示：

（1）百万分含量　以每千克（或每升）样品所含被测组分的质量（mg）来表示。单位是 mg/kg、mg/L。

（2）十亿分含量　以每千克（或每升）样品所含被测组分的质量（μg）来表示；单位是 μg/kg、μg/L。或以每克（或每毫升）样品所含被测组分的质量（ng）来表示，单位是 ng/g、ng/mL。

（3）万亿分含量　ng/kg、ng/L。

国际单位（IU）：食品中常用来表示维生素 A、维生素 D 等剂量单位。如 1IU 维生素 A 相当于 0.3μg 维生素 A_1 或相当于 0.6μgβ-胡萝卜素；1IU 维生素 D 相当于 0.025μg 胆钙化醇（维生素 D_3）。

5. 检验报告书

（1）结果的表述：报告平行样的测定值的算术平均值，并报告结果表示到小数点后的位数或有效位数，测定值的有效数字的位数应能满足卫生标准的要求。

（2）样品测定值的单位应使用法定计量单位。

（3）如果分析结果在方法的检出限以下，可以用"未检出"表述分析结果，但应注明检出限数值。

（4）食品分析检验的结果，最后必须以检验报告的形式表达出来，检验报告单必须列出各个项目的测定结果，并与相应的质量标准对照比较，从而对产品做出合格或不合格的判断。报告单的填写必须认真负责，实事求是，一丝不苟，准确无误，按照有关标准进行公正的仲裁。

七、《食品分析》课程的学习方法

食品分析课程是一门实践性较强的专业技术课程，虽然现代分析技术的发展给食品分析检测带来了许多方便，但是，现代分析仪器都是在经典的化学分析的基础上发展起来的。所以要求学生必须具备一般的化学分析基础；掌握各类食品分析前的样品处理及各种项目的常量、微量分析方法；熟练基本操作技能。在课堂学习过程中，对各种分析方法及其原理深刻理解、融会贯通，在实验课时，要做到课前预习，对实验项目、原理、所用的仪器和化学试剂、操作要点等有所了解，在实验的过程中，要严肃认真、耐心细致、实事求是，认真做好原始记录，养成良好的工作作风。这样才能真正做到将理论与实践相结合，正确掌握实验操作技能和方法。

通过本课程的学习，培养学生的独立操作能力、独立思考能力、独立分析问题和解决问题的能力，提高学生的科学文化素质，为适应工作及以后的继续教育奠定良好的基础。

第二章 样品的采集、制备、处理与保存

食品的种类繁多，成分复杂，来源不一，食品检验的目的、项目和要求也不尽相同，但是，不论是哪种类型食品的分析检验，都需要进行样品的采集、制备和预处理，并且要注意样品的保存。

第一节 样品的采集

样品的采集简称采样，又称检样，是从大量的检验物料中抽取一定数量，并且有代表性的一部分样品作为检验样品。同一种类的食品成品或原料，由于品种、产地、成熟期、加工和保藏条件不同，其成分及其含量会有相当大的差异。同一检验对象，不同部位的成分和含量也可能有较大差异。采样工作是食品检验的首项工作。

正确采样应遵循两个原则：第一，采集的样品要均匀，有代表性，能反映全部被检食品的组成、质量和卫生状况；第二，采样过程中要设法保持原有的理化指标，防止成分逸散或带入杂质。采样是食品检验工作非常重要的环节。

从大量的、成分不均匀的、所含成分不一致的被检物质中采集能代表全部被检物质的检验样品，必须掌握科学的采样技术，在防止成分逸散和被污染的情况下，均衡地、不加选择地采集有代表性的样品，否则，即使以后的样品处理、检测等一系列环节非常精密、准确，其检测的结果亦毫无价值，甚至导出错误的结论。

一、采样规则

采样时必须注意样品的生产日期、批号、代表性和均匀性，采样数量应能反映该食品的卫生质量和满足检验项目对试样量的需要，一式三份，供检验、复验与备查或仲裁用，每一份不少于 0.5kg。

采样的一般规则是：

(1) 外地调入的食品应结合货运单、兽医卫生机关证明、商品检验机关或卫生部门的检验单，了解起运日期、来源地点、数量、品质及包装情况。如在工厂、仓库或商店采样时，应了解食品的批号、制造日期、厂方检验记录及现场卫生状况，同时应注意食品的运输、保管条件以及外观、包装容器等情况。

(2) 液体、半流体食品如植物油、鲜乳、酒或其他饮料，如用大桶或大罐盛装者，应先充分混匀后再采样。样品应分别盛放在三个干净的容器中，盛放样品的容器不得含有待测物质及干扰物质。

(3) 粮食及固体食品应自每批食品的上、中、下三层的不同部位分别采取部分样品，混合后按四分法对角取样，再进行几次混合，最后取有代表性的样品。

(4) 肉类、水产等食品应按分析项目要求分别采取不同部位的样品或混合后采样。

(5) 罐头、瓶装食品或其他小包装食品，应根据批号随机取样。同一批号取样件数，250g 以上的包装不得少于 6 个，250g 以下的包装不得少于 10 个。

(6) 如送检样品感官检查已不符合食品卫生标准或已腐败变质，可不必再进行理化检验，直接判为不合格产品。

（7）认真填写采样记录。写明采样单位、地址、日期、样品批号、采样条件、包装情况、采样数量、检验项目标准依据及采样人。无采样记录的样品不得接受检验。

（8）检验取样一般皆取可食部分，以所检验样品计算。

（9）样品应按不同检验项目妥善包装、运输、保管，送实验室后，应立即检验。

二、采样方法

按照采样的过程，一般依次得到检样、原始样品和平均样品三类。由检验对象大批物料的各个部分采集的少量物料称为检样；许多份检样综合在一起称为原始样品；原始样品经过技术处理，再抽取其中的一部分供分析检验的样品称为平均样品。

样品采集的一般方法有随机抽样和代表性取样两种方法。

随机抽样，即按照随机原则，从大批物料中抽取部分样品。操作时，应使所有物料的各个部分都有被抽到的机会。

代表性取样，是用系统抽样法进行采样，即已经了解样品随空间（位置）和时间而变化的规律，按此规律进行采样，以便采集的样品能代表其相应部分的组成和质量，如分层取样、随生产过程的各环节采样、定期抽取货架上陈列不同时间的食品的采样等。

随机取样可以避免人为的倾向性，但是，在有些情况下，例如难以混匀的食品（如黏稠液体、蔬菜等）的采样，仅用随机取样法是不行的，必须结合代表性取样，从有代表性的各个部分分别取样。因此，采样通常采用随机抽样与代表性抽样相结合的方式。

具体的取样方法，因检验对象的性质而异。

1. 均匀固体物料（如粮食、粉状食品）

有完整包装（袋、桶、箱等）的，可先按

$$S=\sqrt{\frac{n}{2}} \tag{2-1}$$

式中　S——采样量；

　　　n——产量。

确定采样件数，然后从样品堆放的不同部位，按采样件数确定具体采样袋（桶、箱），再用双套回转取样管采样。将取样管插入包装中，回转 $180°$ 取出样品。每一包装需由上、中、下三层取出检样；许多检样综合起来成为原始样品；用"四分法"将原始样品做成平均样品，即将原始样品充分混合均匀后堆集在清洁的玻璃板上，压平成厚度在 3cm 以下的图形，并划成"十"字线，将样品分成四份，取对角的两份混合，再如上分为四份，取对角的两份。这样操作直至取得所需数量为止，此即是平均样品。

无包装的散堆样品：先划分若干等体积层，然后在每层的四角和中心用双套回转取样器各取少量样品，得检样，再按上述方法处理得平均样品。

2. 较稠的半固体物料

例如稀奶油、动物油脂、果酱等，这类物料不易充分混匀，可先按式(2-1)确定采样件（桶、罐）数。启开包装，用采样器从各桶（罐）中分层（一般分上、中、下三层）分别取出检样，然后混合分取缩减到所需数量的平均样品。

3. 液体物料

例如植物油、鲜乳等，包装体积不太大的物料可先按式(2-1)确定采样件数。开启包装，充分混合，混合时可使用混合器。如果容器内被检物量少，可用由一个容器转移到另一个容器的方法混合。然后从每个包装中取一定量综合在一起，充分混合均匀后，分取缩减到所需数量。

大桶装的或散（池）装的物料不便混匀，可用虹吸法分层（大池的还应分四角及中心五点）取样，每层 500mL 左右，充分混合后，分取缩减到所需数量。

4. 组成不均匀的固体食品

例如肉、鱼、果品、蔬菜等，这类食品其本身各部位极不均匀，个体大小及成熟程度差异很大，取样更应注意代表性。

肉类可根据不同的分析目的和要求而定。有时从不同部位取样，混合后代表该只动物；有时从一只或很多只动物的同一部位取样，混合后代表某一部位的情况。

水产品，如小鱼、小虾可随机取多个样品，切碎、混匀后分取缩减到所需数量；对于个体较大的鱼，可从若干个体上割少量可食部分，切碎混匀分取，缩减到所需数量。

对于体积较小的果蔬（如山楂、葡萄等），随机取若干个整体，切碎混匀，缩分到所需数量；对于体积较大的果蔬（如西瓜、苹果、萝卜等），可按成熟度及个体大小的组成比例，选取若干个体，对每一个体按生长轴纵剖分 4 份或 8 份，取对角线 2 份，切碎混匀，缩分到所需数量；对于体积膨松的叶菜类（如菠菜、小白菜等），由多个包装（一筐、一捆）分别抽取一定数量，混合后捣碎、混匀、分取，缩减到所需数量。

5. 小包装食品

例如罐头、袋装或听装奶粉等，这类食品一般按班次或批号连同包装一起采样。如果小包装外还有大包装（如纸箱），可在堆放的不同部位抽取一定量大包装，打开包装，从每箱中抽取小包装（瓶、袋等），再缩减到所需数量。

罐头按生产班次取样，取样量为 1/3000，尾数超过 1000 罐者，增取 1 罐，但每班每个品种取样量基数不得少于 3 罐。

某些罐头生产量较大，则以班产量总罐数 20000 罐为基数，取样量为 1/3000。超过 20000 罐的，取样量为 1/10000，尾数超过 1000 罐者，增取 1 罐。

个别生产量过小，同品种、同规格罐头可合并班次取样，但并班总罐数不超过 5000 罐，每生产班次取样量不少于 1 罐，并班后取样基数不少于 3 罐。

如果按杀菌锅取样，每锅检取 1 罐，但每批每个品种不得少于 3 罐。

袋装、听装奶粉按批号采样，从该批产品堆放的不同部位采取总数的 0.1%，但不得少于 2 件，尾数超过 500 件者应加抽一件。

采样数量的确定，应考虑分析项目的要求、分析方法的要求及被检物的均匀程度三个因素。样品应一式三份，分别供检验、复验及备查使用。每份样品数量一般不少于 0.5kg。检验掺伪物的样品，与一般成分分析的样品不同，分析项目事先不明确，属于捕捉性分析，因此，相对来讲，取样数量要多一些。

三、采样的注意事项

（1）一切采样工具，如采样器、容器、包装纸等都应清洁，不应将任何有害物质带入样品中。例如，进行 3,4-苯并芘测定，样品不可用石蜡封瓶口或用蜡纸包，因为有的石蜡含有 3,4-苯并芘；作 Zn 测定的样品不能用含 Zn 的橡皮膏封口；供微生物检验用的样品，应严格遵守无菌操作规程。

（2）保持样品原有微生物状况和理化指标，进行检测之前不得污染，不发生变化。例如，作黄曲霉毒素 B_1 测定的样品，要避免紫外光分解黄曲霉毒素 B_1。

（3）感官性质不相同的样品，不可混在一起，应分别包装，并注明其性质。

（4）样品采集后，应迅速送往分析室进行检验，以免发生变化。

（5）盛装样品的器具要贴标签，注明样品名称、采样地点、采样日期、样品批号、采样方法、采样数量、采样人及检验项目。

（6）采样过程中要注意现场观察。

第二节 样品的制备与预处理

一、样品的制备

一般按采样规程采取的样品往往数量过多、颗粒太大，组成不均匀。因此．为了确保检验结果的正确性，必须对样品进行粉碎、混匀、缩分，这项工作即为样品制备。样品制备的目的是要保证样品十分均匀，使在检验时取任何部分都能代表全部样品的成分检验结果。样品的制备方法因产品类型不同而异。

对于液体、浆体或悬浮液体，一般将样品摇匀，充分搅拌。常用的简便搅拌工具是玻璃搅拌棒。还有带变速器的电动搅拌器，可以任意调节搅拌速度。

互不相溶的液体，如油与水的混合物，应首先使不相溶的成分分离，再分别进行采样。

固体样品应采用切细、粉碎、捣碎、研磨等方法将样品制成均匀可检状态。水分含量少、硬度较大的固体样品，如谷类，可用粉碎法；水分含量较高，质地软的样品，如果蔬类，可用匀浆法；韧性较强的样品，如肉类，可用研磨法。常用的工具有粉碎机、组织捣碎机、研钵等。

罐头样品，例如水果罐头在捣碎前需清除果核；肉禽罐头应预先洗除骨头；鱼类罐头要将调味品（如葱、蒜、辣椒等）分出后再进行捣碎。常用捣碎工具有高速组织捣碎机等。

在样品制备过程中，应注意防止易挥发性成分的逸散以及避免样品组成和理化性质发生变化。作微生物检验的样品，必须根据微生物学的要求，按照无菌操作规程制备。

二、样品的预处理

1. 样品预处理的目的及原则

食品的成分复杂，既含有大分子的有机化合物，如蛋白质、糖类、脂肪等，也含有各种无机元素，如钾、钠、钙、铁等。这些组分往往以复杂的结合态形式存在。当应用某种化学方法或物理方法对其中一组分的含量进行测定时，其他组分的存在，常常给测定带来干扰。因此，为了保证检验工作的顺利进行，得到准确的检验结果，必须在测定前排除干扰组分。此外，有些被测组分在食品中含量极低，如农药、黄曲霉毒素、污染物等。要准确地检验出其含量，必须在检验前，对样品进行浓缩。以上这些操作过程统称为样品预处理，它是食品检验过程中的一个重要环节，直接关系着检验的成败。

常用的样品预处理总的原则是：消除干扰因素，完整保留被测组分，并使被测组分浓缩，以获得可靠的分析结果。

2. 样品预处理的方法

常用的样品预处理方法有以下几种：

（1）有机物破坏法 有机物破坏法主要用于食品无机元素的测定。

食品中的无机元素，常与蛋白质等有机物质结合，形成为难溶、难离解的化合物。要测定这些无机成分的含量，需要在测定前破坏有机结合体，释放出被测组分。通常采用高温，或高温加强烈氧化条件，使有机物质分解，呈气态逸散，而被测组分残留下来。

根据具体操作方法的不同，又可分为干法和湿法两大类。

① 干法灰化 干法灰化又称为灼烧法，是一种用高温灼烧的方式破坏样品中有机物的方法。干法灰化法是将一定量的样品置于坩埚中加热，使其中的有机物脱水、炭化、分解、

氧化，再置于高温电炉中（一般为 $550 \sim 600 ℃$）灼烧灰化，直至残灰为白色或浅灰色为止，所得残渣即为无机成分，可供测定用。除汞外，大多数金属元素和部分非金属元素的测定都可用此方法处理样品。

干法灰化法的特点是，基本不加或加入很少的试剂，故空白值低；因多数食品经灼烧后灰分体积很小，因而能处理较多的样品，可富集被测组分，降低检测限；有机物分解彻底，操作简单，无需操作者经常看管。但此法所需时间长；因温度高易造成易挥发元素的损失；并且坩埚对被测组分有一定的吸留作用，致使测定结果和回收率降低。

干法灰化法提高回收率的措施，可根据被测组分的性质，采取适宜的灰化温度。也可加入助灰化剂，防止被测组分的挥发损失和坩埚吸留。例如，加氯化镁或硝酸镁可使磷元素、硫元素转变为磷酸镁或硫酸镁，防止它们损失；加入氢氧化钠或氢氧化钙可使卤素转化为难挥发的碘化钠或氟化钙；加入氯化镁及硝酸镁可使砷转化为砷酸镁；加硫酸可使一些易挥发的氯化铅、氯化镉等转变为难挥发的硫酸盐。

近年来已开发了一种低温灰化技术，此法是将样品放在低温灰化炉中，先将空气抽至 $0 \sim 133.3Pa$，然后不断通入氧气，每分钟 $0.3 \sim 0.8L$，用射频照射使氧气活化，在低于 $150℃$ 的温度下便可使样品完全灰化，从而可以克服高温灰化的缺点。此法所需仪器价格较高，不易普及。

② 湿法消化　湿法消化简称消化法，是常用的样品无机化方法。湿法消化法是向样品中加入强氧化剂，并加热消煮，使样品中的有机物质完全分解、氧化，呈气态逸出，待测成分转化为无机物状态存在于消化液中，供测试用。常用的强氧化剂有浓硝酸、浓硫酸、高氯酸、高锰酸钾、过氧化氢等。

湿法消化法有机物分解速度快，所需时间短；由于加热温度较干法低，故可减少金属挥发逸散的损失，容器吸留也少，但在消化过程中，常产生大量有害气体，因此操作过程需在通风橱内进行；消化初期，易产生大量泡沫外溢，故需操作人员随时照管；此外，试剂用量较大，空白值偏高。

近年来，已开发了一种新型样品消化技术，即高压密封罐消化法。此法是在聚四氟乙烯容器中加入适量样品和氧化剂，置于密封罐内，于 $120 \sim 150℃$ 烘箱中保温数小时，取出自然冷却至室温，便可取此液直接测定。此法克服了常压湿法消化的一些缺点，但要求密封程度高，并且高压密封罐的使用寿命有限。

常用消化方法有硝酸-高氯酸-硫酸法和硝酸-硫酸法。

硝酸-高氯酸-硫酸法的具体步骤是：称取 $5 \sim 10g$ 粉碎的样品于 $250 \sim 500mL$ 凯氏烧瓶中，加少许水使之湿润，加数粒玻璃珠，加硝酸-高氯酸（$4+1$）混合液 $10 \sim 15mL$，放置片刻，小火缓缓加热，待作用缓和后放冷，沿瓶壁加入 $5mol/L$ 或 $10mol/L$ 浓硫酸，再加热，至瓶中液体开始变成棕色时，不断沿瓶壁滴加硝酸-高氯酸（$4+1$）混合液至有机物分解完全。加大火力至产生白烟，溶液应澄清，无色或微黄色。在操作过程中应注意防止爆炸。

硝酸-硫酸法的具体步骤是：称取均匀样品 $10 \sim 20g$ 于凯氏烧瓶中，加入浓硝酸 $20mL$、浓硫酸 $10mL$，先以小火加热，待剧烈作用停止后，加大火力并不断滴加浓硝酸直至溶液透明不再转黑后，继续加热数分钟至有白烟逸出，消化液应澄清透明。

（2）溶剂提取法　在同一溶剂中，不同的物质具有不同的溶解度。利用样品各组分在某一溶剂中溶解度的差异，将各组分完全或部分地分离的方法，称为溶剂提取法。此法常用于维生素、重金属、农药及黄曲霉毒素的测定。

溶剂提取法又分为浸提法、溶剂萃取法和盐析法。

① 浸提法　用适当的溶剂将固体样品中的某种待测成分浸提出来的方法称为浸提法，又称液-固萃取法、浸泡法。

一般提取剂的选择要使提取效果符合相似相溶的原则，故应根据被提取物的极性强弱选择提取剂。对极性较弱的成分（如有机氯农药）可用极性小的溶剂（如正己烷、石油醚）提取；对极性强的成分（如黄曲霉毒素 B_1）可用极性大的溶剂（如甲醇与水的混合溶液）提取。溶剂沸点宜在 $45\sim80℃$，沸点太低易挥发，沸点太高则不易浓缩，且对热稳定性差的被提取成分也不利。此外，溶剂要稳定，不与样品发生作用。

提取方法有振荡浸渍法、捣碎法、索氏提取法等。

a. 振荡浸渍法　是将样品切碎，放在一合适的溶剂系统中浸渍、振荡一定时间，即可从样品中提取出被测成分。此法简便易行，但回收率较低。

b. 捣碎法　是将切碎的样品放入捣碎机中，加溶剂捣碎一定时间，使被测成分提取出来。此法回收率较高，但干扰杂质溶出较多。

c. 索氏提取法　是将一定量样品放入索氏提取器中，加入溶剂加热回流一定时间，将被测成分提取出来。此法溶剂用量少，提取完全，回收率高，但操作较麻烦，且需专用的索氏提取器。

② 溶剂萃取法　溶剂萃取法是利用某组分在两种互不相溶的溶剂中分配系数的不同，使其从一种溶剂转移到另一种溶剂中，而与其他组分分离的方法。此法操作迅速，分离效果好，应用广泛，但萃取试剂通常易燃、易挥发，且有毒性。

萃取溶剂的选择应注意萃取用溶剂应与原溶剂不互溶，对被测组分有最大溶解度，而对杂质有最小溶解度。即被测组分在萃取溶剂中有最大的分配系数，而杂质只有最小的分配系数。经萃取后，被测组分进入萃取溶剂中，即同仍留在原溶剂中的杂质分离开。此外，还应考虑两种溶剂分层的难易以及是否会产生泡沫等问题。

萃取通常在分液漏斗中进行，一般需经 $4\sim5$ 次萃取，才能达到完全分离的目的。当用较水轻的溶剂，从水溶液中提取分配系数小，或振荡后易乳化的物质时，采用连续液体萃取器较分液漏斗效果更好。烧瓶内的溶剂被加热，产生的蒸气经过管内上升至冷凝器被冷却，冷凝液化后滴入中央的管内并沿中央管下降，从下端成为小滴，使欲萃取的液层上升，此时发生萃取作用。萃取液经回流至烧瓶后，溶液再次气化，这样继续反复萃取，可把被测组分全部萃入溶剂中。

③ 盐析法　向溶液中加入某一盐类物质，使溶质溶解在原溶剂中的溶解度大大降低，从而从溶液中沉淀出来，这种方法叫做盐析。例如，在蛋白质溶液中加入大量的盐类，特别是加入重金属盐，蛋白质就会从溶液中沉淀出来。在蛋白质测定过程中，也常用氢氧化铜或碱性醋酸铅将蛋白质从水溶液中沉淀下来，将沉淀消化并测定其中的氮量，据此以断定样品中纯蛋白质的含量。

在进行盐析工作时，应注意溶液中所要加入的物质的选择，即加入的物质不破坏溶液中所要析出的物质，否则达不到盐析提取的目的。此外，还要注意选择适当的盐析条件，如溶液的 pH、温度等。盐析沉淀后，根据溶剂和析出物质的性质以及实验要求，选择适当的分离方法，如过滤、离心分离和蒸发等。

（3）蒸馏法　蒸馏法是利用液体混合物中各组分挥发度不同所进行分离的方法。可用于除去干扰组分，也可用于将待测组分蒸馏逸出，收集馏出液进行分析。此法具有分离和净化双重效果。其缺点是仪器装置和操作较为复杂。

根据样品中待测定成分性质的不同，可采取常压蒸馏、减压蒸馏、水蒸气蒸馏等蒸馏方式。

当被蒸馏的物质受热后不发生分解或沸点不太高时，可在常压下进行蒸馏。加热方式可根据被蒸馏物质的沸点和特性选择水浴、油浴或直接加热。

当常压蒸馏容易使蒸馏物质分解，或其沸点太高时，可以采用减压蒸馏。

某些物质沸点较高，直接加热蒸馏时，因受热不均易引起局部炭化；还有些被测成分，当加热到沸点时可能发生分解。这些成分的提取，可用水蒸气蒸馏。水蒸气蒸馏是用水蒸气来加热混合液体，使具有一定挥发度的被测组分与水蒸气分压成比例地自溶液中一起蒸馏出来的方法。

（4）化学分离法　化学分离法常采用的有磺化法、皂化法、沉淀分离法以及掩蔽法等。

① 磺化法和皂化法　是除去油脂经常使用的一种方法，常用于农药检验中样品的净化。

a. 磺化法　是用浓硫酸处理样品提取液，能使脂肪磺化，油脂遇到浓硫酸就会磺化成极性甚大且易溶于水的化合物，浓硫酸与脂肪和色素中的不饱和键起加成作用，形成可溶于硫酸和水的强极性化合物，不再被弱极性的有机溶剂所溶解。磺化净化法就是利用这一反应，使样品中的油脂经磺化后再用水洗除去，可有效地除去脂肪、色素等干扰杂质，从而达到分离净化的目的。

利用经浓硫酸处理过的硅藻土作色谱柱，使待净化的样品抽提液通过，以磺化其中的油脂，这是比较常用的净化方法。常以硅藻土 10g，加发烟硫酸 3mL，并研磨至烟雾消失，随即再加浓硫酸 3mL，继续研磨，装柱，加入待净化的样品，用正己烷或环己烷、苯、四氯化碳等淋洗。经此处理后，样品中的油脂就被磺化分离了，洗脱液经水洗后可继续进行其他的净化或脱水等处理。

不使用硅藻柱而把浓硫酸直接加在样品溶液里振摇和分层处理，也可磺化除去样品中的油脂，这叫直接磺化法。这种方法操作简便，在分液漏斗中就可进行。全部操作只是加酸、振摇、静置分层，最后把分液漏斗下部的硫酸层放出，用水洗涤溶剂层即可。

磺化去油法简单、快速，净化效果好，但用于农药分析时，仅限于在强酸介质中稳定的农药（如有机氯农药中的六六六、DDT）提取液的净化，其回收率在 80% 以上。不能用于狄氏剂和一般的有机磷农药，但个别有机磷农药也可控制在一定酸度的条件下应用。

b. 皂化法　是用热碱溶液处理样品提取液，以除去脂肪等干扰杂质。可利用 KOH-乙醇溶液将脂肪等杂质皂化除去，以达到净化的目的。此法适用于对碱稳定的农药（如艾氏剂、狄氏剂）提取液的净化。又如，在测定肉、鱼、禽类及其熏制品中的 3,4-苯并芘（荧光分光光度法）时，可在样品中加入氢氧化钾，回流皂化 2～3h，除去样品中的脂肪。

② 沉淀分离法　是利用沉淀反应进行分离的方法。在试样中加入适当的沉淀剂，使被测组分沉淀下来，或将干扰组分沉淀下来，经过滤或离心将沉淀与母液分开，从而达到分离的目的。例如，测定冷饮中糖精钠含量时，可在试剂中加入碱性硫酸铜，将蛋白质等干扰杂质沉淀下来，而糖精钠仍留在试液中，经过滤除去沉淀后，取滤液进行分析。

③ 掩蔽法　是利用掩蔽剂与样液中的干扰成分作用，使干扰成分转变为不干扰测定状态，即被掩蔽起来。运用这种方法可以不经过分离干扰成分的操作而消除其干扰作用，简化分析步骤，因而在食品检验中应用广泛，常用于金属元素的测定。如利用双硫腙光度法测定铝时，在测定条件（pH9）下，Cu^{2+}、Pd^{2+} 等离子对测定有干扰，可加入氰化钾和柠檬酸铵掩蔽，以消除它们的干扰。

（5）色层分离法　色层分离法又称色谱分离法，是一种在载体上进行物质分离的系列方法的总称。这是应用最广泛的分离方法之一，尤其对一系列有机物质的分析测定，色层分离具有其独特的优点。根据分离原理不同，可分为吸附色谱分离、分配色谱分离和离子交换色谱分离等。此类分离方法分离效果好，而且分离过程往往也是鉴定的过程，近年来在食品检验中应用越来越广泛。

吸附色谱分离是利用聚酰胺、硅胶、硅藻土、氧化铝等吸附剂经活化处理后所具有的适当的吸附能力，对被测成分或干扰组分进行选择性吸附而进行的分离。例如，聚酰胺对色素有强大的吸附力，而其他组分则难以被其吸附，在测定食品中色素含量时，常用聚酰胺吸附色素，经过过滤洗涤，再用适当溶剂解吸，可得到较纯净的色素溶液，供检验用。

离子交换色谱分离法是利用离子交换剂与溶液中的离子之间所发生的交换反应来进行分离的方法。可分为阳离子交换和阴离子交换两种。

当将被测离子溶液与离子交换剂一起混合振荡，或将样液缓缓通过用离子交换剂做成的离子交换柱时，被测离子或干扰离子即与离子交换剂上的 H^+ 或 OH^- 发生交换，被测离子或干扰离子留在离子交换剂上，被交换出的 H^+ 或 OH^- 以及不发生交换反应的其他物质留在溶液内，从而达到分离的目的。离子交换分离法常用于分离较为复杂的样品。

（6）浓缩　食品样品经提取、净化后，有时净化液的体积较大，往往需要将大体积溶液中的溶剂减少，在测定前需要进行浓缩，使溶液体积达到所需要的体积，以提高被测成分的浓度。

浓缩过程中容易造成待测组分损失，尤其是挥发性强、不稳定的微量物质更容易损失，因此，要特别注意。当浓缩至体积很小时，一定要控制浓缩速度不能太快，否则将会造成回收率降低。浓缩回收率要求≥90%。浓缩的方法有自然挥发法、吹气法、K.D 浓缩器浓缩法和真空旋转蒸发法。

自然挥发法是将待浓缩的溶液置于室温下，使溶剂自然蒸发。此法浓缩速度慢，但简便。

吹气法采用吹干燥空气或氮气，从而使溶剂挥发的浓缩方法。此法浓缩速度较慢，对于易氧化、蒸气压高的待测物，不能采用吹气法浓缩。

K.D 浓缩器浓缩法是采用 K.D 浓缩装置进行减压蒸馏浓缩的方法。此法简便，待测物不易损失，是较普遍采用的方法。

真空旋转蒸发法是在减压、加温、旋转条件下浓缩溶剂的方法。此法浓缩速度快，待测物不易损失，简便，是最常用、理想的浓缩方法。

常用的样品预处理方法应用时，应根据食品的种类、检验对象、被测组分的理化性质及所选用的检验方法决定选用哪种预处理方法。

第三节　样品的保存

采取的样品，为防止其水分或挥发性成分散失以及其他待测成分含量的变化（如光解、高温分解、发酵等），应尽快在短时间内进行分析。如果不能立即分析，必须加以妥善保存。

制备好的样品应放在密封洁净的容器内，置于阴暗处保存。但切忌使用带有橡皮垫的容器。易腐败变质的样品应保存在 $0 \sim 5 ℃$ 的冰箱，但保存时间也不宜过长，否则样品容易变质或待测物质分解。有些成分，如胡萝卜素、黄曲霉毒素 B_1，容易发生光解，以这些成分为分析项目的样品，必须在避光条件下保存。

特殊情况下，样品中可加入适量的不影响分析结果的防腐剂，或将样品置于冷冻干燥器内进行升华干燥来保存。在进行冷冻干燥时，先将样品冷冻到冰点以下，水分即变成固态冰，然后在高真空下将冰升华以脱水，样品即被干燥。所用真空度约为 133～400Pa 的绝对压力，温度为－30～－10℃，而逸出的水分聚集于冷冻的冷凝器，并用干燥剂将水分吸收或直接用真空泵抽走。预冻温度和速度对样品有影响，为此，须将样品的温度迅速降到"共熔点"以下。"共熔点"是指样品真正冻结成固体的温度，又称完全固化温度。对于不同的物质，其"共熔点"不同，例如苹果为－34℃、番茄为－40℃、梨为－33℃。由于样品在低温下干燥，其化学和物理结构变化极小，因此食品成分的损失较少，可用于肉、鱼、蛋和蔬菜类样品的保存。保存时间可达数月或更长的时间。

此外，样品保存环境要清洁干燥，存放的样品要按日期、批号、编号摆放，以便查找。

第三章　食品感官分析技术

食品感官分析同样也是一门测量的科学。像其他的分析检验过程一样，食品感官分析应考虑精度、准确度、敏感性，而避免错误的结果。精度与行为科学中的可靠性概念相似。在任何实验操作中，我们希望重复实验能得到相同的结果。通常，在得到的结果附近有一些误差波动，所以在重复实验中结果不会总是完全相同。这对由人的感知能力作为产生数据的必需部分的感官分析是非常正确的。然而，在许多感官分析操作中，总还是希望尽可能减小误差波动，使实验在重复测量时误差较低。这可以通过几种方式实现。如我们解析了对于影响因素的感官反应，尽量减小外来影响，以及控制样品的制备和展示。

分析的准确性被看作是分析仪器得到的测定值接近真实值的能力，而真实值是由已被适当校准的另一种或一套仪器独立测量得到的。正确性可通过许多方法得到，一个实用的标准是正确性的前提。例如，在感官分析中，分析结果应能反映可能购买产品的消费者的感受和看法，即感官分析结果也适用于其他更多的人。分析结果也可能与仪器测量方法、操作或系统因素、贮存条件、货架时间以及其他会影响感官品质的条件有关。在考虑正确性时，我们也必须注意分析所得信息的最终使用。一种感官分析方法可能在有些情况下是有效的，而在另一些情况下则不然。一项简单的差别检验可以辨别一种产品是否发生了变化，但却不能说明人们是否喜欢这种新产品。

第一节　实验方法的应用选择

一、感官实验方法的应用选择

根据感官检验工作的目的和要求，可以选择适当的试验方法。试验方法的选择主要取决于食品的性质和评审员两方面的因素。例如，对于辣味和刺激性比较强的食品，应该选择差别试验方法比较合适，这样可以避免因为多次品尝而引起的感觉疲劳。表 3-1 列出了感官检验方法的选择，表 3-2 列出了不同检验方法所需评价人数。

表 3-1　感官检验方法的选择

实际应用	检验目的	方法	实际应用	检验目的	方法
生产过程中的质量控制	检出与标准品有无差异	成对比较检验法（单边）成对比较检验法（双边）二-三点检验法 三点检验法 选择法 配偶法	成品质量控制检查	检出趋向性差异	评分法 分等法
	检出与标准差异的量	评分法 成对比较检验法 三点检验法	消费者嗜好调查，成品品质研究	获知嗜好程度或品质好坏	成对比较检验法 三点检验法 排序法 选择法
				嗜好程度或感官品质顺序评分法的数量化	评分法 多重比较法 配偶法
原料品质控制检查	原料的分等	评分法 分等法（总体的）	品质研究	分析品质内容	描述法

表 3-2　不同检验方法所需评价人数

方法	所需评价员人数		
	专家型	优秀评价员	初级评价员
成对比较检验法	7名以上	20名以上	30名以上
三点检验法	6名以上	15名以上	25名以上
二-三点检验法			20名以上
五中取二检验法		10名以上	
"A"-"非A"检验法		20名以上	30名以上
排序检验法	2名以上	5名以上	10名以上
分类检验法	3名以上	3名以上	
评估检验法	1名以上	5名以上	
评分检验法	1名以上	5名以上	20名以上
分等检验法	按具体分等方法定	按具体分等方法定	20名以上
简单描述检验法	5名以上	5名以上	
定量描述或感官剖面检验法	5名以上	5名以上	

二、问答票

在试验过程中，向评审员提出什么样的提问是决定感官检验研究价值的出发点。对于不完备的、无用的提问，无论怎样进行分析，所得的数据结果也是毫无意义的。所以在认真品尝和检验样品的基础上，科学的设计问答票是非常重要的。问答票中的问题要明确，避免难于理解和同时有几种答案的提问，提问不应有理论上的矛盾，不应产生诱迫答案，提问不要太多。最好是在正式试验之前先选择几个人进行预备试验，征求他们对问答票的意见。经过综合分析后，再确定问答票的形式及内容。

三、感官检验的常用术语

在食品感官鉴评中，食品的各项感官特性是通过语言表述出来的，而语言本身又受到本民族的历史和地域文化的影响，因此很难准确地把握不同国家和不同地区的词语含义。这里借鉴 ISO 规定（ISO 5492：1992）的典型食品质构的评价术语来加以介绍。

Hardness（firmness）：硬度。表示使物体变形所需要的力。

Cohesiveness：凝聚性。表示形成食品形态所需内部结合力的大小。

Brittleness：酥脆性。表示破碎产品所需要的力。

Chewiness：咀嚼性。表示把固态食品咀嚼成能够吞咽状态所需要的能量和硬度、凝聚性以及弹性有关。

Gumminess：胶黏性。表示把半固态食品咀嚼成能够吞咽状态所需要的能量和硬度、凝聚性有关。

Viscosity：黏性。表示液态食品受外力作用流动时分子之间的阻力。

Springiness：弹性。表示物体在外力作用下发生形变，当撤去外力后恢复原来状态的能力。

Adhesiveness：黏附性。表示食品表面和其他物体（舌、牙、口腔）附着时，剥离它们所需要的力。

Granularity：粒状性。表示食品中粒子的大小和形状。

Conformation：组织性。表示食品中粒子的形状及方向。

Moisture：湿润性。表示食品中吸收或放出的水分。

Fatness：油脂性。表示食品中脂肪的量及质。

将国际上定义的基本质构评价术语列于下面，供参考。

1. 一般概念

Structure：结构、组织。表示物体或物体各组成部分关系的性质。

Texture：质构、质地。表示物质的物理性质（包括大小、形状、数量、力学性质、光学性质、结构）及触觉、视觉、听觉的感觉性质。

2. 与压缩、拉伸有关的术语

Firm（hard）：硬。表示受力时对变形抵抗较大的性质（触觉）。

Soft：柔软。表示受力时对变形抵抗较小的性质（触觉）。

Tough：坚韧。表示对咀嚼引起的破坏有较强的和持续的抵抗性质。近似于质构术语中的凝聚性（触觉）。

Chewy：筋道。表示像口香糖那样对咀嚼有较持续的抵抗性质（触觉）。

Short：脆。表示一咬即碎的性质（触觉）。

Springy：弹性。去掉作用力后变形保留的性质（视觉）。

Plastic：可塑的。去掉作用力后变形恢复的性质（视觉）。

Sticky：黏附性。表示咀嚼时对上腭、牙齿或舌头等接触面黏着的性质（触觉）。

Glutinous：黏稠状的。与发黏及黏附性视为同义语（触觉和视觉）。

Brittle：易破的。表示加作用力时，几乎没有初期变形而断裂、破碎或粉碎的性质（触觉和听觉）。

Crumble：易碎的。表示一用力便易成为小的不规则碎片的性质（触觉和视觉）。

Crunchy：咯嘣咯嘣的。表示兼有易破的和易碎的性质（触觉、视觉和听觉）。

Crispy：酥脆的。表示用力时伴随脆响而屈服或断裂的性质，常用来形容吃鲜苹果、芹菜、黄瓜、脆饼干时的感觉（触觉和听觉）。

Thick：发稠的。表示流动黏滞的性质（触觉和视觉）。

Thin：稀疏的。是发稠的反义词（触觉和视觉）。

3. 与食品结构有关的术语

（1）颗粒的大小和形状

Smooth：滑润的。表示组织中感觉不出颗粒存在的性质（触觉和视觉）。

Fine：细腻的。结构的粒子细小而均匀的样子（触觉和视觉）。

Powdery：粉状的。表示颗粒很小的粉末状或易碎成粉末的性质（触觉和视觉）。

Gritty：沙状的。表示小而硬颗粒存在的性质（触觉和视觉）。

Coarse：粗粒状的。表示较大、较粗颗粒存在的性质（触觉和视觉）。

Lumpy：多疙瘩状的。表示大而不规则粒子存在的性质（触觉和视觉）。

（2）结构的排列和形状

Flaky：薄层片状的。容易剥落的层片状组织（触觉和视觉）。

Fibrous：纤维状的。表示可感到纤维样组织且纤维易分离的性质（触觉和视觉）。

Strings：多筋的。表示纤维较粗硬的性质（触觉和视觉）。

Pulpy：纸浆状的。表示柔软而有一定可塑性的湿纤维状结构（触觉和视觉）。

Cellular：细胞状的。主要指有较规则的孔状组织（触觉和视觉）。

Puffed：蓬松的。形容胀发得很暄腾的样子（触觉和视觉）。

Crystalline：结晶状的。形容像结晶样的群体组织（触觉和视觉）。

Glassy：玻璃状的。形容脆而透明固体状的。

Gelatinous：果冻状的。形容具有一定弹性的固体，察觉不出组织纹理结构的样子（触觉和视觉）。

Foamed：泡沫状的。主要形容许多小的气泡分散于液体或固体中的样子（触觉和视觉）。

Spongy：海绵状的。形容有弹性的蜂窝状结构样的（触觉和视觉）。

4. 与口感有关的术语

Mouthfeel：口感。表示口腔对食品质构感觉的总称。

Body：浓的。质构的一种口感表现。

Dry：干的。口腔游离液少的感觉。

Watery：水汪汪的。因含水多而稀薄，味淡的感觉。

Juicy：多汁的。咀嚼中口腔内的液体有不断增加的感觉。

Oily：油腻的。口腔中有易流动，但不易混合的液体存在的感觉。

Greasy：肥腻的。口腔中有黏稠而滑溜的感觉。

Astringent：收敛性的。口腔中有黏膜收敛的感觉。

Hot：热的。有热的感觉。

Cold：冷的。有冷的感觉。

Cooling：清凉的。像吃薄荷那样，由于吸热而感到的凉爽。

第二节　食品感官差别检验分析法

　　食品感官鉴评是建立在人的感官感觉基础上的统计分析法。随着科学技术的发展和进步，这种集客观生理学、心理学、食品学和统计学为一体的新学科日益成熟和完善，感官鉴评方法的应用也越来越广泛。目前常用于食品领域中的方法有数十种之多，按应用目的可分为嗜好型和分析型，按方法的性质又可分为差异分析、类别检验以及分析或描述性检验。在选择适宜的分析方法之前，首先要明确分析的目的和要求等。

　　简单的差别检验已证明在实际应用中非常实用，而且目前已被广泛采用。典型的区别检验一般有 25～40 个参与者，他们均已经过筛选，对普通的产品差别有较好的感官灵敏度，而且对于检验程序较为熟悉。一般提供的样品量较为充足，以便于清楚地判断感官差别。当检验较为方便时，经常进行重复检验。这样，感官技术人员仅仅需要计算答案，借助于表格可以得到一个简单的统计结论，从而就可以简单而迅速地报告结果。

　　差异分析只要求评价员评定两个或两个以上的样品中是否存在感官差异（或偏爱其一）。差异分析的结果分析是以每一类别的评价员数量为基础的。例如，有多少人回答样品 A，多少人回答样品 B，多少人回答正确。解释其结果主要运用统计学的二项分布参数检查。差异分析中，一级规定不允许"无差异"的回答（即强迫选择），即评价员未能察觉出两种样品之间的差异。差异分析中需要注意样品外表、形态、温度和数量等的明显差别所引起的误差，差异分析中常用的方法有：成对比较检验法、二-三点检验法、三点检验法、"A"或"非 A"检验法、五中取二检验法以及选择检验法和配偶检验法。

　　在统计学分析中，在得出某一结论之前，应事先选定某一显著性水平。所谓显著性水平，是当原假设是真而被拒绝的概率（或这种概率的最大值）。也可看作为得出这一结论所犯错误的可能性。在感官分析中，通常选定 5％的显著水平可认为是足够的。原假设一般是这样：两种样品之间在特性强度上没有差别（或对其中之一没有偏爱）。应当注意：原假设可能在"5％的水平"上被拒绝，而在"1％的水平"上不被拒绝。如果原假设在"1％水平"上被拒绝，则在"5％水平"上更被拒绝。因此，对 5％的水平用"显著"一词表示，而对 1％的水平用"非常显著"一词表示。

一、成对比较检验法

　　成对比较检验法也称为两点检验法，是应用最早、最广泛也是最简便的感官分析方法。国际标准化组织食品技术委员会感官分析技术委员会（ISO/TC 34/SC 12）于 1983 年将该方法制定为国际标准（ISO 5495：1983，对应国家标准是 GB/T 12310—1990），2005 年又对其进行了修订，将原标准中方法的适用范围由差别检验和偏爱检验扩大为差别检验、相似检验和偏爱检验。并将所有的成对比较检验方法，根据偏爱检验或非偏爱检验、差异方向已知或未知（即单边或双边检验）、差别检验或相似检验三大类别进行分类，形成单边差别检验、双边差别检验、单边相似检验、双边相似检验、单边偏爱差别检验、双边偏爱差别检验、单边偏爱相似检验、双边偏爱相似检验 8 种检验类型。从感官分析方法大类划分来看，这一改变使得成对比较检验的应用范围更加合理明晰。

1. 适用范围

此检验方法是最为简单的一种感官鉴评方法，它可用于确定两种样品之间是否存在某种差异，差异方向如何；或者用于偏爱两种样品中的哪一种。本方法比较简便，但效果较差（猜对率为 50%）。

2. 试验原理

以随机顺序同时出示两个样品给评价员，要求评价员对这两个样品进行比较，判定整个样品或某些特征强度顺序的一种鉴评方法称为成对比较检验法或两点检验法。

3. 试验过程

根据评价目的召集评价员，差别检验，24～30 人；相似检验，人数翻倍，通常为 60 人。把 A、B 两个样品同时呈送给评价员，要求评价员根据要求进行鉴评。在试验中，应使样品 A、B 和 B、A 这两种次序出现的次数相等，样品编码可以随机选取三位数组成，而且每个评价员之间的样品编码尽量不重复。

根据 A、B 两个样品的特性强度的差异大小，确定检验是双边的还是单边的。如果样品 A 的特征强度（或被偏爱）明显优于 B，换句话说，参加检验的评价员，作出样品 A 比样品 B 的特性强度大（或被偏爱）的判断概率大于作出样品 B 比样品 A 的特性强度大（或被偏爱）的判断概率，即 $P_A > 50\%$。例如，两种酸奶 A 和 B，其中酸奶 A 明显甜于 B，则该检验是单边的；如果这两种样品有显著差别，但没有理由认为 A 或 B 的特性强度大于对方或被偏爱，则该检验是双边的。

（1）对于单边检验，统计有效回答表的正解数，此正解数与表 3-3 中相应的某显著性水平的数相比较，若大于或等于表中的数，则说明在此显著水平上样品间有显著性差异，或认为样品 A 的特性强度大于样品 B 的特性强度（或样品 A 更受偏爱）。

表 3-3　二-三点检验和成对比较检验（单边）检验表

答案数目(n)	显著水平			答案数目(n)	显著水平			答案数目(n)	显著水平		
	5%	1%	0.1%		5%	1%	0.1%		5%	1%	0.1%
7	7	7	—	24	17	19	20	41	27	29	31
8	7	8	—	25	18	19	21	42	27	29	32
9	8	9	—	26	18	20	22	43	28	30	32
10	9	10	10	27	19	20	22	44	28	31	33
11	9	10	11	28	19	21	23	45	29	31	34
12	10	11	12	29	20	22	24	46	30	32	34
13	10	12	13	30	20	22	24	47	30	32	35
14	11	12	13	31	21	23	25	48	31	33	35
15	12	13	14	32	22	24	26	49	31	34	36
16	12	14	15	33	22	24	26	50	32	34	37
17	13	14	16	34	23	25	27	60	37	40	43
18	13	15	16	35	23	25	27	70	43	46	49
19	14	15	17	36	24	26	28	80	48	51	55
20	15	16	18	37	24	27	29	90	54	57	61
21	15	17	18	38	25	27	29	100	59	63	66
22	16	17	19	39	26	28	30				
23	16	18	20	40	26	28	31				

（2）对于双边检验，统计有效问答表的正解数，此正解数与表 3-4 中相应的某显著性水平的数相比较，若大于或等于表中的数，则说明在此显著水平上样品间有显著性差异，或认为样品 A 的特性强度大于样品 B 的特性强度（或样品 A 更受偏爱）。

表 3-4　成对比较检验法检验表（双边）

答案数目(n)	显著水平			答案数目(n)	显著水平			答案数目(n)	显著水平		
	5%	1%	0.1%		5%	1%	0.1%		5%	1%	0.1%
7	7	7	—	24	18	19	21	41	28	30	32
8	8	8	—	25	18	20	21	42	28	30	32
9	8	9	—	26	19	20	22	43	29	31	33
10	9	10	—	27	20	21	23	44	29	31	34
11	10	11	11	28	20	22	23	45	30	32	34
12	10	11	12	29	21	22	24	46	31	33	35
13	11	12	13	30	21	23	25	47	31	33	36
14	12	13	14	31	22	24	25	48	32	34	36
15	12	13	14	32	23	24	26	49	32	34	37
16	13	14	15	33	23	25	27	50	33	35	37
17	13	15	16	34	24	25	27	60	39	41	44
18	14	15	16	35	24	26	28	70	44	47	50
19	15	16	17	36	25	27	29	80	50	52	56
20	15	17	18	37	25	27	29	90	55	58	61
21	16	17	19	38	26	28	30	100	61	64	67
22	17	18	19	39	27	28	31				
23	17	19	20	40	27	29	31				

（3）当表中 n 值大于 100 时，答案最少数按以下公式计算，取最接近的整数值。

$$X = \frac{n+1}{2} + K\sqrt{n} \tag{3-1}$$

式中，K 值为：

显著水平	5%	1%	0.1%
单边检验 K 值	0.82	1.16	1.55
双边检验 K 值	0.98	1.29	1.65

4. 应用实例

两种酸奶编号为 001 和 002，其中一个略甜，两者都有可能使评价员感到更甜，属双边检验。编号为 003 和 004 的两种酸奶，其中 003 的配方明显较甜，属单边检验。调查问卷如表 3-5 所示。

表 3-5　成对比较试验调查问卷

成对比较检验法问答应用实例：
姓名：_____
产品：_____
日期：_____年_____月___日
(1)请评价您面前的两个样品,两个样品中哪个更_____(例如,酸度);___样品更____。
(2)两个样品中,您更喜欢的是_____。
(3)请说出您的选择理由：_____。

共有 30 名评价员参加鉴评，统计结果如下：

（1）18 人认为 001 更甜，12 人选择 002 更甜。

（2）22 人回答更喜欢 002，8 人回答更喜欢 001。

（3）22 人认为 003 更甜，8 人选择 004 更甜。

（4）23 人回答更喜欢 003，7 人回答更喜欢 004。

（1）、（2）属双边检验。查表 3-4，001 和 002 两种酸奶甜度无明显差异（接受原假设），酸奶 002 更受欢迎。

（3）、（4）属单边检验。查表 3-3，003 比 004 更甜（拒绝原假设），003 酸奶更受欢迎。

二、三点检验法

三点检验法也称三角试验法，是差别检验中应用最广泛的方法之一，由 Carlsberg Breweries 公司的 Bengtsson 和他的同事于 1946 年前后制定，1983 年成为国际标准（ISO 4120：1983，对应的国家标准是 GB/T 12311—1990），2004 年被修订。新标准（ISO 4120：2004）扩大了检验范围，增加了相似检验，提高了参加检验的评价员人数。1983 版标准中，评价员人数通常是 6 名以上专家评价员、15 名以上优秀评价员或 25 名以上初级评价员。2004 版新标准则要求进行差别检验需要 24～30 名评价员，而进行相似检验时人数翻倍。新标准同时就评价员人数不足的情况下如何开展检验做了补充说明，强调只有进行差别检验时，评价员重复评价才是有效的，即：10 名评价员重复三次，可按照 30 名评价员的数据进行处理，这可极大地方便该方法的推广应用。但在相似检验中不允许重复。另外，2004 版标准将检验的精度和偏差单独列为一个条目进行讨论，体现了新标准对感官评价结果精确度和可靠性的重视，与感官分析方法发展的未来趋势也是一致的。

1. 适用范围

此法适用于鉴别两个样品之间的细微差异，如品质管制和仿制产品，也可适用于挑选和培训评价员或者考核评价员的能力。此法的猜对率为 1/3，因此要比成对比较法和二-三点法的猜对率 50% 准确度低得多。

2. 试验原理

同时提供三个编码样品，其中有两个是相同的，要求评价员挑选出其中不同于其他的样品的检验方法称为三点试验法，也称三角试验法。

3. 试验过程

为了使三个样品排列次序和出现次数的概率相等，运用以下六组组合：ABB、BAA、AAB、BBA、ABA、BAB。在实验中，六组出现的概率也应相等，当评价员人数不足 6 的倍数时，可舍去多余样品组，或向每个评价员提供六组样品做重复检验。三点检验记录如表 3-6 所示。

表 3-6　三点检验记录表

三角试验
姓名：＿＿＿＿＿＿＿＿　　　日期：＿＿＿＿＿＿＿＿
样品种类：＿＿＿＿＿＿＿＿＿＿＿＿＿＿＿＿＿＿＿＿＿

说明：
从左到右依次品尝样品，其中有两个样品是相同的，找出不同的一个样品。
如果没有感知到差异，也必须选择一个。

样品组合	不同的样品	注释
＿＿＿＿＿＿	＿＿＿＿＿＿	＿＿＿＿＿＿
＿＿＿＿＿＿	＿＿＿＿＿＿	＿＿＿＿＿＿
＿＿＿＿＿＿	＿＿＿＿＿＿	＿＿＿＿＿＿

（1）按三点检验法要求统计回答正确的问答表数，查表 3-7 可得出两个样品间有无差异。

表 3-7　三点检验法检验表

答案数目(n)	显著水平			答案数目(n)	显著水平			答案数目(n)	显著水平		
	5%	1%	0.1%		5%	1%	0.1%		5%	1%	0.1%
4	4	—	—	33	17	18	21	62	28	31	33
5	4	5	—	34	17	19	21	63	29	31	34
6	5	6	—	35	17	19	22	64	29	32	34
7	5	6	7	36	18	20	22	65	30	32	35
8	6	7	8	37	18	20	22	66	30	32	35
9	6	7	8	38	19	21	23	67	30	33	36
10	7	8	9	39	19	21	23	68	31	33	36
11	7	8	10	40	19	21	24	69	31	34	36
12	8	9	10	41	20	22	24	70	32	34	37
13	8	9	11	42	20	22	25	71	32	34	37
14	9	10	11	43	21	23	25	72	32	35	38
15	9	10	12	44	21	23	25	73	33	35	38
16	9	11	12	45	22	24	26	74	33	36	39
17	10	11	13	46	22	24	26	75	34	36	36
18	10	12	13	47	23	24	27	76	34	36	39
19	11	12	14	48	23	25	27	77	34	37	40
20	11	13	14	49	23	25	28	78	35	37	40
21	12	13	15	50	24	26	28	79	35	38	41
22	12	14	15	51	24	26	29	80	35	38	41
23	13	14	16	52	24	27	29	82	36	39	42
24	13	15	16	53	25	27	29	84	37	40	43
25	13	15	17	54	25	27	30	86	38	40	44
26	14	15	17	55	26	28	30	88	38	41	44
27	14	16	18	56	26	28	31	90	39	42	45
28	15	16	18	57	26	29	31	92	40	43	46
29	15	17	19	58	27	29	32	94	41	44	47
30	15	17	19	59	27	29	32	96	42	44	48
31	16	18	20	60	28	30	33	98	42	45	49
32	16	18	20	61	28	30	33	100	43	46	49

例如：36 张有效鉴评表，有 21 张正确地选择出单个样品，查表 3-7 中 $n=36$ 栏。由于 21 大于 1% 显著水平的临界值 20、小于 0.1% 显著水平的临界值 22，则说明在 1% 显著水平，两样品间有差异。

（2）当有效鉴评表数大于 100 时（$n>100$ 时），表明样品存在差异的评价最少数为 $0.4714z\sqrt{n}+(2n+3)/6$ 的近似整数；若回答正确的鉴评表数大于或等于这个最少数，则说明两样品间有差异。式中 Z 值为：

显著水平	5%	1%	0.1%
Z 值	1.64	2.33	3.10

4. 应用实例——新的麦芽供应品

啤酒"B"是用新麦芽酿造而成的，感官评定分析员希望知道它是否与目前生产的啤酒

"A" 有区别。试验允许有 5% 的误差，并且选择了 12 名专业评价员。18 杯啤酒 "B" 与 18 杯啤酒 "A" 被随机分为 12 组，以下组合中每组合各用 2 次：ABB、BAA、AAB、BBA、ABA、BAB，然后，将试验样品随机分发给每一位评价员。

试验结束后，8 位评价员做出了正确的选择。根据表 3-7 得出结论：这两种啤酒的差异显著水平值是 5%。

三、二-三点检验法

二-三点检验法最早由 Peryam 和 Swartz 于 1950 年提出，目的是降低三点检验过程的复杂性。因为刺激相对强烈的样品，会使评价员的敏感度显著降低，而三点检验又需要组合三个未知量，从而增加了难度。1991 年该方法被制定为国际标准（ISO 10399：1991，对应的国家标准是 GB/T 17321—1998），2004 年第一次进行了修订。类似三点检验方法标准技术内容修订，2004 版标准也扩大了检验范围，增加了相似检验，同时还对评价员人数的确定依据进行了修改。1991 版标准仅根据显著水平 α 来确定评价员人数，推荐使用 20 名评价员；2004 版标准通过三个参数 α、β、P_d（指能分辨出差异的人数）来共同确定评价员人数，规定用来检验差别时宜使用 32～36 名评价员，而用来检验相似性时人数翻倍，通常为 72 名。

1. 适用范围

此试验法用于区别两个同类样品间是否存在感官差异，尤其适用于评价员熟悉对照样品的情况，如成品检验和异味检查。但由于精度较差（猜对率为 50%），故常用于风味较强、刺激较烈和产生余味持久的产品检验，以降低鉴评次数，避免味觉和嗅觉疲劳。但外观有明显差别的样品不适宜采用此法。通常鉴评时，在鉴评对照样品后，最好有 10s 左右的停歇时间。同时要求两个样品作为对照品的概率应相同。主要存在有两种形式。

（1）固定参照形式　在该情况下，所有的评价员会得到相同的参照物，通常是常规生产的产品。样品可能有两种呈送顺序：R_ABA 和 R_AAB，应在所有评价员中交叉平衡。如果评价员对样品很熟悉，则可采用这种形式，把该样品作为参照物。使用固定参照形式需要评价员受过培训且熟悉参照样品，否则应使用平衡参照法。

（2）平衡参照形式　进行比较的两个样品随机作参照，但被参照的次数要相同。在这种情况下，有 4 种可能的呈送顺序：R_ABA、R_AAB、R_BBA、R_BAB，应在所有评价员中交叉平衡。

2. 试验原理

先提供给评价员一个对照样品，接着提供两个样品，其中一个与对照样品相同。要求评价员在熟悉对照样品后，从后者提供的两个样品中挑选出与对照样品相同的样品，计算回答正确的数目，并根据表 3-3 分析数据。

3. 试验过程

尽可能地同时提供样品，或者陆续提供，准备相同数量的各种可能组合，并且将其随机地分配给评价员。表 3-8 是一张记录表的例表（平衡参照形式和固定参照形式的例表是相同的）。记录表不要向评价员询问额外的问题（比如，差异的程度和类型或者评价员的嗜好等），因为评价员对样品的选择也许会使他们在回答这些问题时有所偏差。计算正确回答的数目和总的选择数目进行结果分析。有效鉴评表数为 n，回答正确的表数为 R，查表 3-3 中为 n 的一行的数值，若 R 小于其中所有数，则说明在 5% 水平，两样品间无显著差异，若 R 大于或等于其中某数，说明在此数所对应的显著水平上两样品间有差异。

表 3-8　二-三试验记录表

二-三试验

试验编号：_____

评价员：

编号：_____　　姓名：_____　　日期：_____

说明

从左至右品尝样品,左手边的样品为参照物,从另外两个样品中找出和参照物一致的样品,并在对应位置画×。

如果没有发觉差异,也必须做出选择。

参照物　　　　编号_____　　　　编号_____

■　　　　　　　□　　　　　　　□

注释：_____

4. 应用实例

(1) 平衡参照形式——比较薯片黄瓜风味强度　一个薯片生产厂家想要知道,两种不同的黄瓜风味香精添加到薯片中是否会在薯片的质量和香味浓度上产生能够察觉的差异。

试验目的是评定这两种添加不同黄瓜香精的薯片是否存在可以察觉的差异。

当风味复杂的时候,二-三试验与三点试验和属性差异试验相比,要求重复嗅闻的次数要少得多,这样就减少了由于对风味的适应或者相互比较三个样品的困难而引起的潜在混淆。试验由 40 名在风味评定方面有一定经验的评价员参与。样品由研究人员用同样的器皿在同一天准备。两个样品作为试验参照物的次数相同,统计评价员的记录表,结果发现,40 人中只有 21 人选择出了与参照物一致的样品。根据表 3-3α 在 5％下要求的正确数是 26。另外,从两种样品分别作为参照物的角度分析这些数据,结果显示,正确答案是平均分布的(分别为 10 和 11)。因此,结果表明,两种样品在风味的质量和数量上的差异都是微弱的。因此感官分析员告知生产厂家,通过二-三试验,两种不同的黄瓜香精没有产生显著的风味差异。

(2) 固定参照形式——新型啤酒瓶　一个啤酒制造商有两种类型的啤酒瓶可供选择,"A" 是已使用多年的啤酒瓶,"B" 是建议的新包装。他想知道这两种包装是否能够交替使用。

试验目的是通过感官评定来确定不同包装的啤酒在室温下保存 8 个月后是否有差异。

"A" 包装的啤酒口味对于品尝者是非常熟悉的,因此,采用固定参照物形式。在啤酒制造商的 3 个试验点分别进行一个单独的试验。每个试验点安排 36 个评价员,"A" 作为参照物；72 个 A 和 36 个 B 分成了 18 个 AAB 组合和 18 个 ABA 组合,最左边的样品 A 是参照物。

结果发现,三个试验点分别有 20 个、23 个和 22 个评价员正确地选出了和参照物一致的样品。根据表 3-3 中显著水平为 5％时,要求的正确答案数为 24。

在许多试验中,为了获得更准确的结果,将 2 个或 3 个试验结合起来是可行的分析方法。在本实验中,样品出自同一批,评价员也来自相同的小组,所以结合起来分析是完全可以的。从 3×36＝108 个鉴评中得出了 20＋23＋22＝65 个正确答案,当评价员人数大于 100 时,按照成对比较单边检验的公式进行计算可得知,在 108 个鉴评中,显著水平为 5％时,正确答案的临界值为 63；显著水平为 1％时,则为 67。因此,这两种样品在 5％的水平有微小差异。

所以,在结合 3 个试验的基础上,显著水平为 5％时样品间差异显著。

四、"A"-"非 A"检验法

"A"-"非 A"检验法实质上是成对比较检验法的一个变种。继成对比较检验法被标准化四年以后，1978 年"A"-"非 A"检验法也被制定为国际标准（ISO 8588：1987）。在过去的二十几年中，该方法一直未被修订。目前，ISO/TC 34/SC 12 将其列为一个新工作项目，着手对该方法技术内容重新审核，予以修订。

1. 适用范围

此试验适用于确定由于原料、加工、处理、包装和贮藏等各环节的不同所造成的产品感官特性的差异，特别适用于检验具有个同外观或后味样品的差异检验，也适用于确定评价员对一种特殊刺激的敏感性。实际检验时，分发给每个评价员的样品数应相同。样品"A"的数目与样品"非 A"的数目不必相同。

2. 试验原理

在评价员熟悉样品"A"以后，再将一系列样品提供给评价员，其中有"A"也有"非A"。要求评价员指出哪些是"A"，哪些是"非 A"。必要时可以让评价员体验"非 A"。

3. 试验过程

与三点试验相同，同时向评价员提供记录表和样品，对样品进行随机编号和随机分配，以便评价员不会察觉到"A"与"非 A"的组合模式。在完成试验之前不要向评价员透露样品的组成特性。试验结束后，统计评价表的结果，并汇入表 3-9 中，表中"n_{11}"为样品本身是"A"，评价员也认为是"A"的回答总数；"n_{22}"为样品本身是"非 A"，评价员也认为是"非 A"的回答总数；"n_{21}"为样品本身是"A"，而评价员认为是"非 A"的回答总数；n_{12} 为样品本身是"非 A"，而评价员认为是"A"的回答总数。$n_{\cdot 1}$、$n_{\cdot 2}$ 为第 1、2 行回答数之和，"$n_1 \cdot$"、"$n_2 \cdot$"为第 1、2 列回答数之和，n 为所有回答数，然后用 χ^2 检验来进行解释。

表 3-9　结果统计表

判别数		样品数		累计
		"A"	"非 A"	
判为"A"或"非 A" 的回答数	"A"	n_{11}	n_{12}	"$n_1 \cdot$"
	"非 A"	n_{21}	n_{22}	"$n_2 \cdot$"
累计		$n_{\cdot 1}$	$n_{\cdot 2}$	n

假设评价员的判断与样品本身的特性无关。

当 $n \leqslant 40$ 或 $n_{ij} \leqslant 5$ 时的统计量为：

$$\chi^2 = \frac{\left[(n_{11} \times n_{22} - n_{12} \times n_{21}) - \dfrac{n}{2} \right]^2 \times n}{n_1 \times n_2 \times n_1 \times n_2} \qquad (3\text{-}2)$$

当 $n > 40$ 和 $n_{ij} > 5$ 时 χ^2 的统计量为：

$$\chi^2 = \frac{\left[(n_{11} \times n_{22} - n_{12} \times n_{21}) \right]^2 \times n}{n_1 \times n_2 \times n_1 \times n_2} \qquad (3\text{-}3)$$

将 χ^2 统计量与 χ^2 分布临界值比较：

当 $\chi^2 \geqslant 3.84$，为 5% 显著水平；

当 $\chi^2 \geqslant 6.63$，为 1% 显著水平。

因此，在此选择的显著水平上拒绝原假设，即评价员的判断与样品本身特性有关，认为样品"A"与"非 A"有显著差异。

4. 应用实例

例如，30 位评价员判定某种食品经过冷藏（A）和室温储藏（非 A）后，两者的差异关系。每位评价员评价两个"A"和三个"非 A"，则结果如表 3-10 所示。

表 3-10　结果统计表

判别数		样品数		累计
		"A"	"非 A"	
判为"A"或"非 A"的回答数	"A"	40	40	80
	"非 A"	20	50	70
累计		60	90	150

由于 $n=150>40$，$n_{ij}>5$，则

$$\chi^2=\frac{(n_{11}\times n_{22}-n_{12}\times n_{21})^2\times n}{n_1\times n_2\times n_1\times n_2}=\frac{(40\times 50-20\times 40)^2\times 150}{60\times 90\times 80\times 70}=7.14$$

因为 $\chi^2=7.14>6.63$，所以在 1‰ 显著水平上有显著差异。

五、五中取二检验法

1. 适用范围

此试验可识别出两样品间的细微感官差异。当评价员人数少于 10 个时，多用此试验。但此试验易受感官疲劳和记忆效果的影响，并且需用样品量较大。

2. 试验原理

同时提供给评价员五个以随机顺序排列的样品，其中两个是同一类型，另三个是另一种类型。要求评价员将这些样品按类型分成两组的一种检验方法称为五中取二试验法。

3. 试验过程

供样步骤：在每一次评定中，每组由 5 个样品组成，包括的样品在实际上是两类，其中有 2 个是同一种类型，有 3 个是另一类型。要求评定人员将这两类样品分开。由于有 5 个样品，供样要有一个顺序排列。其组合有以下 20 个：AAABB、BBBAA、AABAB、BBABA、ABAAB、BABBA、BAAAB、ABBBA、AABBA、BBAAB、ABABA、BABAB、BAABA、AB-BAB、ABBAA、BAABB、BABAA、ABABB、BBAAA、AABBB。每个样品有自己的号码，只有供样员知道，评品员看到的是号码，不是 AB 的排序，五中取二检验调查如表 3-11 所示。

表 3-11　五中取二检验调查表

五中取二检验	
姓名：＿＿＿＿＿＿＿＿＿＿＿＿＿	日期：＿＿＿＿＿＿＿＿＿＿＿＿＿
试验指令： (1)按以下顺序观察或感觉样品，其中有 2 个样品是同一种类型的，另外 3 个样品是另外一种类型。 (2)测试之后，请在你认为相同的两种样品的编码后面划"√"。	
编号 862＿＿＿＿＿＿＿＿＿ 568＿＿＿＿＿＿＿＿＿ 689＿＿＿＿＿＿＿＿＿ 368＿＿＿＿＿＿＿＿＿ 542＿＿＿＿＿＿＿＿＿	评语 ＿＿＿＿＿＿＿＿＿＿＿＿＿ ＿＿＿＿＿＿＿＿＿＿＿＿＿ ＿＿＿＿＿＿＿＿＿＿＿＿＿ ＿＿＿＿＿＿＿＿＿＿＿＿＿

　　五出二测定法的结果统计与以上方法雷同，要查差异显著表。五出二法的显著性检验也是根据"无差异"原则，只是评定员在猜对这两个一致和那三个一致的概率相对地要小得多，其5%准确率的参照数可用表"五出二检验"的有关数据。有效鉴评表数为 n，回答正确的表数为 R，查对应检验表 3-12 中为 n 一行的数据。若 R 大于或等于表中数值，说明在此显著性水平上两样品间有差异。

　　4. 应用实例

　　例如，某食品厂为检查原料质量的稳定性，把两批原料分别添加入某产品中，运用五中取二试验对添加不同批次的原料的两个产品进行检验。由十名评价员进行检验，其中有三名评价员正确地判断了五个样品的两种类型。查表 3-12 中 $n=10$ 一栏得到正确答案最少数为 4，大于 3，说明这两批原料的质量无差别。

表 3-12　五中取二检验法检验表（$\alpha=5\%$）

评价员数(n)	正确答案最少数(k)	评价员数(n)	正确答案最少数(k)	评价员数(n)	正确答案最少数(k)
9	4	23	6	37	8
10	4	24	6	38	8
11	4	25	6	39	8
12	4	26	6	40	8
13	4	27	6	41	8
14	4	28	7	42	9
15	5	29	7	43	9
16	5	30	7	44	9
17	5	31	7	45	9
18	5	32	7	46	9
19	5	33	7	47	9
20	5	34	7	48	9
21	6	35	8	49	10
22	6	36	8	50	10

六、选择检验法

　　1. 适用范围

　　该试验简单易懂，不复杂，技术要求低。不适用于一些味道很浓或延缓时间较长的样品，采用这种方法，做品尝时，要特别强调漱口。对评价员没有硬性规定要求必须进行培训，一般在 5 人以上，多则 100 人以上。常用于嗜好性调查，出示样品的顺序是随机的。

　　2. 试验原理

　　从三个以上的样品中，选出一个最喜欢或最不喜欢的样品的检验方法称为选择试验法。

　　3. 试验过程

　　表 3-13 为选择检验法问答表参考。

表 3-13　选择检验法问答表参考

| 姓名：_____　年龄：_____　性别：_____　日期：_____ |
| 产品：_____ |
| (1)请评价您面前的产品,记下您认为最好吃的样品号码。 |
| 最好吃的样品号码是_____。 |
| (2)为什么这个样品最好吃：_____。 |

通过选择检验可以求出两个结果，其一是若干个样品间是否存在差异，其二是多数人认为最好的样品与其他样品间是否存在差异。现分述如下：

(1) 求数个样品间有无差异，根据 χ^2 检验判断结果。用如下公式求值：

$$\chi_0^2 = \sum_{i=1}^{m} \frac{\left(\chi_i - \dfrac{n}{m}\right)^2}{\dfrac{n}{m}} \tag{3-4}$$

式中，m 表示样品数；n 表示有效鉴评表数；χ_i 表示 m 个样品中，最喜欢其中某个样品的人数。

查 χ^2 分布表（见附表 1），若 $\chi_0^2 \geqslant \chi^2(f, \alpha)$（$f$ 为自由度，$f = m-1$；α 为显著水平），说明 m 个样品在 α 显著水平存在差异，若 $\chi_0^2 < \chi^2(f, \alpha)$，说明 m 个样品在 α 显著水平不存在差异。

(2) 求被多数人判断为最好的样品与其他样品间是否存在差异，根据 χ^2 检验判断结果，用如下公式求 χ_0^2 值：

$$\chi_0^2 = \left(\chi_i - \frac{n}{m}\right)^2 \frac{m^2}{(m-1)n}$$

查 χ^2 分布表（见附表 1），若 $\chi^2 < \chi_0^2(f, \alpha)$，说明此样品与其他样品之间在 α 显著水平存在差异。否则，无差异。

4. 应用实例

例如，某单位在做市场调查时对市场上销售的三个同类产品 A、B、C 进行了比较，由 60 名评价员进行评价，要求选择出一个最喜欢的产品，品尝结果如下：认为 A 最好的有 30 人，认为 B 最好的有 21 人，认为 C 最好的有 9 人。问：三个产品间是否存在显著性差异；最受欢迎产品与其他产品间在 0.01 显著水平上是否存在差异？

$$\chi_0^2 = \sum_{i=1}^{m} \frac{\left(\chi_i - \dfrac{n}{m}\right)^2}{\dfrac{n}{m}} = \frac{(30-60/3)^2}{60/3} + \frac{(21-60/3)^2}{60/3} + \frac{(9-60/3)^2}{60/3} = 11.1$$

$f = 3-1 = 2$，查 χ^2 分布表（见附表 1），$\chi^2(2, 0.05) = 5.991$；$\chi_0^2(2, 0.01) = 9.21$，都小于 11.1，所以这三个产品之间在 0.01 水平上存在显著性差异。

接着判断最好的样品与其他样品之间是否存在差别，计算如下：

$$\chi_0^2 = \left(\chi_i - \frac{n}{m}\right)^2 \frac{m^2}{(m-1)n} = 3^2 \times (30-60/3)^2 / [(3-1) \times 60] = 7.5$$

查 χ^2 分布表（见附表 1），$\chi^2(1, 0.05) = 3.841$；$\chi_0^2(1, 0.01) = 6.635$，都小于 7.5，所以被多数人判断为最好产品 A 与其他产品之间存在极显著差异。

七、配偶检验法

1. 使用范围

此方法可应用于检验评价员的识别能力，也可用于识别样品间的差异。检验前，两组样品的顺序必须是随机的，但样品的数目可不尽相同，如 A 组有 m 个样品，B 组中可有 m 个样品，也可有 $m+1$ 个或 $m+2$ 个样品，但配对数只能是 m 对。

2. 试验原理

把两组试样逐个取出各组的样品进行两两归类的方法叫做配偶检验法。

3. 试验过程

把数个样品分为两组，逐个取出各组样品进行两两归类的分析方法称为配偶检验法。该方法可应用于考核评价员的识别能力，也可应用于识别样品间的差异。检验前两组样品的顺序都是随机的，样品的数目可以不相同，如 A 组有 m 个样品，B 组有 $m+n$ 个样品，但配对数只能是 m 对，表 3-14 为配偶检验法问答表参考。

表 3-14 配偶检验法问答表参考

组号：_____
姓名：_____ 年龄：_____ 性别：_____ 日期：_____
产品：_____
请把 A、B 两组中两个相同的样品组成一对，并在下列空格中填入它们的样品号：
它们是
_____和_____；_____和_____；_____和_____；
_____和_____；_____和_____；_____和_____；……

检验结果的分析方法为：首先统计出正确配对数平均值，即 S 值，然后根据以下具体情况查表 3-15 或表 3-16 中相应值，进行分析。

表 3-15 配偶试验检验表（$\alpha=5\%$）

n	S	n	S	n	S	n	S	n	S	n	S
1	4.00	4	2.25	7	1.83	10	1.64	13	1.54	20	1.43
2	3.00	5	1.90	8	1.75	11	1.60	14	1.52	25	1.36
3	2.33	6	1.86	9	1.67	12	1.58	15	1.50	30	1.33

注：本表适用于 m 个与 m 个样品配对时。$m \geq 4$，重复次数为 n。

表 3-16 配偶试验检验表（$\alpha=5\%$）

m	S		m	S	
	$m+1$	$m+2$		$m+1$	$m+2$
3	3	3	5	3	3
4	3	3	6 以上	3	3

注：本表适用于 m 个与 $(m+1)$ 个或 $(m+2)$ 个样品配对时。

（1）m 对样品重复配对时，如果 S 大于或等于表中的相应值，则说明样品在 5% 显著水平上有差异。

（2）m 对样品与 $(m+1)$ 或 $(m+2)$ 个样品配对时，如果 S 大于或等于表中的相应值，则说明样品在 5% 显著水平上有差异，或者是评价员在此显著水平上有识别能力。

4. 应用实例

【例1】 由 4 名评价员对 8 个不同加工方法生产的样品进行评价，结果如表 3-17 所示。

表 3-17 试验结果统计表

评价员	样 品							
	A	B	C	D	E	F	G	H
1	C	A	B	F	G	D	E	H
2	B	A	H	G	D	E	C	F
3	G	A	H	F	D	C	E	H
4	A	D	H	G	B	E	F	C

4 人的平均正确配偶数 $S=(4+5+4+3)/4=4$，查表 3-15 中 $n=4$ 一栏，$S=2.25<4$，说明这八个样品在 5% 显著水平有差异，或这四名评价员有识别能力。

【例2】 向某评价员提供蔗糖、食盐、酒石酸、谷氨酸钠、硫酸奎宁五种物质的稀溶液

（含量分别为 0.4%、0.13%、0.005%、0.05%、0.0004%）以及两杯清水，共七杯溶液，要求评价员选择出了甜、咸、酸、鲜、苦味对应的溶液。品味结果为：甜——食盐，咸——蔗糖，酸——酒石酸，鲜——清水，苦——硫酸奎宁。该评价员的品味结果 $S=2$，查表 3-16 中 $m=5$，$S=(m+2)$ 一栏，得 $S=3>2$，说明该评价员对这些溶液在 5% 显著水平无评判能力。

第三节 类别和标度检验法

类别检验试验的目的是估计差别的顺序或大小，或者样品应归属的类别或等级。它要求评价员对 2 个以上的样品进行评价，判定出哪个样品好，哪个样品差，以及它们之间的差异大小和差异方向，通过试验可得出样品间差异的排序和大小，或者样品应归属的类别或等级，选择何种方法解释数据，取决于试验的目的及样品数量。常用方法有：分类检验法、排序检验法、评分检验法以及量值估计法等。

一、排序检验法

1. 适用范围

当评定少量样品的复杂特性时，选用此法是快速而又高效的。此时的样品数一般小于 6 个。但样品数量较大（如大于 20 个），且不是比较样品间的差别大小时，选用此法也具有一定优势。但其信息量却不如定级法大，此法可不设对照样，将两组结果直接进行比对。当试验目的是就某一项性质对多个产品进行比较时，比如甜度、新鲜程度等，使用排序检验法是进行这种比较的最简单方法。排序法比任何其他方法更节省时间。它常被用在以下几个方面：

① 确定由于不同原料、加工、处理、包装和储藏等环节而造成的产品感官特性差异；

② 当样品需要为下一步的试验预筛或预分类，即对样品进行更精细的感官分析之前，可应用此方法；

③ 对消费者或市场经营者订购的产品的可接受性调查；

④ 企业产品的精选过程；

⑤ 可用于评价员的选择和培训。

2. 试验原理

以均衡随机的顺序将样品呈送给评价员，要求评价员就指定指标将样品进行排序，计算序列和，然后利用 Friedman（弗里德曼）法等对数据进行统计分析。该法只排出样品的次序，表明样品之间的相对大小、强弱、好坏等，属于程度上的差异，而不评价样品间的差异大小。此法的优点是可利用同一样品，对其各类特征进行检验，排出优劣，且方法较简单，结果可信，即使样品间差别很小，只要评价员很认真，或者具有一定的检验能力，都能在相当精确的程度上排出顺序。参加试验的人数不得少于 8 人，如果参加人数在 16 人以上，区分效果会很明显。根据试验目的，品评员要有区分样品指标之间细微差别的能力。

3. 试验步骤

在试验中，尽量同时提供样品，评价员同时收到以均衡、随机顺序排列的样品。其任务就是将样品排序。同一组样品还可以以不同的编号被一次或数次呈送，如果每组样品被评价的次数大于 2，那么试验的准确性会得到很大提高。在倾向性试验中，告诉参评人员，最喜欢的样品排在第一位，第二喜欢的样品排在第二位，依次类推，不要把顺序颠倒。如果相邻两样品的顺序无法确定，鼓励评价员去猜测，如果实在猜不出，可以取中间值，如 4 个样品中，对中间两个的顺序无法确定时，就将它们都排为（2+3）/2=2.5。如果需要排序的感官指标多于一个，则对样品分别进行编号，以免发生相互影响。排出初步顺序后，若发现不妥之处，可以重新核查并调整顺序，确定各样品在尺度线上的相应位置。

在进行问答表设计时，应明确评价的指标和准则，如对哪些特性进行比较，是对产品的一种特性进行排序，还是对一种产品的多种特性进行比较；排列顺序是从强到弱还是从弱到强；要求的检验操作过程如何；是否进行感官刺激的评价，如果是，应使评价员在不同的评价之间使用水、淡茶或无味面包等以恢复原感觉能力。排序检验法问答表的一般形式如表3-18、表3-19所示。

表 3-18 排序检验法问答表的一般形式示例一

姓名：_____

日期：_____

产品：_____

试验指令：品尝样品后，请根据您所感受的甜度，把样品号码填入适当的空格中（每格中必须填一个号码）。

甜味最强 _____   甜味最弱 _____

表 3-19 排序检验法问答表的一般形式示例二

排序检验法

姓名：_____   日期：_____

试验指令：

(1) 从左到右依次品尝样品 A、B、C、D。

(2) 品尝之后，就指定的特性方面进行排序。

试验结果：

样品　　秩次　　　　评价员	1	2	3	4
1				
2				
3				
4				
5				
6				

4. 应用实例

下面以实例进行分析，以便理解。

（1）样品甜味排序 将评价员对每次检验的每一特性的评价汇集在如表 3-20 所示的表格内。表 3-20 是六个评价员对 A、B、C、D 四种样品的甜味排序结果。

表 3-20 评价员的排序结果

样品　　秩次　　　　评价员	1	2	3	4
1	A	B	C	D
2	B =	C	A	D
3	A	B =	C =	D
4	A	B	D	C
5	A	B	C	D
6	A	C	B	D

（2）统计样品秩次和秩和　在每个评价员对每个样品排出的秩次当中有相同秩次时，则取平均秩次。表 3-21 是表 3-20 中样品的秩次与秩和。

表 3-21　样品的秩次与秩和

秩次　样品 评价员	A	B	C	D	秩和
1	1	2	3	4	10
2	3	1.5	1.5	4	10
3	1	3	3	3	10
4	1	2	4	3	10
5	1	2	3	4	10
6	1	3	2	4	10
每种样品的秩和 R	8	13.5	16.5	22	60

（3）统计解释　使用 Friedman 检验和 Page 检验对被检样品之间是否有显著差异做出判定。

① Friedman 检验　先用下式求出统计量 F：

$$F=\frac{12}{JP(P+1)}(R_1^2+R_2^2+\cdots+R_P^2)-3J(P+1) \tag{3-5}$$

式中，J 表示评价员数；P 表示样品（或产品）数；R_1，R_2，$\cdots$，R_P 表示每种样品的秩和。

查表 3-22，若计算出的 F 值大于或等于表中对应于 P、J、α 的临界值，则可以判定样品之间有显著性差异；若小于相 2 应临界值，则可以判定样品之间没有显著性差异。

当评价员数 J 较大，或当样品数 P 大于 5 时，超出表 3-22 的范围，可查 χ^2 分布表（附表 1），F 值近似服从自由度为 $P-1$ 的 χ^2 值。

上例中（见表 3-21）的 F 值为：

$$F=\frac{12}{6\times4\times(4+1)}(8^2+13.5^2+16.5^2+22^2)-3\times6\times(4+1)=10.25$$

当评价员是在分不出某两种样品之间的差距时，可以允许将这两种样品排定同一秩次，这时用 F' 代替 F：

$$F'=\frac{F}{1-E/[JP(P^2-1)]} \tag{3-6}$$

式中，E 值由如下得出：

令 n_1，n_2，$\cdots$，n_k 为出现相同秩次的样品数，若没有相同秩次，$n_k=1$，则

$$E=(n_1^3-n_1)+(n_2^3-n_2)+\cdots+(n_k^3-n_k)$$

表 3-21 中，出现相同秩次的样品数有：$n_2=2$，$n_3=3$，其余均没有相同秩次。所以

$$E=(2^3-2)+(3^3-3)+\cdots+(1^3-1)=6+24=30$$

故　　　　　　　$$F'=\frac{F}{1-30/[6\times4\times(4^2-1)]}=1.09F=11.17$$

用 F' 与表 3-22 或 χ^2 分布表（附表 1）中的临界值比较，从而得出统计结论。

本例中，$F'=11.17$，大于表 3-22 中相应的 J、P、α（6，4，0.01）的临界值 10.20，所以可以判定，在 1‰ 显著水平下，样品之间有显著性差异。

② Page 检验　有时样品有自然的顺序，例如样品成分的比例、温度、不同的储藏时间等可测因素造成的自然顺序。为了检验该因素的效应，可以使用 Page 检验。该检验也是一种秩和检验，在样品有自然顺序的情况下，Page 检验比 Friedman 检验更有效。

表 3-22　Friedman 秩和检验近似临界值表

评价员数目 J	样品（或产品）的数目 P					
	3	4	5	3	4	5
	显著水平 α＝0.05			显著水平 α＝0.01		
2	—	6.00	7.60	—	—	8.00
3	6.00	7.00	8.53	—	8.20	10.13
4	6.50	7.50	8.80	8.00	9.30	11.10
5	6.40	7.80	8.96	8.40	9.96	11.52
6	6.33	7.60	9.49	9.00	10.20	13.28
7	6.00	7.62	9.49	8.85	10.37	13.28
8	6.25	7.65	9.49	9.00	10.35	13.28
9	6.22	7.81	9.49	8.66	11.34	13.28
10	6.20	7.81	9.49	8.60	11.34	13.28
11	6.54	7.81	9.49	8.90	11.34	13.28
12	6.16	7.81	9.49	8.66	11.34	13.28
13	6.00	7.81	9.49	8.76	11.34	13.28
14	6.14	7.81	9.49	9.00	11.34	13.28
15	6.40	7.81	9.49	8.93	11.34	13.28

如果 r_1，r_2，…，r_P 是以确定的顺序排列得 P 种样品的理论上的平均秩次，如果两种样品之间没有差别，则应 $r_1=r_2=\cdots=r_P$。否则，应 $r_1\leqslant r_2\leqslant\cdots\leqslant r_P$，其中至少有一个不等式是成立的，也就是原假设不能成立，检验原假设能够成立，用下式计算统计量来确定：

$$L=R_1+2R_2+\cdots+PR_P \tag{3-7}$$

若计算出的 L 值大于或等于表 3-22 中的相应临界值，则拒绝原假设而判定样品之间有显著性差异。

若评价员人数 J 或样品数 P 超出表 3-22 的范围，可用统计量 L' 做检验，见下式：

$$L'=\frac{12L-3JP(P+1)^2}{P(P+1)\sqrt{J(P-1)}} \tag{3-8}$$

当 $L'\geqslant1.65$，α＝0.05；$L'\geqslant2.23$，α＝0.01。

以此判定样品之间有显著性差异。

表 3-23　Page 检验临界值表

评价员数目	样品（或产品）数 P											
	3	4	5	6	7	8	3	4	5	6	7	8
	显著水平 α＝0.05						显著水平 α＝0.01					
2	28	58	103	166	252	362	—	60	106	173	261	376
3	41	84	150	244	370	532	42	87	155	252	382	549
4	54	111	197	321	487	701	55	114	204	331	504	722
5	66	137	244	397	603	869	68	141	251	409	620	893
6	79	163	291	474	719	1037	81	167	299	486	737	1063
7	91	189	338	550	835	1204	93	193	346	563	855	1232
8	104	214	384	625	950	1371	106	220	393	640	972	1401
9	116	240	431	701	1065	1537	119	246	441	717	1088	1569
10	128	266	477	777	1180	1703	131	272	487	793	1205	1736
11	141	292	523	852	1295	1868	144	298	534	869	1321	1905
12	153	317	570	928	1410	2035	156	324	584	946	1437	2072
13	165	343	615	1003	1525	2201	169	350	628	1022	1553	2240
14	178	368	661	1078	1639	2367	181	376	674	1098	1668	2407
15	190	394	707	1153	1754	2532	194	402	721	1174	1784	2574
16	202	420	754	1228	1868	2697	206	427	767	1249	1899	2740
17	215	445	800	1303	1982	2862	218	453	814	1325	2014	2907
18	227	471	846	1378	2097	3028	231	479	860	1401	2130	3073
19	239	496	891	1453	2217	3193	243	505	906	1476	2245	3240
20	251	522	937	1528	2325	3358	256	531	953	1552	2360	3406

（4）统计分组　当用 Friedman 检验或 Page 检验确定了样品之间存在显著性差异之后，可采用多重比较和分组方法进一步确定各样品之间的差异程度。

根据各样品的秩和 R_P，从小到大将样品初步排序，上例的排序为：

R_A	R_B	R_C	R_D
8	13.5	16.5	22

计算临界值 $r(I,a)$：

$$r(I,\alpha)=q(I,\alpha)\sqrt{\frac{JP(P+1)}{12}} \tag{3-9}$$

式中，$q=(I,a)$ 值可查表 3-24，其中 $I=2，3，\cdots，P$。

本例中，根据表 3-20，临界值 $r(I,a)$ 为：

$$r(I,a)=q(I,a)\sqrt{\frac{6\times4\times(4+1)}{12}}=3.16q(I,a)$$

比较与分组，以下列的顺序检验这些秩和的差数：最大减最小，最大减次小，……最大减次大；然后次大减最小，次大减次小……依次减下去，一直到次小减最小。

$R_{AP}-R_{A1}$ 与 $r(P，\alpha)$ 比较；

$R_{AP}-R_{A2}$ 与 $r(P-1，\alpha)$ 比较；

$$\vdots$$

$R_{AP}-R_{AP-1}$ 与 $r(2，\alpha)$ 比较；

$R_{AP-1}-R_{A1}$ 与 $r(P-1，\alpha)$ 比较；

$R_{AP-1}-R_{A2}$ 与 $r(P-2，\alpha)$ 比较；

$$\vdots$$

$R_{A2}-R_{A1}$ 与 $r(2，\alpha)$ 比较；

若相互比较的两个样品 A_j 与 A_i 的秩和之差 $R_{Aj}-R_{Ai}(j>i)$ 小于相应的 r 值，则表示这两个样品以及秩和位于这两个样品之间的所有样品无显著差异，在这些样品以下可用一横线表示，即：$\underline{A_iA_{i+1}\cdots A_j}$，横线内的样品不必再作比较。

若相互比较的两个样品 A_j 与 A_i 的秩和之差 $R_{Aj}-R_{Ai}$ 大于或等于相应的 r 值，则表示这两个样品有显著性差异，其下面不画横线。

不同横线上面的样品表示不同的组，若有样品处于横线重叠处，应单独列为一组。

根据表 3-21，查表 3-24 可得：

$$r(4,0.05)=q(4,0.05)\times3.16=3.63\times3.16=11.47$$

$$r(3,0.05)=q(3,0.05)\times3.16=3.31\times3.16=10.46$$

$$r(2,0.05)=q(2,0.05)\times3.16=2.77\times3.16=8.75$$

由于：

$R_4-R_1=22-8=14>r(4，0.05)=11.47$，不可画线。

$R_4-R_2=22-13.5=8.5<r(3，0.05)=10.46$，不可画线。

$R_3-R_1=16.5-8=8.5<r(3，0.05)=10.46$，可画线。

结果如下：

A $\underline{\text{B}\quad\text{C}\quad\text{D}}$

最后分为 3 组

$\underline{\text{A}}$ $\underline{\text{B}\quad\text{C}}$ $\underline{\text{D}}$

表 3-24 $q(I, a)$ 值表

I	$\alpha=0.01$	$\alpha=0.05$	I	$\alpha=0.01$	$\alpha=0.05$
2	3.64	2.77	20	5.65	2.15
3	4.12	3.31	22	5.71	2.08
4	4.40	3.63	24	5.77	5.14
5	4.60	3.86	26	5.82	5.20
6	4.76	4.03	28	5.87	5.25
7	4.88	4.17	30	5.91	5.30
8	4.99	4.29	32	5.95	5.35
9	5.08	4.39	34	5.99	5.39
10	5.16	4.47	36	6.03	5.43
11	5.23	4.55	38	6.06	5.46
12	5.29	4.62	40	6.09	5.50
13	5.35	4.69	50	6.23	5.65
14	5.40	4.74	60	6.34	5.76
15	5.45	4.80	70	6.43	5.86
16	5.49	4.85	80	6.51	5.95
17	5.54	4.89	90	6.58	6.02
18	5.57	4.93	100	6.64	6.09
19	5.61	4.97			

结论：在 5% 的显著水平上，D 样品最甜，C、B 样品次之，A 样品最不甜，C、B 样品在甜度上无显著性差别。

二、评分法

1. 适用范围

由于此方法可同时评价一种或多种产品的一个或多个指标的强度及其差异，所以应用较为广泛，尤其用于评价新产品。

2. 试验原理

评分法是指按预先设定的评价基准，对试样的特性和嗜好程度以数字标度进行评定，然后换算成得分的一种评价方法。在评分法中，所有的数字标度为等距或比率标度，如 1～10（10 级）、−3～3 级（7 级）等数值尺度。该方法不同于其他方法的是所谓的绝对性判断，即根据评价员各自的鉴评基准进行判断。它出现的粗糙评分现象也可由增加评价员人数的方法来克服。

3. 试验步骤

设计问答表（票）前，首先要确定所使用的标度类型。在检验前，要使评价员对每一个评分点所代表的意义有共同的认识。样品的出示顺序可利用拉丁法随机排列。

问答票的设计应和产品的特性及检验的目的相结合，尽量简洁明了，可参考表 3-25 的形式。

表 3-25 评分法问答票参考形式

姓名：	性别：	试样号：			年 月 日

请你在品尝面前的试样后,以自身的尺度为基准,在下面的尺度中的相应位置上画"O"

极端好	非常好	好	一般	不好	非常不好	极端不好
1	2	3	4	5	6	7

在进行结果分析与判断前，首先要将问答票的评价结果按选定的标度类型转换成相应的数值。以上述问答票的评价结果为例，可按$-3\sim3$（7级）等值尺度转换成相应的数值。极端好$=3$；非常好$=2$；好$=1$；一般$=0$；不好$=-1$；非常不好$=-2$；极端不好$=-3$。当然，也可以用10分制等其他尺度。然后通过相应的统计分析和检验方法来判断样品间的差异性，当样品只有两个时，可以采用简单的t检验；而当样品超过两个时，要进行方差分析并最终根据F检验结果来判别样品间的差异性。以下通过具体实例来介绍这种方法的应用。

4. 应用实例

为了比较X、Y、Z三个公司生产的快餐面质量，8名评审员分别对3个公司的产品按上述答案票中的1分～6分尺度进行评分，评分结果如表3-26所示，问产品之间有无显著性差异？

表 3-26　评分结果表

评审员	1	2	3	4	5	6	7	8	合计
试样 X	3	4	3	1	2	1	2	2	18
试样 Y	2	6	2	4	4	3	6	6	33
试样 Z	3	4	3	2	2	3	4	2	23
合计	8	14	8	7	8	7	12	10	74

解题步骤：

（1）求离差平方和Q

修正项
$$CF=\frac{x_{..}^2}{nm}=\frac{74^2}{8\times3}=228.17$$

试样
$$Q_A=(x_{1.}^2+x_{2.}^2+\cdots+x_{i.}^2+\cdots+x_{m.}^2)/n-CF$$
$$=(18^2+33^2+23^2)/8-228.7=242.75-228.17=14.58$$

评价员
$$Q_B=(x_{.1}^2+x_{.2}^2+\cdots+x_{.i}^2+\cdots+x_{.m}^2)/m-CF$$
$$=(8^2+14^2+\cdots+10^2)/3-228.7=243.33-228.17=15.16$$

总平方和
$$Q_T=(x_{11}^2+x_{22}^2+\cdots+x_{ij}^2+\cdots+x_{mn}^2)-CF$$
$$=(3^2+4^2+\cdots+2^2)-228.17=47.83$$

误差
$$Q_E=Q_T-Q_A-Q_B=18.09$$

（2）求自由度f

试样
$$f_A=m-1=3-1=2$$

评审员
$$f_B=n-1=8-1=7$$

总自由度
$$f_T=m\times n-1=24-1=23$$

误差
$$f_E=f_T-f_A-f_B=14$$

（3）方差分析

求平均离差平方和
$$V_A=Q_A/f_A=14.58/2=7.29$$
$$V_B=Q_B/f_B=15.16/7=2.17$$
$$V_E=Q_E/f_E=18.09/14=1.29$$

求F_0
$$F_A=V_A/V_E=7.29/1.29=5.65$$
$$F_B=V_B/V_E=2.17/1.29=1.68$$

查F分布表（附表3），求$F(f,f_E,\alpha)$。若$F_0>F(f,f_E,\alpha)$，则置信度α有显著性差异。

本例中，$F_A = 5.65 > F(2, 14, 0.05) = 3.74$

　　　　　　$F_B = 1.68 < F(2, 14, 0.05) = 2.76$

故置信度 $\alpha = 5\%$，产品之间有显著性差异，而评价员之间无显著差异。

将上述计算结果列入表 3-27。

表 3-27　方差分析表

方差来源	平方和 Q	自由度 f	均方和 V	F_0	F
产品 A	14.58	2	7.29	5.65	$F(2,14,0.05)=3.74$
评审员 B	15.16	7	2.17	1.68	$F(2,14,0.05)=2.76$
误差 E	18.09	14	1.29		
合计	47.83	23			

（4）检验试样间显著性差异　当方差分析结果表明试样之间有显著差异时，为了检验哪几个试样间有显著性差异，采用重范围试验法，即

求试样平均分：　　　　　X　　　　　　Y　　　　　　Z

　　　　　$18/8 = 2.25$　　$33/8 = 4.13$　　$23/8 = 2.88$

按大小顺序排列：　　1 位　　　　2 位　　　　3 位

　　　　　　Y　　　　　Z　　　　　X

　　　　　4.13　　　　2.88　　　　2.25

求试样平均分的标准误差：$dE = \sqrt{V_E/n} = \sqrt{1.29/8} = 0.4$

查斯图登斯化范围表（附表 5），求斯图登斯化范围 rp，计算显著性差异最小范围 $Rp = rp \times$ 标准误差 dE。

　　　　　　　　P　　　　　　　　2　　　　　　　　3

　　　　　rp（5% $f = 14$）　　　3.03　　　　　　3.70

　　　　　　　　Rp　　　　　　　1.21　　　　　　1.48

　　　　1 位－3 位 $= 4.13 - 2.25 = 1.88 > 1.48$（$R_3$）

　　　　1 位－2 位 $= 4.13 - 2.88 = 1.25 > 1.21$（$R_2$）

即 1 位（Y）和 2、3 位（Z、X）之间有显著差异。

　　　　2 位－3 位 $= 2.88 - 2.25 = 0.63 < 1.21$（$R_2$）

即 2 位（Z）和 3 位（X）之间无显著性差异。

故置信度 $\alpha = 5\%$，产品 Y 和产品 X、Z 比较有显著性差异，产品 Y 明显不好。

三、量值估计法

1. 适用范围

在实践中，量值估计法可应用于训练有素的评价小组、消费者甚至是儿童。但是，比起受到限制的标度方法，量值估计法的数据变化更大，特别是出自未经训练的消费者之手的数据。该标度法的无界限特性，使得它特别适合于那些上限会限制评价人员在评估感官特征中区分感官体验的能力的情况。

2. 方法原理

该方法要求评价员做出的评分要符合比例原则，即如果样品 B 某个特性的强度是样品 A 的 2 倍，则样品 B 的评分值应是样品 A 评分值的 2 倍，即分值间的比例反映了感觉强度大小的比例。量值估计有两种评价技术形式：一种是指定一个样品作为参比样，并由感官分析师或评价员为其赋予一个固定值（固定模数），如 30、50、100 等，其他样品与参比样进

行比较得到估计值；另一种是不指定参比样，评价员可以选择任意数字赋予任意样品（一般为第一个样品），然后所有样品与其强度进行比较而得到估计值。

3. 方法步骤

召集评价员，有经验、在所研究的产品及特性评价方面经过高度专业培训的评价员最少需要 5 名，有经验、经过专业培训的评价员最少需要 15 名，新培训的评价员最少需要 20 名。根据样品特点选择合适的评价技术，按随机或拉丁方顺序将样品提供给评价员，评价员按回答表要求进行评价。汇总结果，进行统计分析。

（1）参照样或赋以固定数值模数的量值估计应用示范指令如下：

请品尝第一个样品并注意其甜度。这是一个参照样品，它的甜度值定为"10"。请根据该参照样品来评价所有其他样品，给这些样品相应的数值以表示样品间的甜度比率。例如，如果下一个样品的甜味是参照样的 2 倍，则将其值定为"20"，如果其甜度是参照样的一半，则将其定值为"5"，如果其甜度是 3.5 倍，则将其定值为"35"。你可以使用任意的正数，包括分数和小数。在这种方法中，有时允许用数字 0，因为在检验时有些产品实际上没有甜味，或者没有需评价的感官特性。但参照样品不能用 0 来赋值，参照样最好能选择在强度范围的中间点附近。没有感觉特征的产品定值为 0 可以理解，但会使数据分析复杂化。

（2）量值估计的另一个主要变化形式不使用参考点。这种情况指令如下：

请品尝第一个样品并注意其甜度。请根据该参照样来评价所有其他样品，并给这些样品相应的数字以表示样品间甜度的比率。例如，如果下一个样品的甜味是参照样的 2 倍，则给该样品定值为第一个样品的 2 倍；如果甜味是参照样的一半，则给其定值为第一个样品的一半；如果甜味是 3.5 倍，则给其定值为 3.5 倍。你可以使用任意正数，包括分数和小数。

参与者一般会选择他们感觉合适的数字范围，ASTM（美国材料测试协会）法建议第一个样品的值在 30～100 之间为宜，应避免使用太小的数字。参与者应注意避免前面使用有界限类项标度的习惯，如限制数字范围为 0～10。这对于以前受过训练使用其他标度方法的评价人员是一个很大的困难，因为他们总是习惯于坚持了解的而感到习惯的方法。有这种行为的评价人员可能没有理解指令中"比率"的特性。为避免这一问题，可以让参与者进行一些准备活动来帮助他们确切地理解标度指令。准备活动可以让他们估计不同几何图形的大小和面积或者线段的长度。有时要求评价人员同时标度多个特征或将整体强度分解为特定的属性。如果需要这种"剖面"几何图形可以包含不同的阴影区域，或者不同颜色的线段。

量值估计的数据常常在数据分析前转换成对数，这主要是因为数据趋向于对数常态分布，或者至少是正偏离。在标度中有一些高度偏离值，而大部分标度位于较低的数值范围内。原因是标度在顶端是开放的，而在底部则以零为界。不过，当数据中包含零的时候，将数据转换成对数和几何平均值也会出现一些问题。0 的对数是没有意义的，而在用乘法计算 N 次几何平均值时也将使结果为 0。对于这个问题有几种办法。一种方法是将数据中的 0 赋予一个小的正数，比如取受试者给出的最小标度值的一半（ASTM，1995）。当然，结果分析会受这种选择的影响。另一种方法是在计算标准化因子时使用算术平均值或中间值。对于再标度它是可行的，但并未去除数据的偏离。

4. 应用实例

感官研究人员想考察新建立的 9 点硬度参比样体系（奶油奶酪、鸡蛋白、奶酪、哈尔滨红肠、青梅、花生、胡萝卜、杏仁、冰糖）各个样品间是否存在显著差异，评价小组经训练后是否能达到稳定一致。

将 9 点硬度参比样以随机顺序提供给 7 名评价员，将第一个样品奶油奶酪作为内部参比样，由评价小组组长给定一个评分值 10，作为固定模数，以此为基础进行量值估计，下一个样品与紧邻的前一个样品进行比较，按比例原则给出该样品的硬度估计值，如表 3-28 所示。结果取自然对数后进行方差分析。

表 3-28　硬度参比样量值估计回答表

评价员：	日期：	轮次：

提示语：
(1)请对提供的样品按从左至右的顺序依次对其硬度给出估计值；
(2)用门牙将样品切至适当大小，用舌头拔置白齿部位，评价上下牙齿穿透样品所施力的大小，咀嚼并吞咽样品；
(3)以奶油奶酪为参比样，其固定模数为 10；
(4)与紧邻的前一个样品进行比较，按比例原则给出该样品的硬度估计值；
(5)可重复评价，评价下一个样品前请漱口，并休息 1～2min。

样品	奶油奶酪	鸡蛋白	奶酪	香肠	青梅	胡萝卜	花生	杏仁	冰糖
评分值									

谢谢您的参与！

将评价员评分结果取自然对数后进行方差分析，结果如表 3-29 所示。

表 3-29　方差分析结果

方差来源	自由度	平方和	均方	F
评价员	6	0.0042	0.0007	2.7
样品	8	28.1372	3.5171	13392.4
误差	48	0.0126	0.0003	
校正后总误差	62	28.1540		

方差分析结果表明，样品间存在高度显著性差异，由评价员产生的差异在 $\alpha=0.01$ 水平上不显著，说明每位评价员的打分趋势相同，即他们对产品的理解是一致的，评价小组达到了稳定一致。

第四节　描述性分析方法

描述分析性试验是评价员对产品的所有品质特性进行定性、定量的分析及描述评价。它要求评价产品的所有感官特性，如外观、嗅闻的气体特征、口中的风味特征（味觉、嗅觉及口腔的冷、热、收敛等知觉和余味）及组织特性和几何特性。组织特性即质地，包括：机械组织——硬度、凝聚度、黏度、附着度和弹性 5 个基本特性及碎裂度、固体食物咀嚼度、半固体食物胶密度 3 个从属特性；几何特性——产品颗粒、形态及方向物性，有平滑感、层状感、丝状感、粗粒感等，以及油、水含量感，如油感、湿润感等。因此，它要求评价员除具备人体感知食品品质特性和次序的能力外，还要具备描述食品品质特性的专有名词的定义与其在食品中的实质含义的能力，以及总体印象或总体风味强度和总体差异分析能力。通常可依据是否定量分析而分为简单描述法和定量描述法。

一、感官剖面法

1. 方法原理

风味剖面方法是 20 世纪 40 年代末和 50 年代初，在 Arthur D. Little 公司由 Loren Sjostrom、Stanley Cairncross 和 Jean Caul 等人发展建立起来的。对评价员除满足一般要求外，还应经过专门培训。对于特殊食品，可以聘请专家，一般为 5～8 位培训过的优选评价员或专家。评价前应先制定记录样品的特性目录，确定参比样，规定描述特性的词汇，建立描述和检验样品的最好方法。国标 GB 12313 规定了一套描述和评估食品产品风味的方法，适用于新产品的研制和开发；鉴别产品间的差别；进行质量控制；为仪器检验提供感官数据；提供产品特征的永久记录和监测产品在贮存期的变化。

2. 方法步骤

检验的方法可分成两大类型。描述产品特性达到一致的称为一致方法，不需要一致的称为独立方法。一致方法中的必要条件是评价小组负责人也参加评价，所有评价员都作为一个集体的成员，目的是对产品风味描述达到一致。评价小组负责人组织讨论，直至对每一个结论都达到一致意见，从而可以对产品风味特征进行一致的描述。如果不能达到一致，可以引用参比样来帮助达到一致。为此，有时必须经过一次或多次讨论，最后由评价小组负责人报告和说明结果。在独立方法中，小组负责人一般不参加评价，评价小组意见不需要一致，评价员在小组内讨论产品特征，然后单独记录他们的感觉，由评价小组负责人汇总和分析这些单一结果。在一致方法中，开始评价员单独工作，按感性认识记录特性特征，感觉顺序、强度、余味和（或）滞留度，然后进行综合印象评估。当评价员测完剖面时，就开始讨论，由评价小组负责人收集各自的结果，讨论到小组意见达到一致为止。为了达到意见一致可推荐采用参比样或者评价小组要多次开会。讨论结束后，由评价小组负责人作出包括所有成员意见的结果报告。报告的表达形式可以是表格、图等，如表 3-30、图 3-1(a)～(f) 所示。在独立方法中，当评价小组对规定特性特征的认识达到一致后，评价员就可以单独工作并记录感觉顺序，用同一标度去测定每种特性强度、余味或滞留度及综合印象。最后由评价小组负责人收集并报告评价员提供的结果，计算出各特性特征强度（或喜好）平均值，用表或图表示。若有数个样品进行比较时，可利用综合印象的结果得出样品间的差别大小及方向，也可以利用各特性特征的评价结果，用一个适宜的分析方法进行分析（如评分分析法），以确定样品之间差别的性质和大小。

表 3-30 番茄酱风味剖面检验结果

检验日期	年 月 日	检验日期	年 月 日
特性特征感觉顺序	强度（数字评估）	胡椒	1
番茄	4	余味	无
肉桂	1	滞留度	相当长
丁香	3	综合印象	2
甜度	2		

无论一致方法或独立方法，检验报告均应包括以下内容：涉及的问题，使用的方法，制备样品的方法，检验条件（包含评价员资格，特性特征的目录和定义，使用的参比物质目录，测定强度所使用的标度，分析结果所使用的方法等），得到的结果及引用的标准。

3. 应用实例

（1）调味番茄酱风味剖面检验结果 如表 3-30 所示。

（2）沙司酱风味剖面分析检验结果

产品：沙司酱

日期：1998.8.15

评价员：刘力

二、质地剖面法

1. 方法原理

在风味剖面法的基础之上，20 世纪 60 年代由美国通用食品公司的 A. S. Szczesniak 等人

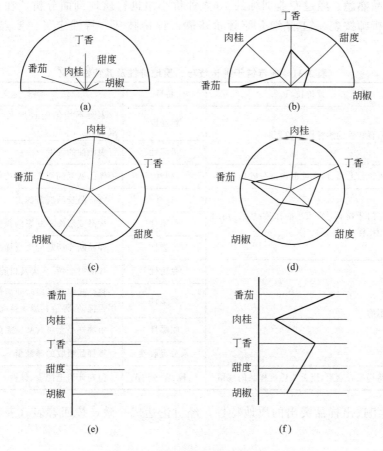

图 3-1　不同报告表达形式

（a）用线的长度表示每种特性强度按顺时针方向表示特性感觉的顺序；（b）每种
特性强度记在轴上，连接各点，建立一个风味坡面的图示；（c），（d）是一个
圆形图示，原理同（a）和（b）；（e），（f）是直线形评估图，按标度（c）
绘制，原理同（a）和（b），（f）图是连接各点给出风味剖面

研究开发出质地剖面法，根据食品的机械特性、几何特性、表面特性和主体特性对食品的质地进行分析。在这四类质地特性的系统分类基础之上，描述从产品入口前到咀嚼吞咽过程的5个阶段（咀嚼前、咬第一口、咀嚼阶段、剩余阶段、吞咽阶段）中，人所能感知的产品质地特性、特性的强度和出现的顺序。在特性强度的评价中，采用参比样体系对评价员进行培训及考核。

2. 方法步骤

该方法的程序主要包括评价前的统一认识、质地特性描述词的确定、质地特性顺序的确定、质地特性标度参比样体系的确定、标度的训练与考核以及样品质地特性的评价6个步骤。在评价正式开始前，由感官分析师或评价小组长按感官顺序详细介绍评价步骤、评价技巧、要点和注意事项，并演示全过程。评价小组应按指定评价技巧使特性在其最明显、最易察觉的情况下进行评价。

3. 应用实例

某饼干公司新开发出一种软式曲奇，为了凸显产品的特色，对产品的质地特征进行剖析。

采用对样品熟悉、经过专业训练的 10 人评价小组进行质地剖面分析。在评价正式开始前，由感官分析师按表 3-31 详细介绍评价步骤、评价技巧、特性定义、要点和注意事项，并演示全过程。

表 3-31　曲奇饼干评价技巧、质地特性及其特性定义

评价过程	评价技巧	特性	特性定义
入口前	用唇和舌面感觉样品的表面	粗糙度	表面不均匀的程度及大小颗粒的总体数量
		干湿性	表面油的程度
部分咬压	用舌与上颚、门牙或臼齿部分咬压样品	弹性	样品恢复到原来状态的程度
第一口	用门牙咬下适宜大小的样品；然后，用门牙咬压样品，使其紧实	硬性	将样品咬断所需的力
		内聚性	样品变形而不断裂的程度
		碎裂性	样品断裂所需的力及样品在口中的状态
咀嚼	咀嚼	黏附性	样品对上颚、牙齿及口腔内壁的黏附程度
		聚集性	将样品咀嚼一段时间后但尚不能吞咽前，用舌搅动，评价其成团情况
		咀嚼性	咀嚼样品至可吞咽所需的时间
		水分吸收性	被样品吸收的唾液量
残留	将样品吞咽后，用舌头感受样品的残留	颗粒、黏牙情况	留在牙齿上的量、黏性

由评价小组选出样品突出的质地特性，经讨论达成一致，按回答表（表 3-32）要求评价样品。

表 3-32　曲奇质地剖面评价回答表

特性	强度描述	您选择的强度
干湿性	1—干的、2—较干的、3—适中、4—较油的、5—油的	
硬性	1—软的、2—较软的、3—软硬适中的、4—较硬的、5—硬的	
碎裂性	1—不易碎的、2—较易碎的、3—易碎的	
黏附性	1—不黏、2—有点黏、3—黏	
聚集性	1—弱的(分散的)、2—较弱的(颗粒的、粉状的)、3—适中的(块状感的)、4—较强的(糊状的)、5—强的(成团的)	

提示语：
请在理解表 3-32 中各特性强度描述的基础上选择您认为合适的强度。

谢谢您的参与！

由评价小组讨论统一描述词，如表 3-33 所示。

表 3-33　评价小组统一确定的曲奇质地特性描述词

曲奇质地特性	描述词	曲奇质地特性	描述词
干湿性	较湿的	黏附性	有点黏附
硬性	软的	聚集性	成团的
碎裂性	较易碎的		

评价后，得样品的质地剖面图，如图3-2所示。

经过小组评价后，该曲奇产品突出的质地特性按其出现顺序依次为：干湿性、硬性、碎裂性、黏附性、聚集性。特性强度表现为：干湿性、碎裂性较强，硬性、黏附性适中，聚集性强。

三、定量描述

要求评价员尽量完整地对形成样品感官特征的各个指标强度进行鉴评的检验方法称为定量描述试验。这种鉴评是使用以前由简单描述试验所确定的词汇中选择的词汇，描

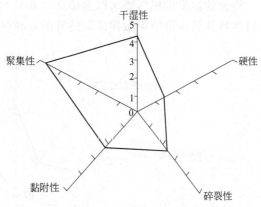

图 3-2　曲奇质地剖面雷达图

述样品整个感官印象的定量分析。这种方法可单独或结合地用于鉴评气味、风味、外观和质地。此方法对质量控制、质量分析、确定产品之间差异的性质、新产品研制以及产品品质的改良等最为有效，并且可以提供与仪器检验数据对比的感官数据，提供产品特征的持久记录。

通常，在正式小组成立之前，需要有一个熟悉情况的阶段，以了解类似产品，建立描述的最好方法和统一评价识别的目标。同时，确定参比样品（纯化合物或具有独特性质的天然产品）和规定描述特性的词汇。具体进行时，还可根据目的的不同设计出不同的检验记录形式。

此方法的检验内容通常有：

（1）特性特征的鉴定　即用叙词相关的术语规定感觉到的特性特征。

（2）感觉顺序的确定　即记录显示察觉到各特性特征所出现的顺序。

（3）强度评价　每种特性特征的强度（质量和持续时间），可以鉴评小组或独立工作的评价员测定。特性特征强度可由多种标度来评估。

① 数字法

0＝不存在　　　　　　1＝刚好可识别　　　　2＝弱

3＝中等　　　　　　　4＝强　　　　　　　　5＝很强

② 标度点法　弱□□□□□□□强，在每个标度的两端写上相应的叙词，其中间级数或点数根据特性特征而改变，在标度点"□"上写出1～7数值，符合该点的强度。

③ 直线段法　在直线段上规定中心点为"0"，两端各叙词或直接在直线段规定两端点叙词（如弱——强），以所标线段距一侧的长短表示强度。

（4）余味的滞留度的测定　样品被吞下后（或吐出后），出现的与原来不同的特性特征称为余味。样品已经被吞下（或吐出后），继续感觉到的特性特征称为滞留度。在一些情况下，可要求检查员鉴别余味，并测定其强度，或者测定滞留度的强度和持续时间。

（5）综合印象的评估　综合印象是对产品的总体评估，考虑到特性特征的适应性、强度、相一致的背景特征的混合等。综合印象通常在一个三点标度上评估：1表示低，2表示中，3表示高。在一致方法中，鉴评小组赞同一个综合印象。在独立方法中，每个评价员分别评估综合印象，然后计算其平均值。

（6）强度变化的评估　有时可能要求以曲线（有坐标）形式表现从接触样品刺激到脱离样品刺激的感觉强度变化（如食品中的甜、苦等）。

检验的结果可根据要求以表格或"蜘蛛网"式的图形报告（可参考图 3-3），也可利用各特性特征的评价结果做样品间适宜的差异分析（如评分法解析）。

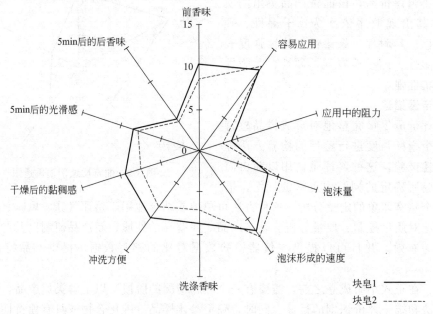

图 3-3　QDA（蜘蛛网形图）数据的蜘蛛网或射线点图例

第五节　消费者感官检验法

一、偏爱型感官分析

偏爱型感官分析又称为嗜好型感官分析，与分析型感官分析相反，是以样品为工具，来了解人的感官反应及倾向。例如，在新产品开发的过程中，对试制品的评价；在市场调查中顾客不同的偏爱倾向。此类型的感官分析，不需要统一的评价标准及条件，而依赖于人们的生理及心理上的综合感觉。即个体人或群体人的感觉特征和主观判断起着决定性作用，分析的结果受到生活环境、生活习惯、审美观点等多方面因素影响，因此其结果往往是因人、因时、因地而异。例如，对某一种食品风味的评价，不同地域和环境、不同的群体、不同的生活习惯、不同年龄、甚至不同性格的人会得出不同的结论，有人认为好，有人认为不好；既有人喜欢，也有人不喜欢；各有看法。所以，偏爱型感官分析完全是一种主观的或群体的行为，它反映了不同个体或群体的偏爱倾向、不同个体或群体的差异，对食品的开发、研制、生产有积极的指导意义。偏爱型感官分析是人的主观判断，因此，是其他方法所不能替代的。此类分析最好使用描述性方法，或者较容易回答的问题选择方法。

1. 成对偏爱检验

当一个人对某产品的偏爱程度直接超过第二个产品时，就会利用成对偏爱检验这种技术。试验具有相当程度的直觉性，评价人员能够很容易地理解他们的任务。选择是消费者行为的基本要素，人们能够同时比较两个样品，也可能进行一系列的比较。成对偏爱检验就是强迫评价人员在两个样品间作出选择，而不允许"无偏爱"结论。

在成对偏爱检验中，评价员获得两个编号的样品。这两个样品同时呈送给评价员，并要求其评定后选出喜爱的样品。该检验中有两个可能的样品呈送顺序（AB、BA），这些顺序应该以相等的数量随机呈送给评价员。

该检验中，当基本人群对一个产品的偏爱没有超过其他产品时，评价员会给每个产品同样的选择次数。无差异假说是基本人群对一个产品的偏爱没有超过其他产品，选择样品 A 的概率 $P(A)$ ＝选择样品 B 的概率 $P(B)$ ＝1/2。如果基本人群对一个产品的偏爱程度超过另一个产品，那么，受偏爱较多的产品被选择的机会要多于另一个产品，$P(A) \neq P(B)$。成对偏爱检验可用的数据统计方法分别建立在二项式、χ^2 或正态分布的基础上，所有这些分析都假设评价员作出了选择。

2. 成对非必须偏爱检验

该检验与成对偏爱检验相同，均呈送给评价员两个编号的样品，要求其选出喜爱的一个样品。但该检验允许"无偏爱"的结论出现，当评价员认为对两个样品的喜爱程度无差异时，不需要被强迫必须作出选择。因此，该检验相对于成对偏爱检验来说具有一定的优势，即评价员能够按照自己的喜好作出真实的选择，而且 100 个评价员中有多少人选择了"无差异"也可给分析人员提供一个直接的差异。而该检验的缺点在于，建立在二项式、χ^2 或正态分布的基础上的常规数据分析方法都假设检验有一个必选，因此，非必须偏爱检验会使数据分析变得复杂，从而降低了检验力，还有可能忽略偏爱中的真正差别。另外，非必须偏爱检验也会给评价员提供一种"比较容易"的想法，因为他们没有必要必须作出选择，所以他们有时就不会努力作出选择。

有 3 种方式可以处理非必须偏爱检验的数据。第一种，照常分析，即忽略"无差异"的结论，只统计作出选择的结论。这样，不仅减少了可使用的研究对象数目，也降低了检验力。第二种，把"无差异"的结论分成 1∶1，平均分给两个样品，进行数据统计。这种方法虽保持了研究对象的数目，但还是降低了检验力，因为选择"无差异"的评价员很可能随意地作出回答。第三种，把"无差异"的结论按照有差异的比例进行分配。有人提出这样一种说法，选择"无差异"的人偏爱样品 A 的程度超过样品 B 的比例与作出选择的人偏爱样品 A 的程度超过样品 B 的比例是相同的。例如，25％的评价员选择了"无差异"。另外，75％的评价员中 50％选择了样品 A，25％选择了样品 B，则将 25％的结论按 2∶1 的比例分配给样品 A 和样品 B，结果可认为 66.7％的人选择了 A，33.3％的人选择了 B。

3. 排序偏爱检验

排序偏爱检验要求评价员按照偏爱或喜爱的下降或上升顺序，对若干样品进行排序。在排序过程中，通常不允许两个样品相等的结论存在，因此，该检验其实是多次成对必选检验。成对偏爱检验可看作是排序偏爱检验的子集。排序偏爱检验中，提供给评价员编号的样品，且样品的摆放顺序要以等量的概率出现。要求评价员按喜爱程度给样品打分，如 1＝最喜爱，5＝最不喜爱。该检验可通过 Friedman 检验进行数据分析。

二、接受性检验

在接受性检验中有一个概念叫做快感标度，也就是已知的对样品喜爱程度的标度。最普通的快感标度是表 3-34 中所列的 9 点快感标度。快感标度假设消费者的偏爱存在于一个连续统一体中，而在喜爱和不喜爱的基础上能对偏爱加以分类。样品编号后呈送给评价员，要求评价员表明他们对样品的快感标度。

9 点标度的使用非常简单，也非常容易实现。它已被广泛研究，并在食品和非食用产品的接受性检验中发挥重要作用。

表 3-34　一个接受性检验样本的计分表

接受性检验

姓　　名＿＿＿＿＿＿＿＿＿＿＿　　　　　　日　　期＿＿＿＿＿＿＿＿＿＿＿

样品种类＿＿＿＿＿＿＿＿＿＿＿　　　　　　样品编号＿＿＿＿＿＿＿＿＿＿＿

说明

　请在开始前用清水漱口,如果有需要可在检验中的任何时间再漱口。评定样品并选出对应的快感标度。

□极端喜欢

□非常喜欢

□一般喜欢

□稍微喜欢

□既没有喜欢,也没有厌恶

□稍微厌恶

□一般厌恶

□非常厌恶

□极端厌恶

　　实例:无脂肪"干酪"的接受性检验。选取 31 位干酪消费者组成一组评价员,要求其评定最近生产的产品无脂肪"干酪",以及有着相似风味和外观的软质干酪的对照样品。使用表 3-34 中的 9 点快感标度,进行质地硬度和总体喜爱程度的评定。其中 15 位评定对照样品,16 位评定新产品,评价员的打分情况列于表 3-35 中。

表 3-35　无脂肪"干酪"的接受性检验

坚硬程度:

1　　　2　　　3　　　4　　　5　　　6　　　7　　　8　　　9

喜欢程度:

1　　　2　　　3　　　4　　　5　　　6　　　7　　　8　　　9

极端厌恶　　　　　　　　　　既没有喜欢也没有厌恶　　　　　　　　极端喜欢

对照干酪		无脂肪"干酪"	
坚硬程度	喜欢程度	坚硬程度	喜欢程度
4	7	8	4
8	8	6	6
7	6	8	5
6	8	6	7
6	8	8	6
3	6	7	3
5	7	7	5
6	7	3	7
7	7	7	5
8	9	8	2
9	8	3	3
7	9	7	3
4	5	6	3
5	3	7	4
6	8	6	6
		7	4

数据分析结果如表 3-36 所示。

表 3-36　无脂肪"干酪"统计结果数据分析

项目	对照样品的坚硬程度	新产品的坚硬程度	对照样品的被喜欢程度	新产品的被喜欢程度
m	6.067	6.500	7.000	4.563
$\sum x$	91	104	105	73
$\sum(x^2)$	591	712	771	369
N	15	16	15	16

注：m 表示平均值；x 表示各评价员给样品的打分；N 表示某样品的评定人数；$\sum x$ 表示某样品所有评价员打分的和；$\sum(x^2)$ 表示某样品所有评价员打分的平方和。

t 统计公式：
$$t=\frac{m_1-m_2}{SEM} \tag{3-10}$$

式中，m_1 表示对照样品的平均值；m_2 表示新产品的平均值；SEM 表示平均标准误差。

$$SEM=\sqrt{\frac{\sum x_1^2-\dfrac{(\sum x_1)^2}{N_1}+\sum x_2^2-\dfrac{(\sum x_2)^2}{N_2}}{\left[(N_1+N_2)-2\right]}(1/N_1+1/N_2)}$$

坚硬度：
$$t=\frac{(6.067-6.5000)\sqrt{15\times16\times29/31}}{\sqrt{591-\dfrac{91^2}{15}+712-\dfrac{104^2}{16}}}=-0.433\times14.98/8.565=-0.749$$

喜爱程度：
$$t=\frac{(7.0-4.563)\sqrt{15\times16\times29/31}}{\sqrt{771-\dfrac{105^2}{15}+369-\dfrac{73^2}{16}}}=2.437\times14.98/8.48=4.30$$

查 t 分布表，在 $\alpha=0.05$ 的显著水平上，自由度为 29 的标准两重性 t 值为 2.045，坚硬度的 $t=-0.749<2.45$，喜爱程度 $t=4.30>2.45$，因此，可得出结论，对照样品与新产品在坚硬度上无差异，而在受喜爱程度上有差异，对照样品比新产品受喜爱程度高。

第四章　食品的物理检测法

第一节　概　　述

食品的物理检测法有两种类型，第一种类型是某些食品的一些物理常数，如密度、相对密度、折射率、旋光度等，与食品的组成成分及其含量之间存在着一定的数学关系。因此，可以通过物理常数的测定来间接地检测食品的组成成分及其含量。第二种类型是某些食品的一些物理量是该食品的质量指标的重要组成部分。如罐头的真空度，固体饮料的颗粒度、比体积，面包的比体积，冰淇淋的膨胀率，液体的透明度、浊度、黏度，半固态食品的硬度、脆度、胶黏性、黏聚性、回复性、弹性、凝胶强度、咀嚼性等。这一类物理量可直接测定。

食品的相对密度、折射率、旋光度、色度和黏度以及质构是评价食品质量的几项主要物理指标，常作为食品生产加工的控制指标和防止掺假食品进入市场的监控手段。

一、相对密度在检验液体食品掺假中的应用

当因掺杂、变质等原因引起液体食品的组成成分发生变化时，均可出现相对密度的变化。测定相对密度可初步判断食品是否正常以及纯净的程度。比如，原料乳中掺水会严重影响成品奶的质量，因此，常用密度计来检测牛乳的相对密度和全乳固体含量以判断是否掺水。正常牛乳在15℃时，相对密度为1.028～1.034，平均1.03；脱脂乳在15℃时，相对密度为1.034～1.040。牛乳的相对密度会由于掺水而降低；反之，会因加脱脂乳或部分除脂肪而增高。当牛乳相对密度下降至1.028以下则掺水嫌疑较大。啤酒的浓度如果小于11°Bé则有掺水嫌疑。

二、折光法在产品检验中的应用

通过测定液态食品的折射率，可以鉴别食品的组成，确定食品的浓度，判断食品的纯净程度及品质。蔗糖溶液的折射率随浓度增大而升高，通过测定折射率可以确定糖液的浓度及饮料、糖水罐头等食品的糖度，还可以测定以糖为主要成分的果汁、蜂蜜等食品的可溶性固形物的含量。测定折射率还可以鉴别油脂的组成和品质。各种油脂具有其一定的脂肪酸构成，每种脂肪酸均有其特定的折射率。含碳原子数目相同时，不饱和脂肪酸的折射率比饱和脂肪酸的折射率大得多；不饱和脂肪酸相对分子质量越大，折射率也越大；酸度高的油脂折射率则低。正常情况下，某些液态食品的折射率有一定的范围，当这些液态食品因掺杂、浓度改变或品种改变等原因而引起食品的品质发生变化时，折射率也会发生变化，所以通过折射率的测定可以初步判断某些食品是否正常。如牛乳掺水，其乳清的折射率会降低。必须指出的是，折光法测得的只是可溶性固形物含量，因为固体粒子不能在折射仪上反映出它的折射率，因此含有不溶性固形物的样品，不能用折光法直接测出总固形物。但对于番茄酱、果酱等个别食品，已通过实验编制了总固形物与可溶性固形物关系表，先用折光法测定可溶性固形物含量，即可利用关系表查出总固形物的含量。

三、旋光法在样品纯度测定中的应用

利用旋光法测定蔗糖含量来管理生产是糖厂的主要手段之一。史琦云等还利用旋光法检验蜂蜜中是否掺入糖类，可对蜂蜜的品质进行检验。味精里如果掺入盐类，可使旋光法测得

的味精纯度偏低；如果掺入糖类，可使测得的味精纯度偏高。

四、生产工艺中色度的应用

在美食的色、香、味、形四大要素中，色可以说是极重要的品质特性，是对食品品质评价的第一印象，直接影响消费者对食品品质优劣、新鲜与否和成熟度的判断，因此，如何提高食品的色泽特征，是食品生产加工者首先要考虑的问题。符合人们感官要求的食品能给人以美的感觉，提高人的食欲，增强购买欲望，生产加工出符合人们饮食习惯并具有纯天然色彩的食品，对提高食品的应用价值和市场价值具有重要意义。食品颜色分析主要应用于酱油、薯片等加工产品和新鲜果蔬的着色、保色、发色、褪色等的研究及品质分析中，用来恰当地反映产品的特性。啤酒色度向浅色化发展，体现了消费者对色泽的选择趋势，也反映了酿制水平的高低。啤酒色度已成为衡量啤酒质量的重要技术指标之一。水的颜色深浅反映了水质的好坏，对饮料的生产有很大的影响。在食品加工过程中，常常需要观察焙烤、油炸食品，被微生物污染的食品以及成熟度不同的食品的颜色变化，以指导生产。在国外，酱油、果汁等液体食品颜色也要求进行标准化质量管理。

五、食品流变学特性在食品研究中的应用

随着食品工业的发展，人们对食品流变学的兴趣也日益增长，因此，流变学特性的检验已成为食品加工及生产过程中必不可少的检测手段之一。通过流变学试验可以预测产品的质量以及产品在市场上的接受程度，指导新产品的开发。史琦云对碳酸类饮料、果汁类饮料、蔬菜类饮料、含果肉饮料、乳类饮料、茶和咖啡类饮料、果酱类、酒类、调味品类及其他食品的流变学特性——黏度进行了系统的测定与分析。通过测定列出了多种流体食品的黏度值，可以作为评价流体食品品质的指标之一，同时可为有关食品工程设计及食品流变学的研究提供参考依据。

六、物性学在食品加工中的应用

质构是食品除色、香、味之外的另一种重要性质，它不仅是消费者评价食品质量最重要的特征，而且是决定食品档次的最重要的关键指标。例如，为节省成本厂家需寻找合适且经济的原料及进货来源；为提高市场竞争力需开发出能合乎消费者口味的产品；为确保不同的厂家产品质量的一致性，需要制定企业可行的统一质量与规格标准；对于大型的集团企业，则要避免各个子公司间因执行者主观标准的差异而造成的巨大物流损失和管理缺陷等。质构也是食品加工中很难控制和描述的因素，例如，目前在食品中广泛使用食品胶、改性淀粉等作为添加剂，以取代羧甲基纤维素等，这些食品添加剂的使用，改善了食品在口感、外观、形状、贮存性等方面的某种特性。使用食品胶时，我们必须对使用目的有清楚的了解，才能根据不同食品胶的特性进行选择。在这个探索的过程中，以往是以试吃、专家评估作为比较传统的非定量判断手段，而在今天，已经利用质构仪作为定量判断的工具。特别是对消费量越来越大的沙司、调味酱、奶酪、涂抹料和冰淇淋等半固态食品，质构分析显得尤为重要。质构分析是通过对半固态食品质构的调控，如检测样品的硬度、脆度、胶黏性、黏聚性、回复性、弹性、凝胶强度、咀嚼性等并加以调节，从而获得最优的食品质量的方法。

第二节　物理检测的几种方法

一、密度与比体积检验

1. 颗粒状物料的颗粒度与容重

（1）颗粒度的测定　颗粒度是指一定大小的颗粒所占总量的比例。

称取颗粒饮料100g±0.1g于40目标准筛上，圆周运动50次，将未过筛的样称量。按下式计算：

$$W = (m_1/m_0) \times 100\%$$ (4-1)

式中　W——颗粒度，%；

m_1——未过筛被测样品质量，g；

m_0——被测样品总质量，g。

(2) 容重　粮油籽粒在单位容积内的质量为容重。我国采用的容重单位为 g/dm³，国际上采用磅（lb）/蒲式耳，1 英蒲式耳 = 36.3687dm³，1 美蒲式耳 = 35.2391dm³，1lb = 453.5924g。操作要点如下：

① 安装好衡器，调整零点。

② 分取样品 1000g，分四次筛选取出部分杂质（小麦绝对筛层孔径 1.5mm，辅助筛层孔径 4.5mm，玉米绝对筛层孔径 3.0mm）。

③ 把去除杂质的样品倒入谷物筒，通过中间筒再流入容量筒。插上插片，去除多余的粮粒，再抽出插片去掉底座，进行称量（两次实验误差不超过 3g/dm³）。样品倒入谷物筒时，绝对不能发生振动。

注：小麦质量容重指标，一等≥790g/dm³，二等≥770g/dm³，三等≥750g/dm³，四等≥730g/dm³，五等≥710g/dm³。

2. 固态食品的比体积（比容）

(1) 基本概念　单位质量食品的体积称为比体积，也称为比容。

(2) 固体饮料的比体积测定　称取颗粒饮料100g±0.1g，倒入 250mL 的量筒中，轻轻摇平后记下固体颗粒的体积（mL），即为固体饮料的比体积。

(3) 面包比容的测定　将待测面包称量。用小颗粒干燥的填充剂（如小米或油菜子）填满量容器得出体积 V_1；取称重后的面包块，放入容器内，加入填充剂，填满得出填充剂体积 V_2。从两次体积差即可得面包体积。两次测定数值，允许误差不超过 0.1mL/g，取其平均数为测定结果。

(4) 结果计算

$$v = (V_1 - V_2)/m$$ (4-2)

式中　v——面包的比体积，mL/g；

V_1——烧杯内填充物的体积，mL；

V_2——放入面包后烧杯内填充物体积，mL；

m——面包质量，g。

根据 GB/T 20981—2007，面包比容指标为≥3.2～3.4mL/g。

3. 液态食品相对密度

(1) 密度与相对密度　密度是指物质在一定温度下单位体积的质量，以符号 ρ 表示，其单位为 g/cm³。因为物质都具有热胀冷缩的性质（水在 4℃ 以下是反常的），所以，密度值随温度的改变而改变，故密度应标出测定时物质的温度，如 ρ_t。而相对密度（旧称比重）是指物质的质量与同体积水的质量之比，以 $d_{t_2}^{t_1}$ 表示。液体的相对密度指液体在 20℃ 时的质量与同体积的水在 4℃ 时的质量之比，以符号 d_4^{20} 表示。

$$d_4^{20} = \frac{20℃时物质的质量}{4℃时同体积水的质量}$$ (4-3)

用密度计或密度瓶测定溶液的相对密度时，以测定溶液对同体积同温度的水的质量比较方便，以 d_{20}^{20} 表示，这就是液体在 20℃ 时对水在 20℃ 时的相对密度。对同一溶液来说，$d_{20}^{20} > d_4^{20}$，因为水在 4℃ 时的密度比在 20℃ 时为大，若要把 $d_{t_2}^{20}$ 换算为 d_4^{20}，可按下式进行：

$$d_4^{20} = d_{t_2}^{20} \times \rho_{t_2} \tag{4-4}$$

式中　ρ_{t_2}——温度 t_2℃ 时水的密度，g/cm³。

（2）液态食品的组成及其浓度与相对密度的关系　各种液态食品都有其一定的相对密度，当其组成成分及其浓度改变时，其相对密度也随着改变，故测定液态食品的相对密度可以检验食品的纯度或浓度。

液态食品当其水分被完全蒸发干燥至恒重时所得到的剩余物称干物质或固形物。液态食品的相对密度与其固形物含量具有一定的数学关系，故测定液态食品相对密度即可求出固形物含量。

（3）液态食品相对密度的测量

① 密度瓶法（GB/T 5009.2—2003 第一法）　密度瓶具有一定的体积，在一定温度下，用同一密度瓶分别称取等体积的样品溶液与蒸馏水的质量，从两者的质量比即可求出该试样溶液的相对密度。在需要准确测定液体的相对密度时，可采用这种方法。各种密度瓶如图4-1所示。

将蒸馏水煮沸 30min，然后冷却至 15℃，注满密度瓶，装上温度计（瓶中应充满液体，无气泡），立即浸入（20±1）℃ 的恒温水浴中，至密度瓶温度计达 20℃ 并维持 30min 不变，取出密度瓶用滤纸除去溢出侧管的水，盖上侧管罩，用滤纸擦干后准确称量。将密度瓶中的水倾出，先用乙醇、再用乙醚洗涤数次，吹干后准确称量，2 次称量之差即为 20℃ 时水的质量。

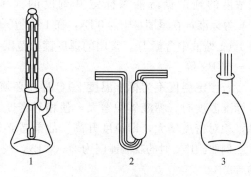

图 4-1　密度瓶
1—附有温度计的密度瓶；2—吸管型的密度瓶；
3—具有毛细管的密度瓶

用样品溶液按以上操作测出 20℃ 时试样溶液的质量，按下式计算

$$d_{20}^{20} = \frac{m_2 - m_0}{m_1 - m_0} \times 0.99823 \tag{4-5}$$

式中　m_0——空密度瓶质量，g；

　　　m_1——空密度瓶和蒸馏水质量，g；

　　　m_2——空密度瓶和试样溶液的质量，g。

0.99823——20℃ 时水的密度。

当测定黏稠液体的相对密度时，可使用具有毛细管的密度瓶。将液体装满密度瓶，塞上毛细管塞，放入恒温水浴中，多余的液体将由毛细管上升并溢出管外，抹去溢出瓶外的液体，至液体达到所需温度并不再溢出时止，将密度瓶擦净后准确称量。

② 密度计法（GB/T 5009.2—2003 第三法）　比重计是根据阿基米德原理所制成，其种类很多，但基本结构及形式相同，都是由玻璃外壳制成，头部呈球形或圆锥形，里面灌有铅珠、汞及其他重金属，中部是胖肚空腔，尾部细长形，附有刻度标记成"计杆"。密度计刻度的刻制是利用各种不同密度的液体进行标定，制成不同标度的密度计。密度计法是测定液体相对密度最简便、快捷的方法，只是准确度不如密度瓶法。常用的密度计有以下几种类型，如图 4-2 所示。

a. 波美计　波美计刻度符号以°Bé 表示，其刻度方法以 20℃ 为标准，在蒸馏水中为零，

在 15％食盐溶液中为 15°Bé，在纯硫酸（相对密度 1.8427）中其刻度为 66°Bé，用以测定溶液中溶质的质量分数，1°Bé，表示质量分数为 1％。波美计有轻表、重表两种，前者用以测定相对密度小于 1 的溶液，后者用以测定相对密度大于 1 的溶液。

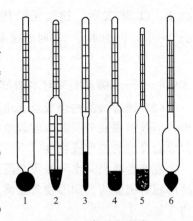

图 4-2　各种密度计
1,2—糖锤度密度计；3,4—波美密度计；5—酒精计；6—乳稠计

$$°Bé = \frac{145}{相对密度} - 145 \quad 相对密度 = \frac{145}{°Bé + 145} \quad （适用于轻表）$$
$$（4-6）$$

$$°Bé = 145 - \frac{145}{相对密度} \quad 相对密度 = \frac{145}{145 - °Bé} \quad （适用于重表）$$
$$（4-7）$$

b. 糖锤度计　糖锤度计是专门用以测定糖液浓度的密度计，糖锤度又称勃力克斯（Brix），以°Bx 表示，是用已知浓度的纯蔗糖溶液来标定其刻度的。其刻度方法是以 20℃为标准，在蒸馏水中为 0°Bx，在 1％的蔗糖溶液中为 1°Bx，即 100g 糖液中含糖 1g。常用的锤度读数范围有：0～6°Bx、5～11°Bx、10～16°Bx、15～21°Bx、20～26°Bx 等。

若测定温度不为标准温度 20℃时，必须根据观测锤度温度校正表进行校正。当温度高于标准温度时，糖液体积增大，使相对密度减少，即锤度降低；相反，当温度低于标准温度时，相对密度增大，即锤度升高。故前者必须加上，而后者必须减去相应的温度校正值。

例如：15℃时的观测锤度为 20.00°Bx，校正值为 0.28，则校正锤度为 （20.00－0.28)°Bx＝19.72°Bx

又如：25℃时的观测锤度为 20.00°Bx，校正值为 0.32，则校正锤度为 （20.00＋0.32)°Bx＝20.32°Bx

c. 酒精计　酒精计是用以测量酒精浓度。其刻度是用已知浓度的纯酒精溶液来标定的，以 20℃时在蒸馏水中为 0，在 1％的酒精溶液中为 1，即 100mL 酒精溶液中含乙醇 1mL，故从酒精计上直接读取酒精溶液的体积分数。

若测定温度不在 20℃时，需根据酒精温度浓度校正表，换算为 20℃时酒精的实际浓度。

例如：25.5℃直接读数为 96.5％，换算为 20℃时酒精的实际含量为 95.35％。

d. 乳稠计　乳稠计是用以测定牛乳相对密度的密度计，测定范围为 1.015～1.045，刻有 15～45 的刻度，若刻度为 30，即相当于相对密度 1.030。乳稠计通常有两种：一种为 15℃/15℃乳稠计（又称比重乳稠计），另一种为 20℃/4℃乳稠计（又称密度乳稠计），用两种乳稠计测定时，前者的读数为后者读数加 2，即 $d_{15}^{15} = d_4^{20} + 0.002$。正常牛乳的相对密度 $d_4^{20} = 1.030$，而 $d_{15}^{15} = 1.032$。

使用乳稠计时，若测定温度不在标准温度，需将读数校正为标准温度下的读数。对于 20℃/4℃乳稠计，在 10～25℃范围内，温度每变化 1℃，相对密度值相差 0.0002，即相当于乳稠计读数的 0.2°，故当牛乳温度高于标准温度 20℃时，则每高 1℃需加上 0.2°；反之，当牛乳温度低于 20℃时，则每低 1℃需减去 0.2°。

例如：16℃时乳稠计读数为 31°，换算为 20℃应为

$$[31 - (20 - 16) \times 0.2]° = (31 - 0.8)° = 30.2°$$

即牛乳相对密度 $d_4^{20} = 1.0302$，而 $d_{15}^{15} = 1.0302 + 0.002 = 1.0322$

又如：25℃时 20℃/4℃乳稠计读数为 29.8°，换算为 20℃应为

$$[29.8+(25-20)\times0.2]°=(29.8+1.0)°=30.8°$$

即牛乳相对密度 $d_4^{20}=1.0308$，而 $d_{15}^{15}=1.0308+0.002=1.0328$

e. 密度计的使用方法　用密度计测量液态食品的相对密度或浓度时，先用少量样液洗涤适当容量的量筒内壁（一般用 250～500mL 量筒），然后沿量筒内壁缓缓注入样液，避免产生泡沫。将密度计洗净（注意不能沾有油脂），用滤纸擦干，慢慢垂直插入样液中，使缓缓下沉直至稳定地悬浮在液体中，再将其稍微按下，使密度计部分杆湿润，然后升达平衡位置，待密度计静止时（注意不使密度计重锤与量筒相靠）读出标示刻度。读数时，需两眼平视，并与液面保持水平，观察液面所处的刻度值，以弯月面下缘为准，如液面颜色较深，不易看清弯月面下缘，则以观察弯月上缘为准。

把密度计放在液体中时，在相对密度大的液体里，只要排开较少的液体就能保持平衡，故密度计沉入的深度较小；反之，如果液体的相对密度较小，它排开较多的液体才能保持平衡，故它将下沉得多一些。因此，一般密度计的刻度是上面小、下面大。但酒精计则正好相反，是上面大、下面小，因酒精浓度越大其相对密度越小。进行测定时，应根据被测液的相对密度或浓度的大小选择刻度范围适度的密度计。若选择不当，如标度过小则密度计过分浮起（酒精计完全沉下）而无法读数。反之，标度过大会使密度计完全下沉（酒精计完全浮起），不仅无法读数，且稍不留心就可能使密度计与容器底相碰而损坏。

4. 冰淇淋的膨胀率

利用乙醚的消泡原理，将一定体积的冰淇淋试样解冻后消泡，测出冰淇淋中所含的空气的体积，从而计算出冰淇淋的膨胀率。

(1) 准确量取体积为 $50cm^3$ 的冰淇淋样品，放入插在 250mL 容量瓶内的玻璃漏斗中，缓慢加入 200mL 40～50℃的蒸馏水，将冰淇淋全部移入容量瓶，在温水中保温，待泡沫消除后冷却。

(2) 用吸量管吸取 2mL 乙醚，注入容量瓶，去除溶液的泡沫，然后用滴定管滴加蒸馏水于容量瓶中直至刻度止，记录滴加蒸馏水的体积（mL）。加入乙醚体积和滴定管滴加的蒸馏水的体积之和，相当于 $50cm^3$ 冰淇淋中的空气量。

(3) 结果计算

$$膨胀率=\frac{V_1+V_2}{50-(V_1+V_2)} \tag{4-8}$$

式中　V_1——加入乙醚的体积，mL；

V_2——滴加蒸馏水的体积，mL。

根据 SB/T 10013—92，冰淇淋膨胀率指标为 85%～95%。

二、折光检验

1. 折射率

光线从一种介质射到另一种介质时，除了一部分光线反射回第一种介质外，另一部分进入第二介质中并改变它的传播方向，这种现象叫光的折射。对某种介质来说，入射角正弦与折射角正弦之比恒为定值，它等于光在两种介质中的速度之比，此值称为该介质的折射率，是物质的特征常数之一。

物质的折射率与入射光的波长、温度有关，一般在 n 的右上角标注温度、右下角标注波长，如 n_D^{22}，表示测定波长为 D、温度为 22℃。

$$n=\frac{\sin\alpha_1}{\sin\alpha_2}=\frac{v_1}{v_2} \tag{4-9}$$

式中　n——介质的折射率；

　　　α_1——入射角；

　　　α_2——折射角；

　　　v_1——光在第一介质的光速；

　　　v_2——光在第二介质的光速。

光在真空中的速度 c 和在介质中的速度之比叫做介质的绝对折射率，以 n 表示，即：$n=c/v$，显然 $n_1=c/v_1$、$n_2=c/v_2$。

当光线从折射率为 n_1 的介质进入到折射率为 n_2 的介质时，可得到以下公式

$$\frac{\sin\alpha_1}{\sin\alpha_2}=\frac{n_1}{n_2} \tag{4-10}$$

式中　n_1——第一介质的绝对折射率；

　　　n_2——第二介质的绝对折射率。

当使用折光计检测样品溶液时，其中，n_2 是折光计中棱镜的折射率，已知，而临界角 α_2 随样品溶液浓度大小而改变，可以通过棱镜的旋转，直到出现全反射的视野。读出棱镜的旋转角度，样品溶液的折射率 n_1 就可求出。

折光计的种类和形式很多，食品检验中常用的折光计一般都直接标出质量分数或体积分数，溶液的折射率和相对密度一样，随着浓度的增大而增大，而不同的物质其折射率也不同，这也就是用折光法进行食品检验的基础。

2. 液体组分及浓度与折射率的关系

折射率和密度一样，是物质重要的物理常数，它反映了物质的均一程度和纯度。通过测定液态食品的折射率，可鉴别食品的组成和浓度，判断食品的纯度及品质。

在油脂工业中，折射率广泛用于判断油脂的纯度及品质。这是因为每一种脂肪酸都有其特定的折射率，当分子中含碳原子数目相同时，不饱和脂肪酸的折射率比饱和脂肪酸的折射率大得多；不饱和脂肪酸相对分子质量越大，折射率也越大；酸度高的油脂折射率低，因此测定折射率可鉴别油脂的纯度和品质。例如，20℃时菜子油的折射率为 1.4710~1.4755，棕榈油的折射率为 1.456~1.459（40℃）。在菜子油中掺入棕榈油后折射率降低。棕榈油虽然不影响食用，对人体健康也无害，但其价格较低。

在乳品工业中，可用折光法测定牛乳中乳糖的含量，此外，还可判断牛乳是否掺水。牛乳乳清中所含的乳糖量与折射率有一定的数量关系，正常牛乳乳清折射率在 1.34199~1.34275 之间，若牛乳掺水，其乳清折射率必然降低，故测定牛乳乳清的折射率可了解乳糖的含量，以判断牛乳是否掺水。

纯蔗糖溶液的折射率随浓度升高而升高，测定糖液的折射率即可了解糖液的浓度。对于非纯糖的液态食品，由于盐类、有机酸、蛋白质等物质对折射率均有影响，故测定结果除蔗糖外还包括上述物质，将它们通称为固形物。固形物含量越高，折射率也越高。如果食品中的固形物是由可溶性固形物和悬浮物所组成，则不能在折光计反映出它的折射率与浓度的关系，测定结果误差较大。但对于果酱、番茄酱等个别食品，已通过实验制成了总固形物与可溶性固形物关系表。可先用折光仪测定其可溶性固形物含量，再查表得出总固形物的含量。

3. 常用的折光计

食品工业生产中常用的折光计有手持折光计（糖度计）和阿贝折光仪。

（1）手持折光计　手持折光计又称为糖度计，如图 4-3 所示，使用时打开棱镜盖板 D，

用擦镜纸仔细将折光棱镜 P 擦净，取一滴待测糖液置于棱镜 P 上，将溶液均布在棱镜表面，合上盖板 D，将光窗对准光源，调节目镜视度圈 OK，使视野内分界线清晰可见，视孔中明暗分界线相应读数即为溶液中糖量百分数。手持折光计的测定范围通常为 0～90%，其刻度标准温度为 20℃，若测量是在非标注温度下，则需进行温度校正。

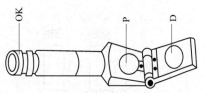

图 4-3　手持折光计

OK—目镜视度圈；P—棱镜；D—棱镜盖板

手持折光计光路图如图 4-4 所示。光线从棱镜 P 的侧孔射入糖液 S，光线 3 折射后为盖板 D 所吸收，不能反射至目镜 K 中；光线 LO 射到糖液 S 时，$\angle LOO'$ 达到临界角，引起全反射，反射线 OL' 反射进目镜。同样，光线 1、2 均反射到目镜，于是视野中出现了明暗两部分。从明暗分界线可读出相应糖量百分数。

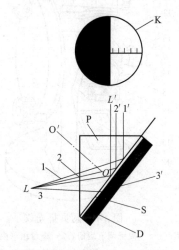

图 4-4　手持折光计光路图

P—棱镜；D—棱镜盖板；S—糖液；
L,1,2,3—入射光；L',$1'$,$2'$—反射光；$3'$—折射光；$O'O$—法线

（2）阿贝折光仪　阿贝折光仪的构造如图 4-5 所示。其光学系统由两部分组成，即观察系统和读数系统（图 4-6），其关键的部分是 2 及 3，这是两个互相紧贴的棱镜，棱镜之间为 0.15mm 厚的被检液薄层。光线由下面棱镜射入检液层，由于检液的折射率与棱镜的不同，有一部分反射成全反射，当旋转棱镜使入射角等于临界角时，产生全反射，即在轴线左方射入的光线，经折射后成为进入观察镜的平行光束，呈现光亮；轴线右方射入的光线因发生全反射不能进入检液而呈现黑暗，于是镜筒中出现了分界线通过十字交叉点的明暗两部分。

① 观察系统　如图 4-6 所示，光线由反光镜 1 反射，经进光棱镜 2、折射棱镜 3 及其间的样液薄层，折射后的光线用阿米西棱镜 4 消除折射棱镜及样液产生的色散。由物镜 5 产生的明暗分界线成像于分划板 6 上，通过目镜 7、8 放大后，成像于观察者眼中。根据目镜 8 中的视野情况，判断终点（明暗分界线刚好通过十字线的交点）。消色调节旋钮 10（图 4-5）用于调节物镜与折射棱镜之间的消色棱镜（阿米西棱镜），使明暗分界线清晰。

② 读数系统　如图 4-6 所示，光线由小反光镜 14 反射，经毛玻璃 13 射到刻度盘 12 上，经转向棱镜 11 及物镜 10 将刻度成像于分划板 6 上，通过目镜 7、8 放大后，成像于观察者眼中。当旋动棱镜调节旋钮 2（图 4-5），使棱镜摆动，视野内明暗分界线通过十字线交点时，表示光线从棱镜射入样液的入射角达到了临界角 α。当测定样液浓度不同时，折射率也不同，故临界角 α 的数值亦有所不同。在读数镜筒中即可读取折射率 n、糖液浓度，或固形物浓度的读数。

阿贝折光仪的折射率刻度范围为 1.3000～1.7000，测量精确度可达 ±0.0003，可测糖液浓度或固形物范围为 0%～95%，可测定温度为 10～50℃内的折射率。

从两种折光计的光线进行情况看，手持式折光计是利用反射光，而阿贝折光仪是利用折射光。

4. 折光计的校正、使用与维护

（1）折光仪的校正　通常用测定蒸馏水折射率的方法进行校正，即在标准温度（20℃）

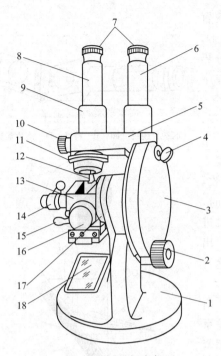

图 4-5 阿贝折光仪

1—底座；2—棱镜调节旋钮；3—圆盘组（内有刻度板）；
4—小反光镜；5—支架；6—读数筒；7—目镜；
8—观察镜筒；9—分界线调节旋钮；10—消色
调节旋钮；11—色散刻度尺；12—棱镜锁紧
扳手；13—棱镜组；14—温度计插座；
15—恒温器接头；16—保护罩；
17—主轴；18—反光镜

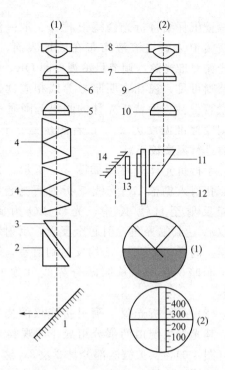

图 4-6 阿贝折光仪的光学系统

1—反光镜；2—进光棱镜；3—折射棱镜；
4—阿米西棱镜；5,10—物镜；6,9—分划
板；7,8—目镜；11—转向棱镜；
12—刻度盘；13—毛玻璃；
14—小反光镜

下折光仪应表示出折射率为 1.33299 或可溶性固形物为 0。若校正时温度不是 20℃，应查蒸馏水的折射率表（见表 4-1），以该温度下蒸馏水的折射率进行核准。对于高刻度值部分，用具有一定折射率的标准玻璃块（仪器附件）来校正。方法是打开进光棱镜，在标准玻璃块的抛光面上滴上一滴溴化萘，将其粘在折射棱镜表面，使标准玻璃块抛光的一端向下以接受光线，读出的折射率应与标准玻璃块的折射率一致。校正时若读数有偏差，可先使读数指示于蒸馏水或标准玻璃块的折射率值，再调节分界线调节旋钮，直至明暗分界线恰好通过十字交叉点。在以后的测定过程中，不允许再调动分界线调节旋钮。

表 4-1 蒸馏水在 20～30℃ 的折射率

温度/℃	蒸馏水折射率	温度/℃	蒸馏水折射率
20	1.33299	25	1.33253
21	1.33290	26	1.33242
22	1.33281	27	1.33231
23	1.33272	28	1.33220
24	1.33263	29	1.33208

（2）折光仪的使用

① 用脱脂棉蘸取乙醇擦净两棱镜表面，挥干乙醇。滴 1～2 滴样液于下面棱镜的中央，迅速旋转棱镜锁紧扳手，调节小反光镜和反光镜至光线射入棱镜，使两镜筒内视野明亮。

② 由目镜观察，转动棱镜旋钮，使视野呈现明暗两部分。

③ 旋转色散补偿器旋钮，使视野中只有黑白两色。

④ 旋转棱镜旋钮，使明暗分界线在十字线交叉点。

⑤ 在读数镜筒读出折射率或质量分数。

⑥ 同时记录测定时的温度。

⑦ 对颜色较深的样液进行测定时，应采用反光法，以减少误差。即取下保护罩作为进光面，使光线间接射入并观察，其余操作相同。

⑧ 打开棱镜，若所测定的是水溶性样液，棱镜用脱脂棉吸水擦拭干净；若是油类样液，则用乙醇或乙醚、二甲苯等擦拭。

折光仪上的刻度是在标准温度（20℃）下刻制的，折射率测定最好在20℃下进行。若测定温度不是20℃，应查表对测定结果进行温度校正。因为温度升高溶液的折射率减小，温度降低折射率增大，因此，当测定温度高于20℃时，应加上校正值；当温度低于20℃时，则减去校正数。例如，在25℃下测得果汁的可溶性固形物含量为15%，查糖液折光锤度温度改正表得校正值0.37，则该果汁可溶性固形物的准确含量为15%＋0.37%＝15.37%。

（3）折光仪的维护

① 仪器应放在干燥、空气流通的室内，防止受潮后光学零件发霉。

② 仪器使用完毕，须进行清洁并挥干后放入贮有干燥剂的箱内，防止湿气和灰尘侵入。

③ 严禁用油手或汗手触及光学零件，如光学零件不清洁，先用汽油、后用二甲苯擦干净。切　勿用硬质物料触及棱镜，以防损伤。

④ 仪器应避免强烈震动或撞击，以免光学零件损伤而影响精度。

三、旋光度检验

1. 偏振光与旋光度

光是一种电磁波，光波的振动方向与其前进方向垂直。自然光是由各种波长的、在垂直于前进方向的各个平面内振动的光波所组成。

如果使自然光通过一个特制的叫做尼可尔棱镜的晶体，由于这种晶体只能使在与棱镜的轴平行的平面内振动的光通过，所以通过尼可尔棱镜的光，其光波振动平面就只有一个和镜轴平行的平面。这种仅在某一平面上振动的光，就叫做平面偏振光，或简称偏振光，如图4-7所示。

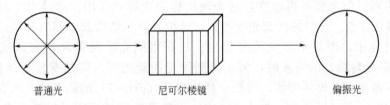

普通光　　　　尼可尔棱镜　　　　偏振光

图4-7　自然光通过尼可尔棱镜后产生偏振光

将两个尼可尔棱镜平行放置时，通过第一棱镜后的偏振光仍能通过第二棱镜，在第二棱镜后面看到最大强度的光。

如果在镜轴平行的两个尼可尔棱镜间，放置一支玻璃管，管中分别放入各种有机物的溶液，那么可以发现，光经过某些溶液如酒精、丙酮后，在第二棱镜后仍可以观察到最大强度的光；而当光经过另一些溶液如蔗糖、乳酸、酒石酸后，在第二棱镜后面观察到的光的亮度就减弱了，但若将第二棱镜向左或向右旋转一定的角度后，在第二棱镜后面又可观察到最大强度的光。这种现象是因为这些有机物质将偏振光的偏振平面旋转了一定的角度所引起的。具有这种性质的物质，我们称其为"旋光活性物质"，它使偏振光振动平面旋转的角度叫做"旋光度"，使偏振光振动平面向右旋转（顺时针方向）的称右旋、向左旋转（反时针方向）的称左旋，测定物质旋光度的仪器称旋光仪。

2. 比旋光度及变旋光作用

旋光质的旋光度与旋光质溶液的质量浓度 φ 及偏振光所通过的溶液厚度 L 成正比。即

$$\alpha = K\varphi L$$

当旋光质溶液的质量浓度为 $100g/100mL$，$L = 1dm$ 时，所测得的旋光度为比旋光度，用 $[\alpha]_\lambda^t$ [度或（°）] 表示。

$$[\alpha]_\lambda^t = K \times 100\% \times 1 = K \qquad (4\text{-}11)$$

即

$$[\alpha]_\lambda^t = \alpha/\varphi L \qquad (4\text{-}12)$$

式中　t——温度，℃；

λ——光源波长，nm；

α——旋光度，度或（°）；

L——液层厚度或旋光管长度，dm；

φ——溶液浓度，g/mL。

由上式可见，旋光质的比旋光度在一定条件下是个常数。用 $[\alpha]_\lambda^t$ 表示测定波长为 λ、温度为 t℃的比旋光度。比旋光度的大小表示了旋光质旋光性的强弱。

许多物质具有旋光性，糖类物质中蔗糖、葡萄糖等能把偏振光的振动平面向右旋转，叫做右旋，以（＋）号表示；果糖能把偏振光的振动平面向左旋转，叫做左旋，以（－）表示。主要糖类的比旋光度如表 4-2 所示。

表 4-2　糖类的比旋光度

糖类	比旋光度	糖类	比旋光度
葡萄糖	＋52.3°	乳糖	＋53.3°
果糖	－92.5°	麦芽糖	＋138.5°
转化糖	－20.0°	糊精	＋194.8°
蔗糖	＋66.5°	淀粉	＋196.4°

凡具有旋光性的还原糖类，在溶解之后，其旋光度起初迅速变化，然后逐渐变得较缓慢，最后达到一个常数不再改变，这个现象称为变旋光作用。这是由于糖存在两种异构体，即 α 型和 β 型，它们的比旋光度不同。这两种环型结构及中间的开链结构在构成一个平衡体系过程中，即显示出变旋光作用。故在用旋光法测定含葡萄糖或其他还原糖（如蜂蜜和结晶葡萄糖）的溶液时，为了得到恒定的旋光度，应把配置的样液放置过夜，再行读数；若希望马上得到读数，可把中性的糖液（pH＝7）加热至沸，或在定容前加入几滴氨水再定容；若已经定容，加入 Na_2CO_3 干粉至石蕊试纸刚显碱性。在碱性溶液中，变旋光作用迅速，很快达到平衡，但微碱性溶液中果糖易分解，故不可放置过久，温度也不宜过高。

大多数的氨基酸和羟酸（如乳酸、苹果酸、酒石酸等）都具有旋光性。通过旋光质溶液旋光度的测定，可以求出旋光质的质量分数，可用下式计算。

$$[\alpha] = \alpha d/L\omega \qquad (4\text{-}13)$$

即

$$\alpha = [\alpha]L\omega/d \qquad (4\text{-}14)$$

式中　ω——旋光质质量分数；

d——旋光质溶液的相对密度；

L——溶液厚度。

在食品分析中，旋光法主要用于糖品、味精及氨基酸等的分析，其准确性及重现性都较好。旋光法还用于谷类食品中淀粉的测定。

3. 旋光仪

(1) 普通旋光仪 最简单的旋光仪是由两个尼可尔棱镜构成，第一个用于产生偏振光，称为起偏器；第二个用于检验偏振光振动平面被旋光质旋转的角度，称检偏器。当偏振光振动平面与检偏器光轴成平行时，则视野明亮；当偏振光振动平面与检偏器光轴互相垂直时，则视野黑暗。在后一种情况下，如在光路上放入旋光质，则偏振光振动平面被旋光质旋转了一个角度，与检偏器光轴互成一角度，结果视野稍明亮。若把检偏器旋转一角度使视野复暗，则所旋角度即为旋光质的旋光度。但这种旋光仪无实用价值，因用肉眼无法判断什么是"黑暗"的情况。为了克服上述缺点，旋光仪中通常设置一个小尼可尔棱镜，使视野分为明暗两半。仪器的终点不是视野的完全黑暗，而是视野两半圆的照度相等，由于肉眼较易识别视野两半圆光线强度的微弱差异，故能正确判断终点（图4-8）。

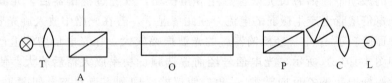

图 4-8 旋光仪的原理图

T,C—聚光镜；A—起偏尼可尔棱镜；O—样品池；P—检偏尼可尔棱镜；L—终点显示

(2) 自动旋光仪 各种类型的自动旋光仪，采用光电检测器及晶体管自动显示读数等装置，具有精确度高、无主观误差、读数方便等优点。如图4-9所示为 WZZ-2 型自动旋光仪的工作原理。

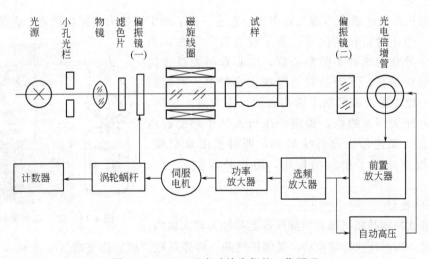

图 4-9 WZZ-2 型自动旋光仪的工作原理

仪器采用 20W 钠光灯作光源，由小孔光栏和物镜组成一个简单的点光源平行光管，平行光经起偏器——偏振镜（一）变为平面偏振光，其振动平面为 OO，OO 为偏振镜（一）的偏振轴，如图4-10(a) 所示，当偏振光经过有法拉第效应的磁旋线圈时，其振动平面产生

$50Hz$ 的 β 角往复摆动，如图 4-10(b) 所示，光线经过检偏器——偏振镜（二）投射到光电倍增管上，产生交变的光电信号。

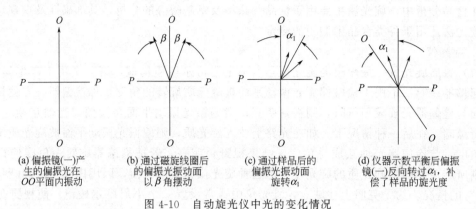

图 4-10　自动旋光仪中光的变化情况

起偏器与检偏器正交时〔即 $OO \perp PP$，PP 为偏振镜（二）的偏振轴〕，作为仪器零点。此时，偏振光的振动平面因磁旋光效应产生 β 角摆动，故经过检偏器后，光波振幅不等于零，因而在光电倍增管上产生微弱的电流。在此情况下，若在光路中放入旋光质，旋光质把偏振光振动平面旋转了 α_1 角，经检偏器后的光波振幅较大，在光电倍增管上产生的光电信号也较强，如图 4-10(c) 所示，光电信号经前置选频、功率放大器后放大，使伺服电机转动，通过涡轮蜗杆把起偏器反向转动 α_1 角，使仪器又回到零点状态，如图 4-10(d) 所示。起偏器旋转的角度即为旋光质的旋光度，可在读数器中直接显示出来。

四、气体压力的测定

在某些瓶装或罐装食品中，容器内气体的分压常常是产品的重要指标。

这类检测通常都采用简单的测定仪表来检测，如采用真空计或压力表对容器内的气体压力进行检测。

1. 真空度

测定罐头真空度通常用罐头真空表。它是一种下端带有针尖的圆盘状表，表面上刻有真空度数字，静止时指针指向零，表示没有真空存在，表的基部是一带有尖锐针头的空心管，空心管与表身连接部分有金属保护套，下面一段由厚橡皮座包裹。判定时将表座基的橡皮座平面紧贴于罐头表面，用力向下加压，使橡皮座内针尖刺入罐内，罐内分压与大气压差使表内隔膜移动，从而连带表面针头转动，即可读出真空度。表基部的橡皮座起了密封的作用，防止外界空气侵入（图 4-11）。

图 4-11　罐头真空度的测定

2. CO_2 含量

将碳酸饮料样品瓶（罐）用测压器上的针头刺入盖内，旋开排气阀，待指针回复零位后，关闭排气阀，将样品瓶（罐）往复剧烈振摇 40s，待压力稳定后记下压力表读数。旋开排气阀，随即打开瓶盖（罐盖），用温度计测量容器内饮料的温度，根据测得的压力和温度，查碳酸气吸收系数表，即可得到 CO_2 含气量的体积倍数。

3. 啤酒泡沫度

泡沫是啤酒的重要特征之一，啤酒也是唯一以泡沫作为主要质量指标的酒类。

（1）测量原理　在同一温度及固定条件下，使用同一构造的器具，测定啤酒泡沫消失速度，以 s 表示。

（2）测定装置　无色透明玻璃杯，预先彻底清洗其表面油污，干燥后再使用。试验前，将杯取出置于试验台上放置 10min。测定装置如图 4-12 所示。

（3）试验方法

① 泡沫的形态检验　将玻璃杯置于铁架台底座上，固定铁环于距杯口 3cm 处。将原瓶（罐）啤酒置于 15℃水浴中，保持至等温后起盖，立即置瓶（罐）口于铁环上，沿杯中心线（图 4-12）以均匀流速将啤酒注入杯中，直至泡沫高度与杯口相齐为止，同时按秒表计时，观察泡沫升起的情况，记录泡沫的形态（包括色泽和粗细）。

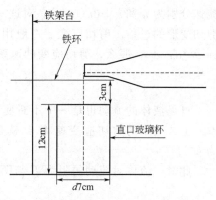

图 4-12　啤酒泡沫特性测定装置

试验时严禁有空气流动现象，测定前样品应避免振摇。

② 泡沫稳定性的检验　记录泡沫从初始至消失或仅露出 $0.5cm^2$ 酒面的时间，以 s 表示。观察泡沫挂杯的情况。所得结果取整数。

第三节　食品物性的测定

一、黏度分析

1. 黏性及牛顿黏性定律

（1）黏性概念　黏性是表现流体流动性质的指标，水和油（食用植物油，下同）都是容易流动的液体。当我们把水和油分别倒在玻璃平板上，发现水的摊开流动速度比油要快，即水比油更容易流动。这一现象说明油比水更黏。这种阻碍流体流动的性质称为黏性。从微观上讲，黏性是流体在力的作用下质点间作相对运动时产生阻力的性质。黏性的大小用黏度来表示。

（2）牛顿黏性定律　由流动力学可知，当流体在一定速度范围内流动时，就会产生与流动方向平行的层流流动。以流体平行流过固体平板为例，紧贴板壁的流体质点往往因与板壁附着力大于分子的内聚力，所以速度为零，并在贴着板壁处形成一静止液层。越远离板壁的液层流速越大，流体内部在垂直于流动方向就会形成速度梯度，如图 4-13(a) 所示。

如果从流体的层流流动沿平行于流动方向取一流体微元，如图 4-13(b) 所示，微元的上、下两层流体接触面积为 $A(m^2)$、两层距离为 $dy(m)$，两层间黏性阻力为 $F(N)$，两层的

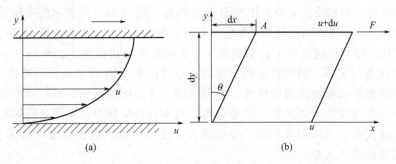

图 4-13　黏性阻力

(a) 牛顿流动；(b) 剪切速率概念

流速分别为 u 和 $u+du$(m/s)。对这一流体微元，可看成是在某一短促时间 dt(s) 内发生了剪切变形的过程。剪切应变 ε 一般用它在剪切应力作用下转过的角度（弧度）来表示，即 $\varepsilon=\theta=dx/dy$，那么，剪切应变的速率为

$$\dot{\varepsilon}=\frac{\theta}{dt}=\frac{dx/dy}{dt}=\frac{dx/dt}{dy}=\frac{du}{dy} \tag{4-15}$$

可见液体的流动也是一个不断变形的过程。用应变大小与应变所需时间之比表示变形速率。上式表示的剪切应变速率 $\dot{\varepsilon}$ 就是液体的应变速率，也称剪切速率或速率梯度，单位为 s^{-1}。

此时，流体对流动的阻力 F 与两层流体接触面积 A 以及速率梯度成正比，即

$$F=\eta A\dot{\varepsilon}$$

若用 σ 表示单位面积液体的黏性阻力，即

$$\sigma=\frac{F}{A}$$

其中 σ 是一种剪切应力，那么

$$\sigma=\eta\dot{\varepsilon} \tag{4-16}$$

式(4-15)为牛顿黏性定律表示式，又称为牛顿流体的流动状态方程，是黏性的基本法则。式中，σ 为剪切应力，是截面切线方向的应力分量，单位为 Pa；η 为比例常数，其数值相当于速率梯度为 $1s^{-1}$、面积为 $1cm^2$ 时两液层间的内摩擦力，被定义为黏度（Pa·s）。黏度是物质的固有性质。

（3）流动状态方程　在研究液体的力学性质时，要找出应力与应变的关系。液体受应力作用时的变形表现为流动，即应变速率的大小。不同黏度的液体，应力与应变速率存在一定函数关系。我们把表示液体所受的剪切应力与剪切速率的函数关系式称为"流动状态方程"。对于水、糖液、清炖肉汤这样的液体，其流动状态方程式可用下式表示：

$$\sigma=\frac{dF}{dA}=\eta\frac{du}{dy}=\eta\dot{\varepsilon}=\frac{1}{\varphi}\dot{\varepsilon} \tag{4-17}$$

式中　　σ——剪切应力，Pa；

$\qquad$ F——作用力的大小；

$\qquad$ A——作用面积的大小；

$\qquad$ η——黏度，Pa·s；

du/dy，即 $\dot{\varepsilon}$——剪切速率；

$\qquad$ φ——流度（fluidity），是黏度的倒数。

2. 黏性流体的分类及特点

（1）牛顿流体　剪切应力 σ 与剪切速率 $\dot{\varepsilon}$ 之间满足式(4-16)所表示的牛顿黏性定律的流体称为牛顿流体。牛顿流体的特征是剪切应力与剪切速率成正比，黏度不随剪切应力和剪切速率的变化而变化。即在层流状态下，黏度是一个不随流速变化而变化的常量。牛顿流体的剪切速率与剪切应力的关系、剪切速率与黏度的关系可由图 4-14 所示的流动特性曲线表示。

严格地讲理想的牛顿流体没有弹性，不可压缩，各向同性，所以自然界中完全的牛顿流体是不存在的。流变学中只能把在一定范围内，基本符合牛顿黏性定律的液体按牛顿流体处理。低分子溶液或高分子稀溶液都属于牛顿流体，食品中水、糖水溶液、低浓度牛乳、酒、油等往往都按牛顿流体来分析计算。

（2）非牛顿流体　剪切应力 σ 与剪切速率 $\dot{\varepsilon}$ 之间不满足式(4-16)，流体的黏度不是常数，它随剪切速率的变化而变化，这种流体称为非牛顿流体。非牛顿流体的流动状态方程可

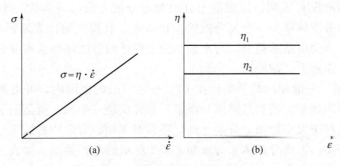

图 4-14　牛顿流体流动特性曲线

（a）剪切速率与黏度的关系；（b）剪切速率与剪切应力的关系

由下面的经验公式表示：

$$\sigma = k\dot{\varepsilon}^n \quad (1 < n < \infty, \ 0 < n < 1) \tag{4-18}$$

式中，k 为黏性常数，因为它往往与液体浓度有关，也称为浓度系数；n 为流动指数。显然当 $n = 1$ 时，上式就是牛顿流体公式，这时 $k = \eta$，即 k 就成了黏度。

在式（4-18）中设

$$\eta_a = k\dot{\varepsilon}^{n-1} \tag{4-19}$$

则非牛顿流体流动状态方程可写为与牛顿流体相似的形式：

$$\sigma = \eta_a\dot{\varepsilon} \tag{4-20}$$

式中，η_a 称为"表观黏度"。然而与 η 不同的是，η_a 与浓度系数 k 和流动指数 n 有关，且是剪切速率 $\dot{\varepsilon}$ 的函数。因此，η_a 对应着一定的剪切速率，也就是说，η_a 是非牛顿流体在某一特定流速的黏度，需要特别标明，才是有意义的。这是在流变分析中必须注意的基础环节。需要指出的是，非牛顿流体中的表观黏度 η_a 和黏度 η 尽管具有相同的量纲，但具有显著不同的物理意义。实际的非牛顿流体并非当施加应力时，就立即产生流动，而通常要在 σ 值大于某个一定值 σ_0 时才开始流动，故将该值称为屈服应力值。这样，根据以上流动状态方程中 σ_0 的有无和 n 的取值范围，非牛顿流体还可以按如下分类：假塑性流动、胀流性流动、塑性流动、触变性流动、胶变性流动等。

3. 液态食品分散体系的流变特性

（1）食品分散体系的分类　一般的食品不仅含有固体成分，而且还含有水和空气。食品属于分散系统，或者说属于非均质分散系统，也称分散体系。所谓分散体系是指数微米以下、数纳米以上的微粒子在气体、液体或固体中浮游悬浊（即分散）的系统。在这一系统中，微粒子称为分散相，分散的气体、液体或固体称为分散介质。分散体系的一般特点是：①分散体系中的分散介质和分散相都以各自独立的状态存在，所以分散体系是一个非平衡状态。②每个分散介质和分散相之间都存在着接触面，整个分散体系的两相接触面面积很大，体系处于不稳定状态。

按照分散程度的高低（即分散粒子的大小），分散体系可大致分为如下三种：

① 分子分散体系　分散的粒子半径小于 10^{-9} m，相当于单个分子或离子的大小。此时分散相与分散介质形成均匀的一相。因此，分子分散体系是一种单相体系。与水的亲和力较强的化合物，如蔗糖溶于水后形成的"真溶液"就是例子。

② 胶体分散体系　分散相粒子半径在 $10^{-9}\sim10^{-7}$ m 的范围内，比单个分子大得多。分散相的每一粒子均为由许多分子或离子组成的集合体。虽然用肉眼或普通显微镜观察时体系

呈透明状,与真溶液没有区别,但实际上分散相与分散介质已并非为一个相,存在着相界面。换言之,胶体分散体系为一个高分散的多相体系,有很大的比表面积和很高的表面能,致使胶体粒子具有自动聚结的趋势。与水亲和力差的难溶性固体物质高度分散于水中所形成的胶体分散体系,简称为"溶胶"。

③ 粗分散体系 分散相的粒子半径在 $10^{-7} \sim 10^{-5}\,\mathrm{m}$ 的范围内,可用普通显微镜甚至肉眼就能分辨出是多相体系。例如悬浮液(泥浆)和乳状液(牛乳)就是例子。

除按分散相的粒子大小做如上分类之外,还常对多相的分散体系按照分散相与分散介质的聚集态来进行分类。可将分散体系分成如表 4-3 所示的八种类型。如表 4-3 所示,流体食品主要指液体中分散有气体、液体或固体的分散体系,分别称为泡沫、乳状液、溶胶或悬浮液。

表 4-3　多相分散体系的类型

分散介质(连续相)	分散相	类别名称	实　例
固　体	固体	固溶胶	巧克力
	液体	固体凝胶	果冻、凉粉、豆腐
	气体	固体泡沫	面包、馒头、蛋糕、饼干
液体	固体	悬浮液	果汁、汤汁
		溶　胶	肉汤、淀粉糊
	液体	乳状液	牛奶、生奶油、黄油、卵黄
	气体	泡　沫	软冰淇淋、啤酒沫等
气体	固　体	粉　末	淀粉、小麦粉、白糖、脱脂奶粉
	液体	气溶胶	弥漫香气的雾

(2) 液态食品分散体系的黏度表示方法　低分子液体或高分子稀溶液都属于牛顿流体。在研究分散系统黏度时,往往为了分析的方便,规定了一些不同定义的黏度。

相对黏度(黏度比)用 η_r 表示。若纯溶剂的黏度为 η_0,同温度下溶液的黏度为 η,则

$$\eta_r = \frac{\eta}{\eta_0}$$

相对黏度是一个无因次量。对于低切变速度下的高分子溶液,其值一般大于 1。η_r 将随溶液浓度的增加而增加。

增比黏度用 η_{sp} 表示,是相对于溶剂来说,溶液黏度增加的分数,即

$$\eta_{sp} = \frac{\eta - \eta_0}{\eta_0} = \eta_r - 1$$

比浓黏度 η_{red} 表示当溶液浓度为 C 时,单位浓度对黏度相对增量的贡献。其数值随浓度的变化而变化。比浓黏度的因次是浓度的倒数,一般用 cm^3/g 表示。即

$$\eta_{red} = \frac{\eta_{sp}}{C}$$

比浓对数黏度 η_{inh} 是相对黏度的自然对数与浓度之比,其值也是浓度的函数,即

$$\eta_{inh} = \frac{\ln\eta_r}{C} = \frac{\ln(1 + \eta_{sp})}{C}$$

特性黏度 $[\eta]$ 是比浓黏度 η_{sp}/C 和比浓对数黏度 $\ln\eta_r/C$ 在无稀释时的外推值,即

$$[\eta] = \lim_{C \to 0} \frac{\eta_{sp}}{C} = \lim_{C \to 0} \frac{\ln\eta_r}{C}$$

当高分子、溶剂和温度确定后,$[\eta]$ 的数值仅由试样的相对分子质量决定,由 Mark-Houwink 方程式表示:

$$[\eta] = KM^\alpha$$

在一定的相对分子质量范围内，K 和 α 是与相对分子质量无关的常数。只要知道 K 和 α 值，就可根据所测得的 $[\eta]$ 值计算试样的相对分子质量。

4. 黏度测定方法

(1) 毛细管黏度计测定法

① 测定原理　毛细管测定法的原理是根据圆管中液体层流流动规律建立的。

当牛顿流体在毛细管中层流流动时，设 t 时间内通过毛细管的液量 Q_t，毛细管两端压力差 Δp、毛细管半径 R 以及管长 L，流体黏度可用下面的哈根公式表示：

$$\eta = \frac{\pi \Delta p R^4 t}{8 Q_t L} \tag{4-21}$$

虽然通过式(4-21) 可以求出黏度，在实际测定时，由于毛细管黏度计本身的加工精度、操作条件等复杂影响，很难保证式(4-21) 中各参数都正确无误。为了减小误差和使测定操作简单易行，毛细管黏度计多用来测定液体的相对黏度。即利用已知黏度的标准液（通常为纯水），通过对比标准液和被测液的毛细管通过时间，求出被测液的黏度。将标准液的测定值和被测液的测定值分别代入式(4-21)，并将两式的左、右分别相比，可得下式：

$$\frac{\eta}{\eta_0} = \frac{\pi R^4 \Delta p t / 8 L Q_t}{\pi R^4 \Delta p_0 t_0 / 8 L Q_t} = \frac{\Delta p t}{\Delta p_0 t_0} = \frac{\rho t}{\rho_0 t_0} \tag{4-22}$$

式中，Δp，t 和 Δp_0，t_0 分别为试样液和标准液在毛细管中流动时的压力差和通过时间；测定时，使试样液与标准液的量相同，都是 Q_t；ρ，ρ_0 分别为试样液和标准液的密度 (kg/m^3)。于是试样液黏度可由下式算出：

$$\eta = \eta_0 \frac{\rho t}{\rho_0 t_0} \tag{4-23}$$

式(4-23) 中，已知标准液黏度，两液体的密度不难求出，所以只要分别测出一定量两种液体通过毛细管的时间，就可求出被测液体的黏度。用毛细管黏度计测定时，由于毛细管两端的压力差来自液柱两端的高差，流动时这一高差发生变化也会引起剪切速率（流速）的变化。对于非牛顿液体，黏度与流速有关，因此会带来较大误差。

也可把式(4-23) 写成如下形式：

$$\frac{\eta \rho_0}{\eta_0 \rho} = \frac{t}{t_0} \tag{4-24}$$

式(4-24) 中，η / ρ 为运动黏度，一般用 v 表示。设标准液体的运动黏度为 v_0，则

$$v = \frac{v_0 t}{t_0} \tag{4-25}$$

因此，已知标准液体的运动黏度，就可由试样和标准液体的流下时间求出试样的运动黏度。运动黏度的单位是 m^2/s。

② 常见毛细管黏度计　毛细管黏度计一般可分为三大类：a. 定速流动式（活塞式），测定时可使液体以恒定流速通过毛细管，适于测定黏度随流动速度变化的非牛顿流体；b. 定压流动式，即以恒定气压控制毛细管中压力维持不变，适于测定具有触变性或具有屈服应力的流体；c. 位差式，即流动压力靠液体自重产生，这也是最常见的毛细管黏度计类型，多用来测定较低黏度的液体。

目前，常用的两种毛细管黏度计，即奥氏黏度计（Ostwald viscometer）[图 4-15(a)]和乌氏黏度计（Ubbelohde viscometer）[图 4-15(b)、(c)]。

奥氏黏度计由导管、毛细管和球泡组成。毛细管的孔径和长度有一定的规格和精度要

求。球泡两端导管上都有刻度线（如 M_1、M_2 等），刻度线之间导管和球泡的容积也有一定规格和较高的精度。测定时，先把一定量（或一定体积）的液体注入左边管，然后将乳胶管与右边导管的上部开口处连接，把注入的液体抽吸到右管，直到上液面超过刻度线 M_1。这时，使黏度计垂直竖立，再去掉上部胶管，使液体由自重向下向左管回流。注意测定液面通过 M_1 至 M_2 之间所需的时间，即一定量液体通过毛细管的时间。测定多次，取平均值。根据对标准液和试样液通过时间的测定，就可求出液体黏度。为了提高测定效率，奥氏黏度计右面也有双球形的。

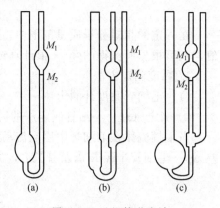

图 4-15 毛细管黏度计
(a) 奥氏黏度计；(b) 非稀释型乌氏黏度计；(c) 稀释型乌氏黏度计

乌氏黏度计的结构与奥氏黏度计不同之处是它由三根竖管组成，其中右边的第三根管与中间球泡管的下部旁通。即在球泡管下部有一个小球泡与右管连通。这一结构可以在测量时使流经毛细管的液体形成一个气悬液柱，减少了因左边导管液面升高对毛细管中液流压力差带来的影响。测定方法是，首先向左管注入液体，然后堵住右管，由中间管吸上液体，直至充满上面的球泡。这时，同时打开中间管和右管，使液体自由流下，测定液面由 M_1 到 M_2 的时间。

乌氏黏度计与奥氏黏度计相比有如下优点：a. 乌氏黏度计对加入液量的精确度要求较低，而且误差较小，这是由于奥氏黏度计在液体流动时，左管液面的上升对液柱的压力差影响较大，从而产生的误差大，而且对每次液量的加入要求较严格；b. 乌氏黏度计因为气悬液柱的存在，对垂直性要求较低，而奥氏黏度计在测定中因两管液面的变化，所以测定时要求保持毛细管垂直；c. 乌氏黏度计对加入液量的要求较宽，因此可以做成稀释型乌氏黏度计，这种黏度计可以对同一试样，通过多次稀释测其在不同浓度下的黏度。

（2）旋转式黏度计测定法　旋转式黏度计测定法是食品工业中测定流体黏度常用的方法。旋转式黏度计主要有同心双圆筒式、转子回转式、锥板式和平行板式等多种类型。

① 同心双圆筒式黏度计　如图 4-16 所示，当在两个同心圆筒的间隙中充满液体，两圆筒以不同转速以同方向回转时，两圆筒之间就会产生圆筒形的回转层流流动，半径方向产生速度梯度。

设半径为 R_b 和 R_c 的两个圆筒同心叠在一起，外筒固定，内筒的旋转角速度为 ω_b，内筒在液体中的高度为 h，内外筒底之间的距离为 l，则液体黏度可用下面的马占列斯方程

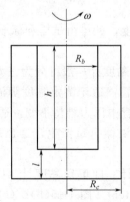

图 4-16　内筒旋转型黏度计

计算：

$$\eta = \frac{M}{4\pi h\omega_b}\left(\frac{1}{R_b^2}-\frac{1}{R_c^2}\right) \tag{4-26}$$

式中　M——作用于内筒的力矩。

把转筒所受的力矩 $M=K\theta$（式中，θ 表示弹性元件的扭转角，K 表示弹性元件的弹性系数）和转筒角速度 $\omega_b=2\pi n/60(\mathrm{rad/s})$ 代入式(4-26) 得：

$$\eta = K_0\frac{\theta}{n} \tag{4-27}$$

式中，$K_0=\dfrac{60K}{8\pi^2 h}\left(\dfrac{1}{R_b^2}-\dfrac{1}{R_c^2}\right)$ 是仪器常数。

还可以把式(4-27) 改写成如下形式：

$$\eta = K_n\theta \tag{4-28}$$

式中，$K_n=K_0/n$，K_n 称为换算系数，单位为 Pa·s。也就是说，转速为 n 时所测定的指针偏转角 θ 乘以换算系数 K_n 即得到黏度值。

② 转子回转式黏度计　转子回转式黏度计可以看成是外圆筒半径较内筒半径大得多的情况。其结构原理如图 4-17 所示。电动机通过悬吊的弹簧，带动转子在待测流体中旋转。设弹簧扭转弹性率为 K。当转子转动达到平衡状态，弹簧受黏性阻力矩作用，上部（刻度盘）与下部（指针）就会产生一个偏转角 θ。根据式(4-29) 可得黏度 η，即

$$\eta = \frac{K\theta}{4\pi h\omega_0 R^2} \tag{4-29}$$

式中　h——转子浸入液中的高度；

　　　ω_0——转速；

　　　R——转子半径。

转子回转式黏度计外形如图 4-17 所示。

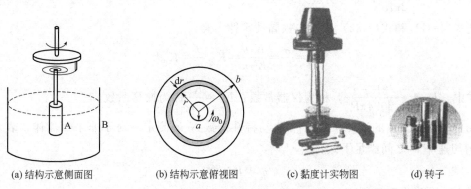

(a) 结构示意侧面图　　(b) 结构示意俯视图　　(c) 黏度计实物图　　(d) 转子

图 4-17　转子回转式黏度计及其构造原理

③ 锥板式黏度计　在半径为 R 的平面圆板上放顶角很大的圆锥，使圆板或圆锥按一定角速度旋转。平面与平板夹角很小，只有 $0.5°\sim4°$，所以 $\varphi=\tan\varphi$，在这个锥板夹角间充满试样（如图 4-18 所示）。设圆锥旋转角速度为 ω，则离转轴为 r 的和锥面接触部分的试样的速度为 $r\omega$，与静止圆板接触部分的试样的速度为 0。因试样的厚度为 $r\cdot\tan\varphi=r\varphi$，所以剪切速率为：

$$\dot{\varepsilon} = \frac{r\omega}{r\varphi} = \frac{\omega}{\varphi} \tag{4-30}$$

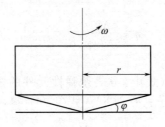

图 4-18　锥板式黏度计示意图

由此可知，剪切速率 $\dot\varepsilon$ 与角速度 ω、仪器常数 φ 有关，与试样内各点的位置无关，即锥板式黏度计内各点的剪切速率是均匀的。这是锥板式与同轴圆筒形黏度计的主要区别。所以，锥板式黏度计适于测定非牛顿液体的黏度。

式(4-30) 可改写成如下形式：

$$\dot\varepsilon = \frac{2\pi n}{60} \cdot \frac{1}{\varphi} = \frac{0.1047n}{\varphi} = K_2 n \tag{4-31}$$

式中，$K_2 = \dfrac{0.1047}{\varphi}$，亦称为剪切速率系数。

距离转轴为 r 和 $r + \mathrm{d}r$ 之间的试样对转轴的力矩为：

$$\mathrm{d}M = 2\pi \mathrm{d}r \cdot r\sigma = 2\pi r^2 \sigma \mathrm{d}r$$

r 从 $0 \to R$，对上式进行积分，得

$$M = 2\pi\tau \int_0^R r^2 \mathrm{d}r = \frac{2\pi}{3} R^3 \sigma$$

因此

$$\sigma = \frac{3M}{2\pi R^3} = \frac{3K\theta}{2\pi R^3} = K_1 \theta \tag{4-32}$$

式中，$K_1 = \dfrac{3K}{2\pi R^3}$，称为剪应力系数。

把式(4-31) 和式(4-32) 代入牛顿黏性定律，得

$$\eta = \frac{\sigma}{\dot\varepsilon} = \frac{K_1 \theta}{K_2 n} = K_0 \frac{\theta}{n} = K_n \theta \tag{4-33}$$

式中，$K_0 = \dfrac{3K\varphi}{0.2094\pi R^3}$，称为仪器常数；$K_n = \dfrac{K_0}{n}$ 称为换算系数。

(3) 非牛顿流体的浓度系数 K 和流动特性指数 N 的测定　对于非牛顿流体，表观黏度 η_a 与剪切速率 $\dot\varepsilon$ 之间满足下式：

$$\eta_a = K\dot\varepsilon^{N-1}$$

对上式两边取对数得

$$\lg\eta_a = \lg K + (N-1)\lg\dot\varepsilon \tag{4-34}$$

设 $\dot\varepsilon$ 和 η_a 的 S 次测定值分别为 $\dot\varepsilon_i$ 和 η_{ai} $(i=1,2,3,\cdots,S)$，并假设

$$\begin{cases} X_i = \lg\dot\varepsilon_i \\ Y_i = \lg\eta_{ai} \\ A = N-1 \\ B = \lg K \end{cases} \tag{4-35}$$

由式(4-34) 得

$$\begin{cases} \dfrac{\partial Q}{\partial A} = \sum 2[Y_i - (AX_i + B)] \cdot (-X_i) = 0 \\ \dfrac{\partial Q}{\partial B} = \sum 2[Y_i - (AX_i + B)] \cdot (-1) = 0 \end{cases}$$

其中 $Q = \sum\limits_{i=1}^{S} [Y_i - (AX_i + B)]^2$，则

$$\begin{cases} A\sum X_i^2 + B\sum X_i = \sum X_i Y_i \\ A\sum X_i + BS = \sum Y_i \end{cases}$$

因此

$$\begin{cases} A = \dfrac{S\sum X_i Y_i - \sum X_i \sum Y_i}{S\sum X_i^2 - (\sum X_i)^2} \\ B = \dfrac{S\sum X_i^2 Y_i - \sum X_i \sum X_i Y_i}{S\sum X_i^2 - (\sum X_i)^2} \end{cases} \qquad (4\text{-}36)$$

由式(4-36) 求 A、B 后代入式(4-34) 可求 K 和 N：

$$\begin{cases} N = A + 1 \\ K = 10^B \end{cases} \qquad (4\text{-}37)$$

因此，$Y = AX + B$，当 $X = 0$ 时，$Y = B = \lg K$，A 为直线的斜率。

二、黏弹性分析

1. 黏弹性基本概念

(1) 变形　一般固体施以作用力后则产生变形，去掉力后又会产生弹性恢复。经常要用如图 4-19 和图 4-20 所示的应力与应变关系曲线来分析。

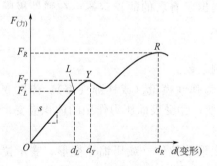

图 4-19　力与变形曲线

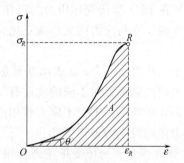

图 4-20　脆性断裂时的应力-应变曲线

把试样放在万能实验仪固定板上，活动板以一定速率压试样时，食品的典型压缩变形曲线如图 4-19 所示。图中 OL 为直线段，L 称弹性极限点，在弹性极限范围内，力与变形成正比，比例系数称弹性模量；当去掉载荷后，试样马上恢复到原样。Y 为屈服点，屈服点是当载荷增加、应力达到最大值后，应力不再增加，而应变依然增加时的应力点。并非所有物质都有屈服点。达到屈服点时，食品材料的一部分结构单元被破坏，开始屈服并产生流动，发生屈服时所对应的应力称为屈服应力。超过屈服点后增加应变时应力并不明显增加，这个阶段称为塑性变形。继续增加应变，应力也随之增加，达到 R 点时，试样发生大规模破坏，R 点称为断裂点，它所对应的应力称为断裂极限（或断裂强度）。作为生物质破断，它包括壳和表皮的破裂、整体碎裂、表面产生断裂裂缝等。屈服点常属于物质的微观应变，而破断点属于物质的宏观应变。在应力-应变曲线上，破断点 "R" 出现在屈服点之后的任何地方。对于脆性物质，破断点往往出现在曲线的初期部分；而强韧（坚韧）性食品物质，破断点的

出现往往很晚，也就是在物质出现塑性流动之后很久才出现"R"点。

食品物质的断裂形式可分为塑性断裂和脆性断裂两类。

① 脆性断裂　脆性断裂的特点是屈服点与断裂点几乎一致。脆性断裂时的应力-应变曲线如图 4-20 所示。图中断裂点的应力 $\sigma_R = \sigma(\varepsilon_R)$，断裂应变为 ε_R 断裂所需要的能量（简称断裂能）可用下式表示：

$$W_n = \int_0^{\varepsilon_R} \sigma(\varepsilon) \mathrm{d}\varepsilon \tag{4-38}$$

食品中这种断裂也很多，如饼干、琼脂凝胶、巧克力、花生米等都属于脆性断裂。

② 塑性断裂　塑性断裂的特点是试样经过塑性变形后断裂（图 4-19）。食品中这种断裂也很多，如面包、面条、米饭、水果、蔬菜等。有些糖果，当缓慢拉伸时产生塑性断裂，急速拉伸时产生脆性断裂。

当给食品物质持续加载时，往往不仅要变形，而且还会发生断裂现象。实际上人们对食品进行压、拉、扔、咬、切时，食品的变形逐渐加大，但一般并非线性变形，而是发生大的破坏性变形。对于具有这样性质的物体，人们往往用一定载荷进行断裂强度或蠕变试验。

多数食品因为在压缩过程中试样发生松弛，所以压缩速度对压缩应力-应变曲线的影响很大，试样的黏度越小，这种影响越大。食品压缩实验的速度一般取 2~50cm/min，当增加压缩速度时必须要增加压缩力。

（2）弹性　物体在外力作用下发生的形变，撤去外力后恢复原来状态的性质称为弹性。撤去外力后形变立即完全消失的弹性称为完全弹性。形变超过某一限度时，物体不能完全恢复原来状态，这种限度称为弹性极限。弹性是反映固体力学性质的物理量。胡克（Hooke Robert）在 1678 年研究作用力与反作用力规律时提出了有名的胡克定律：在弹性极限范围内，物体的应变与应力的大小成正比，即

$$F = kd \tag{4-39}$$

式中，F 表示外力；d 表示变形量；k 表示比例系数。

这里的比例系数对不同的物质有不同的值，称为弹性模量（或称弹性率）。弹性变形可以归纳为 3 种类型：①受正应力作用产生的轴向应变；②受表面压力作用的体积应变；③受剪切应力作用发生的剪切应变。

① 弹性模量　物体受正应力作用产生轴向的变形称拉伸（或压缩）变形，表示拉伸变形的弹性模量也称作杨氏模量。

设当沿横截面为 A、长度为 L 的均匀弹性棒的轴线方向施加力 F 时，棒伸长了 d（图 4-21），则单位面积的作用力（即拉伸应力，单位：$\mathrm{N/m^2}$）σ_n 为

$$\sigma_n = \frac{F}{A} \tag{4-40}$$

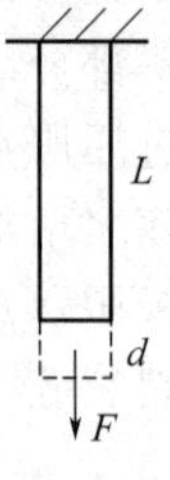

图 4-21　拉伸实验

所产生的拉伸应变（单位长度的伸长量）ε_n 为

$$\varepsilon_n = \frac{d}{L} \tag{4-41}$$

对于理想的弹性固体，在弹性限度范围内，应力与应变关系服从胡克定律，即应力与应变成正比，比例常数称为弹性模量，对于拉伸变形，比例常数又称为杨氏模量：

$$\sigma_n = E \cdot \varepsilon_n \tag{4-42}$$

因为研究中弹性模量常指杨氏模量，所以杨氏模量也称弹性模量（E）。弹性模量是材料发生单位应变时的应力，表征材料抵抗变形能力的大小，弹性模量愈大，愈不容易变形。弹性模量的倒数 $J = 1/E$ 称为弹性柔量。由于 ε_n 是无量纲的量，所以 E 的量纲与 σ_n 相同为 N/m^2。

在室温下，下列食品的杨氏模量分别为：小麦面团 $10^5\,N/m^2$，琼胶、明胶的凝胶 $10^5 \sim 10^6\,N/m^2$，硬质干酪 $10^9 \sim 10^{10}\,N/m^2$，意大利干挂面 $10^{11}\,N/m^2$。

② 剪切模量　固定立方体的底面，上面沿切线方向施加力 F 时，发生如图 4-22 所示的变形。这种变形称为剪切变形。设立方体的上面移动距离为 d，与它对应的角度为 θ，上面面积为 A，高度为 H，则上面单位面积的作用力（剪切应力）σ_τ 为

$$\sigma_\tau = \frac{F}{A}$$

相应的形变（剪切应变）ε_τ 为

$$\varepsilon_\tau = \frac{d}{H} = \tan\theta = \theta$$

由胡克定律可得

$$\sigma_\tau = G \cdot \varepsilon_\tau = G \cdot \theta \tag{4-43}$$

式中，比例系数 G 称为剪切模量，单位为 N/m^2。剪切模量的倒数 $J = 1/G$ 称为剪切柔量。剪切模量的物理意义是物体单位剪切变形所需要的剪切应力。一般来说，固体的剪切模量是杨氏模量的 $1/3 \sim 1/2$。

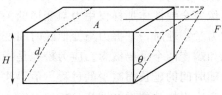

图 4-22　剪切试验

③ 体积模量　设体积为 V 的物体表面所受的静水压为 p，当压力由 p 增大到 $p + \Delta p$ 时，物体体积减少了 ΔV，则体积应变 ε_V 为

$$\varepsilon_V = \frac{\Delta V}{V}$$

假设压力的变化和体积应变之间符合胡克定律，则

$$dp = -K \frac{dV}{V}$$

$$K = -\frac{dp}{dV/V} = -V \frac{dp}{dV} \tag{4-44}$$

式(4-44) 中，比例系数 K 称为体积模量，单位为 N/m^2。体积弹性率的倒数称为压缩率。

④ 泊松比　泊松比是表现弹性拉伸变形的物性参数。当物体受力拉伸（或压缩）时，除了在力的方向发生纵向应变 ε_Z，往往为了维持其体积，在与作用力方向垂直的横向也会产生应变 ε_H，对一定的物质，其横向应变与纵向应变的比值往往是一个常量，如下式所示：

$$\left|\frac{\varepsilon_H}{\varepsilon_Z}\right|=\mu \tag{4-45}$$

把横向应变与纵向应变比值的绝对值 μ 称为泊松比，它是量纲为 1 的量。根据物体不同，泊松比的取值在 $0\sim0.5$ 之间。在拉伸或压缩面团、凝胶等食品的过程中，物体的体积不发生变化，则泊松比等于 0.5。海绵状食品（面包），在压缩的垂直方向没有明显的变形，则泊松比等于 0。

⑤ 弹性系数之间的相互关系　以上弹性系数适用于各向同性的材料。由弹性力学理论可知，各向同性的材料只有两个独立的弹性系数，因此知道其中的两个系数，可通过式(4-46)～式(4-48)，计算得到另外的弹性系数，且和泊松比相互之间也存在着一定关系。

$$G=\frac{3EK}{9K-E} \tag{4-46}$$

$$K=\frac{E}{3(1-2\mu)}=\frac{EG}{9G-3E}=\frac{2G(1+\mu)}{3(1-2\mu)} \tag{4-47}$$

$$\mu=\frac{E-2G}{2G}=\frac{1-E/3K}{2} \tag{4-48}$$

由上式可知，弹性模量 E 和剪切模量 G 之间可以用泊松比 μ 换算。因为凝胶、面团的泊松比近似等于 $1/2$，所以

$$E=3G \tag{4-49}$$

上式亦被称为弹性系数的三倍定律。

（3）黏弹性　例如把圆柱形面团的一端固定，另一端用定载荷拉伸，此时面团如黏稠液体慢慢流动。当去掉载荷时，被拉伸的面团收缩一部分，但面团不能完全恢复原来长度，有永久变形，这是黏性流动表现，即面团同时表现出类似液体的黏性和类似固体的弹性，我们把这种既有弹性又可以流动的现象称为黏弹性，具有黏弹性的物质称为黏弹性体（半固态物质）。

黏弹性体的力学性质不像完全弹性体那样仅用力与变形的关系表示，还与力的作用时间有关。所以研究黏弹性体的力学物性时，掌握力与变形随时间变化的规律是非常重要的。研究黏弹性时要用到应力松弛和蠕变两个重要概念。应力松弛是指试样瞬时变形后，在变形不变情况下，试样内部的应力随时间的延长而减少的过程。值得注意的是，应力松弛是以一定大小的应变为条件的。蠕变和应力松弛相反，蠕变是指把一定大小的力（应力）施加于黏弹性体时，物体的变形随时间的变化而逐渐增加的现象。要注意，蠕变是以一定大小的应力为条件的。

在固态食品中重点讨论弹性，在液态食品中重点讨论黏性，可是许多食品往往既表现弹性性质又表现黏性性质。例如面包、面团、面条、奶糖等，我们都可以观察到它们的弹性性质和黏性性质，只是在不同的条件下，有的弹性表现得比较明显，有的黏性表现得比较明显。食品的力学性质由化学组成、分子构造、分子内结合、分子间结合、胶体组织、分散状态等因素决定。因此，换句话说，通过测定食品的黏弹性就可以把握上述食品的状态。

2. 黏弹性的测定方法

用静态测定法所揭示的物体的黏弹性质称为静黏弹性。如拉伸（压缩）试验所测的弹性率，蠕变性质的滞后时间、蠕变柔量，松弛弹性的应力松弛时间等。研究静黏弹性主要有以下一些试验。

（1）基本流变特性参数测定

① 双重剪切测定　如表 4-4（a）所示，在面积为 A 的 3 块平板之间填入试样。拉动中间平板时，如测得拉力为 F，剪切模量（刚性率）G 可由下式求出：

$$G = \frac{\delta F}{2Ad} \tag{4-50}$$

式中，d 表示拉动位移；δ 表示试样厚度。

表 4-4　常见静态流变测定方法

测定方法	应力/Pa	速率/s^{-1}	黏度/(Pa·s)	符号意义
(a)	$\sigma = \dfrac{F}{2A}$	$\dot{\varepsilon} = \dfrac{v}{\delta}$	$\eta = \dfrac{\delta F}{2Av}$	F：拉力(N) A：试样接触面积(m^2) δ：试样厚度(m) v：移动速度(m/s)
(b)	$\sigma = \dfrac{F}{A}$	$\dot{\varepsilon} = \dfrac{v}{L}$	$\eta = \dfrac{LF}{3Av}$ $\eta_c = \dfrac{LF}{Av}$	v：拉伸速度(m/s) F：拉力(N) A：试样接触面积(m^2) L：试样长度(m) η_c：延伸黏度(Pa·s)
(c)	$\sigma = \dfrac{F}{2\pi R_i h}$	$\dot{\varepsilon} = \dfrac{v_0}{R_i} \cdot \dfrac{1}{\ln\left(\dfrac{R_0}{R_i}\right)}$	$\eta = \dfrac{F}{2\pi h v_0} \ln \dfrac{R_0}{R_i}$	F：拉力(N) R_i：内筒半径(m) R_0：外筒半径(m) h：试样高度(m) v_0：内筒末速度(m/s)
(d)	试样容积 V 一定 $\sigma = \dfrac{2}{3} \cdot \dfrac{\pi^{\frac{1}{2}} \delta^{\frac{3}{2}} F}{V^{\frac{3}{2}}}$	$\dot{\varepsilon} = \dfrac{2}{3} \cdot \dfrac{\pi^{\frac{1}{2}} \delta^{\frac{5}{2}} F}{\eta V^{\frac{3}{2}}}$	—	η：试样剪切黏度(Pa·s) δ：试样厚度(m) V：试样容积(m^3) F：试样压力(N)

剪切黏度如表 4-4（a）所示，当保持拉力不变时，可求得蠕变曲线、蠕变柔量：

$$J(t) \equiv \frac{1}{G(t)} = \frac{2A}{\delta F} d(t) \tag{4-51}$$

双重剪切测定常用来进行蛋糕、人造奶油、冰淇淋、干酪、鱼糜糕等许多食品的黏弹性测定。

② 拉力试验　如表 4-4（b）所示，对长为 L（m）、断面积为 A（m^2）的棒状试样两端固定，测定在一定拉力 F(N) 下，试样的弹性伸长 d（m），延伸弹性率 E 与延伸黏度 η_t 分别为

$$E = \frac{LF}{Ad} \tag{4-52}$$

$$\eta_t = \frac{LF}{A_v} \tag{4-53}$$

剪切黏度可用 3 倍率求出，即

$$\eta = \frac{LF}{3A_v} \tag{4-54}$$

拉力试验常用来测定小麦粉面团的黏弹性质。

③ 套筒流动　测定方法和原理图如表 4-4(c) 所示。在同心的双圆筒（内筒外径 R_i，外筒内径 R_0）之间隙中填满试样。内筒沿中心轴方向加以定载荷 F(N)，内筒开始滑动，最终与黏性阻力平衡达到均速 v_0 运动状态。对试样任一半径 r 处的剪应力，由牛顿定律知：

$$\sigma = -\eta \frac{\mathrm{d}v}{\mathrm{d}r} \tag{4-55}$$

在半径为 r 的试样柱面受剪切力为

$$F = 2\pi r h \sigma = -2\pi r h \eta \frac{\mathrm{d}v}{\mathrm{d}r} \tag{4-56}$$

式中，v 表示半径 r 处试样的速度；h 表示圆筒与试样接触部分长度。

对上式积分得

$$v = -\frac{F}{2\pi\eta h}\ln r + C \tag{4-57}$$

积分常数 c 可由边界条件 $r=R_0$，$v=0$ 求得，故

$$v_0 = \frac{F}{2\pi\eta h}\ln\frac{R_0}{R_i} \tag{4-58}$$

$$\eta = \frac{F}{2\pi h v_0}\ln\frac{R_0}{R_i} \tag{4-59}$$

因此通过测定 v_0 就可求出黏度。以此原理设计的黏度计称为波开蒂诺黏度计。

④ 平行板塑性计　平行板塑性计的测定原理如表 4-4(d) 所示。在半径为 R 的平行圆板之间放入试样，然后夹住试样，并施以夹紧力 F，试样厚度随之减少。根据 Navier-Stokes 公式：

$$F = -\frac{3\pi R^4 \eta}{2\delta^3}\left(\frac{\mathrm{d}\delta}{\mathrm{d}t}\right) \tag{4-60}$$

将试样的容积 V 与半径的关系式 $R = [V/(\pi\delta)]^{1/2}$ 代入上式得

$$-\left(\frac{\mathrm{d}\delta}{\mathrm{d}t}\right) = \frac{2\pi\delta^5 F}{3V^2 \eta}$$

当 $t=0$ 时，$\delta=\delta_0$，积分此式得

$$\frac{3V^2}{8\pi}\left(\frac{1}{\delta^4} - \frac{1}{\delta_0^4}\right) = F\,\frac{t}{\eta} \tag{4-61}$$

测定 $3V^2/(8\pi\delta^4)$ 与 t 的关系曲线，由得到直线的斜率得黏弹性体的黏度。

蠕变柔量可由式 $J(t) = \frac{3V^2}{8\pi F}\left(\frac{1}{\delta^4} - \frac{1}{\delta_0^4}\right)$ 得出。

(2) 应力松弛试验　进行应力松弛试验时，首先找出试样应力与应变的线性关系范围，然后在这一范围内使试样达到并保持某一变形，测定其应力与时间的关系曲线（图4-23），根据测定结果绘制松弛曲线并建立其流变学模型。松弛实验可采用剪切、单轴拉伸或单轴压缩的方法，也可采用同心圆筒式黏度计。理想的弹性材料没有应力松弛现象；理想的黏性材料立即松弛；黏弹性材料逐渐松弛，但是由于材料的分子结构不同，松弛的终点不同，黏弹性固体的终点为平衡应力（$\sigma_e > 0$），黏弹性液体材料的残余应力为零。

在分析食品材料的应力松弛数据时，存在

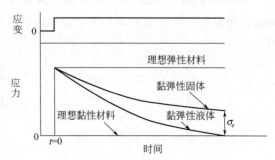

图 4-23　应力松弛概念

两个主要的问题：①大多数食品材料的变形属于非线性的黏弹性；②生物材料所具有的不稳定性和生物活性使平衡机械参数的获得有一定难度。为了克服这些问题，可采用归一化的应力来计算应力松弛数据，数据符合以下的线性公式：

$$\frac{\sigma_0 t}{\sigma_0 - \sigma} = k_1 + k_2 t \tag{4-62}$$

式中，σ_0 表示初始应力；σ 表示时间 t 处的应力；k_1，k_2 为常数。

（3）蠕变试验　蠕变试验也是一种静态测定试验，它是给试样施以恒定应力，测定应变随时间变化的情况。蠕变试验除了用于建立适当的流变模型外，它所得到的弹性滞后时间也是代表试样力学性质的重要指标。分析蠕变测定结果的常用模型是图 4-24 所示的四要素模型。因为应力 σ 为已知，由初始应变 $\varepsilon_0 = \sigma/E_1$，可求出 $E_1 = \sigma/\varepsilon_0$。$E_2$ 可由蠕变曲线延伸渐近线的截距与初始应变之差求出。η_1 可用蠕变恢复曲线所示的残余应变 $(\sigma/\eta_1) t_1$ 值测得。η_2 和推迟时间 τ_k 可由解析法求出。即：

$$\frac{\sigma}{E_2}\left(1 - e^{-\frac{t}{\tau_K}}\right) = \varepsilon(t) - \frac{\sigma}{E_1} - \frac{\sigma}{\eta_1} t \tag{4-63}$$

E_1、η_1、E_2 已经求出，那么任一时刻对应的 $\varepsilon(t) - \sigma/E_1 - (\sigma/\eta_1) \cdot t$ 为已知量，设其为 $A(t)$，$\sigma/E_2 = B$，则有 $A(t) = B\left(1 - e^{-\frac{t}{\tau_K}}\right)$，即

$$1 - \frac{A(t)}{B} = e^{-\frac{t}{\tau_K}}$$

此式两边取对数有

$$\ln\left(1 - \frac{A(t)}{B}\right) = -\frac{t}{\tau_K} \text{ 或 } \lg\left(1 - \frac{A(t)}{B}\right) \approx -\frac{t}{2.3\tau_K} \tag{4-64}$$

只要测出某一时刻 t 所对应的 $A(t)$ 和 B 值即可算出 τ_K；或在单轴对数坐标纸上把 $[1 - A(t)/B]$ 和 t 的关系直线画出来，直线的斜率就是 $(2.3\tau_K)^{-1}$。这样求出 τ_K 后，由 $\tau_K = \eta_2/E_2$，即可求出 η_2 值。

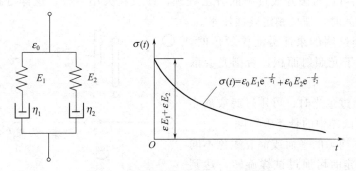

图 4-24　四要素模型的应力松弛曲线

三、颜色分析

1. 概述

色、香、味、形是食品可接受性的四大要素，在这四要素中，色可以说是非常重要的品质特性。色是对食品（特别是肉类、水果和蔬菜）品质评价的第一印象，它直接影响人们对食品品质优劣、新鲜与否的判断，因而是增加食欲、满足人们心理需要的重要条件。随着生活水平的提高，人们对食品色彩的要求也越来越高。加之视觉生理、色度学、颜色心理学、色光测试技术，以及计算机图像处理技术等科技的进步，也促进了食品色彩学的飞速发展。

食品的色泽是食品的一种物理特性——光学特性，是给人感觉的一种信息。然而，对这

种信息的处理和判断却要受许多方面,特别是心理方面的影响。例如,Bruner 曾做过一个实验:用同一张橙色的纸,分别剪成柠檬和番茄的形状,让人们观察。结果发现,番茄形状的橙色纸总有一种发红的印象,而柠檬形状纸显得发黄。可见人们观察到食品的色彩,不仅仅是物理学的颜色,它还与心理学、生理学等多方面的因素有密切关系。

食品的颜色影响到食品的品质,因此,有关食品的着色、保色、发色、褪色等研究也成为食品科学的重要课题。啤酒的琥珀色、蛋白饮料的乳白色、火腿香肠的肉红色等都是食品加工厂家提高商品品质的重要指标。为了追求利润也使一些厂商对食品色彩的追求走入误区。例如,对面粉进行不适当的漂白处理,对一些食品使用过量的色素进行染色等,并已经成为食品安全关注的问题。

2. 颜色的测定

随着各种更加科学、合理、方便的表色系统建立,对颜色的品质管理和测定也变得更加方便和准确。然而在测定时需要掌握正确的方法。

(1)测定颜色时的注意事项

① 液体样品或有透明感的样品,当光照射时,不仅有反射光,还有一部分为透射光。因此,仪器的测定值往往与眼睛的判断产生差异。

② 固体样品的颜色往往并不均匀,而眼睛的观察往往是总体印象。在用仪器测定时,总是局限于被测点的较小面积,所以必须注意仪器测定值与目测颜色印象的差异。

③ 测定颜色的方法不同或使用仪器不同,都可能造成颜色值的差异。

(2)试样的制作

① 测定固体样品时,表面应尽量平整。

② 对于糊状样品,测定时尽量使样品中各成分混合均匀。这样眼睛观察值和仪器测定值就比较一致。例如,对果蔬酱、汤汁、调味汁之类的样品,可在不使其变质前提下进行适当均质处理。

③ 颗粒样品可通过破碎或过筛的方法处理,使颗粒大小一致。这样可减少测定值的偏差。测定粉末样品时,须把测定表面压平。

④ 测定相当透明的果汁类液体颜色时,应使试样面积大于光照射面积,否则光会散射出去。

⑤ 当测定透过色光时,可用过滤或离心分离的方法,将试样中的悬浮颗粒除去。

⑥ 对颜色不均匀的平面或混有颜色不同颗粒的样品,测定时可通过试样旋转,达到混色的效果。

(3)颜色的目测方法 颜色的目测方法是指用眼观察比较溶液颜色深浅来确定物质含量或溶液浓度的方法。常用的是标准系列法,有标准色卡对照法和标准液比较法等。测定时要注意观察的位置和光源、试样的摆放位置。图 4-25 为一部分测定图例。

① 标准色卡对照法 国际上出版的标准色卡一般都是根据色彩图制定的。常见的有

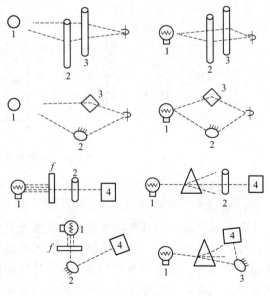

图 4-25 颜色的目测方法
1—灯;2—试样;3—标准样;4—光电管

孟塞尔色圈、522匀色空间色卡、麦里与鲍尔色典和日本的标准色卡等。

　　用标准色卡与试样比较颜色时,光线非常重要。一般要求采用国际照明协会所规定的标准光源,光线的照射角度应为45°。在比较时,若色卡与试样的观察面积不同,将影响判断的正确性,所以要求对试样进行适当的遮挡。

　　如果没有合适的标准光源,可以在晴天10:00~14:00时,利用北窗射进的自然光线作为光源。总之要避免在阳光直接照射下进行比较。即使如此,有光泽的食品表面或凹凸不平的食品(如果酱、辣酱之类),比较起来也是相当困难的。

　　目测法常用于谷物、淀粉、水果、蔬菜等食品规格等级的检验。

　　② 标准液测定法　标准液测定法主要用来比较液体样品的颜色。标准液多用化学药品溶液制成,如测定橘子汁颜色是采用重铬酸钾溶液作标准色液。酱油、果汁等液体样品颜色也要求标准化质量管理。除目测法外,在比较标准液时,也可以使用称为比色计的仪器。这种简单的比色计可以大大提高比较的准确性。对于食用油就可以采用威桑比色计(Wesson tintometer)进行颜色测定。

　　测定液体样品的颜色常使用杜博斯科比色计,其原理是根据朗伯光学定律[式(4-65)],通过改变标准液的光程使之与试样液颜色一致,从而求出试样的浓度。

$$hc = h'c' \qquad (4\text{-}65)$$

　　式中,h 为标准溶液的厚度;c 为标准溶液的浓度;h' 为试样的厚度;c' 为试样的浓度。

　　鲁滨邦德比色计是使标准白光源发出的光通过一组滤光片变成不同色光,同试样相比。当改变滤光片组合,使得到的色光与试样颜色一致时,则用这一组滤光片的名称来表示其所代表的颜色。也有用透明颜色胶片作成标准色卡的比较方法。

　　(4) 颜色的仪器测定方法

　　① 光电管比色法　光电管比色法是采用光电比色计用光电管代替目测,以减少误差的一种仪器测定方法。这种仪器是由彩色滤光片、透过光接受光电管和与光电管连接的电流计组成,主要用来测定液体试样色的浓度,所以常以无色标准液为基准。

　　② 分光光度法　分光光度法主要用来测定各种波长光线的透过率。其原理是由棱镜或衍射光栅将白光滤成一定波长的单色光,然后测定这种单色光透过液体试样时被吸收的情况。测得的光谱吸收曲线可以获得以下信息:a. 了解液体中吸收特定波长的化学物成分;b. 测定液体浓度;c. 作为颜色的一种尺度,测定某种呈色物质的含量,如叶绿素含量。

　　③ 光电反射光度计　光电反射光度计也称色彩色差计。这种仪器是通过光电测定的方法,迅速、准确、方便地测出各种试样被测位置的颜色,并且通过计算机直接换算成 $L^* a^* b^*$ 值或 xyz 值,对颜色进行数值化表示。它还能自动记忆和进行数值处理,得到两点间颜色的差别,如 ΔE_{ab}^* 等。

　　色彩色差计目前种类较多,有测定大面积的,也有测定小面积的;有测定带光泽表面的,也有测透明液体颜色的。但从结构原理上讲,主要有两种类型:直接刺激值测定法和分光测定法。直接刺激值测定法是利用人眼睛对颜色判断的三变数原理,即眼睛中三种感光细胞对色光的三刺激值决定了人对颜色的印象。该仪器的光接收部分也装有三种感光元件[$X(\lambda)$、$Y(\lambda)$、$Z(\lambda)$ 三种光电传感器]。这三种感光元件对等能量光波所引起的相对感度(分光感度)与人眼的等色函数 $X(\lambda)$、$Y(\lambda)$、$Z(\lambda)$ 相同。这三种传感器对色光的接收反应如图4-26所示。

　　图4-26中以白光源照射红苹果为例,反射的光波分布线如图4-26所示的曲线A。当A光波进入眼中或仪器的三种传感器中,每个传感器(相当于眼中感光细胞)对A光波产生

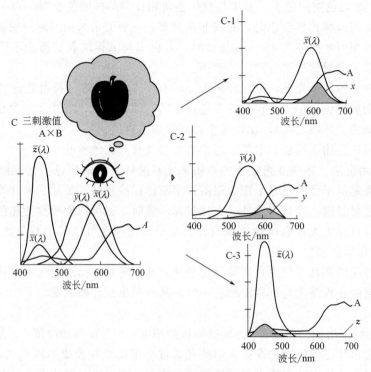

图 4-26　三刺激值法测定色彩的原理

的感应分别为 C-1、C-2、C-3，即形成了 x、y、z 三刺激值（与斜线部分积分面积成比例）。经过对这三刺激值的运算就可以求出代表待测物苹果颜色的三个参数：$x = 21.21$，$y = 13.37$，$z = 9.32$。在其基础上可换算出其他表色系统的值，如 L^*、a^*、b^* 值。

分光测定法与刺激值测定法的区别是采用了更多的光电传感器。一般目前作为测光元件有 4 个传感器。这样，就可以将从试样反射的色光进行更精细的分光处理。通过测定每个波长反射及对这些更精细的光信号进行数据记录和积分演算处理，并得到三刺激值 x、y、z。

直接刺激值测定法色彩计开发比较早，具有结构简单、体积小、价格低的优点，多用于生产部门和品质检查部门，尤其在测定色差方面非常有用。分光测定色彩计精度高，可以对各种光波绝对值进行测定，主要用于科研上。色彩色差计的性能还体现在内置的光源上。直接刺激值测定式色彩计内置光源一般只有 D_{65} 和 C 两种光源。而分光测色式内置光源除了 D_{65} 和 C 外还有 7 种。这对于条件等色情况的测定比较有利。条件等色是分光反射率不同的颜色在特定光源下显示相同颜色的现象。要解决这一问题，需要分别用两种以上差异较大光源测定。分光测色计另一大特征就是用分光曲线表示功能，可把各种不同颜色用光谱曲线清楚地表示出来。

（5）植物油色泽的测定　色泽是植物油脂的重要质量指标之一。植物油脂具有各种不同的颜色，主要是由于油料籽粒中所含的类胡萝卜素、黄酮类色素、叶绿素、棉酚等多种色素物质在制油过程中溶于油脂。油脂的色泽除了与油料籽粒的粒色有关以外，还与加工工艺以及精炼程度有关。此外，油脂品质变劣和油脂酸败也会导致油色变深。所以，测定油脂的色泽可以了解油脂的纯净程度、加工工艺和精炼程度，也可判断是否变质。

在我国植物油国家标准中，常采用罗维朋比色计法测定色泽和进行产品分级，并制定了相应的指标。

① 原理 通过调节罗维朋比色计的红、黄、蓝标准颜色色阶玻璃片，用目视比色法与油样的色泽进行比较，直至二者的色泽相当，记录标准颜色色阶玻璃片的数字，作为油脂的色值或罗维朋色值。

② 仪器 罗维朋比色计主要由比色槽、比色槽托架、碳酸镁反光片、乳白灯泡、观察管和四组红、黄、蓝、灰色的标准颜色色阶玻璃片组成，如图 4-27 所示。其中，红、黄、蓝三色玻璃片各分为三组，红、黄色号码由 0.1～70 组成，蓝色号码由 0.1～40 组成，灰色玻璃片分为两组，号码由 0.1～3 组成。

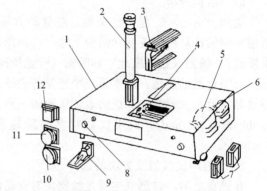

图 4-27 罗维朋比色计示意图

1—比色箱；2—观察管；3—透明样品架；4—有色玻璃架；5—灯泡；6—计时数字钟；7—比色槽；8—开关；9—固体样品架；10—标准白板；11—粉末样品盘；12—胶体样品盘

③ 实验步骤 从仪器配件匣中取出观察管插入仪器槽中，将两个碳酸镁反光片分别放入仪器的两个孔上，接通电源，交替按下"ON/OFF"按钮，检查光源是否完好。取澄清（或过滤）的试样注入比色皿（等级植物油选用 25.4mm 比色皿，高级烹调油选用 133.4mm 比色皿），至上口约 5mm 处，将比色皿置于托架上并固定位置后，放入罗维朋比色计中。打开光源，移动红色玻璃片调色，直到视野中玻璃片色与油样色完全相同为止。如果油样有青绿色，则须配入蓝色玻璃片，这时移动红色玻璃片，使配入蓝色玻璃片的号码达到最小值为止，记下黄、红或黄、红、蓝玻璃片的号码的各自总值，即为被测油样的色值。结果注明不深于黄多少号和红、蓝多少号，同时注明比色皿厚度。

两次实验结果允许差不超过 0.2，以实验结果高的作为测定结果。

④ 注意事项

a. 用作光源的两只乳白灯泡，在使用 100h 后，应同时更换，以保证光源的光强度。

b. 分析固体样品或胶体样品时，将样品分别放在粉末样品盘或胶体样品盘内，操作步骤同上。

(6) 红曲色素色价的测定 色素色价是任何一种食用色素的重要理化指标之一。不同品种的色素因其颜色不同，故最大吸收波长也不同。红曲色素是由一种红曲霉菌接种在大米上固体发酵培养或以大米、大豆为主料的液体发酵培养制得的一种红色素，在食品工业中用作着色剂。

① 原理 调节分光光度计的波长，选择在该色素的最大吸收峰波长下，以 1% 浓度用 1cm 比色杯测定其吸光度，作为该色素的色价值。

② 仪器 分光光度计。

③ 实验步骤 称取红曲样品 0.1g（准确至 0.001g），醇溶样品用 70% 乙醇溶解（水溶样品用水溶解），定容至 1000mL，摇匀。取此液置于 1cm 比色杯中，用分光光度计于 505nm 波长处，以 70% 乙醇（水溶样品则用水）为空白对照，测定其吸光度。

④ 结果计算

$$E_{1cm}^{1\%} = \frac{AV}{G} \times \frac{1}{100}$$

(4-66)

式中　$E_{1cm}^{1\%}$——样品色价；

　　　A——实测样品的吸光度；

　　　G——样品的质量，g；

　　　V——稀释倍数。

四、质构分析

质地（texture）是用机械的、触觉的方法，或在适当条件下，利用视觉和听觉感受器所感知到的产品所有流变学结构上的（几何图形）特征。一个物体的质地可以通过视觉（视觉质地）、触觉（触觉质地）和听觉（听觉质地）来感知。

对于食品的质地，原本是一个感觉的表现，但为了揭示质地的本质和更准确地描绘和控制食品质地，仪器测定又成为表征质地的一种方法。将食品质地的感官评价称为主观评价法（subjective method），而用仪器对食品质地定量的评价方法称为客观评价法（objective method）。

1. 质地测试仪器及方法的选择

在进食之时，口感（主要是触觉）对食品的可接受性有很大影响。在进行食品开发和评价时，对各种口感的描述词语非常丰富。为了产生一种能代替感官评价小组作为质地评价工具的机械，人们研制了许多质地测试仪器。但要防止盲目地使感官评价和仪器特征之间产生联系的倾向。例如，对于大米口感的评价，有人做了这样的实验：把典型的黏性粳米和松散的籼米分别调制成糊状，进行动态黏弹性实验，结果发现，口感认为是比较黏的粳米，实际弹性率和黏度小，相反籼米的黏性率却较大，这似乎感官黏度与物理学定义测定的黏度呈相反关系，口腔感觉到的"发黏"实际上是米饭在口中容易流动的性质。对面条"筋道"的评价也有类似的情况。因此，当用质地测定仪代替感官评价时，仪器和测定方式的选择以及使用的样品数量都非常重要。

仪器测定和感官评价质地的特点与区别如表4-5所示。从表中可以看出，仪器测定比起感官测定，虽然有重现性强、准确、方便等优点，但是，仅用一个指标的测定值来表达食品复杂的质地性质，尤其要表达感官综合特性评价则是很困难的。因此，必须指出，在对食品进行综合的嗜好性评价时，感官评价的方法往往是仪器无法替代的。

表 4-5　仪器测定和感官评价特点的比较

比较项目	仪器测定的特点	感官评价的特点
测定过程	物理化学反应	生理、心理分析
结果表现	数值或图线	语言表现与感官对应的不明确性
误差和校正	一般较小，可用标准物质校正	有个人之间的误差，同一刺激的比较困难
重现性	一般较高	一般较低
精度和敏感性	一般较高，也有情况不如感官鉴定	可通过评审员的训练提高准确性
操作性	效率高、省事	实施繁琐
受环境影响	小	相当大
适用范围	适于测定要素特性，测定综合信念困难，不能进行嗜好评价	适于综合特性分析，不经过一定训练，测定要素特性困难，可进行嗜好评价

测定仪器选择的原则首先要求从感官特征，即色泽、滋味、香味、外观、质地中找出最影响口感的特征因素。如果质地是一个比较重要的因素，就需要参照质地剖面分析方法，再进一步确定哪项质地特性是关键。然后，将这些质地特性按照分析评价和嗜好评价，分别进行感官评定。同时，按照分析评价的内容，选择相应的质地测定仪器和条件进行测定。最后，将感官评价值与仪器测定值进行相关性统计分析。根据分析结果，确定能代替感官评价

的仪器测定方法。

2. 食品质地分析

食品的感官评价，特别是分析型感官评价，不仅需要具有一定判断能力的评价员，而且这种评价往往费时、费力且效率低，其结果也常受多种因素影响，很不稳定。因此，现在常采用仪器检测方法正确表示食品质地多面剖面性质，并与感官评价相结合评定食品的质地。食品质地性质的仪器测定可以分为基础力学测定、半经验测定和模拟力学测定。基础力学测定具有许多优点（如定义明确、数据互换性强、便于对影响这一性质的因素进行分析等），但对于质地的评价来说，它却很难表现感官评价对食品质地那样的综合力学性质。如面团的软硬度、肉的嫩度等，很难用某一个单纯的力学性质表征。因此，食品质地的测定仪器多属于半经验或模拟测定。它的测定范围不像基础力学测定那样，变形保持在线性变化的微小范围，而是非线性的大变形或破坏性测定。

实用的食品质地测定仪器很多，一般按变形或破坏的方式可以分为 7 类，包括压缩破坏型、剪断型、切入型、插入型、搅拌型、食品流变仪、减压测试仪等。本节仅介绍压缩破坏型、插入型、搅拌型三类仪器。

（1）压缩破坏型测试仪　这类测定仪器多由食品质地研究人员根据所测定的对象和目的自行设计制成。比较典型的有质构测试仪（texturometer）、万能测试仪（universal test machine system）和压缩测试仪（conpresismeter）等。此处介绍质构测试仪。

质构测试仪是一种模仿口腔咀嚼动作测定食品质地性质的客观测定仪器。这种仪器可以数据形式表示质地多面剖析的特征，如硬度、弹性、内聚性、黏着性等。测定时柱形压头上下运动，像咀嚼食品一样，将载物器上的试料反复压碎。支持载物器的悬壁杆与应变计相连，可连续测定压头上下运动时试样所受压力、拉力，并通过以一定速度卷动的记录纸，记录力的变化。压头一般采用树脂制的直径 18mm、高 25mm 的圆柱。实验开始时，在载物器上放上试样。然后，选择适当电压通电，使咀嚼力的曲线波形有合适大小。这样，在记录纸上就会得到如图 4-28 所示的曲线。此曲线反映了试样在咀嚼动作下，所受力随时间变化的破碎过程。从中可以分析出试样质地的全部特征。它被称为质地特征曲线（tex-

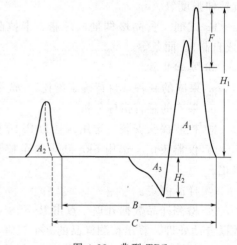

图 4-28　典型 TPC

ture profile curve，TPC）。图 4-28 中的曲线从右至左记录了破碎动作的第一次（A_1）和第二次（A_2）力以及时间的变化。由这一曲线可以得到以下质地参数：

$$硬度（hardness）= H_1/U \tag{4-67}$$

式中　H_1——第一波峰高度；

　　　U——所加电压。

$$内聚性（cohesiveness）= A_2/A_1 \tag{4-68}$$

式中　A_1——第一波峰面积；

　　　A_2——第二波峰面积。

$$弹性（springness）= C-B \tag{4-69}$$

式中　C——用典型无弹力物质（如黏土）做相同实验时所测得的两次压缩接触点间距离；

B——用试样做相同实验时所测得的两次压缩接触点间距离。

$$黏着性（adhesieness）＝A_3/U \tag{4-70}$$

式中　A_3——面积；

U——所加电压。

$$脆性（brittleness）＝F/U \tag{4-71}$$

式中　F——第一波峰最大压缩力与第一波谷作用力之差；

U——所加电压。

$$咀嚼性（chewnes）＝硬度×凝聚性×弹性（固体食品） \tag{4-72}$$

（2）利用质地多面分析法（TPA）测定食品质构

① 原理　流变物料测试仪是围绕着距离、时间和作用力对实验对象进行物性和质构测定的仪器。当操作台表面的待测物与支架上的模具探头接触后，将受到压力或拉伸力等力的作用，作用在物体上的各种力信号传至压力传感器，压力传感器把力信号转换成电信号输出，经数控系统把电信号转换成数字信号，输入计算机专用分析软件实行自控，并储存起来用于数据分析，从而使食品的感官指标以定量化形式表示。

② 主要仪器及试剂

a. 仪器　流变物料测试仪（英国 SMS 公司），TA XT-25 型。

根据测定对象不同可选用相应的探头，如用柱形探头可测定果冻和软糖的硬度、脆度、弹性等参数，锥形探头可测定黄油及其他黏性物质的黏度，夹式模具可测定面条、食用膜的抗拉伸强度等。

b. 试剂　食品增稠剂（琼脂、卡拉胶、果胶），蔗糖，变性淀粉，柠檬酸，市售果冻（或自制），面条等。

③ 实验步骤

a. 果冻的制备（自行确定配比）　选用 50mL 烧杯，果冻样品的总体积控制在 40mL。

b. 果冻的感官指标分析

ⓐ 检测探头安装　选用编号为 P/10 柱形探头，垂直旋入测试工作台探头接口。

ⓑ 仪器校正　选用 5kg 砝码加至校正用的砝码架上，仪器自动对系统偏差进行补偿修正。

ⓒ 样品测定。

ⓓ 检测样品数据处理　点击 Run mocro 数据处理按钮，专用软件则可对选定样品进行数据自动处理，算出待测样品的 8 个感官量化指标。

c. 面条抗拉性测定

ⓐ 选择夹式模具，编号 A/TG。借助螺母紧固扳手安装夹式模具于测试工作台上。

ⓑ 把待测面条截成一定长度，固定于夹式模具。

ⓒ 测试。

④ 结果计算

$$样品延伸率＝\Delta L/L \tag{4-73}$$

⑤ 注意事项

a. 样品进行 TPA 测试时，可根据待测物直径大小选择适合直径的探头。

b. 样品进行 TPA 测试时，对测试探头的校正不能省略，因校正输入的测试样品高度参数被电脑记忆后，将有效控制测试探头能准确伸至所设定的样品深度。

c. 抗拉力测试时，在有效 Distance（夹具测试移动的距离）参数设置条件下，若测试样品未能拉断，则 Distance 参数需重新设置。

（3）插入型测试仪 插入型测试仪器既有专用装置（如针入度仪），也可以利用流变仪改装，也就是说把流变仪的感力头换成针状、圆板状、圆锥状或球状，就构成了插入型测试仪。一般针状、圆板状、圆锥状多用来测定高脂肪食品，如奶油、人造奶油、猪油等。而球状感力头多用来测试凝胶类食品。插入的方法一般以一定载荷垂直作用力，使感力头插入，或以一定速度将感力头插入试样。这里介绍冈田式果冻强度测试仪（Okada's jelly tester）。

对于黏性的食品，用柱状、锥状冲头进行针入度测定，试样与冲头可保持密着状态。对高弹性凝胶食品（如果冻、布丁、鱼糜糕、香肠等），冲头插入时往往会产生破裂现象。于是冈田开发了端部为球形的冲头。球形冲头压入试样时，可根据力与变形的关系求出试样强度。冈田式测试仪工作原理如图4-29所示，冲头的加力由冲头上部水杯中水的重力产生。滴管以一定流量向水杯中注水，使压头插入试样，同时通过杠杆和指针在记录纸上画出插入深度。冲头球的直径为5mm。

（4）搅拌型测试仪 搅拌型测试仪主要用于小麦粉的品质鉴定，代表性的测定仪器有布拉本德粉质仪（Brabender fannograph）和淀粉粉力测试仪（amylograph）。这些仪器的测定结果多以 B. U.（Brabender Unit）为单位。

① 布拉本德粉质仪 布拉本德粉质仪也称面团阻力仪，由调粉（揉面）器和动力测定计组成。测定原理是把小麦粉和水

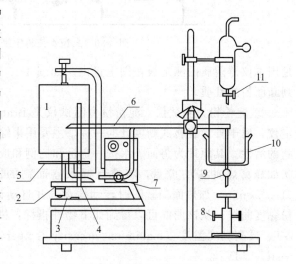

图 4-29 冈田式果冻强度测试仪
1—记录转筒；2—空转销；3—转筒调节台；4—压板杆；5—驱动轮；6—杠杆；7—平衡重；8—试样台；9—压头；10—水杯；11—滴管

用调粉器的搅拌臂揉成一定硬度（consistency）的面团，并持续搅拌一段时间。与此同时，自动记录在揉面搅动过程中面团阻力的变化。以这个阻力变化曲线来分析面粉筋力、面团的形成特性和达到一定硬度时所需要的水分（也叫面粉的吸水率）。记录纸得出的面团阻力曲线称为面团的粉质曲线，如图4-30所示。由此曲线可得到以下物性参数：

a. 吸水率（waters absorption）Ab. 小麦粉形成硬度为 500B. U. 的面团所需要的加水量，用对小麦粉的质量分数表示。一般来说，强力粉吸水率大一些，薄力粉小一些。

b. 面团形成时间（dough development time）DT. 表示从搅拌开始到转矩达到最大值所需要的时间，也有把曲线顶边刚达到 500B. U. 所需时间称为达到时间（arrival time）AT.

c. 面团稳定度（stability）Stab. 阻力曲线中心线最初开始上升到 500～20B. U. 至下降到 500～20B. U. 之间所需的时间。当然这段时间越长，说明面团加工稳定性越好。

d. 面团衰落度（weakness）Wk. 曲线从开始下降时起 12min 后曲线的下降值。面团衰落度值越小，说明面团筋力越强。从阻力曲线最高点时间起 5min 后曲线的落差 C 称为耐受指数（tolerance index）。

e. 综合评价值（valorimeter value）VV. 即用面团形成时间和衰落度综合评价的指标，

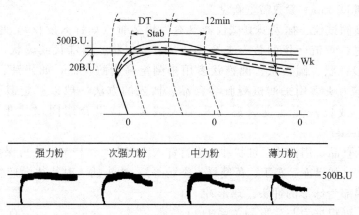

图 4-30　布拉本德粉质仪测试的粉质曲线

是用本仪器附属的测定板在图上量出。如图 4-30 所示，根据面团阻力曲线的形状也可大体判断面粉的性质。

② 淀粉粉力测试仪　淀粉粉力测试仪是 Brabender 公司系列的另一种常用淀粉性质测定仪，属于外筒旋转式黏度计的一种，主要用来综合测定淀粉的性质，包括淀粉酶的影响和酶的活性。其原理为将面、水按一定量和比例和成面糊，放入一圆筒中。与圆筒配合有一形状如蜂窝煤冲头的搅盘，将搅盘插入盛面糊的圆筒中，然后按照一定的温度上升速度（1.5℃/min）加热面糊。同时转动搅盘，并自动记录搅盘所受到的扭力，就会得到一条淀粉黏度曲线。从该曲线可以得到如下物性指标：糊化开始温度（gelatinization temperature）GT、最高黏度温度（maximum viscosity temperature）MVT 和最高黏度（maximum viscosity）MV。

五、热物性分析

在食品的加工、储藏和流通中，往往都需要进行与食品热物性相关的处理，如加热、冷却或冷冻等。因此，研究食品的热物性是食品工程研究的重要领域。食品热物性也与食品的分子结构、化合状态有密切的关系。所以，它也是研究食品微观结构的重要手段。食品热物性的基础是传热传质学，在此不作详述。这里仅就食品热物性的一些特殊热物理问题进行简略介绍。

1. 食品热物性基础

（1）食品的传热特性　单位表面传热系数：表示加热或冷却时，假定附着于固体表面的流体界膜传热性质的物理量，以符号 h 表示。h 的定义是当流体与固体表面温度差为 1℃时，单位时间通过固体单位表面积的热量，因此它是对流传热的参数。

$$q = hA\Delta T \tag{4-74}$$

式中　q——面积热流量，W/m²；

A——有效表面积，m²；

ΔT——固体表面温度与流体平均温度之差。

h 主要由流体的黏度、密度、比热容、导热系数、流速、流体的平均温度等因素决定，它是由流体的热物性和流动物性决定的物理参数。

（2）热分析方法分类　热分析（thermal analysis）是在程序控制温度下测量物质的物理性质（如质量）与温度关系的一类技术，根据所测物理量的性质，分类见表 4-6。其中热重分析法、差热分析和差示扫描量热法是目前较为常用的热分析方法。

表 4-6 热分析方法分类

物理量	方法名称	简称	物理量	方法名称	简称
质量	热重分析法	TG	焓	调制式差示扫描量热法	MDSC
	等压质量变化测定		尺寸	热膨胀法	
	逸出气检测	EGD	力学量	热机械分析	TMA
	逸出气分析	EGA		动态热机械法	
	放射热分析		声学量	热发声法	
	热微粒分析			热传声法	
温度	升温曲线测定		光学量	热光学法	
	差热分析	DTA	电学量	热电学法	
焓	差示扫描量热法	DSC	磁学量	热磁学法	

2. 热物性分析方法

(1) 差热分析(DTA) 如图 4-31 所示为 DTA-50 差热分析(differential thermal analysis, DTA)仪的测量原理图。样品和热惰性的参比物分别放在加热炉中的两个坩埚中,以某一恒定的速率加热时,样品和参比物的温度线性升高。如样品没有产生焓变,则样品与参比物的温度是一致的(假设没有温度滞后),即样品与参比物的温差 $\Delta T = 0$;如样品发生吸热变化,样品将从外部环境吸收热量,该过程不可能瞬间完成,样品温度偏离线性升温线,向低温方向移动,样品与参比物的温差 $\Delta T < 0$。反之,如样品发生放热变化,由于热量不可能从样品瞬间逸出,样品温度偏离线性升温线,向高温方向变化,温差 $\Delta T > 0$。上述温差 T(称为 DTA 信号)经检测和放大以峰形曲线记录下来。经过一个传热过程,样品才会回复到与参比物相同的温度。

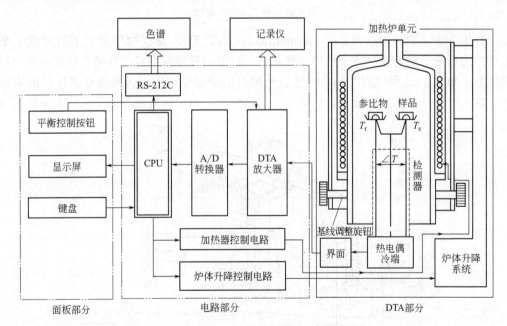

图 4-31 DTA-50 测量原理图

在差热分析时,样品和参比物的温度分别是通过热电偶测量的,将两支相同的热电偶同极串联构成差热电偶测定温度差。当样品和参比物温差 $\Delta T = 0$,两支热电偶热电势大小相同、方向相反,差热电偶记录的信号为水平线;当温差 $T \neq 0$,差热电偶的电势信号经放大和 A/D 转换后,被记录为峰形曲线,通常峰向上为放热,峰向下为吸热。

差热曲线直接提供的信息主要有峰的位置、峰的面积、峰的形状和个数,通过它们可以对物质进行定性和定量分析，并研究变化过程的动力学。峰的位置是由导致热效应变化的温度和热效应种类（吸热或放热）决定的，前者体现在峰的起始温度上，后者体现在峰的方向上。不同物质的热性质是不同的，相应的差热曲线上的峰位置、峰个数和形状也不一样，这是差热分析进行定性分析的依据。分析 DTA 曲线时通常需要知道样品发生热效应的起始温度，根据国际热分析协会（ICTA）[1992 年更名为国际热分析和量热学协会（ICTAC）]的规定，该起始温度应为峰前缘斜率最大处的切线与外推基线的交线所对应的温度 T（图 4-32），该温度与其他方法测得的热效应起始温度较一致。DTA 峰的峰温 T_r 虽然比较容易测定，但它既不反映变化速率到达最大值时的温度，也与放热或吸热结束时的温度无关，其物理意义并不明确。此外，峰的面积与熔变有关。

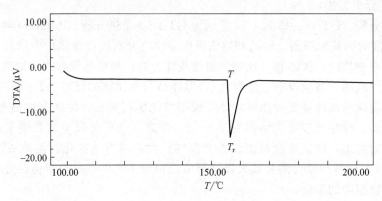

图 4-32　典型 DTA 曲线

（2）热重法（TG）　热重法（thermogravimetry，TG）是在程序温度下借助热天平以获得样品的质量与温度或时间关系的一种技术，这里的程序温度包括升温、降温或某一温度下的恒温。如图 4-33 所示为 TGA-50 热重分析仪的测量原理图。通常盛放了样品的坩埚被悬挂在热天平的一端，并放置在加热炉中。加热样品，当样品质量发生变化，天平横梁发生

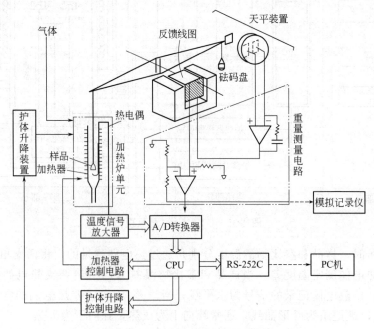

图 4-33　TGA-50 测量原理图

倾斜，反映样品质量变化信息的倾斜度被转换为光电信号并放大和记录下来。

在 TG 曲线中，如果反应前后均为水平线，表示反应过程中样品质量不变。若曲线发生偏转，则相邻两水平线段之间在纵坐标上的距离所代表的相应质量 m 即为该步反应的质量差（图 4-34）。TG 曲线表示加热过程中样品失重累计量，为积分型曲线。

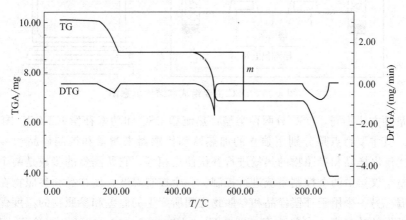

图 4-34 典型的 TG 和 DTG 曲线

如将 TG 曲线对温度或时间取一阶导数，即把质量变化的速率作为温度或时间的函数被连续记录下来，这种方法称为微商热重法（derivative thermogravimetry，DTG）。微商热重曲线上出现的每个峰与 TG 曲线上两台阶间质量发生变化的部分相对应。它反映了样品质量的变化率与温度或时间的关系，其形状与 DTA 曲线类似，可以确定样品失重过程的特征点如反应起始、终止温度等，是对 TG 和 DTA 曲线的补充。

由于物质分子结构的变化，可以影响其热物性（热吸收性质等）的变化。因此，热分析装置目前被广泛用来测定食品品质及其成分变化。这方面近期发展较快的是差示扫描量热测定（differential scanning calorimetry，DSC）和定量差示热分析（quantitative differential thermal analysis，DTA）。

（3）差示扫描量热法（DSC）

① DSC 的结构与原理 在升温或降温的过程中，物质的结构（如相态）和化学性质发生变化，其质量及光、电、磁、热、力等物理性质也会发生相应的变化。热分析技术就是在改变温度的条件下测量物质的物理性质与温度的关系的一类技术。在食品科学中，人们利用这一技术检测脂肪、水的结晶温度和融化温度以及结晶数量与融化数量；通过蒸发吸热来检测水的性质；检测蛋白质变性和淀粉凝胶等物理化学变化。在许多量热技术中，差示扫描量热技术应用得最为广泛，它是在样品和参照物同时程序升温或降温，并且保持两者温度相等的条件下，测定流入或流出样品和参照物的热量差与温度关系的一种技术。

图 4-35 是 DSC 主要组成和结构示意图，大致由四个部分组成：温度程序控制系统；测量系统；数据记录、处理和显示系统；样品室。温度程序控制的内容包括整个实验过程中温度变化的顺序、变温的起始温度和终止温度、变温速率、恒温温度及恒温时间等。测量系统将样品的某种物理量转换成电信号，进行放大，用来进一步处理和记录。数据记录、处理和显示系统把所测的物理量随温度和时间的变化记录下来，并可以进行各种处理和计算，再显示和输出到相应设备。样品室除了提供样品本身放置的容器、样品容器的支撑装置、进样装置等外，还可以提供样品室内各种实验环境控制系统、环境温度控制系统、压力控制系统等。现在的仪器由计算机来控制温度、测量、进样和环境条件并记录、处理和显示数据。

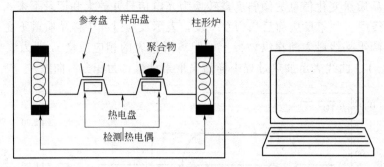

图 4-35 DSC 主要组成和结构示意图

根据测量的方法不同，DSC 分两种类型：热流型 DSC 和功率补偿型 DSC。图 4-36 是功率补偿型 DSC。其主要特点是分别用独立的加热器和传感器来测量和控制样品和参照物的温度差，对流入或流出样品和参照物的热量进行补偿使之相等。它所测量的参数是两个加热器输入功率之差。整个仪器由两个控制系统进行控制。一个控制温度，使样品和参照物在预定的速率下升温或降温。另一个用于补偿样品和参照物之间所产生的温差和参照物的温度保持相同，这样就可以从补偿的功率直接求热流率，即 $\Delta W = (dQ_s - dQ_R)/dt = dH/dt$，这里 ΔW 表示所补偿的功率；Q_s 表示样品的热量；Q_R 表示参照物的热量；dH/dt 表示单位时间内的熔变，即热流率，单位一般为 mJ/s。热流型 DSC 是使样品和热惰性参比物一起承受同样的温度变化，在温度变化的时间范围内连续测量样品和参比物的温度差，再根据温度差计算出热流。

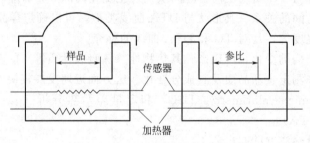

图 4-36 功率补偿型 DSC 示意图

② DSC 的数据及其分析方法

a. 典型 DSC 曲线分析　DSC 直接记录的是热流量随时间和温度变化的曲线，从曲线中可以得到一些重要的参数。从物理学中我们知道，热流量与温度差的比值称为比热容。从图 4-37 可以看出，对样品和参照物加热过程中，热流量没有变化，或者比热容没有变化，表明加热过程中物质结构并没有发生变化。当对样品和参照物继续加热时，热流量曲线突然下降，样品从环境中吸热（图 4-38）。继续加热，样品出现了放热峰（图 4-39），随后又出现了吸热峰（图 4-40）。

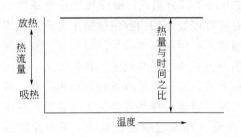

图 4-37 某样品加热初始阶段的 DSC 曲线

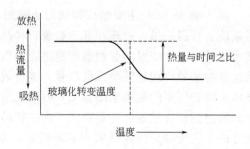

图 4-38 某样品出现吸热现象

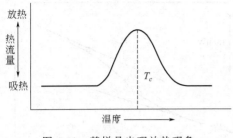

图 4-39 某样品出现放热现象

T_c—结晶温度

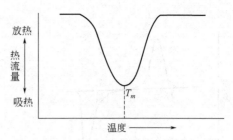

图 4-40 某样品出现吸热现象

T_m—融解温度

图 4-41 是上述过程的一个典型的 DSC 曲线。我们把图 4-38 所对应的吸热现象称为该样品的玻璃化转变，对应的温度称为玻璃化温度 T_g。此转变不涉及潜热量的吸收或释放，仅提高了样品的比热容，这种转变在热力学中称为二次相变。二次相变发生前后样品物性发生较大的变化，例如当温度达到玻璃化转变温度 T_g 时，样品的比体积和比热容都增大；刚度和黏度下降，弹性增加。在微观上，目前人们较多地认为是链段运动与空间自由体积间的关系。当温度低于 T_g 时自由体积收缩，链段失去了回转空间而被"冻结"，样品像玻璃一样坚硬。当样品继续被加热至图 4-39 时，样品中的分子已经获得足够的能量，它们可以在较大的范围内活动。在给定温度下每个体系总是趋向于达到自由能最小的状态，因此这些分子按一定结构排列，释放出潜热，形成晶体。当温度达到图 4-40 所对应的值时，分子获得的能量已经大于维持其有序结构的能量，分子在更大的范围内运动，样品在宏观上出现融化和流动现象。对于后两个放热和吸热所对应的转变在热力学上称为一次相变。

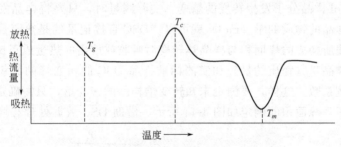

图 4-41 加热中样品热流量的变化全过程

T_g—玻璃化转变温度

b. 物性参数检测 物性参数检测包括转变温度的确定，热焓、比热容、熵及结晶数量的测定。

ⓐ 转变温度的确定 利用 DSC 检测的转变温度中，主要有玻璃化转变温度 T_g、结晶温度 T_c 和融解温度 T_m。由于结晶和融解都有明显的放热峰和吸热峰，因此在确定两个转变温度时数据比较接近。一般是将结晶或融解发生前后的基线连接起来作为基线，将起始边的切线与基线的交叉点处的温度即外推始点的 T_e 作为转变温度；也有将转变峰温（T_p）作为转变温度的（图 4-42）。

对于玻璃化转变温度 T_g 的确定目前有几种方法，即取转变开始、中间和结束时所对应的温度。由于玻璃化转变是在一定范围内完成的，因此其转变温度不十分一致。图 4-38 是常见的确定方法之一，是取转变斜线的中点对应的温度 T_g。对于转变不明显的斜线，一般采用延长变化前后基线的切线等辅助方法确定 T_g（图 4-43）。

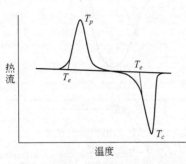

图 4-42　由 DSC 确定转变温度

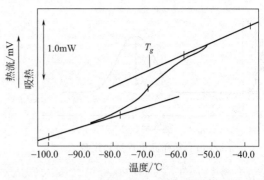

图 4-43　玻璃化转变起始和结束温度的确定

在食品材料中，玻璃化转变过程所对应的温度范围取决于分子量，此外也与成分的个体数量和个体特性差异有关，可以想象组成食品各种成分，其玻璃化转变温度相互差异较大，食品在经历热过程中表现出来的玻璃化转变温度也一定是非常分散的。一般研究文献在报道玻璃化转变温度时，都确切地给出材料检测前的热历史、DSC 升温或降温速率以及恒温时间等实验条件，否则数据将失去价值。

ⓑ **热焓的测定**　热焓是一个重要的热力学参数，样品分子的物理变化和化学变化都与热焓有关，因此热焓的测定也就具有很重要的意义。根据定义，焓 $H = E + pV$，这里 E 是系统的内能；p，V 分别为系统的压力和体积。DSC 测量的热焓，确切地说是焓变，即样品发生热转变前后的 ΔH。对于压力不变的过程，ΔH 等于变化过程所吸收的热量 Q。所以，有文献中常常将焓变 ΔH 与热量 Q 等同起来。要比较不同物质的转变焓，还需要将 ΔH 归一化，即求出 1mol 样品分子发生转变的焓变。实际测量时，只要将样品发生转变时吸收或放出的热量除以样品的物质的量（mol）就可以。DSC 直接记录的是热流量随时间变化的曲线，该曲线与基线所构成的峰面积与样品热转变时吸收或放出的热量成正比。根据已知相变焓的标准物质的样品量（物质的量）和实测标准样品 DSC 的相变峰的面积，就可以确定峰面积与热焓的比例系数。这样，要测定未知转变焓样品的转变焓，只需确定峰面积和样品的物质的量就可以了。峰面积的确定如图 4-44 所示，借助 DSC 数据处理程序软件，可以较准

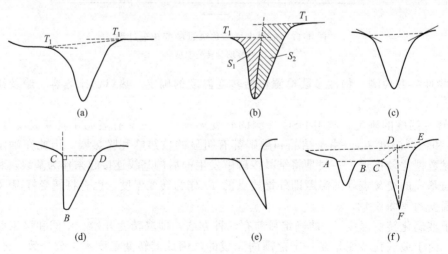

图 4-44　峰面积确定方法

（a）～（f）为常见 DSC 曲线形状与面积分隔方法

确地计算出峰面积。

ⓒ **比热容的测定**　由于 DSC 的灵敏度高、热响应速度快和操作简单，所以与常规的量热计比热容测定法相比较，样品用量少，测定速度快，操作简单。在 DSC 中，样品是处在线性的程序温度控制下，流入样品的热流速率是连续测定的，并且所测定的热流速率 dQ/dt 是与样品的瞬间比热容成正比，因此热速率可用下列方程式表示：

$$dQ/dt = mc_p(dT/dt) \tag{4-75}$$

式中，Q 是热量；m 是样品质量；c_p 是样品比热容。

在测定时通常是以某种比热容已精确测定的样品作为标准样品。样品比热容的具体测定方法如下：先用两个空样品池在较低的温度（T_1）下恒温记录一段基线，然后转入程序升温，接着在一较高温度（T_2）下恒温，由此得到从温度 T_1 到 T_2 的空载曲线或基线，T_1 到 T_2 即是我们测量的范围；然后在相同条件下使用同样的样品池依次测定已知比热容的标准样品和待测样品的 DSC 曲线，测得结果如图 4-45 所示。

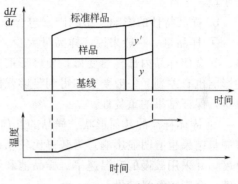

图 4-45　比热容的测定

样品在任一温度下的比热容 c_p 可通过下列方程式求出：

$$\frac{c_p'}{c_p} = \frac{m'y}{my'} \tag{4-76}$$

式中，c_p' 是标准样品的比热容；m' 是标准样品的质量；y' 是标准样品的 DSC 曲线与基线的 y 轴量程差；c_p 是待测样品的比热容；m 是待测样品的质量；y 是待测样品的 DSC 曲线与基线的 y 轴量程差。

ⓓ **熵的测定**　根据熵的定义，$S = k\ln\Omega$。这里 k 是波尔兹曼常数，Ω 是系统内粒子分布的可能方式的数目。如果系统有一组固定的能态，且分子在这些能态的分布发生一个可逆变化，则必然有热量被系统吸收或释放。以熔融过程为例，根据热力学第二定律，对于等温、等压和不做非体积功的可逆过程，其吉布斯函数变为 $\Delta G = \Delta H - T\Delta S$，且 $\Delta G = 0$，因此过程的熵 $\Delta S = \Delta H/T$，用 DSC 测得 ΔH 及 T 后，就可按上式计算熔融过程的熔融熵 ΔS。这个方法也可以用于其他可逆过程。

ⓔ **结晶数量的测定**　许多食品材料都包含有一定量的结晶体和玻璃体，二者比例大小与食品物性相关，在储藏与加工过程中，二者的比例也不断变化，因此掌握食品材料中的结晶体比例是非常重要的。首先利用 DSC 曲线，分别计算出熔解峰面积 A_M 和结晶峰面积 A_C：

$$A_M = \frac{H_M T}{tm}, \ A_C = \frac{H_C T}{tm} \tag{4-77}$$

式中，H_M 是单位时间和单位质量的熔解吸热量；H_C 是单位时间和单位质量的结晶放热量；T 是温度；t 是单位时间；m 是单位质量。

将上述面积除以升温速率，得每克样品吸收和释放的热量，再乘以试验样品真实质量，即得到该样品材料总的吸热量 $H_{M,total}$ 和总的放热量 $H_{C,total}$。二者差与单位质量的样品结晶时释放出来的热量之比即为加热温度未达到图 4-39 所示结晶转变前所具有的结晶数量 m_c，即

$$m_c = \frac{H_{M,total} - H_{C,total}}{H_C'} \tag{4-78}$$

式中，H'_c 是单位质量的样品结晶时释放出来的热量。

③ 影响测量结果的一些因素　差式扫描量热法的影响因素与具体的仪器类型有关。一般来说，影响 DSC 的测量结果的主要因素大致有下列几方面：实验条件，如起始和终止温度、升温速率、恒温时间等；样品特性，如样品用量、固体样品的粒度、装填情况，溶液样品的缓冲液类型、浓度及热历史等，参照物特性、参照物用量、参照物的热历史等。

a. 实验条件的影响　影响实验结果的实验条件是升温速率，升温速率可能影响 DSC 的测量分辨率。实验中常常会遇到这种情况：对于某种蛋白质溶液样品，升温速率高于某个值时，某个热变性峰根本无法分辨，而当升温速率低于某个值后，就可以分辨出这个峰。升温速率还可能影响峰温和峰形。事实上，改变升温速率也是获得有关样品的某些重要参量的重要手段。

b. 样品特性的影响　影响因素包含以下几个方面：

ⓐ 样品量　一般来说，样品量太少，仪器灵敏度不足以测出所得到的峰；而样品量过多，又会使样品内部传热变慢，使峰形展宽，分辨率下降。实际中发现样品用量对不同物质的影响也有差别。一般要求在得到足够强的信号的前提下，样品量要尽量少一点，且用量要恒定，保证结果的重复性。

ⓑ 固体样品的几何形状　样品的几何形状如厚度、与样品盘的接触面积等会影响热阻，对测量结果也有明显影响。为获得比较精确的结果，要增大样品盘的接触面积，减小样品的厚度，并采用较慢的升温速率。样品池和池座要接触良好，样品池或池不干净或样品池底不平整，会影响测量结果。

ⓒ 样品池在样品座上的位置　样品池在样品座上的位置会影响热阻的大小，应该尽量标准化。

ⓓ 固体样品的粒度　样品粒度太大，热阻变大，样品熔融温度和熔融热焓偏低；但粒度太小，由于晶体结构的破坏和结晶度的下降，也会影响测量结果。带静电的粉末样品，由于静电引力使粉末聚集，也会影响熔融热焓。总的来说，粒度的影响比较复杂，有时难以得到合理解释。

ⓔ 样品的热历史　许多材料往往由于热历史的不同而产生不同的晶型和相态，对 DSC 测定结果也会有较大的影响。

ⓕ 溶液样品中溶剂或稀释剂的选择　溶液或稀释剂对样品的相变温度和热焓也有影响，特别是蛋白质等样品在升温过程中有时会发生聚沉的现象，而聚沉产生的放热峰往往会与热变性吸热峰发生重叠，并使得一些热变性的可逆性无法观察到，影响测定结果。选择适合的缓冲系统有可能避免聚沉。

第五章　水分和水分活度的测定

第一节　概　　述

水分是食品中含量最多的天然成分，它是维持生物和人生存必不可少的成分之一。水分对于生命体来说，具有重要的意义：它不仅仅是身体中体温的重要调节剂、溶剂、营养成分和代谢载体，同时也是机体反应剂、反应介质、润滑剂和增塑剂、生物大分子构象的稳定剂。除谷物和豆类种子（一般水分为 12%～16%）以外，作为食品的许多动植物含水量大多在 60%～90%。

水分含量是食品分析的重要项目之一，也是食品安全检测过程中的重要指标之一。食品中水分含量的多少，直接影响食品的感官指标、结构以及对腐败的敏感性。在食品体系中，水不仅仅以纯水状态存在，而且通常溶解一些可溶性物质，如糖类、盐类等；同时，一些亲水性物质如淀粉、蛋白质等也会分散在水中形成凝胶；此外，即使不溶于水中的物质如脂肪也会在水中形成乳浊液或胶体溶液。因此，控制食品的水分含量，对于保持食品良好的感官性状、维持食品中其他组分的平衡、保证食品具有一定的保存期等均起着重要的作用。

一、水分的存在状态

不同食品的水分含量差异很大，如表 5-1 所示。根据水分在食品中所处的状态不同以及与非水组分结合强弱的不同，可以把水分分为以下三类。

表 5-1　部分食品的水分含量和水分活度

食品	近似水分含量/%	水分活度	食品	近似水分含量/%	水分活度
蔬菜	90 以上	0.99～0.98	蜂蜜	16	0.75
水果	89～87	0.99～0.98	面包	约 35	0.93
鱼贝类	85～70	0.99～0.98	火腿	65～56	0.90
肉类	70 以上	0.98～0.97	小麦粉	14	0.61
蛋	75	0.97	干燥谷类	—	0.61
果汁	88～86	0.97	苏打饼干	5	0.53
果酱	—	0.97	饼干	4	0.33
果干	21～15	0.82～0.72	西式糕点	25	0.74
果冻	18	0.69～0.60	香辛料	—	0.50
糖果	—	0.65～0.57	虾干	23	0.64
速溶咖啡	—	0.30	绿茶	4	0.26
巧克力	1	0.32	脱脂奶粉	4	0.27
葡萄糖	10～9	0.48	奶酪	约 40	0.96

（1）自由水　自由水是以溶液状态存在的水分，保持着水分的物理性质，在被截留的区域内可以自由流动。自由水在低温下容易结冰，可以作为胶体的分散剂和盐的溶剂。同时，一些能使食品品质发生质变的反应以及微生物活动可在这部分水中进行。在高水分含量的食品中，自由水的含量可以达到总含水量的 90% 以上。

（2）亲和水　亲和水可存在于细胞壁或原生质中，是强极性基团单分子外的几个水分子层所包含的水，以及与非水组分中的弱极性基团以及氢键结合的水。它向外蒸发的能力较弱，与自由水相比，蒸发时需要吸收较多的能量。

（3）结合水　结合水又称束缚水，是食品中与非水成分结合最牢固的水，如葡萄糖、麦芽糖、乳糖的结晶水以及蛋白质、淀粉、纤维素、果胶物质中的羧基、氨基、羟基和巯基等通过氢键结合的水。结合水的冰点为$-40℃$，它与非水组分之间配位键的结合能力比亲和水与非水组分间的结合力大得多，很难用蒸发的方法排除出去。结合水在食品内部不能作为溶剂，微生物也不能利用它们来进行繁殖。

在食品中以自由水形态存在的水分在加热时容易蒸发；以另外两种状态存在的水分，加热也能蒸发，但不如自由水蒸发得容易，若长时间对食品进行加热，非但不能去除水分，反而会使食品发生质变，影响分析结果。因此，水分测定要严格控制温度、时间等规定的操作条件，方能得到满意的结果。

二、水分测定的方法

食品中水分测定的方法有多种，通常可以分为两大类：直接测定法和间接测定法。

利用水分本身的物理性质和化学性质去掉样品中的水分，再对其进行定量的方法称作直接测定法，如烘干法、化学干燥法、蒸馏法和卡尔-费休法；而利用食品的密度、折射率、电导率、介电常数等物理性质测定水分的方法称作间接测定法，间接测定法不需要除去样品中的水分。

相比较而言，直接测定法精确度高、重复性好，但花费时间较长，而且主要靠人工操作，广泛应用于实验室中。间接测定法所得结果的准确度一般比直接测定法低，而且往往需要进行校正，但间接法测定速度快，能自动连续测量，可应用于食品工业生产过程中水分含量的自动控制。在实际应用时，水分测定的方法要根据食品的性质和测定目的而选定。水分测定的具体方法将在第二节进行详细介绍。

需要注意的是，在测定水分含量时，必须要预防操作过程中所产生的水分得失误差，或尽量将其控制在最低范围内。因此，任何样品都需要尽量缩短其暴露在空气中的时间，并尽量减少样品在破碎过程中产生的摩擦热，否则会影响样品的水分含量测定结果，造成不必要的误差。Vaderwarn 的实验表明了控制速度在水分测定过程中的重要性：将 $2\sim3g$ 粉碎的干酪放在直径为 5.5cm 的铝盒中，放在分析天平上，观察到水分的蒸发呈线性状态，而且其蒸发度与相对湿度有关。在 50% 相对湿度时，每 5s 水分含量就减少了 0.01%，其水分蒸发曲线在 5min 间隔后就成了线性。这也说明，在样品干燥前绝对有必要控制取样和称量的方式。

三、水分测定的意义

对于食品分析来说，水分含量的测定是最基本、最重要的方法之一。去除水分后剩下的干基称为总固形物，其组分有蛋白质、脂肪、粗纤维、无氮抽出物和灰分等。以下的一些实例充分说明了水分在食品中的重要性。

（1）水分含量是产品的一个重要质量因素。如在果酱和果冻中，要防止糖结晶，必须控制水分含量，新鲜面包的水分含量若低于 28%～30%，其外观形态干瘪，失去光泽；水果硬糖的水分含量一般控制在 3.0% 以下，过少则会出现返砂甚至返潮现象。

（2）有些产品的水分（或固形物）含量通常有专门的规定。如国家标准中硬质干酪的水分含量≤42%（GB 5420—2003）；麦乳精（含乳固体饮料）的水分含量≤2.5%（GB 7101—1986）；蛋制品（巴氏消毒冰鸡全蛋）≤76%（GB 2749—1996）；加工肉制品时，水分的百分比也有专门的指标，如肉松，太仓式≤20%、福建式≤8%（GB 2729—1994）。所以为了能使产品达到相应的标准，有必要通过水分检测来更好地控制水分含量。

（3）水分含量在食品保藏中也是一个关键因素，可以直接影响一些产品，如脱水蔬菜和水果、乳粉、香料香精等质量的稳定性。这就需要通过检测水分来调节控制食品中的水分含量。全脂乳粉的水分含量必须控制在 2.5%～3.0% 以内，这种条件下不利于微生物的生长，可以延长保质期。

（4）食品营养价值的计量值要求列出水分含量。

（5）水分含量数据可用于表示样品在同一计量基础上其他分析的测定结果。

此外，各种生产原料中水分含量的高低，对于它们的品质和保存、成本核算、物料平衡、工艺监督及产品保证、提高工厂的经济效益等均具有重大意义。因此，食品中水分含量的测定是食品分析的重要项目之一。

第二节　水分的测定

一、干燥法

在一定的温度和压力下，通过加热方式将样品中的水分蒸发完全并根据样品加热前后的质量差来计算水分含量的方法，称为干燥法。它包括直接干燥法和减压干燥法。水分含量测定值的大小与所用烘箱的类型、箱内条件、干燥温度和干燥时间等密切相关。这种测定方法虽然费时较长，但操作简便，应用范围较广。

1. 干燥法的注意事项

（1）干燥法的前提条件　应用干燥法测定水分的样品应当符合下述三个条件：

① 水分是样品中唯一的挥发物质。因为食品中挥发组分的损失会造成测量误差，例如醋酸、丙酸、丁酸、醇、酯和醛等。

② 可以比较彻底地去除水分。如果食品中含有较多的胶态物质，就很难通过直接干燥法来排除水分。

③ 在加热过程中，如果样品中其他组分之间发生化学反应，由此而引起的质量变化可以忽略不计。在分析过程中，样品中的水分含量与干燥温度和持续的时间有关，但当干燥时间持续太久、温度太高时，食品中其他的组分就会产生分解。水分检测存在的主要问题仍在于如何蒸发要去除的水，同时又不能因为其他成分分解所释放出的水分而使得结果偏高；同样，食品中有的成分的化学反应（例如蔗糖的水解）却要利用食品中的水分，这会使其测得的水分含量偏低。所以，如果当这些变化产生的影响很小时，可考虑使用烘箱干燥法。

（2）操作条件的选择　在使用干燥法进行水分测定时，操作条件的选择显得相当重要，主要包括：称量瓶的选择、称样量、干燥设备和干燥条件等。

① 称量瓶的选择　用于水分测定的称量瓶有各种不同的形状，从材料看有玻璃称量瓶和铝制称量瓶两种。玻璃称量瓶能够耐酸碱，不受样品性质的限制；而铝制称量瓶质量轻，导热性强，但对酸性食品不大适宜，常用于减压干燥法。称量瓶的盖子对防止样品因逸散而造成的损失有着重要意义，在蒸发水分时，盖子需斜靠在一边，这样可避免加热时样品溢出而造成的损失。如果使用的是一次性称量皿，可选择使用玻璃纤维做的盖子。这种盖子既可防止液体的飞溅，同时又不阻碍表面的透气，能有效提高水分蒸发的效果。

称量瓶在使用之前需要进行预处理操作，而且在移动称量瓶时应该使用钳子，因为指纹也会对称量的结果产生影响。称量瓶的预处理可用100℃烘箱进行重复干燥，以使其达到恒重。所谓恒重，是指两次烘烤后称量的质量差不超过规定的质量（mg），一般不超过2mg。预处理后的称量瓶需要存放在干燥器中。玻璃纤维盖子在使用前不需要干燥。

② 称样量　样品的称取量一般以其干燥后的残留质量保持在 1.5～3g 为宜。对于水分含量较低的固态、浓稠态样品，称样量应控制在 3～5g，而对于水分含量较高的果汁、牛乳等液态食品，通常每份样品的称样量在 15～20g 为宜。

③ 干燥设备　在进行烘箱干燥时，除了使用特定的温度和时间条件外，还应考虑由于不同类型的烘箱而引起的温差变化。在对流型、强力通风型、真空烘箱中，温差最大的是对流型，这是因为它没有安装风扇，空气循环缓慢，烘箱中的称量瓶会进一步阻碍空气的流动。当烘箱门关闭后，温度上升通常比较慢，其温差最大可达 10℃。若要得到较高准确度和精密度的数据，对流烘箱就显得不适用。

强力通风型烘箱的温差是所有烘箱中最小的，通常不超过 1℃，其箱内空气由风扇强制在烘箱内作循环运动，这也使其具有了更多的优点，如：在空气沿水平方向通过支架时，无论上面是否装满称量瓶，测得的结果都是一致的。

真空干燥烘箱有两个特点：a. 装有耐热钢化玻璃窗，可以通过它观察干燥进程。b. 空气进入烘箱的方式不同。若空气进出口安排在烘箱的两侧，则空气就会直接穿过整个箱体。部分新型真空烘箱在其底部和顶部开有进口和出口，空气可以先从前面向上运动，再返回至出口排出，其优点是最大程度地减少了"冷点"的存在，从而使内部空气中的水分完全蒸发。

④ 干燥条件　它包含两个因素，即温度和时间。温度一般控制在 95～105℃，对热稳定的样品如谷类，可提高到 120～130℃ 范围内进行干燥；而对含糖量高的食品应先用低温（50～60℃）干燥 0.5h，再用 95～105℃ 进行干燥。干燥时间的确定有两种方式：一种是干燥到恒重，另一种是规定一定的干燥时间。前者基本能保证水分完全蒸发；而后者则需根据测定对象的不同而规定不同的干燥时间，准确度不如前者，一般只适用于对水分测定结果准确度要求不高的样品。

在干燥过程中，一些食品原料可能易形成硬皮或结块，从而造成不稳定或错误的水分测量结果。为了避免产生这种情况，可使用清洁干燥的海砂和样品一起搅拌均匀，再将样品加热干燥直至恒重。加入海砂的主要作用为既可以防止表面硬皮的形成；又可以使样品分散，减少样品水分蒸发的障碍。海砂的用量依样品量而定，一般每 3g 样品加入 20～30g 的海砂就可以使其充分地分散。除海砂之外，也可使用其他对热稳定的惰性物质，如硅藻土等。

2. 直接干燥法

(1) 原理　在一定的温度（95～105℃）和压力（常压）下，将样品放在烘箱中加热干燥，除去蒸发的水分，干燥前后样品的质量之差即为样品的水分含量。

(2) 适用范围　直接干燥法适用于在 95～105℃ 下，不含或含其他挥发性物质甚微且对热稳定的食品。

(3) 样品的制备、测定及结果计算　根据食品种类及存在状态的不同，样品的制备方法也不同。一般情况下，食品以固态（如面包、饼干、乳粉等）、液态（如牛乳、果汁等）和浓稠态（如炼乳、糖浆、果酱等）存在。

固体样品：取洁净铝制或玻璃制的扁形称量瓶，置于 95～105℃ 烘箱中，瓶盖斜支在瓶边，加热 0.5～1.0h，取出盖好，置干燥器内冷却 0.5h，称量，重复干燥直至恒重。称取 2.0～10.0g 切碎或磨细的样品，放入称量瓶中，样品厚度约为 5mm。加盖，精确称量后，置于 95～100℃ 烘箱中，瓶盖斜支于瓶边，干燥 2～4h 后，加盖取出并放入干燥器中冷却 0.5h 后称量。然后再放入 95～100℃ 干燥箱中再干燥 1h 左右，取出，放干燥器内冷却 0.5h 并称量，至前后两次称量结果的质量差不超过 2mg 为恒重。

液体样品：液体样品若直接在高温下加热，会因沸腾而造成样品损失，所以需低温浓缩后再进行高温干燥。

取洁净的蒸发皿，内加 10.0g 海砂及一根小玻棒，放在 100℃ 烘箱中，如上述方法重复干燥直至恒重。然后精确称取 5～10g 样品放于蒸发皿中，用小玻棒搅匀后放在沸水浴上蒸干，并随时搅拌，擦去皿底的水滴，置 95～100℃ 烘箱中干燥 4h 后盖好取出，并放在干燥器内冷却 0.5h 后称量。然后再放入烘箱中干燥 1h 左右，冷却 0.5h 并称量，至前后两次称量结果质量差不超过 2mg。

经过上述操作进行测量的样品中水分含量为：

$$x = \frac{m_1 - m_2}{m_1 - m_3} \times 100 \tag{5-1}$$

式中　x——样品中的水分含量，g/100g；

　　m_1——称量瓶（或蒸发皿加海砂、玻棒）和样品的质量，g；

　　m_2——称量瓶（或蒸发皿加海砂、玻棒）和样品干燥后的质量，g；

　　m_3——称量瓶（或蒸发皿加海砂、玻棒）的质量，g。

浓稠态样品：这种样品若直接干燥，表面易结壳焦化，使内部水分蒸发受到阻碍，故需要加入精制海砂或无水硫酸钠，搅拌均匀以增大蒸发面积。糖浆、甜炼乳等浓稠液体，一般要加水稀释，如糖浆稀释液的固形物含量应该控制在 20%～30%。

测量结果按下式计算：

$$x = \frac{(m_1 + m_2) - m_3}{m_1 - m_4} \times 100 \tag{5-2}$$

式中　m_1——干燥前样品和称量瓶的质量，g；

　　m_2——海砂（或无水硫酸钠）的质量，g；

　　m_3——干燥后样品、海砂（或无水硫酸钠）及称量瓶的总质量，g；

　　m_4——称量瓶的质量，g。

对于水分含量在 16% 以上的样品，如面包之类的谷类食品，通常采用二步干燥法进行测定。二步干燥法的测定步骤为：先将样品称出总质量后，切成厚为 2～3mm 的薄片，在自然条件下风干 15～20h，使其与大气湿度大致平衡，然后再次称量，并将样品粉碎、过筛、混匀，放于洁净干燥的称量瓶中以直接干燥法测定水分，测量时按上述固体样品的程序进行。分析结果按下式计算：

$$x = \frac{m_1 - m_2 + m_2 \left(\dfrac{m_3 - m_4}{m_3 - m_5} \right)}{m_1} \times 100 \tag{5-3}$$

式中　m_1——新鲜样品总质量，g；

　　m_2——风干后样品的质量，g；

　　m_3——干燥前样品与称量瓶的质量，g；

　　m_4——干燥后样品与称量瓶的质量，g；

　　m_5——称量瓶质量，g。

二步干燥法所得分析结果的准确度较直接用一步法来得高，但费时更长。

高温干燥：对于热稳定性较好的食品，如有些谷物，可采用 120～130℃ 甚至更高的温度进行干燥，因而大大缩短了干燥时间，这样的干燥方法称为高温干燥。

（4）方法说明和注意事项　直接干燥法的设备和操作都比较简单，但是由于直接干燥法不能完全排出食品中的结合水，所以它不可能测定出食品中的真实水分。直接干燥法耗时较长，且不适宜胶态、高脂肪、高糖食品及含有较多的高温易氧化、易挥发物质的食品；用这种方法测得的水分含量中包含了所有在100℃下失去的挥发物的质量，如微量的芳香油、醇、有机酸等挥发性物质的质量；含有较多氨基酸、蛋白质及羰基化合物的样品，长时间加热则会发生羰氨反应析出水分而导致误差，宜采用其他方法测定水分含量；测定水分之后的样品，可以用来测定脂肪、灰分的含量；经加热干燥的称量瓶要迅速放到干燥器中冷却；干燥器内一般采用硅胶作为干燥剂，当其颜色由蓝色减退或变成红色时，应及时更换，于135℃条件下烘干2~3h后再重新使用；硅胶若吸附油脂后，除湿能力也会大大降低；在使用直接干燥法时，要观察水分是否蒸发干净，没有一个直观的指标，只能依靠是否达到恒重来判断；直接干燥法的最低检出限为0.002g，当取样量为2g时，方法检出限为0.10g/100g，方法相对误差≤5%。

3. 减压干燥法

(1) 原理　采用较低的温度，在减压条件下蒸发排除样品中的水分，根据干燥前后样品所失去的质量计算样品的水分含量。

(2) 适用范围　减压干燥法的操作压力较低，水的沸点也相应降低，因而可以在较低温度下将水分蒸发完全。它适用于100℃以上加热容易变质及含有不易除去结合水的食品，如淀粉制品、豆制品、罐头食品、糖浆、蜂蜜、蔬菜、水果、味精、油脂等。由于采用了较低的蒸发温度，可以防止含脂肪高的样品在高温下的脂肪氧化；可防止含糖高的样品在高温下的脱水炭化；也可防止含高温易分解成分的样品在高温下分解等。

(3) 样品的测定及方法　在真空干燥箱的低压条件下，样品中的水分可以在3~6h内完全去除，而其他组分可以保持不分解。真空干燥箱内需要干燥的空气，可通过控制温度和真空度来加以干燥。较早的干燥空气的方法是通过装有一定体积浓硫酸的细颈真空瓶来进行，现在的真空干燥箱则使用空气捕集器，其中填装有硫酸钙，并含有显示水分饱和度的指示剂，在空气捕集器与真空干燥箱之间装有转子流量计，以测量进入烘箱内的空气流量（100~120mL/min）。

减压干燥法的操作方法如下：样品的称取要求与直接干燥法相同，将样品放入真空干燥箱内，将干燥箱连接水泵，抽出箱内空气至所需压力（一般为40~53kPa），并同时加热至所需温度55℃左右，关闭通水泵或真空泵上的活塞，停止抽气，使干燥箱内保持一定的温度和压力，经一定时间后，打开活塞，使空气经干燥装置缓缓通入至干燥箱内，待压力恢复正常后再打开。取出称量瓶，放入干燥器中冷却0.5h后称量，并重复以上操作至恒重。

(4) 水分含量的计算　同直接干燥法。

(5) 方法说明及注意事项　减压干燥法选择的压力一般为40~53kPa，温度为50~60℃。但实际应用时可根据样品性质及干燥箱耐压能力不同而调整压力和温度，如AOAC法中咖啡的干燥条件为：3.3kPa和98~100℃；奶粉：13.3kPa和100℃；干果：13.3kPa和70℃；坚果和坚果制品：13.3kPa和95~100℃；糖和蜂蜜：6.7kPa和60℃。

减压干燥时，自干燥箱内部压力降至规定真空度时起计算干燥时间，一般每次烘干时间为2h，但有的样品需5h；恒重一般以减量不超过0.5mg时为标准，但对受热后易分解的样品则可以不超过1~3mg的减量值为恒重标准。不过，在使用真空干燥箱时还需注意，如果被测样品中含有大量的挥发物质，应考虑使用校正因子来弥补挥发量；另外，在真空条件下热量传导不是很好，因此称量瓶应该直接置放在金属架上以确保良好的热传导；蒸发是一个吸热过程，要注意由于多个样品放在同一烘箱中使箱内温度降低的现象，冷却会影响蒸发。但不能通过升温来弥补冷却效应，否则样品在最后干燥阶段可能会产生过热现象；干燥时间取决于样品的总水分含量、样品的性质、单位质量的表面积、是否使用海砂以及是否含有较强持水能力和易分解的糖类及其他化合物等因素。

二、蒸馏法

（1）原理　蒸馏法出现在 20 世纪初，它采用与水互不相溶的高沸点有机溶剂与样品中的水分共沸蒸馏，收集馏分于接收管内，从所得的水分的容量求出样品中的水分含量。目前所用的方法有两种：直接蒸馏和回流蒸馏。在直接蒸馏中，使用沸点比水高、与水互不相溶的溶剂，样品用矿物油或沸点比水高的液体在远高于水沸点的温度下加热，而回流蒸馏则可使用沸点仅比水略高的溶剂如甲苯、二甲苯和苯。其中采用甲苯进行的回流蒸馏是应用最广泛的蒸馏方法之一。

（2）适用范围　蒸馏法采用了一种有效的热交换方式，水分可被迅速移去，食品组分所发生的化学变化如氧化、分解等作用，都较直接干燥法小。这种方法最初是作为水分测定的快速分析法被提出来的，其设备简单经济，管理方便，准确度能够满足常规分析的要求。对于谷类、干果、油类、香料等样品，分析结果准确，特别是对于香料，蒸馏法是唯一的、公认的水分测定法。

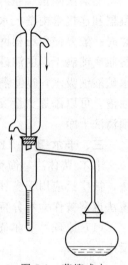

图 5-1　蒸馏式水分测定仪

（3）仪器及试剂　蒸馏式水分测定仪（如图 5-1 所示）；精制甲苯或二甲苯：取甲苯或二甲苯，先以水饱和后，分去水层，进行蒸馏，收集馏出液备用。

（4）操作方法　称取适量样品（约含水 2～5mL），放入 250mL 锥形瓶中，加入 50～75mL 新蒸馏的甲苯（或二甲苯）使样品浸没，连接冷凝管与水分接收管，从冷凝管顶端注入甲苯，装满水分接收管。加热，当蒸馏瓶中甲苯刚开始沸腾时，可看到从蒸馏烧瓶中升起一团雾，这是水在甲苯中的蒸汽，不久就会有冷凝液产生。慢慢蒸馏，使每秒得馏出液 2 滴，待大部分水分蒸出后，加速蒸馏约每秒 4 滴，当水分全部蒸出后，接收管内的水分体积不再增加时，从冷凝管顶端加入甲苯冲洗。如冷凝管壁附有水滴，可用附有小橡皮头的铜丝将其擦下，再蒸馏片刻至接收管上部及冷凝管壁无水滴附着为止，读取接收管水层的体积。

（5）水分含量的计算

$$X = \frac{V}{m} \times 100 \tag{5-4}$$

式中　X——样品中的水分含量，mL/100g；或按水在 20℃时的密度 0.9982g/mL 计算质量含量；

　　　V——接收管内水的体积，mL；

　　　m——样品的质量，g。

（6）方法说明和注意事项　蒸馏法与干燥法有较大的差别，干燥法是以烘烤干燥后减少的质量为依据，而蒸馏法是以蒸馏收集到的水量为准，避免了挥发性物质减少的质量以及脂肪氧化对水分测定造成的误差。在使用蒸馏法时，对于有机溶剂的选择（表 5-2），可考虑如能否完全湿润样品、适当的热传导、化学惰性、可燃性以及样品的性质等因素，但样品的性质是选择溶剂的重要依据。对热不稳定的食品，一般不采用二甲苯，因为它的沸点高；因此常选用低沸点的溶剂，如苯、甲苯或甲苯-二甲苯混合液；对于一些含有糖分、可分解出水分的样品，如脱水洋葱和脱水大蒜，宜选用苯作为溶剂。对于比水重的溶剂，其特点是样品会浮在上面，不宜过热及炭化，又安全防火。但是，它也存在一些缺点，如：这种溶剂被馏出冷凝后，会穿过水面进入接收管下方，增加了形成乳浊液的机会。

表 5-2　蒸馏法常用有机溶剂的物理常数

有机溶剂	沸点/℃	相对密度(25℃)	共沸混合物沸点/℃	水分/%	水在有机溶剂中的溶解度/(g/100g)
苯	80.2	0.88	69.25	8.8	0.05
甲苯	110.7	0.86	84.1	19.6	0.05
二甲苯	140	0.86			0.04
四氯化碳	76.8	1.59	66.0	4.1	0.01
四氯(代)乙烯	120.8	1.63			0.03
偏四氯乙烷	146.4	1.60			0.11

　　蒸馏法测量误差产生的原因有很多，如：样品中水分没有完全蒸发出来；水分附集在冷凝器和连接管内壁；水分溶解在有机溶剂中；生成了乳浊液；馏出了水溶性的成分等。在加热时一般要使用石棉网，如果样品含糖量高，用油浴加热较好。样品为粉状或半流体时，先将瓶底铺满干净的海砂，再加样品及甲苯。所用甲苯必须无水，也可将甲苯经过氯化钙或无水硫酸钠吸水，过滤蒸馏，弃去最初馏液，收集澄清透明溶液即为无水甲苯。为防止出现乳浊液，可以添加少量戊醇、异丁醇。最后，为避免接收管和冷凝管附着水珠，使用的仪器必须清洗干净。

三、卡尔-费休 (Karl-Fischer) 法

　　卡尔-费休法，简称费休法或 K-F 法，是一种迅速而又准确的水分测定法，它属于碘量法，被广泛应用于多种化工产品的水分测定中。此方法快速准确且不需加热，在很多场合，该法也常被作为水分特别是微量水分的标准分析方法，用于校正其他分析方法。

　　(1) 原理　卡尔-费休法测定水分的原理是基于水分存在时碘和二氧化硫的氧化还原反应。

$$2H_2O + SO_2 + I_2 \longrightarrow 2HI + H_2SO_4$$

上述反应是可逆的，在体系中加入了吡啶和甲醇则使反应顺利向右进行。

$$C_5H_5N \cdot I_2 + C_5H_5N \cdot SO_2 + C_5H_5N + H_2O \longrightarrow 2C_5H_5N \cdot HI + C_5H_5N \cdot SO_3$$

$$C_5H_5N \cdot SO_3 + CH_3OH \longrightarrow C_5H_5N(H)SO_4 \cdot CH_3$$

　　由此反应式可知，1mol 的水需要与 1mol 碘、1mol 二氧化硫、3mol 吡啶和 1mol 甲醇反应，而产生 2mol 吡啶碘和 1mol 吡啶硫酸。反应完毕后多余的游离碘呈现红棕色，即可确定达到终点。现在所用的卡尔-费休水分测定仪采用"时间滞留"法作为终点判断准则，并有声光报警指示，如 ZKF-1 型容量滴定卡尔-费休水分测定仪。

　　(2) 适用范围　卡尔-费休法可适用于含有 1% 或更多水分的样品，如砂糖、可可粉、糖蜜、茶叶、乳粉、炼乳及香料等食品中的水分测定，其测定准确性比直接干燥法要高，它也是测定脂肪和油类物品中微量水分的理想方法。

　　(3) 仪器和试剂

　　① 仪器可用 ZKF-1 型容量滴定卡尔-费休水分测定仪或类似装置。卡氏试剂的配制可参阅 GB/T 12100—1989 或 ISO 5381—1983《淀粉水解产品含水量测定方法》中的试剂配制，或分析手册中的方法。

　　② 卡尔-费休试剂的标定　在水分测定仪的反应器中加入 50mL 的无水甲醇，接通电源，启动电磁搅拌器，先用卡尔-费休试剂滴入甲醇中使其中残存的微量水分与试剂作用达到计量点，保持 1min 内不变，此时不记录卡尔-费休试剂的消耗量。然后用 10μL 的微量注射器

从反应器的加料口缓缓注入 $10\mu L$ 水-甲醇标准溶液（相当于 $0.01g$ 水），用卡尔-费休试剂滴定至原定终点，记录卡尔-费休试剂的消耗量。

卡尔-费休试剂的水含量 T（mg/mL）按下式计算：

$$T = \frac{m \times 1000}{V} \tag{5-5}$$

式中　m——所用水-甲醇标准溶液中水的质量，g；

　　　V——滴定消耗卡尔-费休试剂的体积，mL。

（4）样品中水分的测定　对于固体样品，必须要先粉碎均匀。准确称取 $0.30\sim0.50g$ 样品置于称样瓶中。在水分测定仪的反应器内加入 50mL 无水甲醇，用卡尔-费休试剂滴定其中的微量水分，滴定至终点并保持 1min 不变时（不记录试剂用量），打开加料口迅速将已称好的试剂加入反应器中，立即塞上橡皮塞，开动电磁搅拌器使试样中的水分完全被甲醇所萃取，用卡尔-费休试剂滴定至终点并保持 1min 不变，记录所使用试剂的体积（mL）。

（5）结果计算　样品中水分的含量：

$$X = \frac{T \times V}{m \times 1000} \times 100 = \frac{T \times V}{10 \times m} \tag{5-6}$$

式中　X——样品中的水分含量，mg/100mg；

　　　T——卡尔-费休试剂的水含量，mg/mL；

　　　V——滴定所消耗卡尔-费休试剂，mL；

　　　m——样品的质量，g。

（6）卡尔-费休法说明及注意事项　在使用卡尔-费休法时，若要使水分萃取完全，样品的颗粒大小非常重要。通常样品细度约为 40 目，宜用粉碎机处理，不要用研磨机以防水分损失，在粉碎样品中还要保证其含水量的均匀性。

卡尔-费休法是测定食品中微量水分的方法，如果食品中含有氧化剂、还原剂、碱性氧化物、氢氧化物、碳酸盐、硼酸等，都会与卡尔-费休试剂所含组分起反应，干扰测定。含有强还原性的物料（如抗坏血酸）会与卡尔-费休试剂产生反应，使水分含量测定值偏高；羰基化合物则与甲醇发生缩醛反应生成水，从而使水分含量测定值偏高，而且这个反应也会使终点消失；不饱和脂肪酸和碘的反应也会使水分含量测定值偏高。

样品溶剂可用甲醇或吡啶，这些无水试剂应该要加入无水硫酸钠保存。此外，也可以使用其他溶剂，如甲酰胺或二甲基甲酰胺。卡尔-费休滴定法中所用的玻璃器皿都必须充分干燥，外界的空气也不允许进入到反应室中。

在卡尔-费休滴定法中，吡啶会产生强烈异味，现在有研究正在尝试用其他的胺类来代替吡啶来溶解碘和二氧化硫，目前已发现某些脂肪胺和其他的杂环化合物比较适宜。在这些新的铵盐的基础上，分别制备了单组分试剂（溶剂和滴定组分合在一起）和双组分的试剂（溶剂和滴定组分是分开的），单组分使用较方便，而双组分更适合于大量试剂的储存。

四、其他测定水分方法

1. 介电容量法

介电容量法是根据样品的介电常数与含水率有关，以含水食品作为测量电极间的充填介质，通过电容的变化达到对食品水分含量的测定。用该方法测定水分含量的仪器需要使用已知水分含量的样品（标准方法测定）来进行校准，为了控制分析结果的可靠性和重现性，需要考虑样品的密度、样品的温度等重要因素，其中温度对电容值的影响很大，水分仪上都装有一个或两个温度传感器，对测定结果进行温度补偿。

由于水的介电常数（80.37，20℃）比其他大部分溶剂都要高，所以可用介电容量法来进行水分的测定。例如：介电容量法常用于谷物中水分含量的测定，这是根据水的介电常数是80.37，而蛋白质和淀粉的介电常数只有10来确定的。在检测样品时，可以根据仪器的读数从预先制作好的标准曲线上得到水分含量的测定值。

介电容量法的测量速度快，对于需要进行质量控制而要连续测定的加工过程非常有效，但该方法不大适用于检测水分含量低于30%～35%的食品。

2. 电导率法

电导率法的原理是当样品中水分含量变化时，可导致其电流传导性随之变化，因此，通过测量样品的电阻，从而得到水分含量的方法，就成为一种具有一定精确度的快速分析方法。根据欧姆定律：电流强度等于电压与电阻之比。例如：含水量为13%的小麦的电阻是含水量为14%的小麦电阻的7倍，是含水量为15%的小麦电阻的50倍。在用电导率法测定样品时，必须要保持温度的恒定，而且每个样品的测定时间必须恒定为1min。

3. 红外吸收光谱法

红外线是一种电磁波，一般指波长为0.75～1000μm的光，按其波段范围又可分为三部分：①近红外区，0.75～2.5μm；②中红外区，2.5～25μm；③远红外区，25～1000μm。其中中红外区是研究、应用最多的区域。水分子对这三个区域的光波均具有选择吸收作用。红外吸收光谱法测定的是食品中的分子对（中、近红外）辐射的吸收，即频率不同的红外辐射被食品分子中不同的官能团所吸收，这与紫外可见光谱中的紫外光或可见光的应用相似。根据水分对某一波长的红外光的吸收强度与其在样品中的含量存在一定的关系建立红外吸收光谱测水分法。

日本、美国和加拿大等国已将近红外吸收光谱法应用于谷物、咖啡、可可、核桃、花生、肉制品、牛乳、马铃薯等样品的水分测定中；中红外法需要通过计算机处理才能分析水分和固形物含量，因为测定中红外光谱的仪器不能检出水分的波长。有人将中红外光谱法用于面粉、脱脂乳粉及面包中水分的测定，其结果与卡尔-费休法、近红外光谱法及减压干燥法一致；远红外光谱法可测出样品中大约0.05%的水分含量。总之，红外吸收光谱法准确、快速、方便，存在深远的研究意义和广阔的应用前景。

4. 折光法

通过测量物质的折射率来鉴别物质的组成、确定物质的纯度和浓度及判断物质的品质的分析方法称为折光法。折射率是物质的一种物理性质。它是食品生产中常用的工艺控制指标，通过测定液体食品的折射率，可以鉴别食品的组成、确定食品的浓度、判断食品的纯净程度和品质。如果操作正确且样品中无明显固体粒子存在时，折光法分析速度最快且准确性也非常高。折光法现已广泛应用于水果及水果类产品中可溶性固形物的测定。测得食品固形物的方法，也就是间接测定水分的方法。

需要指出的是，折光法只能测定可溶性固形物的含量，因为固体粒子不能在折光仪上反映出它的折射率。含有不溶性固形物的样品，不能用折光法直接测出总固形物含量。但对于番茄酱、果酱等个别食品，已通过实验制定了总固形物与可溶性固形物的关系表，先用折光法测定可溶性固形物的含量，即可查出总固形物的含量，也就可以得到样品中的水分含量。

5. 其他干燥法

（1）化学干燥法 化学干燥法就是将某种对于水蒸气具有强烈吸附的化学药品与含水样

品一同装入一个干燥容器，如普通玻璃干燥器或真空干燥器中，通过等温扩散及吸附作用而使样品达到干燥恒重，然后根据干燥前后样品的质量差计算出其中的水分含量。但此法的缺点是时间比较长，需要数天、数周甚至数月时间。用于干燥（吸收水蒸气）的化学样品叫干燥剂，主要包括五氧化二磷、氧化钡、高氯酸镁、氢氧化钾（熔融）、氧化铝、硅胶、硫酸（100%）、氧化镁、氢氧化钠（熔融）、氧化钙、无水氯化钙、硫酸（95%）等，它们的干燥效率依次降低。其中浓硫酸、固体氢氧化钠、硅胶、活性氧化铝、无水氯化钙等最为常用。该法适用于对热不稳定及含有易挥发组分的样品，如茶叶、香料等。

(2) 微波烘箱干燥法　微波是指频率范围为 103～105MHz 的电磁波。微波加热是靠电磁波把能量传播到被加热物体的内部，这种加热方法具有很多特点：①加热速度快。它利用被加热物体本身作为发热体而进行内部加热，不靠热传导的作用，可以令物体内部温度迅速升高。②加热均匀性好。因为它是内部加热，往往具有自动平衡的性能，所以与外部加热相比较，容易达到均匀加热的目的。③加热易于瞬时控制。微波热惯性小，可以立即发热和升温，易于控制。④选择性吸收。某些成分非常容易吸收微波，另一些成分则不易，这种微波加热的吸收性有利于产品质量的提高。如：食品中的水分吸收微波能量要比干物质多得多，温度也高得多，这有利于水分的蒸发。干物质吸收微波能少，温度低，不过热，而且加热时间又短，因此能够保持食品的色、香、味等。⑤加热效率高。由于加热作用来自于物料本身，而且基本上不会辐射热能，所以热效率较高。

在食品工业中，部分食品在被包装之前可利用微波烘箱干燥法快速测定食品在生产过程中的水分含量，并据此加以调整。例如，在加工干酪时，在原料加入容器之前，可利用此法分析成分组成，并在搅拌之前调整成分，在以后的几个月内都应用微波烘箱干燥法来有效地控制水分。

(3) 红外线干燥法　红外线干燥法是一种快速测定水分的方法，它以红外线发热管为热源，通过红外线的辐射热和直接热加热样品，高效迅速地使水分蒸发，根据干燥前后样品的质量差可以得出其水分含量。与采用热传导和对流方式的普通烘箱相比，热渗透至样品中蒸发水分所需的干燥时间能显著缩短至 10～25min。但比较起来，其精密度较差，可作为简易法用于测定 2～3 份样品的大致水分，或快速检验在一定允许偏差范围内的样品水分含量。

现在有很多型号的红外线测定仪，但基本上都是先规定测定条件后再使用，即要使得测定结果与标准法如直接干燥法测得的结果相同。仪器需要进行校正。在操作时，要控制红外线加热的距离，开始时灯管要低，然后升高；调节电压则开始应较高，后来再降低，这样既可防止样品分解，又能缩短干燥时间。此外，还要考虑样品的厚度等因素，如黏性、糊状样品要放在铝箔上摊平；还要注意样品不能有燃烧和出现表面结成硬皮的现象。随着计算机技术的发展，红外线水分测定仪的性能得到了很大的提高，在测定精度、速度、操作简易性、数字显示等方面都表现出优越的性能。

在食品领域应用的水分分析方法还有很多，如气相色谱法、冰点分析法等，这些方法在其他文献上也有阐述，限于篇幅，在这里不加以赘述。

第三节　水分活度值的测定

一、水分活度值的测定意义

食品中的水分按其存在状态分为三种，但实际上除了自由水以外，其余水分都是以不同程度的束缚状态存在，而单纯的水分含量并不是表示食品稳定性的可靠指标。因为食品在存放过程中，经常会有腐败现象发生，其原因固然与食品中的水分含量有关，但腐败程度并不与其成正相关，因为相同含水量的食品却有不同的腐败变质现象。这种现象在一定程度上是由于水分与食品中的其他成分结合强度的不同而造成的。

为了更好地定量说明食品中的水分状态，更好地阐明水分含量与食品保藏性能的关系，引入了水分活度（water activity）这个概念。根据热力学定律，水分活度可定义为：溶液中水的逸度（fugacity）与纯水逸度之比值，即：

$$A_w = \frac{f}{f_0} \tag{5-7}$$

式中　A_w——水分活度；

　　　f——溶剂（水）的逸度（逸度是溶剂从溶液中逃脱的趋势）；

　　　f_0——纯溶剂（水）的逸度。

在低压（如室温）时，f/f_0 与 p/p_0 之间的差别小于 1%。若要求两者相等，前提条件是体系是理想溶液并且存在热力学平衡，但食品体系一般不符合上述两个条件，因此水分活度可近似地表示为溶液中水分蒸汽分压与纯水蒸汽压之比：

$$A_w \approx \frac{p}{p_0} = \frac{ERH}{100} \tag{5-8}$$

式中　p——溶液或食品中的水分蒸汽分压，一般来说，p 随食品中易蒸发的自由水含量的增多而加大；

　　　p_0——纯水的蒸汽压，可从有关手册中查出；

　　ERH——平衡相对湿度（equilibrium relative humidity），它是指食品中水分蒸发达到平衡时，即单位时间内脱离食品的水的物质的量（mol）等于返回食品的水的物质的量（mol）的时候，食品上方恒定的水蒸气分压与在此温度下水的饱和蒸汽压的比值（乘以 100 用整数表示）。

水分含量、水分活度值、相对湿度是三个不同的概念。水分含量是指食品中水的总含量，即一定量的食品中水的质量分数；水分活度反映了食品中水分的存在状态，即水分与其他非水组分的结合程度或游离程度。结合程度越高，水分活度值越低；结合程度越低，则水分活度值越高。在同种食品中，一般水分含量越高，其水分活度值越大，但不同种食品即使水分含量相同水分活度往往也不同。相对湿度指的却是食品周围的空气状态。

在水分活度的表达式中，p、p_0 和 ERH 都是温度的函数，因而水分活度也与温度有关，Clausius-Clapeyron 方程的转变形式体现了这两者的关系：

$$\frac{d\ln A_w}{d\frac{1}{T}} = \frac{-\Delta H}{R} \tag{5-9}$$

式中　T——热力学温度；

　　　R——气体常数；

　　ΔH——在 T 温度下样品的吸湿热。

将上式转变为 $\ln A_w$ 关于 $1/T$ 的方程：

$$\ln A_w = \frac{-\Delta H}{RT} + C \tag{5-10}$$

当样品的水分含量一定时，随着温度的升高，A_w 也升高，反之则降低；同一个样品在不同的水分含量下，A_w 随温度的变化是水分含量的函数，水分含量越高，温度变化造成的 A_w 的变化也越大；样品种类不同，温度变化所造成的影响也不同。一般温度变化 10℃ 能导

致 A_w 产生 0.03～0.2 的变化。所以，在测定 A_w 时，要尽量保持温度的恒定，避免温度波动带来的对测量值的影响。另外，$\ln A_w$-$1/T$ 图并非总是直线，当温度范围扩大到样品的冰点以下时，直线在冰点处会出现折断现象。这是因为：冻结前，水分活度是食品组成和温度的函数，并以前者为主；冻结后，冰的存在使水分活度不再受到食品中非水组分种类和数量的影响，而只与温度有关。

测定食品的水分活度往往有着重要的意义，主要从以下两方面来考虑。

第一，水分活度影响着食品的色、香、味和组织结构等品质。食品中的各种化学、生物化学变化对水分活度都有一定的要求。例如：酶促褐变反应对于食品的质量有着重要意义，它是由于酚氧化酶催化酚类物质形成黑色素所引起的。随着水分活度的减少，酚氧化酶的活性逐步降低；同样，食品内的绝大多数酶，如淀粉酶、过氧化物酶等，在水分活度低于 0.85 的环境中，催化活性便明显地减弱，但酯酶除外，它在 A_w 为 0.3 甚至 0.1 时还可保留活性；非酶促褐变反应 Millard 反应也与水分活度有着密切的关系，当水分活度在 0.6～0.7 之间时，反应速度达到最大值；维生素 B_1 的降解在中高水分活度条件下也表现出了最高的反应速度。另外，水分活度对脂肪的非酶氧化反应也有着较为复杂的影响。这些例子都说明了水分活度值对食品品质有着重要的影响。

第二，水分活度影响着食品的保藏稳定性。微生物的生长繁殖是导致食品腐败变质的重要因素，而它们的生长繁殖与水分活度有着密不可分的关系（表 5-3）。在各类微生物中，细菌对水分活度的要求最高，$A_w>0.9$ 时才能生长；其次是酵母菌，A_w 的阈值是 0.87；再次是霉菌，大多数霉菌在 A_w 为 0.8 时就开始繁殖。在食品中，微生物赖以生存的水分主要是自由水，食品内自由水含量越高，水分活度越大，从而更容易受微生物的污染，保藏稳定性也就越差。利用食品的水分活度原理，控制其中的水分活度，就可以提高产品质量、延长食品的保藏期。例如，为了保持饼干、爆米花和薯片的脆性，为了避免颗粒蔗糖、乳粉和速溶咖啡的结块，必须使这些产品的水分活度保持在适当低的条件下；水果软糖中的琼脂、主食面包中添加的乳化剂、糕点生产中添加的甘油等不仅调整了食品的水分活度，而且也改善了食品的质构、口感并延长了保质期。所以，在食品检验中水分活度的测定是一个重要的项目。

表 5-3　水分活度与食品中微生物的生长

A_w 范围	在 A_w 的低限下不能生长的微生物
1.00～0.95	假单胞菌、埃希菌、变形菌、贺氏菌、克雷伯菌、芽孢杆菌、魏氏杆菌、一部分酵母
0.95～0.91	沙门菌、副溶血性弧菌、沙雷菌、乳杆菌、球菌、赤酵母、红酵母、一些霉菌
0.90～0.87	很多酵母、微球菌
0.87～0.80	绝大部分霉菌、金黄色葡萄球菌、拜尔酵母、德巴利酵母
0.80～0.75	绝大部分嗜盐细菌
0.75～0.65	旱生霉菌
0.65～0.60	耐高渗酵母、少数霉菌
<0.50	微生物不能生长

二、水分活度测定方法

在食品工业中对于水分活度的测定方法有很多，如蒸汽压力法、电湿度计法、溶剂萃取法、近似计算法和水分活度测定仪法等，下面介绍几种常用的测定方法。

1. 水分活度测定仪法

食品水分活度测定仪分为两大类。一类是冷却镜露点法，其特点是精确、快速而且便于操作，测量时间一般在 5min 以内；另一类是采用传感器的电阻或电容的变化来测定相对湿度，其特点是便宜，但精确度比前者要低，而且测量时间相对更长。在这里介绍的水分活度测定仪的原理属于第二类。

（1）原理 在一定的温度下，用标准饱和溶液校正水分活度测定仪的 A_w 值，在同一条件下测定样品，利用测定仪上的传感器，根据食品中的蒸汽压力的变化，从仪器的表头上读出指示的水分活度。

（2）仪器与试剂 水分活度测定仪（图 5-2）、20℃恒温箱、氯化钡饱和溶液等。

（3）操作方法

① 仪器校正 用小镊子将两张滤纸浸在 $BaCl_2$ 饱和溶液中，待滤纸均匀地浸湿后，轻轻地把它放在仪器的样品盒内，然后将具有传感器装置的表头放在样品盒上，小心拧紧，移至 20℃恒温箱中，维持恒温 3h 后，再将表头上的校正螺丝拧动使 A_w 值为 9.000。重复上述过程再校正一次。

② 样品测定 取经 15～25℃恒温后的适量试样，置于仪器样品盒内，保持表面平整而不高于盒内垫圈底部。然后将具有传感器装置的表头置于样品盒上（切勿使表头沾上样品）轻轻地拧紧，移至 20℃恒温箱中，保持恒温放置 2h 以后，不断从仪器表头上

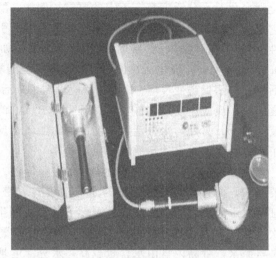

图 5-2 dp-A_w-1 型智能水分活度测定仪

观察仪器指针的变化状况，待指针恒定不变时，所指示数值即为此温度下试样的 A_w 值。如果试验条件不在 20℃恒温测定时，可根据表 5-4 所列的 A_w 校正值即可将其校正为 20℃时的数值。

表 5-4 A_w 值的温度校正表

温度/℃	校正值	温度/℃	校正值
15	−0.010	21	+0.002
16	−0.008	22	+0.004
17	−0.006	23	+0.006
18	−0.004	24	+0.008
19	−0.002	25	+0.010

（4）水分活度测定法说明及注意事项

① 取样时，对于果蔬类样品应迅速捣碎或按比例取汤汁与固形物，肉和鱼等样品需适当切细。

② 所用的玻璃器皿应该清洁干燥，否则会影响测量结果。

③ 仪器在常规测量时一般 0.5d 校准一次。当要求测量结果准确度较高时，则每次测量前必须进行校正。

④ 测量头为贵重的精密器件，在测定时，必须轻拿轻放，切勿使表头直接接触样品和水；若不小心接触了液体，需蒸发干燥进行校准后才能使用。

⑤ 温度的校正方法如下：如在 15℃时测得某样品的 $A_w=0.930$，查表 15℃时校正值为 −0.010，故样品在 20℃时的 $A_w=0.930+(−0.010)=0.920$；反之，在 25℃某样品 $A_w=$

0.940，查表校正值为+0.010，故该样品在20℃时的A_w＝0.940+（+0.010）＝0.950。

2. 扩散法

（1）扩散法原理　样品在康威氏（Conway）微量扩散皿的密封和恒温条件下，分别在A_w较高和较低的标准饱和溶液中扩散平衡后，根据样品质量的增加（在A_w较高的标准溶液中平衡）和减少（在A_w较低的标准溶液中平衡），以质量的增减为纵坐标，各个标准试剂的水分活度为横坐标，计算样品的水分活度值。该法适用于中等及高水分活度（$A_w > 0.5$）的样品。

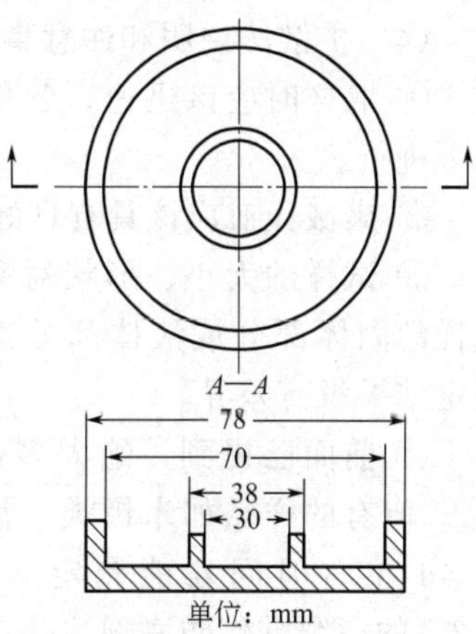

图 5-3　康威氏微量扩散皿

（2）主要试验仪器和试剂

① 主要仪器　康威氏微量扩散皿，构造如图5-3所示；小铝皿或玻璃皿：盛放样品用，直径为25～28mm、深度为7mm的圆形皿；分析天平：感量0.0001g。

② 主要试剂　标准水分活度试剂，如表5-5所示。

表 5-5　标准水分活度试剂及其在25℃时的A_w值

试剂名称	A_w	试剂名称	A_w
重铬酸钾（$K_2Cr_2O_7 \cdot 2H_2O$）	0.986	溴化钠（$NaBr \cdot 2H_2O$）	0.577
硝酸钾（KNO_3）	0.924	硝酸镁[$Mg(NO_3)_2 \cdot 6H_2O$]	0.528
氯化钡（$BaCl_2 \cdot 2H_2O$）	0.901	硝酸锂（$LiNO_3 \cdot 3H_2O$）	0.476
氯化钾（KCl）	0.842	碳酸钾（$K_2CO_3 \cdot 2H_2O$）	0.427
溴化钾（KBr）	0.807	氯化镁（$MgCl_2 \cdot 6H_2O$）	0.330
氯化钠（$NaCl$）	0.752	醋酸钾（$KAc \cdot H_2O$）	0.224
硝酸钠（$NaNO_3$）	0.737	氯化锂（$LiCl \cdot H_2O$）	0.110
氯化锶（$SrCl_2 \cdot 6H_2O$）	0.708	氢氧化钠（$NaOH \cdot H_2O$）	0.070

（3）操作方法　在测定A_w之前，需要对样品进行预处理。固体、液体或流动的浓稠状样品，可直接取样进行称量；如果是瓶装固体、液体混合样品可取液体部分；若为组成复杂的混合样品，则应取有代表性的混合均匀的样品。操作方法如下：

① 在预先恒重且精确称量的铝皿或玻璃皿中，精确称取1.00g均匀样品，迅速放入康威氏皿内室中。在外室预先放入饱和标准试剂5mL，或标准的上述各式盐5.0g，加入少许蒸馏水湿润。在操作时通常选择2～4种标准饱和试剂，每只皿装一种，其中1～2份的A_w值大于或小于试样的A_w值。

② 接着在扩散皿磨口边缘均匀涂上一层凡士林，样品放入后，迅速加盖密封，并移至（25±0.5）℃的恒温箱中放置（2±0.5）h（几乎绝大多数样品可在2h后测得A_w）。

③ 然后取出铝皿或玻璃皿，用分析天平迅速称量，分别计算各样品的质量增减数。

④ 以各种标准饱和溶液在25℃时的A_w值为横坐标，样品的质量增减数为纵坐标在坐标纸上作图，将各点连接成一条直线，这条线与横坐标的交点即为所测样品的水分活度值。

水分活度的计算由以下实例来说明。

某食品样品在硝酸钾标准饱和溶液平衡下增重7mg，在氯化钾标准饱和溶液中增重3mg，在氯化钾中减重9mg，在溴化钾中减重15mg。如图5-4所示，可求得其$A_w = 0.878$。

（4）扩散法说明和注意事项

① 取样时应该迅速，各份样品称量应在同一条件下进行。

② 康威氏皿应该具有良好的密封性。

③ 试样的大小、形状对测定结果影响不大，取试样的固体部分或液体部分都可以，样品平衡后其测定结果没有差异。

④ 前面已提到，绝大多数样品在 2h 后可测得 A_w。但有的样品如米饭类、油脂类、油浸烟熏类则需 4d 左右时间才能测定。为此，需加入样品量 0.2% 的山梨酸作防腐剂，并以其水溶液作空白。

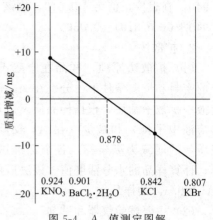

图 5-4　A_w 值测定图解

3. 溶剂萃取法

（1）原理　食品中的水可用不混溶的溶剂苯来萃取。在一定的温度下，苯所萃取出的水量与样品中水相的水分活度成正比。用卡尔-费休法分别测定苯从食品和纯水中萃取出的水量并求出两者之比值，即为样品的水分活度值。

（2）主要仪器和试剂

① 溶剂萃取法所用的主要仪器　与卡尔-费休法相同。

② 所用试剂

a. 卡尔-费休试剂

甲液：在干燥的棕色玻璃瓶中加入 100mL 无水甲醇、8.5g 无水乙酸钠（在 120℃ 干燥 48h 以上）、5.5g 碘化钾，充分摇匀溶解后再通入 3.0～10.0g 干燥的二氧化硫。

乙液：称取 37.65g 碘、27.8g 碘化钾及 42.25g 无水乙酸钠移入干燥棕色瓶中，加入 500mL 无水甲醇，充分摇匀溶解后备用。

将上述甲、乙液混合，用聚乙烯薄膜套在瓶外，将瓶放在冰浴中静置一昼夜，取出后放在干燥器中，升至室温后备用。

试剂的标定：取干燥带塞的玻璃瓶称重，准确加入蒸馏水 30mg 左右，加入无水甲醇 2mL，在不断振摇下，用卡尔-费休试剂滴定至呈黄棕色为终点。另取无水甲醇按同法进行空白试验，按下式计算滴定度（T）。

$$T = \frac{W}{V - V_0} \tag{5-11}$$

式中　T——卡尔-费休试剂的滴定度［每毫升相当于水的质量（mg）］；

　　W——重蒸馏水的质量，mg；

　　V——滴定水时消耗的卡尔-费休试剂的体积，mL；

　　V_0——空白试验时消耗的卡尔-费休试剂的体积，mL。

b. 苯　光谱纯，开瓶后可覆盖氢氧化钠保存。

c. 无水甲醇　与卡尔-费休法中的相同。

（3）操作方法　准确称取粉碎均匀的样品 1.00g 置于 250mL 干燥的磨口三角瓶中，加入苯 100mL，盖上瓶塞，然后放在摇瓶机上振摇 1h，再静置 10min，吸取此溶液 50mL 于卡尔-费休水分测定仪中，并加入无水甲醇 70mL（可事先滴定以除去可能残存的水分）。混合，用卡尔-费休试剂滴定至产生稳定的橙红色不褪为止，整个测定操作需保持在（25±1）℃下进行。另取 10mL 重蒸水代替样品，加苯 100mL，振摇 2min，静置 5min，然后按上述样品测定步骤进行滴定，至终点后，同样记录消耗卡尔-费休试剂的体积（mL）。

（4）水分活度的计算

$$A_w = \frac{V_n}{V_0} \times 10 \tag{5-12}$$

式中 V_n——从食品中萃取的水量（用卡尔-费休试剂滴定度乘以滴定样品所消耗该试剂的体积），mL；

V_0——从纯水中萃取的水量（用卡尔-费休试剂滴定度乘以滴定 10mL 纯水萃取液时所消耗该试剂的体积），mL。

（5）方法说明和注意事项　在溶剂萃取法中，除苯（光谱纯）提取样品水分外，其他步骤同水分测定中的卡尔-费休法相同。溶剂萃取法使用的所有玻璃器皿必须干燥，这种方法与水分活度测定仪法所得的结果相当。

　　无论是对于食品生产者还是食品消费者，食品中的水分含量都具有非常的意义，从而对水分的测定也就成了一项十分重要的分析工作。水分含量的分析看起来似乎很简单，但最不容易的是如何通过试验分析途径获得精确可靠的结果。从本章我们可以看出，分析水分含量的方法主要包括两大类：一是从样品中分离出水分，再以质量或体积来定量测定；另一类方法是不通过分离，而是利用水的某些物理或化学性质来测定。这些方法的目的都是要除去或测定样品中所有的水分，但在此过程中由于食品的分解或其他成分的干扰，往往不能获得最佳的结果。所以对于每一种分析方法来说，都必须采取一些有效的措施加以预防和控制，以保证结果的精确可靠。在测定时，样品的采集和处理显得极其重要。而对于分析方法的选择，常常取决于食品中预估计的水分含量的大小、其他组分的特性（如高挥发性、热敏感性）、仪器的性能以及对检测速度、精确度和可靠程度的要求和水分含量的用途（如是产品标准还是工厂的质量控制）等因素。

第六章　灰分及几种重要矿物元素含量的测定

第一节　灰分的测定

一、概述

食品的组成十分复杂，除含有大量有机物质外，还含有丰富的无机成分，这些无机成分中包括人体必需的无机盐（或称矿物质），其中含量较多的有 Ca、Mg、K、Na、S、P、Cl 等元素。此外，还含有少量的微量元素，如 Fe、Cu、Zn、Mn、I、F、Ca、Se 等。当这些组分经高温灼烧时，会发生一系列的物理和化学变化，最后有机成分挥发逸散，而无机成分（主要是无机盐和氧化物）则残留下来，这些残留物称为灰分。灰分是标示食品中无机成分总量的一项指标。

食品组成不同，灼烧条件不同，残留物亦各不相同。食品的灰分与食品中原来存在的无机成分在数量和组成上并不完全相同，因此严格说应该把灼烧后的残留物称为粗灰分。因食品在高温灰化时，某些易挥发的元素，如氯、碘、铅等也会挥发散失，磷、硫等也能以含氧酸的形式挥发散失，这部分无机物减少或不在灰分中存在。另一方面，某些金属氧化物会吸收有机物分解产生的二氧化碳而形成碳酸盐，又使无机成分质量增加。

食品的灰分常称为总灰分（粗灰分）。在总灰分中，按其溶解性还可分为水溶性灰分、水不溶性灰分和酸不溶性灰分。其中水溶性灰分反映的是可溶性的钾、钠、钙、镁等氧化物和盐类含量。水不溶性灰分反映的是污染的泥沙和铁铝等氧化物及碱土金属的碱式磷酸盐含量。酸不溶性灰分反映的是环境污染混入产品中的泥沙及样品组织中的微量氧化硅含量。

测定灰分具有十分重要的意义：①不同食品，因原料、加工方式和测定条件不同，各种灰分的组成和含量也不相同（表 6-1）。但这些条件确定后，某种食品的灰分常在一定范围内，如果灰分含量超过了正常范围，则可说明该食品在生产过程中，使用了不符合卫生标准的原料或食品添加剂，或食品在生产、加工、贮藏过程中受到了污染。因此测定灰分可以作为判断食品受污染程度的指标之一。②灰分可以作为评价食品的质量指标。例如在面粉加工中，常以总灰分含量评定面粉等级，富强粉为 0.3%～0.5%；标准粉为 0.6%～0.9%；加工精度越细，总灰分含量越小，这是由于小麦麸皮中灰分的含量比胚乳的高 20 倍左右。③测定植物性原料的灰分可以反映植物生长的成熟度和自然条件对其的影响，测定动物性原料的灰分可以反映动物品种，以及饲料组分对其的影响。

表 6-1　食品的灰分含量

食品名称	含量/%	食品名称	含量/%	食品名称	含量/%
牛乳	0.6～0.7	蔬菜	0.2～1.2	鲜肉	0.5～1.2
乳粉	5～5.7	小麦胚乳	0.5	鲜鱼（可食部分）	0.8～2.0
脱脂乳粉	7.8～8.2	糖浆、蜂蜜	痕量至 1.8	鸡蛋白	0.6
罐藏淡炼乳	1.6～1.7	精制糖、糖果	痕量至 1.8	鸡蛋黄	1.6
罐藏甜炼乳	1.9～2.1	鲜果	0.2～1.2	纯油脂	无

二、总灰分的测定

1. 原理

将食品经炭化后置于 500～600℃高温炉内灼烧，食品中的水分及挥发物质以气态放出，有机物质中的碳、氢、氮等元素与有机物质本身的氧及空气中的氧生成二氧化碳、氮的氧化物及水分而散逸；无机物质则以硫酸盐、磷酸盐、碳酸盐、氯化物等无机盐和金属氧化物的形式残留下来，这些残留物即为灰分，称量残留物的质量即可计算出样品中总灰分的含量。

2. 灰化条件的选择

(1) 灰化容器　测定灰分通常使用的灰化容器是坩埚。坩埚分素烧瓷坩埚、铂坩埚、石英坩埚等多种。其中最常用的是素烧瓷坩埚。它具有耐高温（1200℃）、内壁光滑、耐稀酸、价格低廉等优点，但耐碱性能较差，当灰化碱性食品时（如水果、蔬菜、豆类时），瓷坩埚内壁的釉层会部分溶解，反复多次使用后，往往难以保持恒重。另外，当温度骤变时，易发生破裂，因此要注意使用。铂坩埚具有耐高温（1773℃），能抗碱、金属碳酸盐及氟化氢的腐蚀，导热性能好，吸湿性小等优点，但价格昂贵，故使用时应特别注意其性能和使用规则。另外，使用不当时会发生腐蚀和发脆。

灰化容器的大小要根据试样性状来选用，需前处理的液态样品、加热膨胀的样品及灰分含量低、取样量大的样品，需选用稍大些的坩埚。

(2) 取样量　测定灰分时，取样量的多少应根据试样种类和性状来决定，同时应考虑到称量误差。一般以灼烧后得到的灰分量为 10～100mg 来决定取样量。通常，奶粉、麦乳精、大豆粉、调味料、鱼类及海产品等取 1～2g；谷物及其制品，肉及其制品，糕点、牛乳等取 3～5g；蔬菜及其制品，砂糖及其制品，蜂蜜、奶油等取 5～10g；水果及其制品取 20g；油脂取 50g。

(3) 灰化温度的选择　灰化温度的高低对灰分测定结果影响很大，由于各种食品中的无机成分组成、性质及含量各不相同，灰化温度也应有所不同，一般为 525～600℃。其中只有黄油规定在 500℃以下，这是因为用溶剂除去脂类后，残渣加以干燥，由灰化减量算出酪蛋白，以残渣作为灰分，还要在灰化后定量食盐，所以采用抑制氯的挥发温度，其他食品全是 525℃、550℃、600℃及 700℃。700℃仅适合于添加醋酸镁的快速法。如表 6-2 所示为 AOAC 官方分析法规定不同食品灰分测定温度与质量。

表 6-2　AOAC 官方分析法规定不同食品灰分测定温度与质量

食品名称	测定条件	试样量	食品名称	测定条件	试样量
谷物及其制品	550℃或 700℃	3～5g	蔬菜及制品	525℃	5～10g
通心粉、鸡蛋面条及制品	550℃	3～5g	砂糖及制品	525℃	3～5g
淀粉制品、淀粉、甜食粉	525℃	5～10g	糖蜜	525℃	5g
大豆粉	600℃	2g	醋	525℃	25mL
肉及其制品	525℃	3～5g	啤酒	525℃	50mL
乳及制品	≤550℃	3～5g	蒸馏酒	525℃	25～100mL
鱼类及海产品	≤525℃	2g	茶叶	525℃	5～10g
水果及制品	≤525℃	25g			

注：AOAC 官方分析法即 Official Methods of Analysis of the Association of Official Chemists。

灰化温度选定在此范围，是因为灰化温度过高，将引起钾、钠、氯等元素的挥发损失，而且磷酸盐、硅酸盐类也会熔融，将炭粒包藏起来，使炭粒无法氧化；灰化温度过低，则灰化速度慢，时间长，不易灰化完全，也不利于除去过剩的碱（碱性食品）吸收的二氧化碳。此外，加热速度也不可太快，以防急剧干馏时灼热物的局部产生大量气体而使微粒飞失——

爆燃。

（4）灰化时间　一般以灼烧至灰分呈白色或浅灰色，无炭粒存在并达到恒重为止。灰化至达到恒重的时间因试样不同而异，一般需 2～5h，通常根据经验，灰化一定时间后，观察一次残灰的颜色，以确定第一次取出时间，取出后冷却，称重，然后再置入马福炉中灼烧，直至达恒重。应该指出，对有些样品，即使灰化完全，残灰也不一定呈白色或浅灰色。如铁含量高的食品，残灰呈褐色，锰、铜含量高的食品，残灰呈蓝绿色。有时即使灰分的表面呈白色，内部仍残留有炭块，所以应根据样品的组成、性状注意观察残灰的颜色，以正确判断灰化程度。

3. 加速灰化的方法

对于难以灰化的样品，可用下述方法来加速灰化。

（1）样品经初步灼烧后，取出冷却，从灰化容器边缘慢慢加入（不可直接洒在残灰上，以防残灰飞扬）少量无离子水，使水溶性盐类溶解，被包住的炭粒暴露出来，在水浴上蒸干，置于 120～130℃烘箱中充分干燥，再灼烧到恒重。

（2）添加硝酸、乙醇、碳酸铵、双氧水，这些物质经灼烧后完全消失不至于增加残灰的重量。样品经初步灼烧后，加入上述物质如硝酸（1：1）或双氧水，蒸干后再灼烧到恒重，利用它们的氧化作用来加速炭粒灰化，也可加入 10％碳酸铵等疏松剂，在灼烧时分解为气体逸出，使灰分呈现松散状态，促进未灰化的炭粒灰化。

（3）硫酸灰化法：是对于糖类制品如白糖、绵白糖、葡萄糖、饴糖等制品，以钾等为主的阳离子过剩，灰化后的残灰呈碳酸盐形式，通过添加硫酸使阳离子全部以硫酸盐形式成为一定组分的方法。采用硫酸的强氧化性加速灰化，结果用硫酸灰分来表示。在添加浓硫酸时应注意，如有一部分残灰溶液和二氧化碳气体呈雾状扬起，要边用表面玻璃将灰化容器盖住边加硫酸，不起泡后，用少量去离子水将表面玻璃上的附着物洗入灰化容器中。

（4）加入醋酸镁、硝酸镁等助灰化剂。谷物及其制品中，磷酸一般过剩于阳离子，随着灰化的进行，磷酸将以磷酸二氢钾的形式存在，容易形成在比较低的温度下熔融的无机物，因而包住未灰化的碳造成供氧不足，难以完全灰化。因此，采用添加灰化辅助剂，如醋酸镁或硝酸镁等，使灰化容易进行。这些镁盐随着灰化进行而分解，与过剩的磷酸结合，残灰不熔融，呈白色松散状态，避免炭粒被包裹，可大大缩短灰化时间。此法应做空白实验，以校正加入的镁盐灼烧后分解产生 MgO 的量。

4. 测定方法

（1）瓷坩埚的准备　将坩埚用盐酸（1：4）煮 1～2h，洗净晾干后，用三氯化铁与蓝墨水的混合液在坩埚外壁及盖上写上编号，置于规定温度的高温炉中灼烧 1h，移至炉口冷却到 200℃左右后，再移入干燥皿中，冷却至室温后，准确称重，再放入高温炉内灼烧 30min取出冷却称重，直至恒重（两次称量之差不超过 0.5mg）。

（2）样品预处理　①果汁、牛乳等液体试样　准确称取适量试样于已知重量的瓷坩埚中，置于水浴上蒸发至近干，再进行炭化。这类样品若直接炭化，液体沸腾，易造成溅失。②果蔬、动物组织等含水分较多的试样　先制备成均匀的试样，再准确称取适量试样于已知重量坩埚中，置烘箱中干燥，再进行炭化。也可取测定水分后的干燥试样直接进行炭化。③谷物、豆类等水分含量较少的固体试样　先粉碎成均匀的试样，取适量试样于已知重量的坩埚中再进行炭化。④富含脂肪的样品　把试样制备均匀，准确称取一定量试样，先提取脂肪，再将残留物移入已知重量的坩埚中，进行炭化。

（3）炭化　试样经上述预处理后，在放入高温炉灼烧前要先进行炭化处理，防止在灼烧时，因温度高试样中的水分急剧蒸发使试样飞扬、防止糖、蛋白质、淀粉等易发泡膨胀的物质在高温下发泡膨胀而溢出坩埚，不经炭化而直接灰化，炭粒易被包住，灰化不完全。炭化操作一般在电炉或煤气灯上进行，把坩埚置于电炉和煤气灯上，半盖坩埚盖，小心加热使试样在通气情况下逐渐炭化，直到无黑烟产生。对于特别容易膨胀的试样（如含糖多的食品），可先于试样中加数滴辛醇或纯植物油，再进行炭化。

（4）灰化　炭化后，把坩埚移入已达规定温度高温炉炉口处稍停留片刻，再慢慢移入炉膛内，坩埚盖斜倚在坩埚口，关闭炉门，灼烧一定时间（视样品种类、性状而异）至灰中无炭粒存在。打开炉门，将坩埚移至炉口处冷却至 200℃左右，移入干燥器中冷却至室温，准确称重，再灼烧，冷却，称重，直至达到恒重。

5. 计算结果

$$X = \frac{m_3 - m_1}{m_2 - m_1} \times 100\% \tag{6-1}$$

式中　X——样品中的灰分百分含量；

　　m_1——空坩埚质量，g；

　　m_2——样品加空坩埚质量，g；

　　m_3——残灰加空坩埚质量，g。

6. 说明与注意事项

① 样品炭化时要注意热源强度，防止产生大量泡沫溢出坩埚。

② 把坩埚放入高温炉或从炉中取出时，要在炉口停留片刻，使坩埚预热或冷却，防止因温度剧变而使坩埚破裂。

③ 灼烧后的坩埚应冷却到 200℃以下再移入干燥器中，否则因热的对流作用，易造成残灰飞散，且冷却速度慢，冷却后干燥器内形成较大真空，盖子不易打开。

④ 从干燥器内取出坩埚时，因内部形成真空，开盖恢复常压时，应注意使空气缓缓流入，以防残灰飞散。

⑤ 灰化后得到的残渣，可留作 Ca、P、Fe 等成分的分析。

⑥ 用过的坩埚经初步洗刷后，可用粗盐酸或废盐酸浸泡 10～20min，再用水冲刷洗净。

⑦ 粮食、油料、淀粉及微生物、食用菌、茶叶、香辛料和调味品等国家标准中总灰分测定方法都采用此法，国标代号分别是 GB 5505—2008、GB 22427.1—2008、GB 12532—2008、GB 8306—2002、GB/T 12729.7—2008。

三、水溶性灰分和水不溶性灰分的测定

向测定总灰分所得残留物中加入 25mL 无离子水，加热至沸，用无灰滤纸过滤，用 25mL 热的无离子水分多次洗涤坩埚、滤纸及残渣，将残渣连同滤纸移回原坩埚中，在水浴上蒸发至干涸，放入干燥箱中干燥，再进行灼烧，冷却，称重，直至恒重。按下式计算水溶性灰分和水不溶性灰分的含量。

$$X = \frac{m_4 - m_1}{m_2 - m_1} \times 100\% \tag{6-2}$$

式中　X——水不溶性灰分含量；

　　m_4——不溶性灰分和坩埚的质量，g；

　　其他符号意义同总灰分的计算。

$$水溶性灰分（\%）= 总灰分（\%）- 水不溶性灰分（\%） \tag{6-3}$$

四、酸不溶性灰分的测定

向总灰分或水不溶性灰分中加入 25mL 0.1mol/L 盐酸，以下操作同水不溶性灰分的测

定，按下式计算酸不溶性灰分含量。

$$X=\frac{m_5-m_1}{m_2-m_1}\times100\%$$ (6-4)

式中 X——酸不溶性灰分含量；

m_5——酸不溶性灰分和坩埚质量，g。

其他符号意义同总灰分计算。

说明：茶叶、香辛料和调味品等产品的水不溶性灰分和酸不溶性灰分的国家标准测定方法如上所述，代号分别是 GB 8307—2002、GB 8308—2002、GB/T 12729.8—2008。

第二节　几种重要矿物元素的测定

一、概述

食品中所含的元素已知有 50 多种，除去 C、H、O、N 四种构成水分和有机物质的元素以外，其他元素统称为矿物元素。其中含量较多的矿物元素有 Ca、Mg、K、Na、P、S、Cl 等 7 种，含量都在 0.01% 以上，称为常量元素，约占矿物质总量的 80%。此外，还含有 Fe、Co、Ni、Zn、Cr、Mo、Al、Si、Se、Sn、I、F 等元素，含量都在 0.01% 以下，称为微量元素或痕量元素。其中一些元素是人体所必需的，在维持体液的渗透压、维持机体的酸碱平衡、酶的活化、构成人体组织等方面，起着十分重要的作用。由于食物中矿物质含量较丰富，分布也较广泛，一般情况下都能满足人体需要，不易引起缺乏，但对于一些特殊人群或处于特殊生理状况时，如婴幼儿、孕妇、青春期、哺乳期等常易引起缺乏症。测定食品中某些矿物元素含量，对于评价食品的营养价值，开发和生产强化食品，具有十分重要的意义。

微量元素的浓度与功能形式常严格局限在一定范围之内，而且有的元素的这个范围相当窄。微量元素在这个特定的范围内可以使组织的结构和功能的完整性得到维持，当其含量低于机体需要的量时，组织功能会减弱或不健全，甚至会受到损害并处于不健康的状态。但如果微量元素的含量高于这一特定范围，则可能导致不同程度的毒性反应，严重的可以引起死亡。从含量过低到过高的限量，有的元素比较宽，有的却很窄，例如硒，其正常需要量到中毒量之间相差不到 10 倍。人体对硒的每日安全摄入量为 50～200μg，如低于 50μg 会导致心肌炎、克山病等疾病，并诱发免疫功能低下和老年性白内障的发生；但如果摄入量在 200～1000μg 则会导致中毒，急性中毒症状表现为厌食、运动障碍、气短、呼吸衰竭，慢性中毒症状表现为视力减退、肝坏死和肾充血等症状，如果每日摄入量超过 1mg 则可导致死亡。微量元素的功能形式、化学价态与化学形式也非常重要，例如铬，其正六价状态对人体的毒害很大，只有适量的正三价铬对人体才是有益的。

有些元素，目前尚未能证明对人体具有生理作用，或者正常情况下人体只需要极少的数量或者人体可以耐受极少的数量，剂量稍高，即可呈现毒性作用，称之为有毒元素。其中汞、镉、铅、砷较为重要。这类元素的特点是具有蓄积性，它们的半衰期一般比较长，例如甲基汞在人体内的半衰期为 70 天，铅和镉分别长达 1460 天和 16～31 年。随着有毒元素在体内蓄积量的增加，机体便会出现各种反应，有的有致癌、致畸或突变作用。对于这类元素，人们当然希望在食品中的含量越低越好，至少不要超过某一限度。

无论是人体必需的微量元素还是有害元素，在食品卫生要求中都有一定的限量规定，从食品分析的角度，我们统称为限量元素。我国食品卫生标准中对这类元素的含量有严格的规定。有些元素，目前虽未制定标准，一般都持谨慎态度，可参考我国颁布的《生活饮用水卫生标准》（GB 5749—2006），其中对无机元素的限量做了比较明确的规定。

表6-3 《生活饮用水卫生标准》中无机元素限量标准　　　　单位：mg/L

项目	限量标准	项目	限量标准	项目	限量标准
铁	0.3	硒	0.01	铅	0.01
锰	0.1	银	0.05	铬（六价）	0.05
铜	1.0	砷	0.01	镉	0.005
锌	1.0	汞	0.001		

考察一种食品的营养质量时，不仅要考虑其中营养素的含量，而且还要考虑这些成分被生物机体利用的实际可能性，即生物有效性尤为重要。前者主要用测定含量多少来表示。后者则要考虑矿物元素的存在形式，以及与其他营养成分的相互作用等。一般来说，动物性食品中矿物元素的生物有效性高于植物性食品。本节只介绍其中的 Ca、Fe、I、P 等元素的测定方法。食品中有些矿物元素是非人体必需的有毒元素，还有些虽是人体必需元素，但需要量很小，摄入过量将对人体产生危害，因此必须严格限制这类元素在食品中的含量，有关这些元素的测定在后面章节中作介绍。

矿物元素的测定方法很多，常用的有化学分析法、比色法、原子吸收分光光度法。此外，极谱法、离子选择性电极法、荧光法等也应用较多。比色法一直被广泛采用，由于该法设备简单、价格低廉、灵敏度能达到限量元素规定标准。原子吸收分光光度法由于选择性好、灵敏度高、测定简单快速、可同时测定多种元素的优点，得到了迅速发展和推广应用，目前我国很多国标中规定的方法都采用原子吸收分光光度法和原子发射分光光度法。

二、钙的测定

钙（calciun）是构成机体骨骼、牙齿的主要成分，长期缺钙会影响骨骼和牙齿的生长发育，严重时产生骨质疏松，发生软骨病，钙还参与凝血过程和维持毛细血管的正常渗透压，并影响神经肌肉的兴奋性，缺钙时可引起手足抽搐。

食品中含钙较多的是豆、豆制品、蛋、酥鱼、排骨、虾皮等。机体对食品中钙的吸收受多种因素的影响，蛋白质、氨基酸、乳糖、维生素有利于钙的吸收，脂肪太多或含镁量过多不利于钙的吸收，草酸、植酸或脂肪酸的阴离子能与钙生成不溶性沉淀，也会影响钙的吸收。菠菜、韭菜、苋菜等蔬菜中含草酸量较高，不但其本身所含钙不能被吸收，而且还影响其他食物中钙的吸收，使有效钙量为负值。为此，对含草酸多的蔬菜，有时不仅要测定钙的量，还要同时测定草酸的量，有效钙量＝（钙重/钙相对分子质量－草酸重/草酸分子质量）×钙相对分子质量。部分食品中钙的含量如表6-4所示。

表6-4 部分食品中钙的含量　　　　单位：mg/100g

食品名称	钙含量	食品名称	钙含量	食品名称	钙含量	食品名称	钙含量
牛肉	12	猪肉	11	羊肉	15	鸭蛋	71
鸡肉	11	鸭肉	11	牛乳	120	鲤鱼	25
全脂乳粉	1030	脱脂乳粉	1300	鸡蛋	58	对虾	35
鸡蛋白	19	鸡蛋黄	134	全蛋粉	186	干虾皮	1760

食品中钙的来源以乳及乳制品为最好，不但含量丰富，而且吸收率高。中国营养学会制定钙每月摄入量为 800mg 为标准，但现全国人均不足 500mg，所以采用钙强化制剂具有重要意义。目前钙制剂大约有如下三代产品：第一代，主要以无机盐为主。其来源主要是动物鲜骨、珍珠粉、贝壳，主要形式是多羟基磷酸钙和碳酸钙，后者是碳酸钙矿石、化学合成碳

酸钙、磷酸氢钙、氯化钙等；第二代，主要以有机盐为主，如乳酸钙、醋酸钙、葡萄糖酸钙、柠檬酸钙等有机钙盐；第三代是具有生物活性结构的有机酸钙，如 L-苏糖酸钙、L-天冬氨酸钙及甘氨酸钙。

钙测定方法经典的是用草酸铵使钙生成草酸钙沉淀，然后用重量法或容量法测定，例如高锰酸钾滴定法，此法虽有较高的精确度，但需经沉淀、过滤、洗涤等步骤，费时费力，现在较为少用，目前广泛应用的是 EDTA 络合滴定法和原子吸收分光光度法。

1. 高锰酸钾滴定法

样品经灰化后，用盐酸溶解，在酸性溶液中，钙与草酸生成草酸钙沉淀，沉淀经洗涤后，加入硫酸溶解，把草酸游离出来，用高锰酸钾标准溶液滴定与 Ca 等量结合的草酸，稍过量一点的高锰酸钾使溶液呈现微红色，此即为滴定终点。根据高锰酸钾标准溶液消耗量，可计算出食品中 Ca 的含量。反应式如下：

$$CaCl_2 + (NH_4)_2C_2O_4 \longrightarrow CaC_2O_4 + 2NH_4Cl$$

$$CaC_2O_4 + H_2SO_4 \longrightarrow CaSO_4 + H_2C_2O_4$$

$$5H_2C_2O_4 + 2KMnO_4 + 3H_2SO_4 \longrightarrow K_2SO_4 + 2MnSO_4 + 10CO_2 + 8H_2O$$

$2KMnO_4$ 相当于 $5H_2C_2O_4$，相当于 $5\ CaC_2O_4$，相当于 $5Ca^{2+}$。

钙的物质的量（mol）= 5/2 高锰酸钾的物质的量（mol）。由此可以得出钙含量计算公式：

$$X = \frac{2.5 \times (cV) \times 40.08 \times 1000}{m} \times 100 \tag{6-5}$$

式中　X——食品中钙的含量，mg/100g；

c——$KMnO_4$ 标准溶液浓度，mol/L；

V——滴定时消耗 $KMnO_4$ 的体积，L；

40.08——钙的摩尔质量；

m——样品的质量，g。

同时测定蔬菜中钙和草酸的含量时，可采用硝酸浸取法，将蔬菜中的钙和草酸同时浸溶出来，并分别测定其含量。测定草酸以氯化钙作沉淀剂；测定钙用草酸铵为沉淀剂，其余操作原理相同。

2. EDTA 络合滴定法

EDTA（乙二胺四乙酸二钠盐）滴定法测定钙含量，基于 EDTA 与样品消化液中的钙能形成比钙红指示剂与钙所形成的络合物更加稳定的 EDTA-Ca 络合物。在 pH13～14 的含钙溶液中，同时有氰化钾和柠檬酸钠等掩蔽剂消除干扰离子（铜、铝、铁）影响的情况下，首先是钙红指示剂与溶液中钙络合成酒红色，随着滴入 EDTA，由于形成更稳定的 EDTA-Ca 络合物，钙红指示剂变成蓝色的游离状态，终点时溶液呈纯蓝色，根据滴入的 EDTA 量和它的滴定度即可算出消化液中钙的含量。

注意事项：

① 滴定用的样品量随钙含量而定，最适合的范围是 5～50μg。

② 加钙红指示剂后，不能放置过久，否则终点发灰，不明显。

③ 氰化钾是消除锌、铜、铁、铝、镍、铅等金属离子的干扰，而柠檬酸钠则是防止钙和磷结合形成磷酸钙沉淀。

④ 滴定时 pH 应为 12～14，过高或过低指示剂变红，滴不出终点。

3. 原子吸收分光光度法

样品经干法灰化，将有机物彻底分解后，加酸使无机元素全部溶解，直接吸入空气和乙炔中原子化，并在光路中直接测定钙原子对其空心阴极灯发射谱线（钙为 242.7nm）的吸收。测定钙时，需加镧作为稀释剂，以消除磷酸等物质的干扰。

三、铁的测定

铁（iron）是人体必需的微量元素，它是人体内血红蛋白和肌红蛋白的组成成分，参与血液中氧的运输作用，又能促进脂肪氧化，所以人体每日都必须摄入一定量的铁。2007 年中国营养学会推荐的 Fc 的供应量：成年男子 12mg/天，女子 18mg/天，缺乏铁会引起低色素性贫血和血浆水平低下等病症，人体内含铁过量时也会引起血红症等疾病。在肉、蛋、肝脏和果蔬中均含有丰富的铁质，一些食品的铁含量见表 6-5。食品在贮存过程中会常常由于污染了大量铁而使之产生金属味，色泽加深并导致食品中脂肪氧化和维生素 D 分解，造成食品品质降低，影响食品风味，所以食品中铁的测定不但具有卫生意义而且具有营养学意义。

表 6-5　一些食品中铁的含量　　　　　　　　　　　　单位：mg/100g

食品名称	含铁量	食品名称	含铁量	食品名称	含铁量	食品名称	含铁量
牛肉	3.2	羊肉	3.0	猪肉	2.4	草鱼	0.7
鸡肉	2.8	鸭肉	3.1	鸡蛋	4.3	胡萝卜	0.56
蛋黄粉	14.0	鸭蛋	3.2	牛乳	0.1	生白菜	0.98
牛肝	26.08	猪肝	65.22	全脂乳粉	1.9	花生	1.19
脱脂乳粉	0.6	带鱼	1.8	鲤鱼	1.6	青鱼	0.9

食品中铁含量测定方法有邻菲罗啉比色法（邻二氮菲比色法）、硫氰酸盐比色法、磺基水杨酸比色法和原子吸收分光光度法等。

1. 硫氰酸盐比色法

食品样品经消化后，各种铁均以 Fe^{3+} 盐形式存在，在酸性溶液中，Fe^{3+} 与硫氰酸钾溶液作用，生成红色的硫氰酸铁络合物，在 485nm 下有最大吸收，其吸光度与铁含量成正比。反应式如下：

$$Fe^{3+} + 3SCN \longrightarrow Fe(SCN)_3$$

为了防止 Fe^{3+} 转变成 Fe^{2+}，应加入少量过硫酸钾（$K_2S_2O_8$）作氧化剂。

注意事项：

① 硫氰酸铁的稳定性差，时间稍长，红色会逐渐消退，故应在规定时间内比色。

② 当 Fe^{3+} 浓度较低时，可用戊醇萃取富集，以提高吸光度值。

2. 磺基水杨酸法

磺基水杨酸在碱性条件下与 Fe^{3+} 生成黄色络合物，在 465nm 下有最大吸收，其吸光度与铁含量成正比，反应式如下：

SO₃H—⬡—OH
　　　|
　　COOH

　　磺基水杨酸

$$Fe^{3+} + 3Sal^{2-} \longrightarrow [Fe(Sal^{2-})_3]^{3-}$$

用 Sal^{2-} 代表磺基水杨酸的阴离子

在碱性溶液中 Fe^{2+} 能迅速被空气氧化，故不需另加氧化剂。

注意事项：

① 本法与硫氰酸盐法比较，其稳定性远远大于上法，磺基水杨酸与 Fe^{3+} 络合反应完全，方法准确度高，并且干扰离子的影响大大减少，可在氟离子和磷酸根离子存在下测

定铁。

② 铝离子与铜离子也能与磺基水杨酸络合而干扰测定，前者生成无色络合物，但要消耗一定量磺基水杨酸，故加入过量的磺基水杨酸溶液可消除其干扰。

3. 邻菲罗啉法（邻二氮菲法）

邻菲罗啉（邻二氮菲，1,10-二氮杂菲，邻菲咯啉 orthophenanthroline）在微酸性条件下能与 Fe^{2+} 生成橙红色的络合物，在 510nm 波长下有最大吸收，其吸光度与铁的含量成正比，反应式如下：

$$Fe^{2+} + 3 \quad \longrightarrow \quad \left[\quad \right]_3^{2+} Fe$$

食品样品经消化处理后，铁离子以 Fe^{3+} 形式存在，故显色以前应先加盐酸羟胺，将 Fe^{3+} 还原成 Fe^{2+}，反应式如下：

$$4Fe^{3+} + 2NH_2OH \cdot HCl \longrightarrow 4Fe^{2+} + N_2O + H_2O + 6H^+ + 2Cl^-$$

如果有其他金属离子干扰，可加柠檬酸盐或 EDTA 作掩蔽剂。

注意事项：

① 配制试剂及测定中用水均系以玻璃仪器重蒸的蒸馏水。

② 邻菲罗啉比色法测定铁，灵敏度较高，溶液中含铁 0.1mg/kg 时其颜色也很明显，易于比色。

③ 邻菲罗啉与 Fe^{2+} 在微酸性条件下形成的红色络合物颜色相当稳定，比硫氰酸盐比色法稳定得多。

④ 本法选择性高，干扰少，显色稳定，灵敏度和精密度都较高。

4. 原子吸收分光光度法

在原子吸收分光光度计上点燃铁空心阴极灯（波长为 248.3nm），将试样消化液在空气-乙炔火焰中喷雾，使铁原子化，由于原子化浓度与吸光度成正比，故测其吸光度可求得铁的浓度。用标准工作曲线法即可算出样品中铁的含量。

此法灵敏、快速，但是仪器设备昂贵。

四、碘的测定

碘是人体必需的微量元素之一，是人体内甲状腺球蛋白、甲状腺素的重要组成成分。甲状腺素能够调节体内新陈代谢，促进身体的生长发育，是人体正常健康生长必不可少的激素之一。人体对碘的日需要量约为 $100 \sim 150\mu g$。身体缺碘时，会发生甲状腺肿大，甲状腺素的合成减少甚至缺乏，可使人产生呆小症，人体需要的碘主要来源于饮水和食品，进入人体内的碘主要（98%左右）到达甲状腺，用来合成甲状腺球蛋白和甲状腺素（T3 和 T4）。食品中碘含量最丰富的是海产品，部分食品中的碘含量见表 6-6。

表 6-6 部分食品中的碘含量 单位：$\mu g/kg$

食品名称	碘含量	食品名称	碘含量	食品名称	碘含量
海带(干)	240000	紫菜(干)	18000	发菜(干)	11800
黄花鱼(鲜)	120	带鱼(鲜)	80	鱼肚(干)	480
蚶(干)	2400	蛤(干)	2400	蛏干	1900
干贝	1200	海参(干)	6000	海蜇(干)	1320

食品中碘的测定方法有氯仿萃取比色法、硫酸铈接触法、溴氧化碘滴定法、仪器分析法

（HPLC 法、极谱仪测定法、分光光度法）等，其中最常用的是氯仿萃取比色法。

1. 氯仿萃取比色法

样品在碱性条件下灰化，碘被有机物还原成碘离子，碘离子与碱金属离子结合成碘化物，碘化物在酸性条件下与重铬酸钾作用，定量析出碘。当用氯仿萃取时，碘溶于氯仿中呈现粉红色，当碘含量低时，颜色深浅与碘含量成正比，故可以比色测定，反应式如下：

$$Cr_2O_7^{2-} + 6I^- + 14H^+ \longrightarrow 2Cr^{3+} + 3I_2 + 7H_2O$$

注意事项.

① 灰化样品时，加入氢氧化钾的作用是使碘形成难挥发的碘化钾，防止碘在高温灰化时挥发损失。

② 本法操作简便，颜色稳定，重现性好。

2. 硫酸铈接触法

本法是测定微量碘的方法，可测至 $0.002\mu g/mL$ 水平。在酸性条件下，亚砷酸与硫酸铈在室温下进行氧化还原反应速度很慢，反应式如下：

$$2Ce^{4+} + H_3AsO_3 + H_2O \longrightarrow 2Ce^{3+} + H_3AsO_4 + 2H^+$$

当有碘离子存在时，碘首先与铈离子起反应被氧化，接着又重新被 As^{3+} 还原：

$$2Ce^{4+} + 2I^- \longrightarrow 2Ce^{3+} + I_2$$
$$I_2 + As^{3+} \longrightarrow 2I^- + As^{5+}$$

碘离子作为反应的媒介，起促进作用，同时碘的催化作用与样液中碘离子的浓度成比例，但不呈线性关系，并且此反应受温度与时间的影响很大，故反应要在恒温下进行，且在反应进行至一定时间后，加入亚铁盐以终止砷、铈离子氧化还原反应的进行，使余下的高铈离子再与亚铁离子作用，把亚铁离子氧化成铁离子，这个反应是与高铈离子浓度成正比的。生成的铁离子再与加入的硫氰酸钾溶液起络合反应，生成红色的硫氰酸铁，此生成物颜色稳定，可进行颜色测定，反应式如下：

$$Ce^{4+} + Fe^{2+} \longrightarrow Ce^{3+} + Fe^{3+} \qquad Fe^{3+} + 3SCN^- \longrightarrow Fe(SCN)_3$$

同时上述生成物的浓度与溶液中碘离子的浓度成反比，生成红色的硫氰酸铁愈多，则碘离子愈少，与标准曲线比较，求出样品中碘离子的含量。此法对温度与时间的控制要求十分严格。

3. 溴水氧化法

样品在碱性条件下灰化，碘被还原，与碱金属结合成碘化物，碘化物在酸性条件下加入过量溴水氧化成碘酸，加入甲酸钠除去过量溴，溶液加热至 100℃时除去甲酸，最后加入碘化钾，释放出样品溶液中的碘，与标准曲线相比较，在 570nm 下测定碘与淀粉呈蓝色的吸光度，其吸光度大小与碘量成正比。

4. 催化分光光度法

痕量碘对高碘酸钾氧化孔雀绿退色反应（KIO_3-孔雀绿反应）有极佳的催化效应，碘在 $10\sim200ng/mL$ 范围内、孔雀绿吸光度在 615nm 下的减少符合朗伯-比尔定律。

五、磷的测定

磷（phosphorus）广泛存在于动植物组织中，可以与蛋白质或脂肪结合成核蛋白、磷蛋白、磷脂等，还有少量以无机磷化合物的形式存在。除植酸形式的磷不能被机体充分吸收利用外，其他大部分磷的化合物都能被消化吸收。人体内的磷参与各种生理活动和新陈代谢，同时磷是骨骼的重要成分，含磷的食品能补充脑磷脂，特别是对幼儿时期补磷显得尤为重要，因此测定食品中的磷具有重要意义。如果测定食品中的总磷后，再减去植酸磷，则可算出可利用磷的量。常见食品中磷的含量见表 6-7。

表 6-7　常见食品中磷的含量　　　　　　　　　　单位：mg/100g

食品名称	磷含量	食品名称	磷含量	食品名称	磷含量	食品名称	磷含量
牛肉	233	羊肉	168	猪肉	177	鸡蛋	248
鸡肉	189	鸭肉	145	鹅肉	23	鹌鹑蛋	238
兔肉	175	猪肝	270	牛肝	400	鲤鱼	175
牛心	185	牛乳	93	炼乳	228	草鱼	160
全脂奶粉	883	脱脂奶粉	1030	鸭蛋	210	对虾	150

　　磷的测定方法很多（参考 GB/T 5009.87—2003），如果食品中磷的含量较高，可采用喹钼柠酮重量法测定；如果磷含量很低，则采用钼蓝比色法。其他还有植酸中磷的测定及血清中无机磷的测定等。

　　1. 喹钼柠酮重量法（磷钼酸喹啉重量法）

　　样品经消化或灰化后，在酸性条件下，磷与喹钼柠酮作用生成磷钼酸喹啉沉淀，沉淀物经过滤、洗涤，在（260±20）℃下烘干，称重可计算出磷的含量。反应式如下：

$$H_3PO_4 + 12Na_2MoO_4 + 24HNO_3 + 3C_9H_7N \longrightarrow$$
$$(C_9H_7N)_3H_3PO_4 \cdot 12MoO_3 \cdot H_2O + 24NaNO_3 + 11H_2O$$

$$w = \frac{(m_1 - m_2) \times 0.03207}{m \times V/500} \times 100\% \tag{6-6}$$

式中　w——样品中磷的含量（以 P_2O_5 计），%；

　　　m_1——沉淀物与砂芯坩埚的质量，g；

　　　m_2——砂芯坩埚的质量，g；

　　　V——吸取样品溶液的体积，mL；

　　　m——样品的质量，g；

　　　500——样液的总体积，mL；

0.03207——磷钼酸喹啉对 P_2O_5 的换算因子。

　　注意事项：

　　① 洗涤坩埚中的沉淀可先用自来水冲洗剩余部分，用 1∶1 氨水浸泡至黄色消失，再用自来水冲洗，最后用热蒸馏水洗涤数次，烘干备用。

　　② 此法也可改用容量法进行，试样经灰化后制成稀盐酸的溶液，在酸性溶液中，磷酸根离子与钼酸钠和喹啉反应生成磷钼酸喹啉沉淀，过滤洗涤后，用过量标准碱溶液溶解沉淀，然后用标准酸溶液回滴，根据标准溶液的用量求得。反应式如下：

$$(C_9H_7N)_3H_3PO_4 \cdot 12MoO_3 \cdot H_2O + 26NaOH \longrightarrow 3C_9H_7N + Na_2HPO_4 + 12Na_2MoO_4 + 15H_2O$$
$$NaOH + HCl \longrightarrow NaCl + H_2O$$

　　按照下式计算：

$$w = \frac{(c_1V_1 - c_2V_2) - (c_1V_3 - c_2V_4) \times 0.00273 \times 100}{m} \tag{6-7}$$

式中　w——样品中磷的含量（以 P_2O_5 计），%；

　　　c_1——NaOH 标准溶液的浓度，mol/L；

　　　c_2——HCl 标准溶液的浓度，mol/L；

　　　V_1——滴定时 NaOH 标准溶液的用量，mL；

　　　V_2——滴定时 HCl 标准溶液的用量，mL；

V_3——空白试验时 NaOH 标准溶液的用量，mL；

V_4——空白试验时 HCl 标准溶液的用量，mL；

m——样品的质量，g；

0.00273——P_2O_5 的毫摩尔质量。

2. 钼蓝比色法

样品中的磷经灰化或消化后以磷酸根形式进入样品溶液，在酸性条件下与钼酸铵反应生成淡黄色的磷钼酸铵，其中高价的钼具有氧化性，可被抗坏血酸、氯化亚锡（或者对苯二酚与亚硫酸钠）等还原剂还原成蓝色化合物钼蓝，钼蓝在 650nm（或 660nm）下有最大吸收，其吸光度与磷浓度成正比，即可定量分析磷含量，本法最低检出限为 $2\mu g$，反应式如下：

$$24(NH_4)_2MoO_4 + 2H_3PO_4 + 21H_2SO_4 \longrightarrow 2[(NH_4)_3 \cdot 12MoO_3] + 21(NH_4)_2SO_4 + 24H_2O$$

$$(NH_4)_3PO_4 \cdot 12MoO_3 + SnCl_2 + 7HCl \longrightarrow \underset{\text{钼蓝}}{(Mo_2O_5 \cdot 4MoO_3)_2 \cdot H_3PO_4} + SnCl_4 + 3NH_4Cl + 2H_2O$$

3. 植酸中磷的测定法

植酸为六磷酸环己酯，分子式为 $C_6H_6(O\text{-}H_2PO_3)_6$，其中含有丰富的磷，但不易被机体消化吸收，稻谷中的磷主要以植酸的形式存在，故应分别测定并从总磷中减去。食品样品先用盐酸进行浸取，浸取液加三氯化铁，使植酸生成植酸铁沉淀。收集洗涤沉淀，于沉淀中加入氢氧化钠溶液，便生成可溶性植酸钠，加浓酸消化后，按测定总磷的方法（钼蓝比色法、喹钼柠酮重量法）测得植酸中磷的含量。

总磷减去植酸中磷的量，便可求得可利用磷的量。

4. 血清中无机磷的测定

用三氯乙酸沉淀血清中蛋白质，溶液中无机磷盐与钼酸铵试剂作用，生成磷钼酸。磷钼酸与氨基萘酚磺酸作用还原成钼蓝，与同样处理的磷标准液比色，求出血清中无机磷的含量。反应式如下：

$$(NH_4)_2MoO_4 + H_2SO_4 \longrightarrow H_2MoO_4 + (NH_4)_2SO_4$$

$$12H_2MoO_4 + H_3PO_4 \longrightarrow H_3PO_4 \cdot 12MoO_3 + 12H_2O$$

$$H_3PO_4 \cdot 12MoO_3 \xrightarrow{\text{氨基萘酚磺酸}} H_3PO_4 + \text{钼蓝}$$

应注意在测定时采集的血样不能溶血。

第七章　酸度的测定

第一节　概　述

一、酸度的概念

在分析和研究食品的酸度之前，先了解几种酸度的不同概念。

(1) 总酸度　总酸度是指食品中所有酸性成分的总量。它包括未离解的酸的浓度和已离解的酸的浓度，其大小可借滴定法来确定，故总酸度又称为"可滴定酸度"。

(2) 有效酸度　有效酸度是指被测溶液中 H^+ 的浓度，准确地说应是溶液中 H^+ 的活度，所反映的是已离解的那部分酸的浓度，常用 pH 值来表示，其大小可用酸度计（即 pH 计）来测定。

(3) 挥发酸　挥发酸是指食品中易挥发的有机酸，如甲酸、醋酸及丁酸等低碳链的直链脂肪酸，其大小可通过蒸馏法分离，再采用标准碱滴定来测定。

(4) 牛乳酸度　牛乳有如下两种酸度：

① 外表酸度　又叫固有酸度（潜在酸度），是指刚挤出来的新鲜牛乳本身所具有的酸度，是由磷酸、酪蛋白、白蛋白、柠檬酸和 CO_2 等所引起的。外表酸度在新鲜牛乳中约占 0.15%～0.18%（以乳酸计）。

② 真实酸度　也叫发酵酸度，是指牛乳放置过程中，在乳酸菌作用下乳糖发酵产生了乳酸而升高的那部分酸度。若牛乳中含酸量超过 0.15%～0.20%，即表明有乳酸存在，因此习惯上将 0.20% 以下含酸量的牛乳称为新鲜牛乳，若达 0.30% 就有酸味，0.60% 就能凝固。

具体表示牛乳酸度有两种方法：

a. 用 °T 表示牛乳的酸度，°T 指滴定 100mL 牛乳样品消耗 0.1000mol/L 标准氢氧化钠溶液的体积（mL）。或滴定 10mL 牛乳所用去的 0.1000mol/L 标准氢氧化钠的体积（mL）乘以 10，即为牛乳的酸度。新鲜牛乳的酸度为 16～18°T。

b. 以乳酸的百分含量来表示，与总酸度计算方法相同，用乳酸表示牛乳酸度。

二、酸度测定的意义

食品中的酸不仅作为酸味成分，而且在食品的加工、贮藏及品质管理等方面被认为是重要的成分，测定食品中的酸度具有十分重要的意义。

1. 有机酸影响食品的色、香、味及稳定性

果蔬中所含色素的色调，与其酸度密切相关，在一些变色反应中，酸是起重要作用的成分。如叶绿素在酸性条件下变成黄褐色的脱镁叶绿素，花青素于不同酸度下，颜色亦不相同。果实及其制品的口感取决于糖、酸的种类、含量及比例，酸度降低则甜味增加，同时水果中适量的挥发酸含量也会带给其特定的香气。另外，食品中有机酸含量高，则其 pH 值低，而 pH 值的高低对食品稳定性有一定影响，降低 pH 值，能减弱微生物的抗热性和抑制其生长，所以 pH 值是果蔬罐头杀菌条件的主要依据，在水果加工中，控制介质 pH 值可以抑制水果褐变，有机酸能与 Fe、Sn 等金属反应，加快设备和容器的腐蚀作用，影响制品的

风味与色泽，有机酸可以提高维生素 C 的稳定性，防止其氧化。

2. 食品中有机酸的种类和含量是判别其质量好坏的一个重要指标

挥发酸的种类是判别某些制品腐败的标准，如某些发酵制品中有甲酸积累，则说明已发生细菌性腐败，挥发酸的含量也是某些制品质量好坏的指标，如水果发酵制品中含有 0.10% 以上的醋酸，则说明制品腐败，牛乳及乳制品中乳酸过高时，亦说明已由乳酸菌发酵而产生腐败。新鲜的油脂常常是中性的，不含游离脂肪酸。但油脂在存放过程中，本身含的解脂酶会分解油脂而产生游离脂肪酸，使油脂酸败，故测定油脂酸度（以酸价表示）可判别其新鲜程度。有效酸度也是判别食品质量的指标，如新鲜肉的 pH 值为 5.7~6.2，如 pH＞6.7，说明肉已变质。

3. 利用有机酸的含量与糖含量之比，可判断某些果蔬的成熟度

有机酸在果蔬中的含量，因其成熟度及生长条件不同而异，一般随着成熟度提高，有机酸含量下降，而糖含量增加，糖酸比增大。故测定酸度可判断某些果蔬的成熟度，对于确定果蔬收获及加工工艺条件很有意义。

三、食品中有机酸的种类与分布

1. 食品中常见的有机酸

食品中酸的种类很多，可分为有机酸和无机酸两类，但主要是有机酸，而无机酸含量很少。通常有机酸部分呈游离状态，部分呈酸式盐状态存在于食品中，而无机酸呈中性盐化合物存在于食品中。食品中常见的有机酸有苹果酸、柠檬酸、酒石酸、草酸、琥珀酸、乳酸及醋酸等，这些有机酸有的是食品所固有的，如果蔬及制品中的有机酸，有的是在食品加工中人为加入的，如汽水中的有机酸，有的是在生产、加工、贮藏过程中产生的，如酸奶、食醋中的有机酸。果蔬中所含有机酸种类较多，但不同果蔬中所含有机酸种类亦不同，见表7-1、7-2，酿造食品（如酱油、果酒、食醋）中也含有多种有机酸。

表 7-1　果实中主要有机酸种类

果实	有机酸种类	果实	有机酸种类
苹果	苹果酸、少量柠檬酸	梅	柠檬酸、苹果酸、草酸
桃	苹果酸、柠檬酸、奎宁酸	温州蜜橘	柠檬酸、苹果酸
洋梨	柠檬酸、苹果酸	夏橙	柠檬酸、苹果酸、琥珀酸
梨	苹果酸、果心部分有柠檬酸	柠檬	柠檬酸、苹果酸
葡萄	酒石酸、苹果酸	菠萝	柠檬酸、苹果酸、酒石酸
樱桃	苹果酸	甜瓜	柠檬酸
杏	苹果酸、柠檬酸	番茄	柠檬酸、苹果酸

表 7-2　蔬菜中主要有机酸种类

蔬菜	主要有机酸种类	蔬菜	主要有机酸种类
菠菜	草酸、苹果酸、柠檬酸	甜菜叶	草酸、柠檬酸、苹果酸
甘蓝	柠檬酸、苹果酸、琥珀酸、草酸	莴苣	苹果酸、柠檬酸、草酸
笋	草酸、酒石酸、乳酸、柠檬酸	甘薯	草酸
芦笋	柠檬酸、苹果酸、酒石酸	蓼	甲酸、醋酸、戊酸

2. 食品中常见有机酸含量

果蔬中有机酸的含量取决于其品种、成熟度以及产地气候条件等因素，其他食品中有机酸的含量取决于其原料种类、产品配方以及工艺过程等。一些果蔬中的苹果酸及柠檬酸含量见表 7-3，一些果蔬及某些食品中的 pH 值见表 7-4。

表 7-3　果蔬中柠檬酸和苹果酸的含量　　　　　　　　　　　单位：%

果蔬种类	柠檬酸	苹果酸	果蔬种类	柠檬酸	苹果酸
草莓	0.91	0.1	荚豌豆	0.03	0.13
苹果	0.03	1.02	甘蓝	0.14	0.1
葡萄	0.43①	0.65	胡萝卜	0.09	0.24
橙	0.98	痕量	洋葱	0.02	0.17
柠檬	3.84	痕量	马铃薯	0.51	缺乏
香蕉	0.32	0.37	甘薯	0.07	缺乏
菠萝	0.84	0.12	南瓜	缺乏	0.15
桃	0.37	0.37	菠菜	0.08	0.09
梨	0.24	0.12	花椰菜	0.21	0.39
杏(干)	0.35	0.81	番茄	0.47	0.05
洋梨	0.03	0.92	黄瓜	0.01	0.24
甜樱桃	0.1	0.5	芦笋	0.11	0.1

① 0.43 为酒石酸的含量。

表 7-4　一些食品的 pH 值

名称	pH	名称	pH	名称	pH
苹果	3.0～5.0	甜樱桃	3.2～3.95	葡萄	2.55～4.5
梨	3.2～3.95	草莓	3.8～4.4	西瓜	6.0～6.4
杏	3.4～4.0	酸樱桃	2.5～3.7	甘蓝	5.2
桃	3.2～3.9	柠檬	2.2～3.5	番茄	4.1～4.8
辣椒(青)	5.4	菠菜	5.7	橙	3.55～4.9
南瓜	5.0	胡萝卜	5.0	豌豆	6.1
牛肉	5.1～6.2	蛤肉	6.5	鲜蛋	8.2～8.4
羊肉	5.4～6.7	蟹肉	7.0	鲜蛋白	7.8～8.8
猪肉	5.3～6.9	牡蛎肉	4.8～6.3	鲜蛋黄	6.0～6.3
鸡肉	6.2～6.4	小虾肉	6.0～7.0	面粉	6.0～6.5
鱼肉	6.6～6.8	牛乳	6.5～7.0	米饭	6.7

第二节　酸度的测定

一、总酸度的测定

（1）原理　食品中的有机弱酸酒石酸、苹果酸、柠檬酸、草酸、乙酸等其电离常数均大于 10^{-8}，可以用强碱标准溶液直接滴定。用酚酞作指示剂，当滴定至终点（溶液呈浅红色，30s 不褪色）时，根据所消耗的标准碱溶液的浓度和体积，可计算出样品中的总酸含量。

（2）适用范围　本法适用于各类色浅的食品中的总酸含量的测定。

（3）试剂

① 0.1mol/L NaOH 标准溶液　称取氢氧化钠（AR）120g 于 250mL 烧杯中，加入蒸馏水 100mL，振荡使其溶解，冷却后置于聚乙烯塑料瓶中，密封，放置数日澄清后，取上层清液 5.6mL，加入新煮沸并已冷却的蒸馏水至 1000mL，摇匀。

标定：精密称取 0.4～0.6g（准确至 0.0001g）在 105～110℃烘箱中干燥至恒重的基准邻苯二甲酸氢钾，加入 50mL 新煮沸过的冷蒸馏水，振摇使其溶解，加两滴酚酞指示剂，用配置的 NaOH 标准溶液滴定至溶液呈微红色 30s 不褪色为终点。同时做空白试验与平行试验。按下式进行计算：

$$c = \frac{m \times 1000}{(V_1 - V_2) \times 204.2} \tag{7-1}$$

式中　c——氢氧化钠标准溶液的浓度，mol/L；

　　m——基准邻苯二甲酸氢钾的质量，g；

　　V_1——标定时所消耗氢氧化钠标准溶液的体积，mL；

　　V_2——空白试验中消耗氢氧化钠标准溶液的体积，mL；

　204.2——邻苯二甲酸氢钾的摩尔质量，g/mol。

②　1％酚酞乙醇溶液　称取 1g 酚酞溶解于 100mL 95％乙醇中。

（4）操作方法

①　样品制备

a. 固体样品　干鲜果蔬、蜜饯及罐头样品，将样品用粉碎机或高速组织捣碎机捣碎并混合均匀。取适量样品（按其总酸含量而定），用 15mL 无 CO_2 蒸馏水（果蔬干品须加 8～9 倍无 CO_2 蒸馏水）将其移入 250mL 容量瓶中，在 75～80℃水浴上加热 0.5h（果脯类沸水浴加热 1h），冷却后定容，用干滤纸过滤，弃去初始滤液 25mL，收集滤液备用。

b. 含 CO_2 的饮料、酒类　将样品置于 40℃水浴上加热 30min，以除去 CO_2，冷却后备用。

c. 调味品及不含 CO_2 的饮料、酒类　将样品混匀后直接取样，必要时加适量水稀释（若样品浑浊，则需过滤）。

d. 咖啡样品　将样品粉碎通过 40 目筛，取 10g 粉碎的样品于锥形瓶中，加入 75mL 80％乙醇，加塞放置 16h，并不时摇动，过滤。

e. 固体饮料　称取 5～10g 样品，置于研钵中，加少量无 CO_2 蒸馏水，研磨成糊状，用无 CO_2 蒸馏水移入 250mL 容量瓶中，充分振摇，过滤。

②　测定　准确吸取上法制备滤液 50mL，加酚酞指示剂 3～4 滴，用 0.1mol/L 标准 NaOH 溶液滴定至微红色 30s 不褪，记录消耗 0.1mol/L NaOH 标准溶液的体积（mL）。

（5）结果计算

$$总酸度 = \frac{c \times V \times K \times V_0}{m \times V_1} \times 100 \tag{7-2}$$

式中　c——标准 NaOH 溶液的浓度，mol/L；

　　V——滴定消耗标准 NaOH 溶液体积，mL；

　　m——样品质量或体积，g 或 mL；

　　V_0——样品稀释液总体积，mL；

　　V_1——滴定时吸取的样液体积，mL；

　　K——换算系数，即 1mmol NaOH 相当于主要酸的质量（g）。

因食品中含有多种有机酸，总酸度测定结果通常以样品中含量最多的那种酸表示。常见的换算系数见表 7-5。

表 7-5　换算系数的选择

分析样品	主要有机酸	换算系数
葡萄及其制品	酒石酸	0.075
柑橘类及其制品	柠檬酸	0.064 或 0.070（带一分子结晶水）
苹果、核果及其制品	苹果酸	0.067
乳品、肉类、水产品及其制品	乳酸	0.090
酒类、调味品	乙酸	0.060
菠菜	草酸	0.045

（6）说明与讨论

① 本法适用于各类色浅的食品中总酸的测定。

② 食品中的酸是多种有机弱酸的混合物，用强碱滴定测其含量时滴定突跃不明显，其滴定终点偏碱，一般在 pH8.2 左右，故可选用酚酞作终点指示剂。

③ 对于颜色较深的食品，因它使终点颜色变化不明显，遇此情况，可通过加水稀释、用活性炭脱色等方法处理后再滴定。若样液颜色过深或浑浊，则宜采用电位滴定法。

④ 样品浸渍、稀释用的蒸馏水不能含有 CO_2，因为 CO_2 溶于水中成为酸性的 H_2CO_3 形式，影响滴定终点时酚酞颜色变化，无 CO_2 蒸馏水在使用前煮沸 15min 并迅速冷却备用。必要时须经碱液抽真空处理。样品中 CO_2 对测定亦有干扰，故在测定之前对其除去。

⑤ 样品浸渍、稀释之用水量应根据样品中的总酸含量来慎重选择，为使误差不超过允许范围，一般要求滴定时消耗 0.1mol/L NaOH 溶液不得少于 5mL，最好在 10～15mL。

二、pH 值的测定

食品的 pH 值变动很大，这不仅取决于原料的品种和成熟度，而且还取决于加工方法，对于肉食品，特别是鲜肉，通过对肉中有效酸度即 pH 值的测定有助于评定肉的品质（新鲜度）和动物宰前的健康状况。动物在宰前，肌肉的 pH 值为 7.1～7.2，宰后由于肌肉代谢发生变化，使肉的 pH 值下降，宰后 1h 的鲜肉，pH 值为 6.2～6.3，24h 后，pH 值下降到 5.6～6.0，这种 pH 值可一直维持到肉发生腐败分解之前，此 pH 值称为"排酸值"。当肉腐败时，由于肉中蛋白质在细菌酶的作用下，被分解为氨或胺类等碱性化合物，可使肉的 pH 值显著增高，此外动物在宰前由于过劳患病，肌糖原减少，宰后肌肉中乳酸形成减少，pH 值也因此增高。

食品的 pH 值和总酸度之间没有严格的比例关系，测定 pH 值往往比测定总酸度具有更大的实际意义，更能说明问题。pH 值的大小不仅取决于酸的数量和性质，而且受该食品中缓冲物质的影响。

pH 值测定方法有 pH 试纸法、标准色管比色法和 pH 计测定法。三种方法比较以 pH 计法较为准确且简便。

1. pH 计法（电位法）

（1）原理　利用电极在不同溶液中所产生的电位变化来测定溶液的 pH 值。将一个测试电极（玻璃电极）和一个参比电极饱和甘汞电极同浸于一个溶液中组成一个原电池。玻璃电极所显示的电位可因溶液氢离子浓度不同而改变，甘汞电极的电位保持不变，因此电极之间产生电位差（电动势），电池电动势大小与溶液 pH 值有直接关系：

$$E = E_0 - 0.0591pH(25℃) \tag{7-3}$$

即在 25℃ 时，每相差一个 pH 值单位就产生 59.1mV 的电池电动势，利用酸度计测量电池电动势并直接以 pH 表示，故可从酸度计表头上读出样品溶液的 pH 值。

（2）适用范围　本法适用于各类饮料、果蔬及其制品，以及肉、蛋类等食品中 pH 值的测定。测定值可准确到 0.01pH 单位。

（3）试剂

① pH=4.01 标准缓冲溶液（20℃）　准确称取经（115±5）℃烘干 2～3h 的优级纯邻苯二甲酸氢钾（$KHC_8H_4O_4$）10.12g 溶于无 CO_2 的蒸馏水中并稀释至 1000mL，摇匀。

② pH=6.88 标准缓冲溶液（20℃）　准确称取在（115±5）℃烘干 2～3h 的磷酸二氢钾（KH_2PO_4）3.387g 和无水磷酸氢二钠（Na_2HPO_4）3.533g，溶于无 CO_2 的蒸馏水中并稀释至 1000mL，摇匀。

③ pH＝9.23 标准缓冲溶液（20℃）　准确称取纯硼砂（$Na_2B_4O_7 \cdot 10H_2O$）3.80g，溶于无 CO_2 的蒸馏水中并稀释至 1000mL，摇匀。

（4）主要仪器

① pHS-3C 型酸度计（或其他型号）。

② 231 型（或 221 型）玻璃电极及 232 型（或 222 型）甘汞电极。

③ 电磁力搅拌器。

④ 高速组织捣碎机。

（5）操作方法

① 样品处理

a. 一般液体样品（如牛乳、不含 CO_2 的果汁、酒等样品）摇匀后可直接取样测定。

b. 含 CO_2 的液体样品（如碳酸饮料、啤酒等）：同"总酸度测定"方法排除 CO_2 后再测定。

c. 果蔬样品，将果蔬样品榨汁后，取果汁直接进行 pH 测定。对果蔬干制品，可取适量样品，加数倍的无 CO_2 蒸馏水，于水浴上加热 30min，再捣碎，过滤，取滤液测定。

d. 肉类制品：称取 10g 已除去油脂并捣碎的样品于 250mL 锥形瓶中，加入 100mL 无 CO_2 蒸馏水，浸泡 15min，并随时摇动，过滤后取滤液测定。

e. 鱼类等水产品，称取 10g 切碎样品，加无 CO_2 蒸馏水 100mL，浸泡 30min（随时摇动），过滤后取滤液测定。

f. 皮蛋等蛋制品：取皮蛋数个，洗净剥壳，按皮蛋：水为 2：1 的比例加入无 CO_2 蒸馏水，于组织捣碎机中捣成匀浆。再称取 15g 匀浆（相当于 10g 样品），加无 CO_2 蒸馏水至 150mL，搅匀，以纱布过滤后，取滤液测定。

g. 罐头制品（液固混合样品），先将样品沥汁液，取浆汁液测定，或将液固混合物捣碎成浆状后，取浆状物测定。若有油脂，则应先分出油脂。

h. 含油及油浸样品，先分离出油脂，再把固形物经组织捣碎机捣成浆状，必要时加少量无 CO_2 蒸馏水（20mL/100g 样品）搅匀后，进行 pH 值测定。

② 酸度计的校正

a. 开启电源，预热 30min，连接玻璃电极及甘汞电极，在读数开关放开情况下调零。

b. 选择适当 pH 值的标准缓冲液（其 pH 值与被测样液的 pH 值应接近）。

c. 将电极浸入缓冲液中，按下读数开关，调节定位旋钮使 pH 值指针指在缓冲溶液的 pH 值上，放开读数开关，指针回零，如此重复操作两次。

③ 样液 pH 值的测定

a. 用无 CO_2 蒸馏水淋洗电极，并用滤纸吸干，再用待测样液冲洗两电极。

b. 根据样液温度调节酸度计温度补偿旋钮，将两电极插入待测样液中，按下读数开关，稳定 1min 后，酸度计指针所指 pH 值即为待测样液 pH 值。

c. 放开读数开关，清洗电极。

（6）说明与讨论

① 新电极或很久未用的干燥电极，必须预先浸在蒸馏水或 0.1mol/L 盐酸溶液中 24h 以上，其目的是使玻璃电极球膜表面形成有良好离子交换能力的水化层。玻璃电极不用时，宜浸在蒸馏水中。

② 玻璃电极的玻璃球膜壁薄易碎，使用时应特别小心，安装两电极时玻璃电极应比甘汞电极稍高些。若玻璃膜上有油污，则将玻璃电极依次浸入乙醇、丙酮中清洗，最后用蒸馏

水冲洗干净。

③ 甘汞电极中的氯化钾为饱和溶液，为避免在室温升高时，氯化钾变为不饱和，建议加入少许氯化钾晶体，但应防止晶体堵塞甘汞电极陶瓷砂芯通道。在使用时，应注意排除弯管内的气泡和电极表面或液体接界部位的空气泡，以防溶液被隔断，引起测量电路断路或读数不稳。并检查陶瓷砂芯（毛细管）是否畅通，检查方法是：先将砂芯擦干，然后用滤纸紧贴在砂芯上，如有溶液渗下，则证明陶瓷砂芯未堵塞。

④ 在使用甘汞电极时，要把电极上部的小橡皮塞拔出，并使甘汞电极内氯化钾溶液的液面高于被测样液的液面，以使陶瓷砂芯处保持足够的液位压差，从而有少量的氯化钾溶液从砂芯中流出，否则，待测样液会回流扩散到甘汞电极中，将使结果不准确。

⑤ 使用玻璃电极测试 pH 值时，由于液体接界电位随试液的 pH 值及成分的改变而改变，故在校正和测定过程中，公式 $E = E_0 - 0.0591\mathrm{pH}$ 中的 E_0 可能发生变化，为了尽量减少误差，应该选用 pH 值与待测样液 pH 值相近的标准缓冲溶液样正仪器。

⑥ 仪器一经标定，定位和斜率两旋钮就不得随意触动，否则必须重新标定。

2. 比色法

比色法是利用不同的酸碱指示剂来显示样品的 pH 值，由于各种酸碱指示剂在不同的 pH 值范围内显示不同的颜色，故可用不同指示剂的混合物显示各种不同的颜色来指示样液的 pH 值。

根据操作方法的不同，比色法又分为试纸法和标准管比色法。

（1）试纸法（尤其适用于固体和半固体样品 pH 测定）　将滤纸裁成小片，放在适当的指示剂溶液中，浸渍后取出干燥即可，用一干净的玻璃棒沾上少量样液，滴在经过处理的试纸上（有广泛试纸与精密试纸之分），使其显色，在 2~3s 后，与标准色相比较，以测出样液的 pH 值。此法简便、快速、经济，但结果不够准确，仅能粗略估计样液的 pH 值。

（2）标准管比色法　用标准缓冲液配制一系列不同 pH 值的标准溶液，再各加适当的酸碱指示剂使其于不同 pH 条件下呈不同颜色，即形成标准色，在样液中加入与标准缓冲液相同的酸碱指示剂，显色后与标准色管颜色进行比较，与样液颜色相近的标准色管中缓冲溶液的 pH 值即为待测样液的 pH 值。

此法适用于色度和浑浊度甚低的样液 pH 值的测定，因其受样液颜色、浊度、胶体物和各种氧化剂及还原剂的干扰，故测定结果不甚准确，其测定仅能准确到 0.1pH 单位。

三、挥发酸的测定

挥发酸是指食品中含低碳链的直链脂肪酸，主要是醋酸和痕量的甲酸、丁酸等，不包括可用水蒸气蒸馏的乳酸、琥珀酸、山梨酸以及 CO_2 和 SO_2 等。正常的果蔬食品中，其挥发酸的含量较稳定，若在生产中使用了不合格的果蔬原料，或违反正常的工艺操作或在装罐前将果蔬成品放置过久，这些都会由于糖的发酵而使挥发酸增加，降低了食品的品质，因此挥发酸含量是某些食品的一项质量控制指标。

总挥发酸可用直接法或间接法测定。直接法是通过水蒸气蒸馏或溶剂萃取把挥发酸分离出来，然后用标准碱滴定，间接法是将挥发酸蒸发除去后，滴定不挥发酸，最后从总酸度中减去不挥发酸，即可得出挥发酸含量。前者操作方便，较常用，适合于挥发酸含量较高样品。若蒸馏液有所损失或被污染，或样品中挥发酸含量较少，宜用间接法。

以下介绍水蒸气蒸馏法测定挥发酸。

（1）原理　样品经适当处理后，加适量磷酸使结合态挥发酸游离出，用水蒸气蒸馏分离出总挥发酸，经冷凝、收集后，以酚酞作指示剂，用标准碱液滴定至微红色 30s 不褪为终点，根据标准碱消耗量计算出样品中总挥发酸含量。

（2）适用范围 本法适用于各类饮料、果蔬及制品（如发酵制品、酒类等）中总挥发酸含量的测定。

（3）试剂

① 0.1mol/L NaOH 标准溶液 同总酸度的测定配制与标定。

② 1%酚酞乙醇溶液 同总酸度的测定。

③ 10%磷酸溶液 称取 10.0g 磷酸，用少许无 CO_2 蒸馏水溶解并稀释至 100mL。

（4）仪器

① 水蒸气蒸馏装置（图 7-1）。

② 电磁力搅拌器。

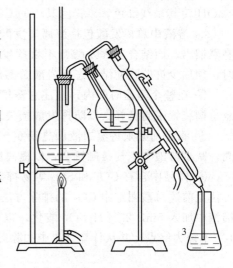

图 7-1 水蒸气蒸馏装置
1—蒸气发生瓶；2—样品瓶；3—接收瓶

（5）样品处理方法

① 一般果蔬及饮料可直接取样。

② 含 CO_2 的饮料、发酵酒类，须排除 CO_2，具体做法是：取 80～100mL（g）样品置三角瓶中，在用电磁力搅拌器连续搅拌的同时，于低真空下抽气 2～4min，以除去 CO_2。

③ 固体样品（如干鲜果蔬及其制品）及冷冻、黏稠等制品，先取可食部分加入一定量水（冷冻制品先解冻），用高速组织捣碎机捣成浆状，再称取处理样品 10g，加无 CO_2 蒸馏水溶解并稀释至 25mL。

（6）操作方法

① 样品蒸馏 取 25mL 经上述处理的样品移入蒸馏瓶中，加入 25mL 无 CO_2 蒸馏水和 1mL 10% H_3PO_4 溶液，如图 7-1 连接蒸汽蒸馏装量，加热蒸馏至馏出液约 300mL 为止。于相同条件下作一空白试验。

② 滴定 将馏出液加热至 60～65℃（不可超过），加入 3 滴酚酞指示剂，用 0.1mol/L NaOH 标准溶液滴定到溶液呈微红色 30s 不褪色，即为终点。

（7）计算 按下式进行计算：

$$挥发酸含量（以乙酸计）（g/100g 样品）= \frac{(V_1 - V_2) \times c}{m} \times 0.06 \times 100 \qquad (7-4)$$

式中 m——样品质量或体积，g 或 mL；

V_1——样液滴定消耗标准 NaOH 的体积，mL；

V_2——空白滴定消耗标准 NaOH 的体积，mL；

c——标准 NaOH 溶液的浓度，mol/L；

0.06——换算为醋酸的分数，即 1mmol NaOH 相当于醋酸的质量（g）。

（8）说明与讨论

① 样品中挥发酸的蒸馏方式可采用直接蒸馏和水蒸气蒸馏，但直接蒸馏挥发酸是比较困难的，因为挥发酸与水构成有一定百分比的混溶体，并有固定的沸点。在一定的沸点下，蒸汽中的酸与留在溶液中的酸之间有一平衡关系，在整个平衡时间内，这个平衡关系不变。但用水蒸气蒸馏，则挥发酸与水蒸气是和水蒸气分压成比例地自溶液中一起蒸馏出来，因而加速了挥发酸的蒸馏过程。

② 蒸馏前应先将水蒸气发生瓶中的水煮沸 10min，或在其中加 2 滴酚酞指示剂并滴加

NaOH 使其呈浅红色，以排除其中的 CO_2。

③ 溶液中总挥发酸包括游离挥发酸和结合态挥发酸。由于在水蒸气蒸馏时游离挥发酸易蒸馏出，而结合态挥发酸则不易挥发出，给测定带来误差。故测定样液中总挥发酸含量时，须加少许磷酸使结合态挥发酸游离出，便于蒸馏。

④ 在整个蒸馏时间内，应注意蒸馏瓶内液面保持恒定，否则会影响测定结果，另要注意蒸馏装置密封良好，以防挥发酸损失。

⑤ 滴定前必须将蒸馏液加热到 $60\sim65℃$，使其终点明显，加速滴定反应，缩短滴定时间，减少溶液与空气接触机会，以提高测定精度。

⑥ 样品中含有 CO_2 和 SO_2 等易挥发性成分，对结果有影响，须排除其干扰。排除 CO_2 方法见前述总酸测定中 CO_2 的排除方法。排除 SO_2 方法如下：在已用标准碱液滴定过的蒸馏液中加入 5mL 25% H_2SO_4 酸化，以淀粉溶液作指示剂，用 0.02mol/L I_2 滴定至蓝色，10s 不褪为终点，并从计算结果中扣除此滴定量（以醋酸计）。

第三节　食品中有机酸的分离与测定

一、概述

分析食品中的有机酸分为两种情况，一种是要求了解总酸量，它可采用标准的碱溶液滴定来求得。另一种是要求了解特定的酸的含量，有时要了解全部有机酸的组成，这正是食品科学研究发展所需要的分析项目。有机酸不仅作为酸味成分，而且在食品的加工、贮存、品质管理、质量评价以及生物化学等广泛领域，被认为是重要的成分。因此对于有机酸的分离与定量具有现实意义。

二、有机酸的分离与定量方法简介

在 20 世纪 50 年代初期以前，对食品中的有机酸的分离和定量都比较困难，1952 年布洛林（BuLen）研制成了硅胶色谱法，但此法不仅在制备色谱柱时要求有较高的技术水平和小心操作，而且还要用馏分收集器分取洗出液，用碱滴定各分馏液，操作非常复杂。1966年，开发出采用稳流泵将指示剂连续不断地与洗出液混合，测定其吸光度进行检测的有机酸自动分析法。但此法也存在着一些问题，如色谱柱的制备较麻烦，需要组成成分复杂的洗脱液，而且分析时间较长等，所以实际应用较困难。纸色谱法及薄层色谱法也用于食品中有机酸的分析，但这两种色谱法只是定性和半定量分析，且需要冗长的富集、浓缩、皂化等许多预处理步骤，操作十分繁琐，故实际应用亦不多。目前比较常用的方法是气相色谱法（GC）、高效液相色谱法（HPLC）、离子交换色谱法（LC）和毛细管电泳法（CE）。

采用气相色谱法不仅可以分析香气成分之类的挥发性物质，而且糖和氨基酸等不挥发性物质经过转变为挥发性衍生物后也能分析，在适当测定条件下，许多物质都能准确、迅速、轻易地加以分析，因而该方法具有普及性，但在一般气相色谱条件下，许多种类有机酸是不具有挥发性，故需将其转化成挥发性衍生物，常用方法有甲酯化法和三甲基硅烷（TMS）衍生法，所以说采用此法仍需对样品进行前处理，以分离出有机酸。

离子交换色谱法最初用于有机酸的分析时与硅胶色谱法相似，亦是采用将分离的各馏分滴定中和的方法。近年来，此法有很大进展，已研究出对有机酸的羧基有特异性的高灵敏度检测方法及带有这种检测器的自动分析仪（即羧酸分析仪），并研究开发出一种新型的离子交换色谱法即离子色谱法，由于这种新型离子交换色谱法具有简便、快速和高灵敏度等独特优点，使该方法被广泛地用于分析各种食品中有机酸的组成和含量。

近年来，随着高效液相色谱分析法的广泛应用，最近也已用于有机酸的分离与测定，此法只需对样品进行离心或过滤等简单预处理，而不需要太多的分离处理手续，操作十分简单，其他组分的干扰少。高效液相色谱法最初用于有机酸分析时，采用强阴、阳离子交换树脂的柱通过离子排斥和分配色谱分离有机酸，以示差折光检测器或紫外分光检测器检测。最近由于键合填料在 HPLC 上的应用，使得采用 C_{18} 等反相柱分离食品中有机酸，并以紫外分光检测器或电化学检测器沉淀的方法越来越完善、准确。

毛细管电泳作为食品分析技术 HPLC 的补充和替代逐渐被人们所认可，毛细管电泳除了比其他色谱分离分析方法具有史高的分离效率，改善灵敏度、快速、样品和试剂耗量更少、应用更广泛的特点外，其仪器结构也比 HPLC 要简单。

以下简单介绍几种常用的有机酸分离采用的仪器，鉴于以后课程中会开设《仪器分析》或《现代食品检测技术》课程，这里仅加以适当阐释，不做详细讨论。

三、气相色谱法

（1）原理　在硫酸的催化下，使有机酸成为丁酸衍生物，在测定条件下可以气化、挥发，可以采用气相色谱法分析。

（2）适用范围　气相色谱法适用于水果、蔬菜、腌制的农产品、清凉饮料、酒精饮料、酱油、蛋黄酱、咖啡等食品，可分别定量的有机酸有甲酸、乙酸、丙酸、异丁酸、正丁酸、乳酸、异戊酸、正戊酸、异己酸、正己酸、乙酰丙酸、草酸、丙二酸、琥珀酸、反丁烯二酸、苹果酸、酒石酸、反丙烯酸以及柠檬酸等。分析时需要的有机酸的最小含量因酸的种类不同而异：甲酸、乙酸等低分子量酸为 1mg，苹果酸、柠檬酸等约 10mg，酒石酸若少于10mg 便不能获得高精度分析结果。

（3）试剂　离子交换树脂：使用阳离子交换树脂 Amberlite（一种人工合成的酚甲醛离子交换树脂）CG120、阴离子交换树脂 Amberlite CG4B；Amberlite IRA410。

（4）仪器

气相色谱仪：氢火焰离子检测器，程序升温装置。

色谱柱：填充 10％ Silicone Dc560（60～80 目）的 3mm× 2m 不锈钢柱或玻璃柱。

温度：柱温 60℃；气化室和检测器温度 260℃；升温速度 5℃/min。

流速：氮气流量 60mL/min；氢气 50mL/min；空气 900mL/min。

（5）操作方法

① 试样制备　将试样在 60℃ 热水中均质，离心分离得有机酸提取液。取一定量（为了以 0.1mol/L NaOH 液中和，约需 10mol）通过离子交换树脂柱（图 7-2），使有机酸被阴离子交换树脂吸附。

取下阳离子变换树脂柱，将 50mL 2mol/L 氨水通过阴离子交换树脂柱，使酸转变为铵盐洗脱。洗脱液用旋转式蒸发器浓缩，馏出过剩的氨后，再通过阳离子交换树脂柱，使有机酸成为游离态。用酚酞作指示剂，以 0.1mol/L NaOH 溶液滴定，求总酸量。同时使有机酸成为钠盐。将相当于滴定值约 10mL 的试样浓缩，在具塞试管内干涸。

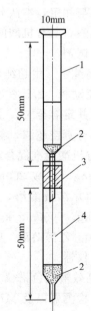

图 7-2　试样前处理用
离子交换树脂柱

1—阳离子交换树脂；2—玻璃棉；
3—橡皮塞；4—阴离子交换树脂

② 酯化　在用步骤①制备的有机酸中，加 2mL 丁醇、2g 无水硫酸钠、0.2mL 浓硫酸，连接冷凝管，在电热板上平衡沸腾约 30min（加热不断搅拌），使有机酸成酯。

③ 脂的提取　酯化终了，加水和己烷 5mL。使酯转溶于己烷中，每次用约 5mL 己烷提取 3 次，用安全移液管移入 20mL 容量瓶中［容量瓶中事先已装有 0.5% 十九烷（内标）的己烷溶液 1mL］，用己烷定容。再加入 0.5g 无水硫酸钠，去除混入的微量硫酸。取 5μL 进行气相色谱分析。

④ 分析　柱子在 60℃ 下保持 6min 后，以每分钟升温 5℃ 速度升至 250℃，氮气、氢气、空气的流量分别是 60mL/min、50mL/min、900mL/min，气化室和检测器的温度为 260℃。将已知浓度的标准有机酸用上述方法制成丁酯后，用气相色谱仪分析，制作工作曲线，样品与工作曲线相比较，计算出样品含量。

（6）说明与注意事项　对于含盐食品如酱油等，用离子交换树脂进行前处理很困难，可用乙醚提取，操作如下：取无水硫酸钠和硅藻土各 20g 置于烧杯中，加乙醚 200mL，边用大型搅拌器搅拌，边滴加用盐酸调整 pH 为 1～2 的酱油 10mL。搅拌提取 10min 后收集乙醚，再用乙醚（150mL×3 次）提取，将收集的乙醚合并于分液漏斗中。加 50mL 20mol/L 氨水充分混合，使有机酸转溶于水中，蒸馏出氨，直至氨的气味基本消失。用 Amberlite CG120 处理成为游离酸，用 0.1mol/L NaOH 溶液中和。所得到的酱油有机酸的钠盐蒸发干涸后，由于硫酸-丁醇作用生成丁酯，供气相色谱分析用。

四、高效液相色谱法

（1）原理　样品经过高速离心及适当超滤等处理后，直接注入反相化学键合柱（C_{18} 填料）的液相色谱体系，以磷酸二氢铵为流动相，有机酸在两相中进行了分配分离，于紫外检测器 200nm 波长下进行液相色谱定量分析。

（2）适用范围　本法适用于果蔬及其制品、各种酒类、调味品及乳和乳制品中主要有机酸的分离与测定，本法分析一次试样约 14min，可同时分离分析柠檬酸、酒石酸、苹果酸等七种有机酸，对有机酸的最小检测量为 0.11mmol（草酸）。

（3）试剂

① 高纯水　由超纯水制备装置制备，并经过 0.45μm 滤膜于真空超滤。

② 流动相　2.5% $NH_4H_2PO_4$（pH2.50），制法是称取分析纯磷酸二氢铵 25.0g，用超纯水溶解并定容至 1L，用浓 H_3PO_4 调节至 pH 为 2.50，然后用 0.45μm 孔径的合成纤维素酯滤膜进行真空超滤，再经超声波脱气 5min 后用作流动相。

③ 有机酸标准混合液　分别精密称取草酸（AR）5mg、酒石酸 50mg、苹果酸 150mg、乳酸 200mg、乙酸 200mg、柠檬酸 120mg 和琥珀酸 180mg（精确到 0.1mg），以 2.5% $NH_4H_2PO_4$ 溶液溶解，并稀释到 100mL，使各有机酸浓度分别为 50mg/kg、500mg/kg、1500mg/kg、2000mg/kg、2000mg/kg、1200mg/kg、1800mg/kg。

④ 80% 乙醇溶液　吸取分析纯无水乙醇 80mL，用高纯水稀释至 100mL。

（4）仪器

① 高效液相色谱仪（Water 公司）　包括 510 型高压输液泵、U6K 进样器、481 型可变波长紫外检测器以及 M730 型数据处理装置或工作站。

② 超纯水制备装置　Mill-Q，Millipore 公司。

③ 高速离心机　SCR20BC 型，Hitachi 公司。

④ 酸度计　pHS-3C 型。

⑤ 恒温水浴锅。

（5）操作方法

① 样品处理

a. 固体样品　称取 5～10g 样品（视有机酸含量而定）于加有石英砂的研钵中研碎，用 25mL 80％乙醇转移到 50mL 锥形瓶中，于 75℃水浴中加热浸提 15min，在 20000r/min 下离心 20min，沉淀用 10mL 80％乙醇洗涤两次，离心分离后，合并上清液并定容至 50mL。取 5mL 上清液于蒸发皿中，在 75℃水浴上蒸干，残渣加 5mL 流动相溶解，离心，上清液经 0.45μm 滤膜在真空下超滤后进样。

b. 液体样品　吸取 5mL 样液（视有机酸含量酌情减少）于蒸发皿中，在 75℃水浴上蒸干，残渣加 5mL 80％乙醇溶解，离心，上清液水浴蒸干，残渣加 5mL 流动相溶解，离心，上清液经 0.45μm 滤膜于真空下超滤后进样。

② 色谱分析条件

色谱柱：Microbondpok C$_{18}$柱，8mm　i. d ×100mm。

固定相：u-Bondapak C$_{18}$10μm。

流动相：2.5％ NH$_4$H$_2$PO$_4$（pH2.50）。

流速：2mL/min。

检测器：紫外可变波长检测器。

检测波长：200nm。

灵敏度：0.05AUFS。

纸速：0.5cm/min。

柱温：室温。

③ 测定

a. 标准曲线绘制　分别取有机酸标准混合溶液 1μL、2μL、4μL、6μL、8μL、10μL 进样进行色谱分析，得出有机酸标准色谱图，以各有机酸的峰高或峰面积为纵坐标，以各有机酸含量（μg）为横坐标分别绘制各有机酸的标准曲线，或用最小二乘法原理建立各种有机酸的回归方程。

b. 样品测定　取适量样品处理液进行色谱分析，得出样品色谱图。

（6）结果计算　将同一色谱条件下得到的样品色谱图和有机酸标准溶液色谱图进行对照，根据色谱峰的保留时间（保留体积）定性。必要时可在样液中加入一定量的某种有机酸标准液以增加峰高方法来进行定性。根据峰面积或峰高进行定量，再根据样品稀释倍数即可求出样品中各有机酸的含量。如图 7-3 所示为上述色谱条件下的橘子提取液中有机酸的高效液相色谱图。

（7）说明与讨论

① 在样品溶液测定中，每进三次样液，就应进一次标准溶液进行校正，并重新计算校正系数，以保证测定结果的准确度。

② 在提取样品中有机酸时，应选择 80％乙醇溶液作提取剂，既可使有机酸提取完全，还可避免样品中蛋白质溶出影响色谱柱的使用寿命。若选择水或 1.5～3mol/L HCl 作提取剂，则可能使有机酸提取不完全或使样液中的碳水化合物降解成草酸而影响测定结果。

③ 在反相 HPLC 分离中，被分离组分的极性越弱，与键合相表面烷基之间色散力越强，电离常数 K' 就越大；相反，极性越强，即分子所含羟基数和羧基数越多，与流动相溶剂分子形成的氢键就越强，K' 就越小，故根据有机酸的 p$K_{a(1)}$ 值与分子极性成负相关的关系，理论上其 K' 顺序为草酸＜酒石酸＜柠檬酸＜苹果酸＜乳酸＜琥珀酸＜乙酸，但只有柠檬酸

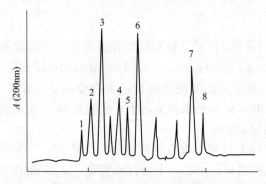

图 7-3　橘子提取液中有机酸的高效液相色谱图
1—溶剂峰；2—草酸；3—酒石酸；4—苹果酸；5—乳酸；6—乙酸；
7—柠檬酸；8—琥珀酸（其他为未知峰）

和琥珀酸都含有两个可与键合相表面烷基产生色散力的亚甲基，且前者的两个亚甲基都被带有部分正电荷的碳原子隔开，故它的烷基色散力小于后者。故实际的 K' 是草酸＜酒石酸＜苹果酸＜乳酸＜乙酸＜柠檬酸＜琥珀酸。

④ 本法回收率试验结果表明，除易挥发的乙酸外，其他有机酸的回收率都较为理想，不同有机酸回收率不同，而且，对同一种有机酸，在不同的样品中，回收率略有区别。

第八章　脂类的测定

第一节　概　述

一、食品中的脂类物质和脂肪含量

通常所说的"脂类"是一个俗称，在国际标准中通常更倾向于使用"总脂"、"正己烷或乙醚可提取物"等术语。这是因为不同的原料或不同的萃取技术都会得到不同化学组分的"脂类"，这使得"脂类"的定义变得很困难。通常来讲，作为食品的重要组成成分，脂类包括一些具有共同性质和相似组成的物质。食品中的脂类主要包括脂肪（甘油三酯）和一些类脂质，如脂肪酸、磷脂、糖脂、甾醇、固醇等，大多数动物性食品及某些植物性食品（如种子、果实、果仁）中都含有天然脂肪或类脂化合物。各种食品含脂量各不相同，其中植物性或动物性油脂中脂肪含量最高，而水果蔬菜中脂肪含量很低。不同食品的脂肪含量如表 8-1所示。

表 8-1　不同食品中的脂肪含量　　　　　　　　　　　　　　　单位：%

食品名称	脂肪含量	食品名称	脂肪含量	食品名称	脂肪含量
大米	0.7	黄油(含盐)	81.1	成熟生大豆	19.9
高粱	3.3	人造奶油	80.5	成熟生黑豆	1.4
小麦胚芽	2.0	意大利色拉	48.3	牛肉	10.7
黑麦	2.5	千岛色拉	35.7	焙烤或油炸的鸡肉	1.2
天然小麦粉	9.7	法国色拉	41.0	咸猪肉	57.5
黑麦面包	3.3	蛋黄酱	79.4	猪肉(腰部)	12.6
小麦面包	3.9	苹果	0.4	比目鱼	2.3
干通心粉	1.6	橙子	0.1	生鳕鱼	0.7
液体全脂牛乳	3.3	黑莓	0.4	生椰子	33.5
液体脱脂牛乳	0.2	鳄梨	15.3	干杏仁	52.2
干酪	33.1	芦笋	0.2	干核桃	56.6
酸奶	3.2	利马豆	0.8	鸡蛋	10.0
猪脂肪	100	甜玉米	1.2		

二、脂类物质的测定意义

脂肪是食品中重要的营养成分之一，可为人体提供必需脂肪酸；脂肪是一种富含热能的营养素，是人体热能的主要来源，每克脂肪在体内可提供 37.62kJ（9kcal）热能，比碳水化合物和蛋白质高一倍以上；脂肪还是脂溶性维生素的良好溶剂，有助于脂溶性维生素的吸收；脂肪与蛋白质结合生成的脂蛋白，在调节人体生理机能和完成体内生化反应方面都起着十分重要的作用。但过量摄入脂肪对人体健康也是不利的。

在食品加工生产过程中，原料、半成品、成品的脂类含量对产品的风味、组织结构、品质、外观、口感等都有着直接的影响。蔬菜本身的脂肪含量较低，在生产蔬菜罐头时，添加适量的脂肪可以改善产品的风味，对于面包之类的焙烤食品，脂肪含量特别是卵磷脂等组分，对面包心的柔软度、面包的体积及其结构都有影响。因此，在含脂肪的食品中，其含量都有一定的规定，是食品质量管理中的一项重要指标。测定食品的脂肪含量，可以用来评价食品的品质，衡量食品的营养价值，而且对实行工艺监督、生产过程的质量管理，研究食品的储藏方式是否恰当等方面都有重要的意义。

三、脂类的测定

食品中脂肪的存在形式有游离态的，如动物性脂肪及植物性油脂；也有结合态的，如天然存在的磷脂、糖脂、脂蛋白及某些加工食品（如焙烤食品及麦乳精等）中的脂肪，与蛋白质或碳水化合物等成分形成结合态。大多数食品中所含的脂肪为游离脂肪，结合态脂肪含量较少。

目前，还没有通用的总脂含量的测定方法。通常，总脂含量的测定方法由食品或原料中的总脂含量决定。如果食品中总脂的比重在80％以上（比如油脂、奶油、人造奶油等），总脂含量通常通过测定非脂成分（水分、杂质、盐分等）的含量来测定，当然也能直接测定总脂含量。如果食品中的总脂含量在80％以下，通常利用溶剂将脂类从经过预处理的食品中萃取出来，从而直接测定总脂含量。相比总脂的测定，脂肪组成及品质的测定相对简单得多，不管什么类型的食品，所采用的方法都相同。比如，通常采用气相色谱法测定脂肪的脂肪酸组成，以薄层色谱法分离不可皂化物，并用高效液相色谱法分析；结合酶法、气相色谱、高效液相色谱等手段分析甘油酯的结构。

脂类不溶于水，易溶于有机溶剂。测定脂类大多采用低沸点的有机溶剂萃取的方法。常用的溶剂有乙醚、石油醚、氯仿-甲醇混合溶剂等。其中乙醚溶解脂肪的能力较强，应用最多，但它沸点低（34.6℃），易燃，且可饱和约2％的水分。含水乙醚会同时抽提出糖分等非脂成分，所以在实际中使用时，必须采用无水乙醚作提取剂，且要求样品必须预先烘干。石油醚（沸程30～60℃）溶解脂肪的能力比乙醚弱些，但吸收水分比乙醚少，没有乙醚易燃，使用时允许样品含有微量水分，这两种溶剂只能直接提取游离的脂肪，对于结合态脂类，必须预先用酸或碱破坏脂类和非脂成分的结合后才能提取。因二者各有特点，故常常混合使用。氯仿-甲醇是另一种有效的溶剂，它对于脂蛋白、磷脂的提取效率较高，特别适用于水产品、家禽、蛋制品等食品脂肪的提取。

用溶剂提取食品中的脂类时，要根据食品种类、性状及所选取的分析方法，在测定之前对样品进行预处理。有时需将样品粉碎、切碎、碾磨等；有时需将样品烘干；有的样品易结块，可加入4～6倍量的海砂；有的样品含水量较高，可加入适量无水硫酸钠，使样品成粒状。以上处理的目的都是为了增加样品的表面积，减少样品含水量，使有机溶剂能更有效地提取出脂类。

第二节　脂类的测定方法

根据处理方法的不同，食品中总脂测定的方法可以分为三类。第一类为直接萃取法：利用有机溶剂（或混合溶剂）直接从天然或干燥过的食品中萃取出脂类；第二类为经过化学处理后再萃取：利用有机溶剂从经过酸或碱处理的食品中萃取出脂类；第三类为减法测定法：对于脂肪含量超过80％的食品，通常通过减去其他物质的含量来测定脂肪的含量。

一、直接萃取法

直接萃取即是利用有机溶剂直接从食品中萃取出脂类。通常这类方法测得的脂类含量称为"游离脂肪"。选择不同的有机溶剂往往会得到不同的结果。例如，分析油饼中的脂类含量时，正己烷只能萃取出油脂，而含有氧化酸的甘油酯则萃取不出；当使用乙醚作为溶剂时，不但能将这类甘油酯萃取出，还能萃取出很多不溶于正己烷的氨基酸和色素，所以以乙醚为溶剂时测得的总脂含量远远大于使用正己烷所测得的总脂含量。直接萃取法包括索氏提取法、氯仿-甲醇提取法等。

1. 索氏提取法

索氏提取法测定脂肪含量是普遍采用的经典方法，是国标的方法之一，也是美国AOAC法 920.39、960.39 中的脂肪含量测定方法（半连续溶剂萃取法）。随着科学技术的发展，该法也在不断地改进和完善，如目前已有改进的直滴式抽提法和脂肪自动测定仪法。

（1）原理 将经前处理的样品用无水乙醚或石油醚回流提取，使样品中的脂肪进入溶剂中，蒸去溶剂后所得到的残留物，即为脂肪（或粗脂肪）。本法提取的脂溶性物质为脂肪类物质的混合物，除含有脂肪外还含有磷脂、色素、树脂、醇、芳香油等醚溶性物质。因此，用索氏提取法测得的脂肪也称为粗脂肪。

（2）适用范围与特点 此法适用于脂类含量较高，结合态的脂类含量较少，能烘干磨细，不易吸湿结块的样品测定。食品中的游离脂肪一般都能直接被乙醚、石油醚等有机溶剂抽提，而结合态脂肪不能直接被乙醚、石油醚提取，需在一定条件下进行水解等处理，使之转变为游离脂肪后方能提取，故索氏提取法测得的只是游离态脂肪，而结合态脂肪测不出来。此法是经典方法，对大多数样品结果比较可靠，但费时间，溶剂用量大，且需专门的索氏抽提器（图 8-1）。

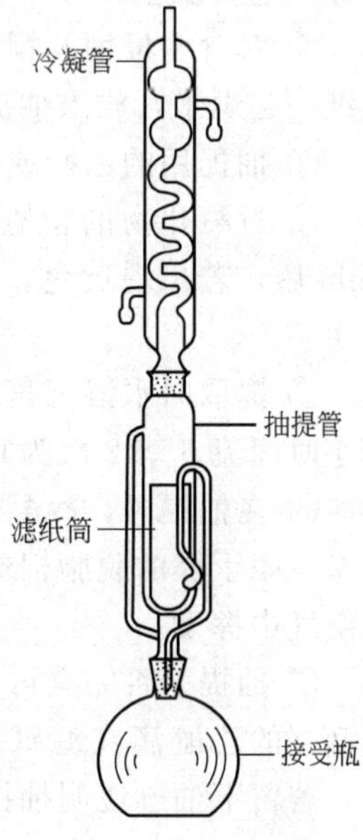

（3）操作方法

① 滤纸筒的制备 将大小 8cm×15cm 的滤纸，以直径约 2cm 的试管为模型，将滤纸以试管壁为基础，折叠成底端封口的滤纸筒，筒内底部放一小片脱脂棉。在 105℃ 中烘至恒重，置于干燥器中备用。

② 样品处理

固体样品：精密称取干燥并研细的样品 2～5g（可取测定水分后的样品），必要时拌以海砂，无损地移入滤纸筒内。

半固体或液体样品：称取 5.0～10.0g 于蒸发皿中，加入海砂约 20g，于沸水浴上蒸干后，再于 95～105℃ 烘干、研细，全部移入滤纸筒内，蒸发皿及黏附有样品的玻璃棒都用沾有乙醚的脱脂棉擦净，将脱脂棉一同放在滤纸筒上面，再用脱脂棉线封捆滤纸筒口。

③ 抽提 将滤纸筒放入索氏抽提器内，连接已干燥至恒重的脂肪接受瓶，由冷凝管上端加入无水乙醚或石油醚，加量为接受瓶的 2/3 体积，于水浴上（夏天 65℃，冬天 80℃ 左右）加热使乙醚或石油醚不断地回流提取，一般提取 6～12h，至抽提完全为止。

④ 称重 取下接受瓶，回收乙醚或石油醚，待接受瓶内乙醚剩 1～2mL 时，在水浴上蒸干，再于 100～105℃ 干燥 2h，取出放干燥器内冷却 30min，称重，并重复操作至恒重。

（4）结果计算 按照下式进行计算：

$$X = \frac{m_2 - m_1}{m} \times 100\% \tag{8-1}$$

式中 X——样品的脂肪含量，%；

m_2——接受瓶和脂肪的质量，g；

m_1——接受瓶的质量，g；

图 8-1 索氏抽提器

（图右侧标注：冷凝管、抽提管、滤纸筒、接受瓶）

m——样品的质量（如为测定水分后的样品，以测定水分前的质量计），g。

（5）注意及说明

① 样品应干燥后研细，样品含水分会影响溶剂提取效果，而且溶剂会吸收样品中的水分造成非脂成分溶出。装样品的滤纸筒一定要严密，不能往外漏样品，但也不要包得太紧，以免影响溶剂渗透。放入滤纸筒时高度不要超过回流弯管，否则超过弯管样品中的脂肪不能抽提，造成误差。

② 对含多量糖及糊精的样品，要先以冷水使糖及糊精溶解，经过滤除去，将残渣连同滤纸一起烘干，放入抽提管中。

③ 抽提用的乙醚或石油醚要求无水、无醇、无过氧化物，挥发残渣含量低。

④ 过氧化物的检查方法：取 6mL 乙醚，加 2mL 10%碘化钾溶液，用力振摇，放置1min 后，若出现黄色，则证明有过氧化物存在，应另选乙醚或处理后再用。

⑤ 提取时水浴温度不可过高，以每分钟从冷凝管滴下 80 滴左右，每小时回流 6～12 次为宜，提取过程应注意防火。

⑥ 在抽提时，冷凝管上端最好连接一支氯化钙干燥管，如无此装置可塞一团干燥的脱脂棉球。这样可防止空气中水分进入，也可避免乙醚在空气中挥发。

⑦ 抽提是否完全可凭经验，也可用滤纸或毛玻璃检查，由抽提管下口滴下的乙醚滴在滤纸或毛玻璃上，挥发后不留下油迹表明已抽提完全，若留下油迹说明抽提不完全。

⑧ 在挥发乙醚或石油醚时，切忌直接用火加热。烘前应驱除全部残余的乙醚，因乙醚稍有残留，放入烘箱时，有发生爆炸的危险。

（6）改良直滴式抽提法　改进型直滴式抽提法的原理、试剂、结果计算与索氏抽提法一样，只是操作方法略有不同。主要是使用直滴式抽提器或改进型直滴式抽提器一套，如图 8-2 所示。

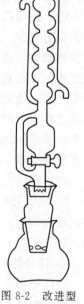

图 8-2　改进型直滴式抽提器

直滴式抽提器将索氏抽提器抽提筒旁边的虹吸管和支管除去，并将筒底打通，筒底附近加三个支点，可将盛有试样的滤纸筒放入玻璃漏斗后，置于抽提筒内的三个玻璃支点上。抽提时烧瓶中乙醚蒸气通过抽提筒至冷凝器内被冷却，液化后滴入滤纸筒，抽提试样中脂肪后，滴入烧瓶，这样始终不断地有新乙醚来抽提试样中脂肪，使乙醚与试样之间始终保持最大的浓度差，处于最佳抽提效率。

测定方法：将盛有试样滤纸筒置入抽提筒，用乙醚抽提脂肪，脂肪抽净后，取出滤纸筒，关上玻璃活塞，继续加热即可回收乙醚，其他操作同索氏抽提法。

直滴式抽提器虽然比索氏抽提器效率高、速度快，但抽提仍需 6～8h。现在有不少改进型直滴式抽提器在直滴式基础上又进行以下几方面的改进，如加大仪器的容量，增大滤纸筒内径，使溶剂与试样接触面积增大；冷凝器液滴口制成锯齿形，既可增加回滴速度，又可使液滴均匀分布滴入试样中；抽提筒置于烧瓶中，使抽提在较高温度中进行，提高抽提效率；烧瓶口口径加大，可使烘干时间缩短，使测定时间减少等。

2. 氯仿-甲醇提取法

该法简称 CM 法，其原理是：将试样分散于氯仿-甲醇混合溶液中，在水浴中轻微沸腾，氯仿、甲醇和试样中的水分形成三种成分的溶剂，可把包括结合态脂类在内的全部脂类提取出来。经过滤除去非脂成分，回收溶剂，残留的脂类用石油醚提取，蒸馏除去石油醚后定量。

本法适合于结合态脂类，特别是磷脂含量高的样品，如鱼、贝类、肉、禽、蛋及其制品，大豆及其制品（发酵大豆类制品除外）等。对这类样品，用索氏提取法测定时，脂蛋白、磷脂等结合态脂类不能被完全提取出来；用酸水解法测定时，又会使磷脂分解而损失。但在有一定水分存在下，用极性的甲醇和非极性的氯仿混合液（简称 CM 混合液）却能有效地提取出结合态脂类。本法对高水分试样的测定更为有效，对于干燥试样，可先在试样中加入一定量的水，使组织膨润，再用 CM 混合液提取。

二、经过化学处理后再萃取

通过这类方法所测得的脂类含量通常称为"总脂"。根据化学处理方法的不同可以分为：酸水解法、罗兹-哥特里法、巴布科克法和盖勃法等。

1. 酸水解法

(1) 原理 将试样与盐酸溶液一同加热进行水解，使结合或包藏在组织里的脂肪游离出来，再用乙醚和石油醚提取脂肪，回收溶剂，干燥后称量，提取物的重量即为脂肪含量。

(2) 适用范围与特点 本法适用于各类食品中脂肪的测定，对固体、半固体、黏稠液体或液体食品，特别是加工后的混合食品，容易吸湿、结块、不易烘干的食品，不能采用索氏提取法时，用此法效果较好。此法不适于含糖高的食品，因糖类遇强酸易炭化而影响测定结果。

酸水解法测定的是食品中的总脂肪，包括游离脂肪和结合脂肪。

(3) 操作方法

① 样品处理

固体样品：精密称取约 2.0g 样品，置于 50mL 大试管中，加 8mL 水，混匀后再加 10mL 盐酸。

液体样品：称取 10.0g 样品置于 50mL 大试管中，加 10mL 盐酸。

② 水解 将试管放入 70～80℃ 水浴中，每 5～10min 用玻璃棒搅拌一次，至样品脂肪游离消化完全为止，约需 40～50min。

③ 提取 取出试管，加入 10mL 乙醇，混合，冷却后将混合物移入 100mL 具塞量筒中，用 25mL 乙醚分次洗试管，一并倒入量筒中，待乙醚全部倒入量筒后，加塞振摇 1min，小心开塞放出气体，再塞好，静置 12min，小心开塞，用石油醚-乙醚等量混合液冲洗塞及筒口附着的脂肪。

静置 10～20min，待上部液体清晰，吸出上清液于已恒重的锥形瓶内，再加 5mL 乙醚于具塞量筒，振摇，静置后，仍将上层乙醚吸出，放入原锥形瓶内。

④ 称重 将锥形瓶于水浴上蒸干后，置 100～105℃ 烘箱中干燥 2h，取出放入干燥器内冷却 30min 后称量，并重复以上操作至恒重。

(4) 结果计算 按照下式进行计算：

$$X = \frac{m_2 - m_1}{m} \times 100\% \tag{8-2}$$

式中 X——样品中的脂肪含量，%；

m_2——锥形瓶和脂类质量，g；

m_1——空锥形瓶的质量，g；

m——样品的质量，g。

（5）说明与讨论

① 样品经加热、加酸水解后，破坏样品的蛋白质及纤维组织，使结合脂肪游离后，再用乙醚提取。

② 水解时应防止水分大量损失，使酸浓度升高。

③ 乙醇可使一切能溶于乙醇的物质留在溶液内。

④ 石油醚可使乙醇溶解物残留在水层，并使分层清晰。

⑤ 挥干溶剂后，残留物中若有黑色焦油状杂质，是分解物与水一同混入所致，会使测定值增大，造成误差，可用等量的乙醚及石油醚溶解后过滤，再次进行挥干溶剂的操作。

2. 罗兹-哥特里法

（1）原理 利用氨-乙醇溶液破坏乳的胶体性状及脂肪球膜，使非脂成分溶解于氨-乙醇溶液中，而脂肪游离出来，再用乙醚-石油醚提取出脂肪，蒸馏去除溶剂后，残留物即为乳脂肪。

（2）适用范围与特点 本法适用于各种液状乳（生乳、加工乳、部分脱脂乳、脱脂乳等），各种炼乳、奶粉、奶油及冰淇淋等能在碱性溶液中溶解的乳制品，也适用于豆乳或加水呈乳状的食品。本法为国际标准化组织（ISO）、联合国粮农组织/世界卫生组织（FAO/WHO）等采用，为乳及乳制品脂类定量的国际标准法。需采用抽脂瓶（图 8-3）。

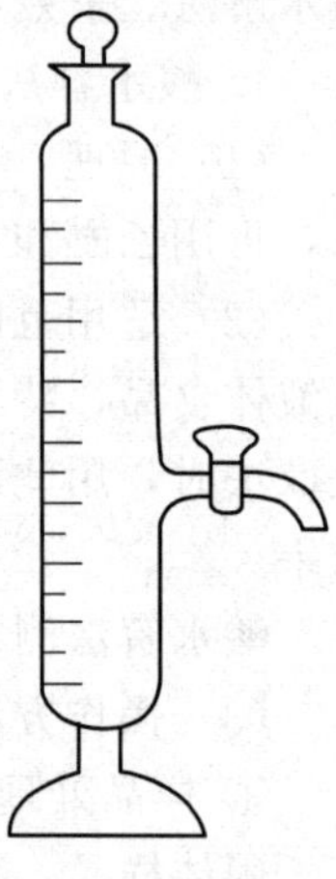

图 8-3 抽脂瓶

（3）测定方法 取一定量样品（牛奶吸取 10.00mL；乳粉精密称取约 1g，用 10mL 60℃水，分数次溶解）于抽脂瓶中，加入 1.25mL 氨水，充分混匀，置 60℃水浴中加热 5min，再振摇 2min，加入 10mL 乙醇，充分摇匀，于冷水中冷却后，加入 25mL 乙醚，振摇半分钟，加入 25mL 石油醚，再振摇 0.5min，静置 30min，待上层液澄清时，读取醚层体积，放出一定体积醚层于一已恒重的烧瓶中，蒸馏回收乙醚和石油醚，挥干残余醚后，放入 100～105℃烘箱中干燥 1.5h，取出放入干燥器中冷却至室温后称重，重复操作直至恒重。

（4）结果计算 按照下式进行计算：

$$X = \frac{m_2 - m_1}{m \times V_1 / V} \times 100\% \tag{8-3}$$

式中 X——样品中的脂肪含量，%；

m_2——烧瓶和脂肪质量，g；

m_1——空烧瓶的质量，g；

m——样品的质量，g；

V——读取醚层总体积，mL；

V_1——放出醚层体积，mL。

（5）说明与讨论

① 乳类脂肪虽然也属游离脂肪，但因脂肪球被乳中酪蛋白钙盐包裹，又处于高度分散的胶体分散系中，故不能直接被乙醚、石油醚等提取，需预先用氨水处理，故此法也称为碱性乙醚提取法。

② 若无抽脂瓶时，可用容积为 100mL 的具塞量筒代替，待分层后读数，用移液管吸出一定量醚层。

③ 加氨水后，要充分混匀，否则会影响下步醚对脂肪的提取。

④ 操作时加入乙醇的作用是沉淀蛋白质以防止乳化，并溶解醇溶性物质，使其留在水中，避免进入醚层，影响结果。

⑤ 加入石油醚的作用是降低乙醚极性，使乙醚与水不混溶，只抽提出脂肪，并可使分层清晰。

⑥ 对已结块的乳粉，用本法测定脂肪，其结果往往偏低。

3. 巴布科克法和盖勃法

(1) 原理 用浓硫酸溶解乳中的乳糖和蛋白质，将牛奶中的酪蛋白钙盐转变成可溶性的重硫酸酪蛋白化合物，脂肪球膜被破坏，脂肪游离出来，再利用加热离心，使脂肪完全迅速分离，直接读取脂肪层可知被测乳的含脂率。

(2) 适用范围与特点 这两种方法都是测定乳脂肪的标准方法，适用于鲜乳及乳制品脂肪的测定。但不适合测定含巧克力、糖的食品，因为硫酸可使巧克力和糖发生炭化，结果误差较大。改良巴布科克法可用于测定风味提取液中芳香油的含量（AOAC法932.11）及海产品中脂肪的含量（AOAC法964.12）。

巴布科克法和盖勃法的原理相似，盖勃法较巴布科克法简单快速，多用一种试剂异戊醇。使用异戊醇是为了防止糖炭化。该法在欧洲比在美国使用得更为广泛。

(3) 操作方法

① 巴布科克法

a. 精确吸取17.6mL牛乳于巴布科克乳脂瓶（图8-4）中。

b. 加入硫酸（相对密度1.816±0.003，20℃）17.5mL，硫酸沿瓶颈壁慢慢倒入，将瓶颈回旋，充分混合至无凝块并呈均匀的棕色。

c. 将乳脂瓶离心5min（约1000r/min），脂肪分离升至瓶颈基部。

d. 加入热水使脂肪上浮到瓶颈基部，离心2min。

e. 再加入热水使脂肪上浮到2或3刻度处，离心1min。

f. 置55～60℃水浴5min后，立即读取脂肪层最高与最低点所占的格数，即为样品含脂肪的百分率。

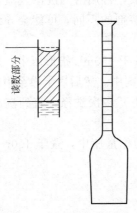

图8-4 巴布科克乳脂瓶

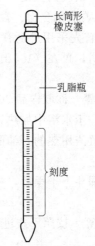

图8-5 盖勃乳脂瓶

② 盖勃法

a. 将10mL硫酸倒入盖勃乳脂瓶（图8-5）中。

b. 精确吸取11mL牛乳于盖勃乳脂瓶中。

c. 加入 1mL 异戊醇（相对密度 0.811±0.002，20℃，沸程 128～132℃）。

d. 盖紧塞子，振摇至呈均匀棕色液体，静置数分钟。

e. 置于 65～70℃水浴中 5min。

f. 取出擦干，调节脂肪柱在刻度内，放入离心机（800～1000r/min）中离心 5min。

g. 将乳脂瓶置 65～70℃水浴中，5min 后取出，立即读数，即为脂肪的含量。

4. 减法测定法

富含脂类的物质（比如食油等）中非脂成分或杂质的含量通常都少于 0.2%，此时，直接测定脂肪含量很难得到精确的结果。因此，可以通过测定非脂成分的量来确定脂肪的含量。

（1）水分及挥发物的测定　将所取食品样品置于（105±2）℃条件下加热 3h，样品所恒定减少的质量即被认为是其所含水分及挥发物的质量。实际上，食品在加热条件下，因为某些成分氧化吸氧以及发生羰氨反应放出二氧化碳等过程，都会影响到样品的质量变化。但由于本法简单方便，容易规范化，所以通常情况下都可以采用该方法来测定样品中的水分和挥发物。

① 操作方法　用已烘干至恒重的称量皿称取试样约 10g（精确至 0.0001g），在（105±2）℃的烘箱中烘 60min，取出冷却（30min 以上），称量。再烘 30min，直至两次质量差不超过 0.002g 为止，若后一次的质量大于前一次质量，以前一次质量计。

② 结果计算　按照下式进行计算

$$水分及挥发物含量 = \frac{m - m_1}{m} \times 100\%$$

(8-4)

式中　m_1——烘干后试样的质量，g；

m——烘干前试样的质量，g。

假如条件允许，也可使用真空烘箱法代替本法，以避免氧化吸氧等问题。真空烘箱加热时，采取的温度为（75±2）℃，在真空的环境中测定样品的水分及挥发性物质。操作方法及结果计算与直接干燥法相同。

（2）不溶性杂质的测定　脂类中的不溶性杂质主要包括机械类杂质（如土、砂、碎屑等）、矿物质、碳水化合物、含氮物质及某些胶质等。具体测定方法如下：

① 原理　首先采用过量有机溶剂处理试样，过滤溶液，再用溶剂洗涤残渣，直到洗出的溶液完全透明，再在（105±2）℃烘干称重。所选有机溶剂的不同，可能会导致不溶性杂质的不同。

② 操作步骤　称取样品 30～50g（精确至 0.01g），置于 250mL 锥形瓶中，加入等量的石油醚（或苯）于水浴中加热，使样品完全溶解有机溶剂中。然后用干燥至恒重的滤纸过滤，滤纸上的沉渣用热的石油醚（经水浴加热至 50℃以下）多次洗涤，直到洗出的滤液完全透明。

待滤纸于漏斗上干燥后，将其取下，放入已知恒重的称量瓶中，置于 100～105℃烘箱内干燥至恒重。

③ 结果计算　按照下式进行计算。

$$杂质含量 = \frac{m_1 - m_2}{m} \times 100\%$$

(8-5)

式中　m_1——经过滤、干燥后滤纸的质量，g；

m_2——滤纸的质量，g。

m——样品的质量，g。

第三节　食用油脂几项理化特性的测定

一、油脂物理性质分析

1. 油脂相对密度的测定

密度是指在特定条件下单位体积的物质的质量，用 g/cm^3 表示。一般情况下，用相对密度（即物质在 20℃时的密度与同体积的水在 4℃的密度之比）来作为描述物质相对密度的标记，记作 d_4^{20} 或者相对密度（20/4）或者 d_{20}^{20}。各种纯净的油脂，在一定温度下均有其特定的相对密度范围，通过试验测定样品油脂的相对密度，可以作为确定样品种类及纯度的参考依据。测定相对密度的方法很多，常用的有液体相对密度天平法和密度瓶法。以下介绍密度瓶法的原理和方法。

测定原理：在一定温度下，用同一密度瓶分别称量样品溶液和蒸馏水的质量，两者之比即为该样品溶液的相对密度。具体操作方法：将带有温度计的精密密度瓶依次用洗液、自来水、蒸馏水、乙醇洗涤后，烘干并冷却，精密称重。装满温度小于 20℃的样液，插入温度计后，置入 20℃的恒温水浴中，待样液温度达到 20℃时保持 20min，用滤纸条吸去毛细管溢出的多余样液，盖上毛细管上的小帽后取出。用滤纸把瓶外液体擦干，于分析天平（精确度 0.0001g）上称重，即可测出 20℃时一定容积样液的质量。将样液倾出，洗净密度瓶后，装入煮沸 30min 并冷却至 20℃以下的蒸馏水，按测定样液的方法同样操作，测出同体积 20℃蒸馏水的质量。

结果计算：
$$d_{20}^{20} = \frac{m_2}{m_1} \tag{8-6}$$

式中　m_1——水的质量，g；

　　　m_2——试样的质量，g；

　　　d_{20}^{20}——油温、水温均为 20℃时油脂的相对密度。

2. 油脂折射率分析

折射率是指光纤由空气中进入油脂中入射角与折射角正弦之比。折射率是油脂的重要物理参数之一，通过测定折射率可以鉴别油脂的种类、不饱和程度及是否酸败，同时也是油脂纯度的标志之一。油脂的折射率测定通常采用阿贝折光仪（详见物理检测章节），以钠黄光 D 线作为光源，植物油标准中规定，测定油脂的折射率以 20℃作为标准温度，其结果用 n_D^{20}（D 代表钠黄光线，20 代表实验温度）来表示。

操作方法如下：用圆头玻璃棒取混匀、过滤的试样两滴，滴在棱镜上，转动上棱镜，关紧两块棱镜，经约 3min，待试样温度稳定后，拧动阿米西棱镜手轮和棱镜转动手轮，使视野分成清晰可见的两个明暗部分，其分界线恰好在十字交叉的焦点上，记下标尺读数和温度。

结果计算：标尺读数即为测定温度下的折射率，如测定温度不在 20℃，须按下式进行换算成 20℃的折射率（n^{20}）。

$$n^{20} = n^t + 0.00038 \times (t - 20) \tag{8-7}$$

式中　n^t——油温在 t 时测得的折射率；

　　　t——测定折射率的油温，℃；

　0.00038——油温在 10～30℃范围，每差 1℃时折射率的校正系数。

3. 油脂色泽的测定

色泽的深浅是植物油的重要质量指标之一，测定油脂的色泽可了解油脂精制程度及判断其品质。我国植物油国家标准中对不同种类、等级的植物油色泽是以罗维朋比色计进行测定并制定相应的指标。

通过调节黄、红的标准颜色色阶玻璃片与油样的色泽进行比色，比至两者色泽相当时，分别读取黄、红玻璃片上的数字作为罗维朋色值即油脂的色泽值。

将澄清的油样倒入比色槽（液面离槽口约 0.5cm），先固定黄色，然后再将红色调整至视筒内两边色度相等为止。如色已配好，但两边亮度不等时，则需配灰色片直至两边亮度相等为止。如油脂颜色呈青、绿色需以蓝色片抵消，记录所用蓝色片，并注明比色槽的长度，一般未注明即认为是 25.4mm 的液槽（即 1in 槽）。

4. 油脂及脂肪酸熔点的测定

油脂的熔点即油脂由固态熔化成液态的温度。也就是固态和液态的蒸汽压相等时的温度。纯物质的熔点是在大气压下，固态和液态平衡时的温度。每种纯物质都有它的熔点，因此，从熔点可以了解物质的纯度。根据熔点能判断油脂的纯度、类别和新鲜程度，是油脂纯度判断的指标之一。常用的测定熔点的方法是毛细管法。

具体操作如下：取样品约 20g，在低于 150℃ 的条件下加热，使油相和水相分层，过滤、烘干油相。取洁净干燥的毛细玻璃管 3 只，分别吸取试样达 10mm 高度，用喷灯火焰将吸取试样的管端封闭，然后放入烧杯中，置于 4～10℃ 冰箱中过夜。之后取出，用橡皮筋将 3 只管紧扎在温度计上，使试样与水银球相平。将试样与温度计放入水浴中加热，水银球浸入水中 30mm。开始温度要低于 8℃，同时搅动，使水温以 0.5℃/min 上升。随着温度升高，玻璃管内试样开始软化，直至溶解为透明液体，此时立即读取温度计的读数，计算 3 只管的平均值，即为试样的熔点。

5. 油脂透明度、气味、滋味的鉴定及冷冻实验

（1）油脂透明度、气味、滋味的鉴定

① 油脂透明度的鉴定　油脂透明度是指油样在一定温度下，静置一定时间后目测油样的透明程度，该法是一种感官鉴定方法。合格的油脂一般应是澄清、透明的。其操作方法较为简单，通常的做法为：量取 100mL 试样注入比色管中，在 20℃ 下静置 24h，然后移至乳白色灯泡前（或在比色管后衬以白纸），观察透明程度，其结果以"透明"、"微浊"、"浑浊"表示。

② 气味、滋味的鉴定　各类油脂都有其独特的气味和滋味，通过油脂气味和滋味的鉴定，可以了解油脂的种类、品质的好坏、酸败程度等。通常采用感官鉴定法检验油脂气味、滋味。具体做法为：取试样 10～15mL，加热至 50℃，搅拌后嗅其气味、尝其滋味，具有该油固有的气味和滋味，无异味者判定正常。对于不正常的气味或滋味应标明实际气味和滋味。

（2）冷冻试验　冷冻试验是用来检验各种色拉油在 0℃ 有无结晶析出和不透明现象。一般先将油样加热至 130℃，趁热过滤，将过滤油注入油样瓶，用软木塞塞紧，冷却至 25℃，以石蜡封口。然后将油样瓶浸入 0℃ 冰水浴中。保持水浴温度在 0℃，静置 5.5h 后，取出油样瓶，仔细观察脂肪结晶或絮状物，合格样品必须澄清。

二、油脂化学特性的测定

1. 酸价的测定

酸价是指中和 1g 油脂中的游离脂肪酸所需氢氧化钾的质量（mg）。酸价是反映油脂酸

败的主要指标，测定油脂酸价可以评定油脂品质的好坏和储藏方法是否恰当，并能为油脂碱炼工艺提供需要的加碱量。我国食用植物油都有国家标准的酸价规定。

（1）测定原理与方法　用中性乙醇和乙醚混合溶剂溶解油样，然后用碱标准溶液滴定其中的游离脂肪酸，根据油样质量和消耗碱液的量计算出油脂酸价。

称取混匀试样 3～5g 注入锥形瓶，加入混合溶剂 50mL，摇动使试样溶解，再加三滴酚酞指示剂，用 0.1mol/L 碱液滴定至出现微红色，在 30s 内不褪色，记下消耗的碱液体积（mL）。

按照下式进行计算：

$$油脂酸价 = \frac{V \times c \times 56.1}{m} \tag{8-8}$$

式中　V——滴定消耗的氢氧化钾溶液体积，mL；

　　　c——KOH 溶液浓度，mol/L；

　　　m——试样质量，g；

　　56.1——KOH 的摩尔质量，g/mol。

（2）说明

① 当样液颜色较深时，可减少试样用量，或适当增加混合溶剂的用量，仍用酚酞为指示剂，也可以采用碱性蓝 6B、百里酚酞（麝香草酚酞）等指示剂。

② 测定蓖麻油的酸价时，只用中性乙醇，不用混合溶剂，因为蓖麻油不溶于乙醚。

2. 碘价的测定

碘价（亦称碘值）即是 100g 油脂所吸收的氯化碘或溴化碘换算为碘的质量（g）。油脂中含有的不饱和脂肪酸能在双键处与卤素起加成反应。碘价越高，说明油脂中脂肪酸的双键愈多，愈不饱和，不稳定，容易氧化和分解。因此，碘价的大小在一定范围内反映了油脂的不饱和程度。测定碘价，可以了解油脂脂肪酸的组成是否正常，有无掺杂等。测定碘价时，常不用游离的卤素而是用它的化合物（氯化碘、溴化碘、次碘酸等）作为试剂。在一定的反应条件下，能迅速地定量饱和双键，而不发生取代反应。最常用的是氯化碘-乙酸溶液法（韦氏法）。

（1）原理　在溶剂中溶解试样并加入 Wijs 试剂（韦氏碘液），氯化碘则与油脂中的不饱和脂肪酸发生加成反应：

$$CH_3\cdots CH=CH\cdots COOH + ICl = CH_3\cdots \underset{I}{\underset{|}{CH}}-\underset{Cl}{\underset{|}{CH}}\cdots COOH$$

再加入过量的碘化钾与剩余的氯化碘作用，以析出碘：

$$KI + ICl = KCl + I_2$$

析出的碘用硫代硫酸钠标准溶液进行滴定：

$$I_2 + 2Na_2S_2O_3 = Na_2S_4O_6 + 2NaI$$

同时做空白试验进行对照，从而计算试样加成的氯化碘（以碘计）的量，求出碘价。

（2）测定方法（参照 GB/T 5532—2008）　所称取的试样质量根据估计的碘价而异（碘价高，油样少；碘价低，油样多），一般在 0.25g 左右。将称好的试样放入 500mL 锥形瓶，加入 20mL 溶剂（环己烷和冰醋酸等体积的混合液）溶解试样，准确加入 25.00mL Wijs 试剂，盖好塞子，摇匀后放于暗处 30min 以上（碘价低于 150 的样品，应放 1h；碘价高于 150 的样品，应放 2h）。反应结束后，加入 20mL 碘化钾溶液和 150mL 水。用 $Na_2S_2O_3$ 标准溶液滴定至浅黄色，加几滴淀粉指示剂继续滴定至剧烈摇动后蓝色刚好消失。在相同条件下，同时做一空白试验。结果计算如下：

$$碘价 = \frac{(V_2 - V_1) \times c \times 0.1269}{m} \times 100 \qquad (8-9)$$

式中　V_1——空白用去 $Na_2S_2O_3$ 溶液体积，mL；

　　　V_2——试样用去 $Na_2S_2O_3$ 溶液体积，mL；

　　　c——$Na_2S_2O_3$ 溶液浓度，mol/L；

　　　m——试样质量，g；

　0.1269——$\frac{1}{2}I_2$ 的毫摩尔质量，g/mmol。

（3）说明及注意事项

① 光线和水分对氯化碘起作用，影响很大，要求所用仪器必须清洁、干燥，碘液试剂必须用棕色瓶盛装且放于暗处。

② 加入碘液的速度、放置作用时间和温度要与空白试验相一致。

3. 过氧化值的测定

过氧化物是油脂在氧化过程中生成的中间产物，很容易分解产生挥发性和非挥发性脂肪酸、醛、酮等，具有特殊的臭味和发苦的滋味，以致影响油脂的感官性质和食用价值。

检测油脂中是否存在过氧化物以及含量的大小，即可判断油脂是否新鲜和酸败的程度。过氧化值有多种表示方法，一般用滴定 1g 油脂所需某种规定浓度（通常用 0.002mL/L）$Na_2S_2O_3$ 标准溶液的体积（mL）表示，或像碘价一样，用碘的百分数来表示，也有用每千克油脂中活性氧的物质的量（mmol）表示，或每克油脂中活性氧的质量（μg）表示等。

（1）测定原理　油脂在氧化过程中产生的过氧化物很不稳定，能氧化碘化钾成为游离碘，用硫代硫酸钠标准溶液滴定，根据析出碘量计算过氧化值。其反应为：

$$—CH—CH— +2KI \longrightarrow K_2O + I_2 + —CH—CH—$$

$$I_2 + Na_2S_2O_3 \longrightarrow Na_2S_4O_6 + 2NaI$$

（2）操作方法（参照 GB/T 5538—2005）　称取一定油样，加入 10mL 三氯甲烷，溶解试样，再加入 15mL 乙酸和 1mL 饱和碘化钾溶液，迅速盖好，摇匀 1min，避光静置反应 5min。取出加水 100mL，用 0.002mol/L $Na_2S_2O_3$ 标准溶液滴定，至淡黄色时加入淀粉指示剂，继续滴定至蓝色消失为终点。同时做一空白试验。

（3）结果计算　按照下式计算

$$过氧化值(meq/kg) = \frac{(V_1 - V_0) \times c}{m} \times 1000 \qquad (8-10)$$

式中　V_1——试样用去 $Na_2S_2O_3$ 溶液体积，mL；

　　　V_0——空白试验用去 $Na_2S_2O_3$ 溶液体积，mL；

　　　c——$Na_2S_2O_3$ 溶液浓度，mol/L；

　　　m——试样质量，g。

若以碘的百分数表示为：

$$过氧化值 = \frac{(V_1 - V_0) \times c \times 126.9/1000}{m} \times 100\% \qquad (8-11)$$

式中　126.9——$\frac{1}{2}I_2$ 的摩尔质量，g/mol。

（4）说明

① 饱和碘化钾溶液中不可存在游离碘和碘酸盐。

② 光线会促进空气对试剂的氧化。

③ 三氯甲烷、乙酸的比例，加入碘化钾后静置时间的长短及加水量多少等，对测定结果均有影响。

④ 过氧化值表示方法为 meq/kg、mmol/kg、μg/g 时，其换算系数分别为 1、0.5、8。

4. 皂化价的测定

皂化价是指中和 1g 油脂中所含全部游离脂肪酸和结合脂肪酸（甘油酯）所需氢氧化钾的质量（mg）。皂化价的大小与油脂中甘油酯的平均相对分子质量有密切关系。甘油酯或脂肪酸的平均相对分子质量越大，皂化价越小。若油脂内含有不皂化物、甘油一酯和甘油二酯，将使油脂皂化价降低；而含有游离脂肪酸将使皂化价增高。由于各种植物油的脂肪酸组成不同，故其皂化价也不相同。因此，测定油脂皂化价结合其他检验项目，可对油脂的种类和纯度等质量进行鉴定。我国植物油国家标准中对皂化价有规定。

（1）测定原理　利用油脂与过量的碱醇溶液共热皂化，待皂化完后，过量的碱用盐酸标准溶液滴定，同时作空白试验。由所消耗碱液量计算出皂化价。皂化反应式如下：

$$C_3H_5(OCOR)_3 + 3KOH \Longrightarrow C_3H_5(OH)_3 + 3RCOOK$$

（2）操作方法（参照 GB/T 5534—2008）　称取混匀试样 2.00g 于锥形瓶中，加入 0.5mol/L 氢氧化钾乙醇溶液 25.00mL，在水浴上回流加热煮沸，不时摇动，维持沸腾 1h（难于皂化的需 2h）后取下，加入酚酞指示剂 0.5mL，趁热用盐酸标准溶液滴定至红色消失。同时进行空白试验。若皂化液的颜色较深，则用 0.5~1.0mL 的碱性蓝 6B 溶液作指示剂。

（3）结果计算　按照下式进行计算：

$$皂化价 = \frac{(V_0 - V_1) \times c \times 56.11}{m} \tag{8-12}$$

式中　V_1——滴定试样消耗的盐酸溶液体积，mL；

V_0——滴定空白消耗的盐酸溶液体积，mL；

c——HCl 溶液的浓度，mol/L；

m——试样质量，g；

56.11——KOH 的摩尔质量，g/mol。

（4）说明

① 用 KOH 乙醇溶液不仅能溶解油脂，而且也能防止生成的肥皂水解。

② 皂化后剩余的碱用盐酸中和，不能用硫酸滴定，因为生成的硫酸钾不溶于酒精，易生成沉淀而影响结果。

5. 羰基价的测定

油脂氧化所生成的过氧化物，进一步分解为含羰基的化合物。一般油脂随贮藏时间的延长和不良条件的影响，其羰基价的数值都呈不断增高的趋势，它和油脂的酸败劣变紧密相关。因为多数羰基化合物都具有挥发性，且其气味最接近于油脂自动氧化的酸败臭，因此，用羰基价来评价油脂中氧化产物的含量和酸败劣变的程度，具有较好的灵敏度和准确性。目前，我国已把羰基价列为油脂的一项食品卫生检测项目。大多数国家都采用羰基价作为评价油脂氧化酸败的一项指标。

羰基价的测定可分为油脂总羰基价和挥发性或游离羰基分离定量两种情况。后者可采用蒸馏法或柱色谱法。以下介绍总羰基价的测定原理和方法。

（1）原理　油脂中的羰基化合物和 2,4-二硝基苯肼反应生成腙，在碱性条件下生成醌离子，呈葡萄酒红色，在波长 440nm 处具有最大的吸收，因此可计算出油样中的总羰基值。其反应式如下：

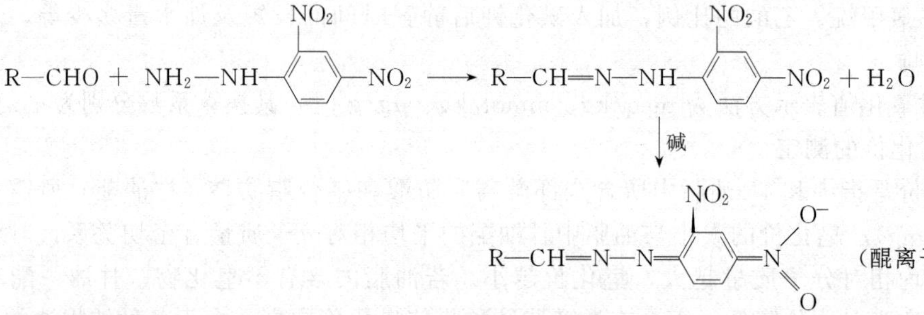

（2）操作方法（参照 GB/T 5009.37—2003）　称取约 0.025～0.10g 样品，置于 25mL 具塞试管中，加入 5mL 三苯膦溶液（三苯膦还原氢过氧化物为非羰基化合物）溶解样品，室温暗处放置 30min，再加 3mL 三氯乙酸溶液及 5mL 2,4-二硝基苯肼溶液，振摇混匀。在 60℃水浴中加热 30min，冷却后，沿试管壁慢慢加入 10mL 氢氧化钾乙醇溶液，使成为二液层，塞紧塞子，剧烈振摇混匀，放置 10min。以 1cm 比色杯，用不含三苯膦的试剂空白（以 5mL 精制苯代替三苯膦溶液）调节零点，用含三苯膦还原剂的试剂空白吸收作校正，于波长 440nm 处测定吸光度。

（3）结果计算　按照下式进行计算

$$羰基价 = \frac{A \times V}{854 \times m \times V_1} \times 1000 \qquad (8\text{-}13)$$

式中　羰基价——每 1kg 样品中各种醛的物质的量，mmol/kg；

A——测定时样液吸光度；

m——样品质量，g；

V_1——测定用样品稀释液的体积，mL；

V——样品稀释后的总体积，mL；

854——各种醛物质的量（mmol）的平均值。

（4）说明及注意事项

① 所用仪器必须洁净、干燥。

② 所用试剂若含有干扰试验的物质时，必须精制后才能用于试验。

③ 空白试验的吸收值（在波长 440nm 处，以水作对照）超过 0.20 时，试验所用试剂的纯度不够理想。

第九章 糖类物质的测定

第一节 概 述

一、糖类物质的定义和分类

糖类也称碳水化合物，是由碳、氢、氧三种元素组成的一大类物质。它是人体热能的重要来源，也是构成机体的一种重要物质，参与机体的代谢过程，维持生命活动。现代营养学观点认为：合理的膳食组成中，糖类的摄入量应占总能量的 55%～65%。

糖类物质是食品工业的主要原料和辅助材料，是大多数食品的主要成分之一。它包括单糖、低聚糖和多糖。糖泛指单糖、双糖和糖醇。单糖是糖的最基本组成单位，主要有葡萄糖、果糖、半乳糖、核糖、阿拉伯糖和木糖。它们都是含有六个碳原子的多羟基醛或多羟基酮，分别称为己醛糖（葡萄糖、半乳糖）和己酮糖（果糖）以及戊醛糖（核糖、阿拉伯糖、木糖）。双糖包括蔗糖、麦芽糖和乳糖等。低聚糖（又称为寡糖）是由二到十个分子的单糖通过糖苷键连接形成的直链或支链的一类糖，包括普通低聚糖和功能性低聚糖两大类。蔗糖、乳糖和麦芽低聚糖等属于普通低聚糖。功能性低聚糖包括异麦芽低聚糖、低聚果糖、低聚半乳糖、低聚木糖等，它们是保持和增进健康的重要配料。多糖是由许多单糖缩合而成的高分子化合物，按其化学组成不同可分为同多糖和杂多糖。前者是由同一单糖构成的，如淀粉、纤维素等。后者是由不同单糖分子和糖醛酸分子组成，如果胶分子中含有乳糖、阿拉伯糖、葡萄糖醛酸和半乳糖醛酸等，黄原胶是由葡萄糖、甘露糖和葡萄糖醛酸构成。在这些糖类物质中，人体能消化利用的是单糖，普通低聚糖和多糖中的淀粉，称为有效碳水化合物；纤维素、半纤维素、果胶等由于不能被人体消化利用，称为无效碳水化合物。这些无效碳水化合物能促进肠道蠕动，改善消化系统机能，对维持人体健康有重要作用，是人们膳食中不可缺少的成分。

二、食品中糖类物质的分布与含量

糖类物质在自然界中分布很广，在各种食品中存在的形式和含量不同。葡萄糖和果糖等单糖主要存在于水果和蔬菜中，一般含量分别为 0.96%～5.82% 和 0.85%～6.53%。蔗糖普遍存在于具有光合作用的植物中，一般含量较低，但甘蔗和甜菜中含量较高，分别为 10%～15% 和 15%～20%，为工业制糖的原料。蔗糖是食品工业中最重要的甜味物，被应用于各种加工食品中。乳糖存在于哺乳动物的乳汁中，牛乳中乳糖含量约为 4.7%。寡糖在自然界含量很少，大多通过酶法合成，主要作为功能性成分加入到食品中。淀粉广泛存在于农作物的籽粒（如小麦、玉米、大米、大豆）、根（如甘薯、木薯）和块茎中（马铃薯）；含量高的约达干物质的 80%。纤维素主要存在于谷类的麸糠和果蔬的表皮中；果胶物质存在于果蔬类植物的组织中，尤其在表皮中含量较高。

三、食品中糖类物质测定的意义

食品中糖类物质的测定，在食品工业中具有十分重要的意义。在食品加工工艺中，糖类对改变食品的形态、组织结构、物化性质以及色、香、味等感官指标起着十分重要的作用。如食品加工中常需要控制一定量的糖酸比；糖果中糖的组成及比例直接关系到其风味和质量；糖的焦糖化作用及羰氨反应既可使食品获得诱人的色泽和风味，又能引起食品的褐变，必须根据工艺需要加以控制。食品中糖类含量也在一定程度上标志着营养价值的高低，是某些食品的主要质量指标。糖类的测定历来是食品的主要分析项目之一。

四、食品中糖类物质的测定方法

测定食品中糖类物质的方法很多，可分为直接法和间接法两大类，直接法是根据糖的一些理化性质作为分析原理进行的各种分析方法，包括物理法、化学分析法、酶法、色谱法、电泳法、生物传感器及各种仪器分析法。间接法是根据测定的水分、粗脂肪、粗蛋白质、灰分等含量，利用差减法计算出来，常以总碳水化合物或无氮抽提物来表示。虽然间接法可测定食品中糖类化合物的总量，但采用直接法分别测定食品中各种糖的含量显得十分重要。物理法包括相对密度法、折光法、旋光法和重量法等，可用于测定糖液浓度、糖品的蔗糖分、谷物中的淀粉及粗纤维含量等。化学分析法是应用最广泛的常规分析方法之一，包括直接滴定法、高锰酸钾法、铁氰化钾法、碘量法、蒽酮法等。食品中的还原糖、蔗糖、总糖、淀粉和果胶物质等的测定多采用化学分析法，但所测得的多是糖类物质的总量，不能确定混合糖的组分及其每种糖的含量。利用纸色谱法、薄层色谱法、气相色谱法、高效液相色谱法和糖离子色谱法等可以对混合糖中各种糖分进行分离和定量，其中薄层色谱法和高效液相色谱法已被确定为是异麦芽低聚糖测定的国家标准方法。酶法具有灵敏度高、干扰少的特点，可测定葡萄糖、蔗糖和淀粉等。电泳法可对食品中各种可溶性糖分进行分离和定量，如葡萄糖、果糖、乳糖、棉子糖等常用纸上电泳法和薄层电泳法进行检验。生物传感器简单、快速，可实现在线检测葡萄糖、果糖、半乳糖和蔗糖等，是一种具有很大潜力的检测方法。

本章将分别介绍各种糖类物质的测定方法，重点介绍国内外的标准分析方法，同时适当介绍一些有影响的参考方法。

第二节　可溶性糖类的测定

一、可溶性糖类的提取和澄清

食品中的可溶性糖通常是指游离态单糖、双糖和低聚糖。测定时一般须选择适当的溶剂提取样品中的糖类物质，并对提取液进行纯化，排除干扰物质，然后才能测定。

1. 提取

（1）常用的提取剂　可溶性糖类物质的提取常用水作提取剂，温度一般控制在 $40 \sim 50 ℃$。若温度更高，则会提取出相当量的可溶性淀粉和糊精。水提取液中，除了糖类外，还可能含有色素、蛋白质、可溶性果胶、可溶性淀粉、有机酸等干扰物质，将拖延下一步的过滤时间或影响分析结果。特别是乳与乳制品、大豆及其制品中干扰成分较多。若样品中含有许多有机酸，为防止蔗糖等低聚糖在加热时被部分水解，提取液应调为中性。

乙醇溶液也是常见的糖类提取剂，通常采用 $70 \% \sim 75 \%$ 的乙醇溶液。若样品含水量较高，混合后乙醇的最终浓度应控制在上述范围内。在此浓度的溶液中，蛋白质、淀粉和糊精等都不能溶解，并可避免糖类被酶水解。

（2）提取液制备的原则　提取液的制备方法要根据样品的性状而定，但应遵循以下原则：

① 确定合适的取样量和稀释倍数。确定取样量和稀释倍数，要考虑所采用的分析方法的检测范围。一般提取液经净化和可能的转化后，每毫升含糖量应在 $0.5 \sim 3.5 mg$ 之间，提取 $10g$ 含糖 2% 的样品可在 $100 mL$ 容量瓶中进行；而对于含糖较高的食品，可取 $5 \sim 10g$ 样

品于 250mL 容量瓶中进行提取。

② 含脂肪的食品需经脱脂后再进行提取。

③ 含有大量淀粉和糊精的食品，宜采用乙醇溶液提取。

④ 含酒精和二氧化碳等挥发组分的液体样品，应在水浴上加热除去。加热时应保持溶液呈中性，以免造成低聚糖的水解及其单糖的分解。

2. 提取液的澄清

得到的提取液中，除含有单糖和低聚糖等可溶性糖类外，还不同程度地含有一些影响测定的杂质，如色素、蛋白质、可溶性果胶、可溶性淀粉、有机酸、氨基酸、单宁等。这些物质的存在常会使提取液带有颜色，或呈现浑浊，影响测定终点的观察；也可能在测定过程中与被测成分或分析试剂发生化学反应，影响分析结果的准确性；胶态杂质的存在还会给过滤操作带来困难，因此必须把这些干扰物质除去。常用的方法是加入澄清剂沉淀这些干扰物质。

澄清剂的作用是去除一些影响糖类测定的干扰物质，必须满足几个条件：①能较完全地除去干扰物质；②不吸附或沉淀被测糖分，也不改变被测糖分的理化性质；③过剩的澄清剂应不干扰后面的分析操作，或易于除掉。

常采用的澄清剂有以下几种：

(1) 中性醋酸铅 [$Pb(CH_3COO)_2 \cdot 3H_2O$] 这是最常用的一种澄清剂。铅离子能与很多离子结合，生成难溶沉淀物，同时吸附除去部分杂质。它能除去蛋白质、果胶、有机酸、单宁等杂质。它的作用较可靠，不会沉淀样液中的还原糖，在室温下也不会形成铅糖化合物，因而适用于测定还原糖样液的澄清。但它的脱色能力较差，不能用于深色样液的澄清，适用于浅色的糖及糖浆制品、果蔬制品、焙烤制品等。铅盐有毒，使用时应注意。

(2) 乙酸锌和亚铁氰化钾溶液 它是利用乙酸锌 [$Zn(CH_3COO)_2 \cdot 2H_2O$] 与亚铁氰化钾反应生成的氰亚铁酸锌沉淀来挟走或吸附干扰物质。这种澄清剂除蛋白质能力强，但脱色能力差，适用于色泽较浅、蛋白质含量较高的样液的澄清，如乳制品、豆制品等。

(3) 硫酸铜和氢氧化钠溶液 这种澄清剂是由五份硫酸铜溶液（$69.28gCu_2SO_4 \cdot 5H_2O$ 溶于 1L 水中）和两份1mol/L 氢氧化钠溶液组成。在碱性条件下，铜离子可使蛋白质沉淀，适合于富含蛋白质的样品的澄清。

(4) 碱性醋酸铅 这种澄清剂既能除去蛋白质、有机酸、单宁等杂质，又能凝聚胶体。但它可生成体积较大的沉淀，可带走一部分糖，尤其对果糖有较强吸附。过量的碱性醋酸铅可因其碱度及铅糖的形成而改变糖类的旋光度。此澄清剂大多用以处理深色糖液。

(5) 氢氧化铝溶液（铝乳） 氢氧化铝能凝聚胶体，但对非胶态杂质的澄清效果不好。可用作浅色糖溶液的澄清，或作为附加澄清剂。

(6) 活性炭 能除去植物样品中的色素，适用于颜色较深的提取液，但能吸附糖类造成糖的损失，特别是蔗糖损失达 6%～8%，限制了它在糖类分析上的应用。

除上述澄清剂外，还有硅藻土、六甲基二硅烷等也可作为澄清剂。澄清剂的种类很多，各种澄清剂性质不同，澄清效果也各不一样，使用澄清剂时应根据样液的种类、干扰成分及含量加以选择，同时还必须考虑到所采用的分析方法。如用直接滴定法测定还原糖时，不能用硫酸铜-氢氧化钠溶液澄清样品，以免样液中引入 Cu^{2+}；用高锰酸钾滴定法测定还原糖时，不能用醋酸锌-亚铁氰化钾溶液澄清样液，以免样液中引入 Fe^{2+}。另外，澄清剂的用量必须适当，否则会使分析结果失真。如采用铅盐澄清法，当试样在测定中加热时，铅会与糖类生成铅糖，使分析结果偏低。要使误差减小，应使用最少量的澄清剂，或者加入除铅剂。

常用的除铅剂有草酸钠、草酸钾、硫酸钠、磷酸氢二钠等。

二、还原糖的测定

还原糖是指具有还原性的糖类。在糖类中，分子中含有游离醛基或酮基的单糖和含有游离的半缩醛羟基的双糖都具有还原性。而双糖（如蔗糖）、三糖乃至多糖（如糊精、淀粉等）是非还原性糖，但都可以通过水解而生成相应的还原性单糖，测定水解液的还原糖含量就可以求得样品中相应糖类的含量。因此，还原糖的测定是糖类定量的基础。

还原糖的测定方法很多，其中最常用的有碱性铜盐法、铁氰化钾法、碘量法、比色法及酶法等。

1. 碱性铜盐法

碱性酒石酸铜溶液是由碱性酒石酸铜甲、乙液组成。甲液是硫酸铜溶液，乙液为酒石酸钾钠、氢氧化钠、亚铁氰化钾等配成的溶液。在加热条件下，还原糖能将碱性酒石酸铜溶液中的 $Cu^{2+} \longrightarrow Cu^{+} \longrightarrow Cu_2O\downarrow$。根据此反应过程中定量方法不同，碱性铜盐法分为直接滴定法、高锰酸钾法、萨氏法及蓝-爱农法等。

（1）直接滴定法

① 原理 将一定量的碱性酒石酸铜甲、乙液等量混合，立即生成天蓝色的氢氧化铜沉淀，这种沉淀很快与酒石酸钾钠反应，生成深蓝色的可溶性酒石酸钾钠铜络合物。反应如下：

$$CuSO_4 + 2NaOH = Cu(OH)_2 + Na_2SO_4$$

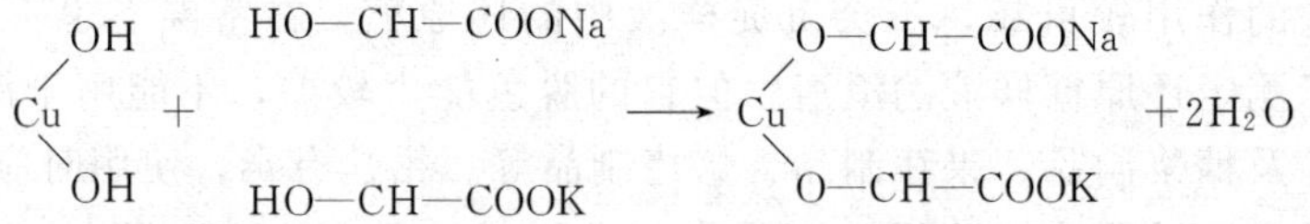

酒石酸钾钠铜具有氧化性，在加热条件下，能将还原糖氧化成醛酸，本身还原为氧化亚铜沉淀。反应终点用次甲基蓝指示，次甲基蓝是一种氧化还原指示剂，其氧化型为蓝色，还原型为无色，它的氧化能力比 Cu^{2+} 弱，待还原糖将二价铜全部还原后，稍过量的还原糖则可把次甲基蓝还原，溶液由蓝色变为无色，即为滴定终点。

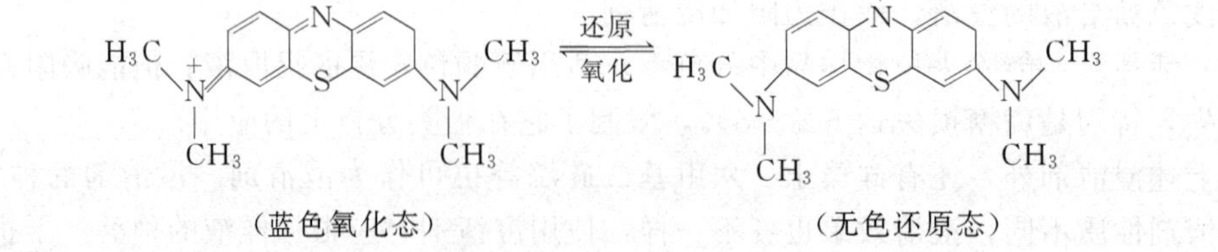

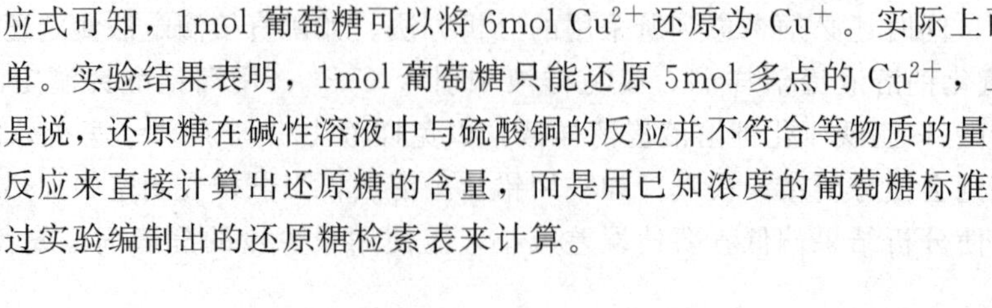

从上述反应式可知，1mol 葡萄糖可以将 6mol Cu^{2+} 还原为 Cu^{+}。实际上两者之间的反应并非那么简单。实验结果表明，1mol 葡萄糖只能还原 5mol 多点的 Cu^{2+}，且随反应条件而变化。也就是说，还原糖在碱性溶液中与硫酸铜的反应并不符合等物质的量的关系。因此不能根据上述反应来直接计算出还原糖的含量，而是用已知浓度的葡萄糖标准溶液标定的方法，或利用通过实验编制出的还原糖检索表来计算。

② 试剂

碱性酒石酸铜甲液：称取 15.00g 硫酸铜 [$Cu(SO)_4 \cdot 5H_2O$] 及 0.05g 次甲基蓝，溶于水中并稀释至 1000mL。

碱性酒石酸铜乙液：称取 50.00g 酒石酸钾钠及 75g 氢氧化钠，溶于水中，再加入 4g 亚铁氰化钾，完全溶解后，用水稀释至 1000mL，贮存于具橡胶塞玻璃瓶中。

0.1% 标准葡萄糖标准溶液：准确称取 1.0000g 经过 98～100℃ 干燥至恒重的无水葡萄糖，加水溶解后移入 1000mL 容量瓶中，加入 5mL 盐酸，用水稀释至 1000mL。

③ 操作方法

a. 样品处理　取适量样品，按照前面介绍的提取和澄清原则对样品中糖类进行提取和澄清。例如，乳与乳制品样品处理方法，准确称取 2.5～5g 固体样品（或吸取 25～50mL 液体样品），用 50mL 水分次溶解样品并洗入 250mL 容量瓶中，摇匀后慢慢加入 5mL 乙酸锌溶液和 5mL 亚铁氰化钾溶液，加水至刻度，摇匀，静置 3.0min。用干燥滤纸过滤，弃去初滤液，滤液备用。

b. 碱性酒石酸铜溶液的标定　吸取碱性酒石酸铜甲液和乙液各 5mL，置于 150mL 锥形瓶中，加水 10mL，加玻璃珠 3 粒。从滴定管加约 9mL 葡萄糖标准溶液，加热使其在 2min 内沸腾，准确沸腾 30s，趁热以每 2 秒 1 滴的速度继续滴加葡萄糖标准溶液，直至溶液蓝色刚好褪去为终点。

记录消耗葡萄糖标准溶液的总体积。平行操作 3 次，取其平均值，按下式计算：

$$m_1 = \rho V \tag{9-1}$$

式中　m_1——10mL 碱性酒石酸铜溶液相当于葡萄糖的质量，mg；

　　　ρ——葡萄糖标准溶液的浓度，mg/mL；

　　　V——标定时消耗葡萄糖标准溶液的总体积，mL。

c. 样品溶液预测　吸取碱性酒石酸铜甲液及乙液各 5mL，置于 150mL 锥形瓶中，加水 10mL，加玻璃珠 3 粒，加热使其在 2min 内至沸，准确沸腾 30s，趁热以先快后慢的速度从滴定管中滴加样品溶液，滴定时要始终保持溶液呈沸腾状态。待溶液蓝色变浅时，以 2 秒 1 滴的速度滴定，直至溶液蓝色刚好褪去为终点。记录样品溶液消耗的体积。

d. 样品溶液的测定　吸取碱性酒石酸铜甲液及乙液各 5mL，置于 150mL 锥形瓶中，加水 10mL，加玻璃珠 3 粒，从滴定管中加入比预测时样品溶液消耗总体积少 1mL 的样品溶液，加热使其在 2min 内沸腾，准确沸腾 30s，趁热以每 2 秒 1 滴的速度继续滴加样液，直至蓝色刚好褪去为终点。记录消耗样品溶液的总体积。同法平行操作 3 份，取平均值。

④ 结果计算　按照下式进行计算：

$$还原糖（以葡萄糖计，\%）= \frac{m_1}{m \times \dfrac{V}{250} \times 1000} \times 100 \tag{9-2}$$

式中　m_1——10mL 碱性酒石酸铜溶液相当于葡萄糖的质量，mg；

　　　m——样品质量，g；

　　　V——测定时平均消耗样品溶液的体积，mL；

　　　250——样品溶液的总体积，mL。

⑤ 说明与注意事项

a. 本法又称快速法，是国家标准分析方法（GB/T 5009.7 中第二法），它是在蓝-爱农容量法基础上发展起来的，其特点是试剂用量少，操作和计算都比较简便、快速，滴定终点明显，准确度高，重现性好。适用于各类食品中还原糖的测定。但测定酱油、深色果汁等样品时，因色素干扰，滴定终点模糊不清，影响准确性。

b. 碱性酒石酸铜甲液和乙液应分别贮存，用时才混合，否则酒石酸钾钠铜络合物长期在碱性条件下会慢慢分解析出氧化亚铜沉淀，使试剂有效浓度降低。

c. 为消除氧化亚铜沉淀对滴定终点观察的干扰，在碱性酒石酸铜乙液中加入了少量亚铁氰化钾，使之与 Cu_2O 生成可溶性的络合物，而不再析出红色沉淀，消除沉淀对观察滴定终点的干扰，使终点更为明显。

d. 本法以测定过程中的 Cu^{2+} 量为计算依据，因此，在样品处理时，不能用硫酸铜和氢氧化钠溶液作为澄清剂，以免引入 Cu^{2+}。

e. 滴定必须在沸腾条件下进行，其原因一是可以加快还原糖与 Cu^{2+} 的反应速度；二是次甲基蓝变色反应是可逆的，还原型次甲基蓝遇空气中氧时，又会被氧化为氧化型。此外，氧化亚铜也极不稳定，易被空气中的氧所氧化。保持反应液沸腾可防止空气进入，避免次甲基蓝和氧化亚铜被氧化而增加耗糖量。

f. 本法对滴定操作条件要求很严，整个滴定工作须控制在 3min 内完成，其中 2min 内加热至沸，然后以每 2 秒 1 滴的速度滴定至终点。标准溶液的标定、样品溶液预测及测定的操作条件应保持一致。对每一次滴定被测溶液的使用量，锥形瓶规格、加热电炉功率、滴定速度、预加入大致体积以及终点的确定方法等都尽量一致。并将滴定所需体积的绝大部分先加入碱性酒石酸铜溶液中共沸，使其充分反应，仅留 1mL 左右进行滴定，并判断终点，以减少因滴定操作带来的误差，提高测定精度。另外，滴定时不能随意摇动锥形瓶，更不能把锥形瓶从热源上取下来滴定，以防止空气进入反应溶液中。

g. 样品溶液必须进行预测。原因是本法对样品溶液中还原糖浓度有一定要求（0.1%左右），测定时样品溶液的消耗体积应与标定葡萄糖标准溶液时消耗的体积相近，通过预测可了解样品溶液中的糖浓度，确定正式测定时预先加入的样液体积。

h. 为了提高测定的准确度，要求用哪种还原糖表示结果就用相应的还原糖标定碱性酒石酸铜溶液，如用葡萄糖表示结果就用葡萄糖标准溶液标定碱性酒石酸铜溶液。

（2）高锰酸钾滴定法

① 原理　将一定量的样液与一定量过量的碱性酒石酸铜溶液反应，在加热条件下，还原糖把二价铜盐还原为氧化亚铜。反应式同直接滴定法。经抽气过滤，得到氧化亚铜沉淀，加入过量的酸性硫酸铁溶液，氧化亚铜被氧化为铜盐而溶解，硫酸铁被还原为亚铁盐。

Cu_2O 与 $Fe_2(SO_4)_3$ 反应：

$$Cu_2O + Fe_2(SO_4)_3 + H_2SO_4 = 2CuSO_4 + 2FeSO_4 + H_2O$$

用高锰酸钾标准溶液滴定生成的 $FeSO_4$：

$$10FeSO_4 + 2KMnO_4 + 8H_2SO_4 = 5Fe_2(SO_4)_3 + 2MnSO_4 + K_2SO_4 + 8H_2O$$

根据滴定时高锰酸钾标准溶液消耗量，计算氧化亚铜含量。

② 试剂

a. 碱性酒石酸铜甲液　称取 15.00g 硫酸铜（$CuSO_4 \cdot 5H_2O$）及 0.05g 次甲基蓝，溶于水中并稀释至 1000mL。

b. 碱性酒石酸铜乙液　称取 50.00g 酒石酸钾钠及 75g 氢氧化钠，溶于水中，再加入 4g 亚铁氰化钾，完全溶解后，用水稀释至 1000mL，贮存于具橡胶塞玻璃瓶中。

c. 精制石棉　取石棉，先用 3mol/L 盐酸浸泡 2～3h，用水洗净，再用 10%氢氧化钠浸泡 2～3h，倾去溶液，再用碱性酒石酸铜乙液浸泡数小时，用水洗净，再以 3mol/L 盐酸浸泡数小时，用水洗至不呈酸性。加水振荡，使之成为微细的浆状软纤维，用水浸泡并贮存在玻璃瓶中，即可用于填充古氏坩埚。

d. 0.02mol/L 高锰酸钾标准溶液　称取 3.3g 高锰酸钾溶于 1050mL 水中，缓缓煮沸 20~30min，冷却后于暗处密闭保存数日，用垂融漏斗过滤，保存于棕色瓶中。

标定：精确称取 150~200℃ 干燥 1~1.5h 的基准草酸钠约 0.2g，溶于 50mL 水中，加 80mL 硫酸，用配制的高锰酸钾溶液滴定，接近终点时加热至 70℃，继续滴定至溶液呈粉红色 30s 不褪为止。同时作空白试验。按下式计算：

$$c=\frac{m\times1000}{(V-V_0)\times134}\times\frac{2}{5}\qquad(9-3)$$

式中　m——草酸质量，g；

V——标定时消耗高锰酸钾溶液的体积，mL；

V_0——空白消耗高锰酸钾溶液的体积，mL；

c——高锰酸钾标准溶液的浓度，mol/L；

134——草酸钠的摩尔质量，g/mol。

e. 1mol/L 氢氧化钠溶液。

f. 3mol/L 盐酸溶液。

g. 硫酸铁溶液　称 50g 硫酸铁，加入 200mL 水溶解后，慢慢加入 100mL 硫酸，冷却后加水稀释至 1000mL。

③ 操作方法

a. 样品处理　取适量样品，根据样品的组成、性状进行提取（参照直接滴定法），提取液移入 250mL 容量瓶中，慢慢加入 10mL 碱性酒石酸铜甲液和 4mL 1mol/L 氢氧化钠溶液，加水至刻度，混匀，静置 30min。用干燥滤纸过滤，弃去初滤液，滤液供测定用。

b. 测定　吸取 50mL 处理后的样品溶液于 400mL 烧杯中，加碱性酒石酸铜甲、乙液各 25mL，盖上表面皿，置电炉上加热，使其在 4min 内沸腾，再准确沸腾 2min，趁热用铺好石棉的古氏坩埚或 G4 垂融坩埚抽滤，并用 60℃ 热水洗涤烧杯及沉淀，至洗液不呈碱性为止。将坩埚放回原 400mL 烧杯中，加 25mL 硫酸铁溶液及 25mL 水，用玻璃棒搅拌使氧化亚铜完全溶解，以高锰酸钾标准溶液滴定至微红色为终点。记录高锰酸钾标准溶液消耗量。同时吸取 50mL 水代替样液，按上述方法做试剂空白试验。记录空白试验消耗高锰酸钾溶液的量。

④ 结果计算　按照下式计算：

$$x=c\times(V-V_0)\times\frac{5}{2}\times\frac{143.08}{1000}\times1000\qquad(9-4)$$

式中　x——样品中还原糖质量相当于氧化亚铜的质量，mg；

c——高锰酸钾标准溶液的浓度，mol/L；

V——测定用样品液消耗高锰酸钾标准溶液的体积，mL；

V_0——试剂空白消耗高锰酸钾标准溶液的体积，mL；

143.08——氧化亚铜的摩尔质量，g/mol。

再从《相当于氧化亚铜质量的葡萄糖、果糖、乳糖、转化糖质量表》（附表7）中查出与氧化亚铜相当的还原糖量，即可计算出样品中的还原糖含量。计算公式如下：

$$X=\frac{A}{m\times\frac{V_1}{250}\times1000}\times100\qquad(9-5)$$

式中　X——样品中还原糖的含量，%；

A——由 x 查附表 7 得出的氧化亚铜相当的还原糖质量，mg；

m——样品质量（体积），g（mL）；

V_1——测定用样品溶液的体积，mL；

250——样品处理后的总体积，mL。

⑤ 说明与注意事项

a. 本法又称贝尔德蓝（Bertrand）法，是国家标准分析方法（GB/T 5009.7 中第一法），方法的准确度和重现性都优于直接滴定法，并适用于各类食品中还原糖的测定，有色样液也不受限制。但操作复杂、费时，需使用专用的检索表。

b. 本法以测定过程中产生的 Fe^{2+} 为计算依据，因此，在样品处理时，不能用乙酸锌和亚铁氰化钾作为澄清剂，以免引入 Fe^{2+}。另外，所用碱性酒石酸铜溶液是过量的，即保证把所有的还原糖全部氧化后，还有过剩的 Cu^{2+} 存在。所以，煮沸后的反应液应呈蓝色（酒石酸钾钠铜络离子）。如不呈蓝色，说明样液含糖浓度过高，应调整样液浓度。

c. 测定必须严格按规定的操作条件进行，必须控制好热源强度，保证在 4min 内加热至沸，否则误差很大。另外，在过滤及洗涤氧化亚铜沉淀的整个过程中，应使沉淀始终在液面以下，避免氧化亚铜暴露于空气中而被氧化。

d. 还原糖与碱性酒石酸铜溶液的反应过程十分复杂，除按上述反应式进行外，还伴随有副反应。此外，不同的还原糖还原能力也不同，反应生成的 Cu_2O 量也不相同。因此，不能根据生成的 Cu_2O 量按反应式直接计算出还原糖含量，而需利用经验检索表。

（3）萨氏法

① 原理　将一定量的样液与过量的碱性铜盐溶液共热，样液中的还原糖定量地将二价铜还原为氧化亚铜。反应式同直接滴定法。

$$Cu^{2+} + 还原糖 \longrightarrow Cu_2O$$

氧化亚铜在酸性条件下溶解为一价铜离子，同时碘化钾被碘酸钾氧化后析出游离碘。

$$Cu_2O + H_2SO_4 \Longrightarrow 2Cu^+ + SO_4^{2-} + H_2O$$

$$KIO_3 + 5KI + 3H_2SO_4 \Longrightarrow 3K_2SO_4 + 3H_2O + 3I_2$$

氧化亚铜溶解于酸后，将碘还原为碘化物，而本身从一价铜被氧化为二价铜。

$$2Cu^+ + I_2 \Longrightarrow 2Cu^{2+} + 2I^-$$

剩余的碘与硫代硫酸钠标准溶液反应。

$$I_2 + 2Na_2S_2O_3 \Longrightarrow Na_2S_4O_6 + 2NaI$$

根据硫代硫酸钠标准溶液消耗量可求出与一价铜反应的碘量，从而计算出样品中还原糖含量。计算公式如下：

$$还原糖含量 = \frac{(V_0 - V) \times S \times f}{m \times \dfrac{V_2}{V_1} \times 1000} \times 100\% \tag{9-6}$$

式中　V——测定用样液消耗 $Na_2S_2O_3$ 标准溶液体积，mL；

V_0——空白试验消耗 $Na_2S_2O_3$ 标准溶液体积，mL；

S——还原糖系数（mg/mL），即 1mL 0.005mol/L $Na_2S_2O_3$ 标准溶液相当于还原糖的量（mg）；

f——$Na_2S_2O_3$ 标准溶液浓度校正系数，f＝实际浓度/0.005；

V_1——样液总体积，mL；

V_2——测定用样液体积，mL；

m——样品质量，g。

② 说明与注意事项

a. 本法又称 Somogyi 法，是一种微量法，检出量为 $0.015\sim3mg$。该法灵敏度高，重现性好，结果准确可靠。因样液用量少，故可用于生物材料或经过色谱处理后的微量样品的测定。终点清晰，有色样液不受限制。

b. 萨氏试剂也是一种碱性铜盐溶液，主要由硫酸铜-磷酸盐-酒石酸盐组成，与碱性酒石酸铜溶液相比，萨氏试剂用 Na_2HPO_4 代替了部分 NaOH，使试剂碱性较弱，因此不必配成甲、乙液，配成的混合溶液也可保存较长时间。同时还原糖的还原量高，可提高测定的灵敏度。因此，该法可测定微量还原糖。另外，萨氏试剂中加入了大量的 Na_2SO_4，可降低反应液中的溶解氧，避免生成的 Cu_2O 重新氧化。萨氏法自 1933 年由 Somogyi 提出以来，在萨氏试剂的组成上经过了多次改进，使试剂更稳定，方法更灵敏。目前形成了多种萨氏改良法，除微量法外，还有常量法。

c. 萨氏试剂碱度的降低，还原糖的氧化速度变慢，反应时间增加，会延长测定时间，因此试剂的碱度不宜过低。由于不同还原糖的还原能力及反应速度不同，反应时所需加热时间也不同。另外，萨氏试剂与碱性酒石酸铜溶液一样，同还原糖的反应也不符合等物质的量关系。因此也需要特定的实验换算表、加热时间和还原糖系数表。

d. 碘化钾不加在萨氏试剂中，而在临用前再加入，可避免生成的 Cu_2O 沉淀溶解，增加 Cu_2O 与氧接触的机会，使其再被氧化。

e. 要严格控制操作条件，确保测定的准确度，保证空白试验、萨氏试剂的标定和样品测定在同一条件进行。空白和试样均须作平行试验，平行滴定之差不得超过 0.05mL。淀粉指示剂不宜加入过早，否则会形成大量淀粉吸附物，达到滴定终点时仍不褪色，造成误差。另外，滴定至蓝色消失时即为终点，此时溶液呈微绿色，而不是无色。

f. 硫代硫酸钠极易分解，空气中的二氧化碳溶于水中生成的碳酸能与硫代硫酸钠作用生成亚硫酸氢钠和硫，空气的氧化以及微生物的作用，也可使有效成分减少，造成误差。防止措施为：配制硫代硫酸钠溶液的蒸馏水在临用前煮沸，以减少水中溶解的氧气、二氧化碳和防止微生物的作用；硫代硫酸钠溶液要贮存在棕色瓶中，抑制日光对硫代硫酸钠的分解；每隔一定时间对硫代硫酸钠溶液进行重新标定。

2. 铁氰化钾法

(1) 原理 还原糖在碱性溶液中将铁氰化钾还原为亚铁氰化钾，本身被氧化为相应的糖酸：

$$2K_3Fe(CN)_6 + R{-}\overset{\overset{\displaystyle O}{\|}}{C}{-}H + 2KOH === 2K_4Fe(CN)_6 + R{-}\overset{\overset{\displaystyle O}{\|}}{C}{-}OH + H_2O$$

剩余的铁氰化钾在乙酸的存在下，与过量的碘化钾作用析出碘。

$$2K_3Fe(CN)_6 + 2KI + 8CH_3COOH === 2H_4Fe(CN)_6 + I_2\downarrow + 8CH_3COOK$$

析出的碘用硫代硫酸钠标准溶液滴定。

$$2Na_2S_2O_3 + I_2 === 2NaI + Na_2S_4O_6$$

由于反应是可逆的，为了使反应正向进行，用硫酸锌沉淀反应中所生成的亚铁氰化钾。

$$2K_4Fe(CN)_6 + 3ZnSO_4 === K_2Zn_3[Fe(CN)_6]_2 + 3K_2SO_4$$

实验表明，如试样中还原糖含量多时，剩余的铁氰化钾量少，而与碘化钾作用析出的游离碘也少，因此滴定游离碘所消耗的硫代硫酸钠量也少；反之，试样中还原糖少时，滴定游离碘所消耗硫代硫酸钠则多。但还原糖量与硫代硫酸钠用量之间不符合等物质的量关系，因而不能根据上述反应式直接计算出还原糖含量，而是首先按下面公式计算出氧化还原糖时所用去的铁氰化钾的量，再通过查经验表（附表8）的方法即可查得试样中的还原糖百分数。

$$V = \frac{(V_0 - V_1) \times c}{0.1} \tag{9-7}$$

式中　V——氧化样品液中还原糖所需 0.1mol/L 铁氰化钾溶液体积，mL；

V_0——滴定空白液消耗硫代硫酸钠溶液体积，mL；

V_1——滴定样品液消耗硫代硫酸钠溶液体积，mL；

c——硫代硫酸钠溶液的浓度，1mol/L。

（2）说明与讨论

① 本法的特点是滴定终点明显，准确度高，重现性好，适用于各类食品中还原糖的测定。

② 本法是以铁氰化钾氧化还原糖，用硫代硫酸钠测定剩余的铁氰化钾量来计算样品中还原糖的含量。因此，在样品处理时，不能用乙酸锌和亚铁氰化钾作为澄清剂，以免亚铁氰化钾氧化引入 Fe^{3+}。可用中性醋酸铅澄清样品。另外，所用的铁氰化钾溶液是过量的，即保证把所有的还原糖全部氧化后，还有过剩的 Fe^{3+} 存在。

③ 样品提取液与 $K_3Fe(CN)_6$ 溶液混合后应立即将试管放入剧烈沸腾的水浴中，并使管中液面在沸水液面下 3～4cm，准确加热 20min 后取出，立即用水迅速冷却，否则误差很大。试管可置铁丝笼中，每次可同时作若干样品测定。

④ 氰化钾易分解、易氧化，宜置于棕色瓶中或外边罩一个黑色纸套于一般瓶中保存。每次使用前必须标定铁氰化钾的浓度。

3. 其他方法简介

（1）酚-硫酸法

① 原理　糖类物质与浓硫酸作用脱水，生成糠醛或糠醛衍生物。反应式如下：

$$C_5H_{10}O_5 \longrightarrow \underset{\text{糠醛}}{\overset{\displaystyle HC\!\!-\!\!CH}{\underset{\displaystyle O}{HC \diagdown\ \diagup C\!\!-\!\!CHO}}} + 3H_2O$$

$$C_6H_{12}O_6 \longrightarrow \underset{\text{羟甲基糠醛}}{HO\!\!-\!\!CH_2\!\!-\!\!\overset{\displaystyle HC\!\!-\!\!CH}{\underset{\displaystyle O}{C \diagdown\ \diagup C\!\!-\!\!CHO}}} + 3H_2O$$

糠醛或糠醛衍生物与苯酚溶液反应，生成黄至橙色化合物，在一定范围内，吸收值与糖含量呈线性关系，因此可比色测定。

② 适用范围及特点　此法简单、快速、灵敏、重现性好，颜色持久，对每种糖仅需制作一条标准曲线。最低检出量为 10μg，误差为 2%～5%。适用于各类食品中还原糖的测定，尤其是色谱法分离洗涤之后的样品中糖的测定。但由于浓硫酸可水解多糖和糖苷，注意避免这方面的干扰。

③ 说明与讨论　由于不同的糖类能得到不同的色泽，可制成对应的各类糖的标准曲线，借此测定样品中的糖。己糖及其甲基化衍生物在 490nm 下比色测定；戊糖、糠醛酸及其甲基化衍生物在 480nm 下比色测定。

（2）3,5-二硝基水杨酸（DNS）比色法

① 原理　在氢氧化钠和丙三醇存在下，还原糖能将 3,5-二硝基水杨酸中的硝基还原为氨基，生成氨基化合物。反应式如下：

（DNS）　　　　　　　　　（3-氨基-5-硝基水杨酸）

黄色　　　　　　　　　　棕红色

此化合物在过量的氢氧化钠碱性溶液中呈橘红色，在 540nm 波长处有最大吸收，其吸光度与还原糖含量有线性关系。

② 适用范围及特点　此法适用于各类食品中还原糖的测定，相对误差为 2.2%，具有准确度高、重现性好、操作简便、快速等优点，分析结果与直接滴定法基本一致。尤其适用于大批样品的测定。

③ 说明与讨论

a. 水杨酸比色法自 1922 年由大科利特戈弗提出后，经多次对 3,5-二硝基水杨酸试剂的组成和配制比例进行改进，提高了试剂的稳定性、灵敏度和分析的准确度。目前普遍认可的配制方法是：称取 6.5g 3,5-二硝基水杨酸溶于少量水中，移入 1000mL 容量瓶中，加入 2mol/L 氢氧化钠溶液 325mL，再加入 45g 丙三醇，摇匀，冷却后定容到 1000mL。

b. 若样品显酸性，可加入 2% 氢氧化钠溶液调至中性。

c. 显色试剂不能放置过久，否则标准曲线变动。

（3）酶-比色法

① 原理　葡萄糖氧化酶（GOD）在有氧条件下，催化 β-D-葡萄糖（葡萄糖水溶液状态）氧化，生成 D-葡萄糖酸-δ-内酯和过氧化氢，受过氧化物酶（POD）催化，过氧化氢与 4-氨基安替比林和苯酚生成红色醌亚胺。

$$C_6H_{12}O_6 + O_2 \xrightarrow{GOD} C_6H_{10}O_6 + H_2O_2$$

$$H_2O_2 + C_6H_5OH + C_{11}H_{13}N_3O \xrightarrow{POD} C_6H_5NO + H_2O + C_{11}H_{14}$$

在波长 505nm 处测定醌亚胺的吸光度，可计算出食品中葡萄糖的含量。计算公式如下：

$$w = \frac{m_1}{m_2 \times \dfrac{V_2}{V_1}} \times \frac{1}{1000 \times 1000} \times 100 = \frac{m_1}{m_2 \times \dfrac{V_2}{V_1} \times 10000} \quad (9-8)$$

式中　w——样品中葡萄糖的含量（质量分数），%；

m_1——标准曲线上查出的试液中葡萄糖含量，μg；

m_2——试样的质量，g；

V_1——试液的定容体积，mL；

V_2——测定时吸取试液的体积，mL。

② 适用范围及特点　本法属国家标准分析法（GB/T 16285—2008），最低检出限为 $0.01\mu g/mL$，为仲裁法。由于葡萄糖氧化酶（GOD）具有专一性，只能催化葡萄糖水溶液中 β-D-葡萄糖被氧化，不受其他还原糖的干扰，因此测定结果较直接滴定法和高锰酸钾法准确。适用于各类食品中葡萄糖的测定，也适用于食品其他组分转化为葡萄糖的测定。

③ 说明与讨论

　　a. 葡萄糖组合试剂盒由三瓶试剂组成。1 号瓶内含 0.2mol/L 磷酸盐缓冲溶液（pH＝7）100mL，其中 4-氨基安替比林为 0.00154mol/L；2 号瓶内含 0.2mol/L 苯酚溶液 100mL；3 号瓶内含葡萄糖氧化酶和过氧化氢酶。1、2、3 号瓶须在 4℃左右保存。用时将 1 号瓶和 2 号瓶的物质充分混合均匀，再将 3 号瓶的物质溶于其中，使葡萄糖氧化酶和过氧化氢酶完全溶解即得酶试剂溶液，此溶液须在 4℃左右保存，有效期一个月。

　　b. 试液制备时，对不含蛋白质的试样，用重蒸馏水溶解试样，过滤，弃去最初滤液，得试液；对含蛋白质的试样，先用亚铁氰化钾溶液、硫酸锌溶液和氢氧化钠溶液沉淀蛋白质等杂质，再过滤，弃去初滤液，得试液。对含二氧化碳的样品，可取一定量样品于三角瓶中，旋摇至基本无气泡，然后置沸水浴中回流处理 10min，取出冷却至室温。试液中葡萄糖含量大于 300μg/mL 时，应适当增加定容体积。

三、蔗糖的测定

　　在生产过程中，为判断食品加工原料的成熟度，鉴别白糖、蜂蜜等食品原料的品质，以控制糖果、果脯、加糖乳制品等产品的质量指标，常需测定蔗糖的含量。蔗糖是葡萄糖和果糖组成的双糖，没有还原性，不能用碱性铜盐试剂直接测定，但在一定条件下，蔗糖可水解为具有还原性的葡萄糖和果糖。因此，可以用测定还原糖的方法测定蔗糖含量。对于纯度较高的蔗糖溶液，也可用相对密度法、折光法和旋光法等测定。

　　1. 盐酸水解法

　　(1) 原理　样品脱脂后，用水或乙醇提取，提取液经澄清处理以除去蛋白质等杂质，再用盐酸进行水解，使蔗糖转化为还原糖。然后按还原糖测定方法分别测定水解前后样品液中的还原糖含量，两者差值即为由蔗糖水解产生的还原糖量，即转化糖的含量，乘以换算系数即为蔗糖含量。

　　根据蔗糖的水解反应，蔗糖的相对分子质量为 342，水解后生成 2 分子单糖，相对分子质量之和为 360，故转化糖的含量换算成蔗糖含量时应乘以的换算系数为 342/360＝0.95。

　　(2) 主要试剂

　　① 6mol/L 盐酸。

　　② 0.1％甲基红乙醇溶液　称取 0.1g 甲基红，用 60％乙醇溶解并定容到 100mL。

　　③ 20％氢氧化钠溶液。

　　④ 0.1％转化糖标准溶液　准确称取 105℃烘干至恒重的纯蔗糖 1.9000g。加水溶解并移入 1000mL 容量瓶中，定容，混匀。取 50mL 于 100mL 容量瓶中，加 6mol/L 盐酸溶液 5mL，在 68～70℃水浴中加热 15min，取出迅速冷却至室温，加 2 滴 0.1％甲基红乙醇溶液，用 20％氢氧化钠溶液滴定至中性，加水至刻度，混匀。此溶液每毫升含转化糖 1mg。

　　(3) 操作方法　取一定量样品，按直接滴定法样品处理方法处理。吸取处理后的样液 2 份各 50mL，分别放入 100mL 容量瓶中，一份加入 6mol/L 盐酸溶液 5mL，在 68～70℃水浴中加热 15min，取出迅速冷却至室温，加 2 滴 0.1％甲基红乙醇溶液，用 20％氢氧化钠溶液滴定至中性，加水至刻度，混匀。另一份直接加水稀释到 100mL。然后按照直接滴定法或高锰酸钾滴定法测定还原糖含量。

　　(4) 计算

　　① 直接滴定法

$$蔗糖含量(\%)=\frac{m_1\left(\dfrac{100}{V_2}-\dfrac{100}{V_1}\right)}{m_2\times\dfrac{50}{250}\times1000}\times100\times0.95 \qquad (9\text{-}9)$$

式中　m_1——10mL 酒石酸钾钠铜溶液相当于转化糖的质量，mg；

　　　V_1——测定时消耗未经水解的样品稀释液体积，mL；

　　　V_2——测定时消耗经过水解的样品稀释液体积，mL；

　　　m_2——样品质量，g。

② 高锰酸钾法

$$m_1 = c(V_1 - V_0) \times \frac{5}{2} \times \frac{143.08}{1000} \times 1000$$

$$m_2 = c(V_2 - V_0) \times \frac{5}{2} \times \frac{143.08}{1000} \times 1000$$

$$\text{蔗糖含量} = \frac{m_3 - m_4}{m \times \frac{50}{250} \times \frac{V}{100} \times 1000} \times 100 \times 0.95(\%) \tag{9-10}$$

式中　c——$\frac{1}{5}$KMnO$_4$ 标准溶液的浓度，mol/L；

　　　V_1——测定未经水解的样品稀释液消耗高锰酸钾标准溶液的体积，mL；

　　　V_2——测定经水解的样品稀释液消耗高锰酸钾标准溶液的体积，mL；

　　　V_0——试剂空白消耗高锰酸钾标准溶液的体积，mL；

　　　m_1——测定未经水解的样品稀释液时，与消耗的高锰酸钾标准溶液相当的 Cu$_2$O 量，mg；

　　　m_2——测定经水解的样品稀释液时，与消耗的高锰酸钾标准溶液相当的 Cu$_2$O 量，mg；

　　　m_3——由 m_1 查表得出的相当于还原糖的量，mg；

　　　m_4——由 m_2 查表得出的相当于还原糖的量，mg；

　　　m——样品质量，g；

　　　V——测定用样品稀释液体积，mL。

（5）说明与讨论

① 蔗糖是一种呋喃果糖苷，它的水解速度远比其他双糖、低聚糖和多糖要快得多。利用此特点可测定蔗糖。本方法规定的酸水解条件为：在 50mL 样液中，加 6mol/L 盐酸 5mL，在 68～70℃水浴中加热 15min，取出于流动水下迅速冷却，立即调至中性。在此条件下，蔗糖可完全水解，而其他双糖和淀粉等的水解作用很小，可忽略不计。

② 为获得准确的结果，必须严格控制水解条件。取样液体积、酸的浓度及用量、水解温度和时间都不能随意改动，到达规定时间后应迅速冷却，以防止低聚糖和多糖水解，以及果糖分解。

③ 用还原糖法测定蔗糖时，为减少误差，测得的还原糖含量应以转化糖表示。因此，选用直接滴定法时，应采用 0.1% 标准转化糖溶液标定碱性酒石酸铜溶液。选用高锰酸钾滴定法时，查相应换算表格时应查转化糖项。

2. 酶-比色法

（1）原理　在 β-D-果糖苷酶（β-FS）催化下，蔗糖被酶解为葡萄糖和果糖。葡萄糖氧化酶（GOD）在有氧条件下，催化 β-D-葡萄糖（葡萄糖水溶液状态）氧化，生成 D-葡萄糖酸-δ-内酯和过氧化氢。受过氧化物酶（POD）催化，过氧化氢与 4-氨基替比林和苯酚生成红色醌亚胺。

$$C_{12}H_{22}O_{12} + H_2O \xrightarrow{\beta\text{-FS}} C_6H_{12}O_6 \text{（G）} + C_6H_{12}O_6 \text{（F）}$$

$$C_6H_{12}O_6 \ (G) \ + O_2 \xrightarrow{GOD} C_6H_{10}O_6 + H_2O$$

$$H_2O_2 + C_6H_5OH + C_{11}H_{13}N_3O \xrightarrow{POD} C_6H_5NO + H_2O + C_{11}H_{14}$$

在波长 505nm 处测定酯亚胺的吸光度，按下式计算食品中蔗糖的含量。

$$w = \frac{m_1}{m_2 \times \dfrac{V_2}{V_1}} \times \frac{1}{1000 \times 1000} \times 100 = \frac{m_1}{m_2 \times \dfrac{V_2}{V_1} \times 10000} \tag{9-11}$$

式中 w——样品中葡萄糖的含量（质量分数），%；

m_1——标准曲线上查出的试液中葡萄糖含量，μg；

m_2——试样的质量，g；

V_1——试液的定容体积，mL；

V_2——测定时吸取试液的体积，mL。

（2）说明与讨论

① 本法属国家标准分析法（见 GB/T 5009.8—2008），最低检出限为 $0.04\mu g/mL$。适用于各类食品中蔗糖的测定。由于 β-D-果糖苷酶具有专一性，只能催化蔗糖水解，不受其他糖的干扰，因此测定结果较盐酸水解法准确。

② 蔗糖组合试剂盒由四瓶试剂组成。1 号瓶内含 β-D-果糖苷酶 400U，柠檬酸和柠檬酸钠；2 号瓶内含 0.2mol/L 磷酸盐缓冲溶液（pH＝7）100mL，其中 4-氨基安替比林为 0.00154mol/L；3 号瓶内含 0.2mol/L 苯酚溶液 200mL；4 号瓶内含葡萄糖氧化酶和过氧化氢酶。1、2、3、4 号瓶须在 4℃左右保存。用时将 1 号瓶内的物质用重蒸馏水溶解，使其体积为 66mL，此溶液即为 β-D-果糖苷酶试剂；2 号瓶和 3 号瓶的物质充分混合均匀，再将 4 号瓶的物质溶于其中，使葡萄糖氧化酶和过氧化氢酶完全溶解即得葡萄糖氧化酶和过氧化氢酶试剂溶液。这两种酶试剂溶液须在 4℃左右保存，有效期一个月。

③ 测定时，必须严格按酶反应条件进行，即取一定量试液，加入 1.0mL β-果糖苷酶溶液，在 （36±1）℃恒温 20min。取出后加入 3mL 葡萄糖氧化酶-过氧化物酶溶液，摇匀，在 （36±1）℃恒温 40min，冷却至室温，用重蒸馏水定容至刻度，在波长 505nm 处测定吸光度，查标准曲线计算样品中蔗糖含量。

四、总糖的测定

许多食品中富含多种单糖和低聚糖。这些糖有的是来自原料，有的是生产过程中为某种目的而人为加入的，有的则是在加工过程中形成的。对这些糖分别加以测定是比较困难的，通常也是不必要的。食品生产中通常需要测定其总量，这就提出了"总糖"的概念，总糖是指具有还原性的（葡萄糖、果糖、乳糖、麦芽糖等）和在测定条件下能水解为还原性单糖的蔗糖的总量。

总糖是食品生产中常规分析项目。它反映的是食品中可溶性单糖和低聚糖的总量，其含量高低对产品的色、香、味、组织形态、营养价值、成本等有一定影响。总糖是麦乳精、糕点、果蔬罐头、饮料等许多食品的重要质量指标。总糖的测定通常是以还原糖的测定方法为基础的，常用的是直接滴定法和蒽酮比色法等。

1. 直接滴定法

（1）原理 样品经处理除去蛋白质等杂质后，加入盐酸，在加热条件下使蔗糖水解为还原性单糖，以直接滴定法测定水解后样品中的还原糖总量。

（2）主要试剂 同"三、蔗糖的测定 1."。

（3）操作方法 取一定量样品，按直接滴定法样品处理方法处理。吸取处理后的样液

50mL，放入 100mL 容量瓶中，加入 5mL 6mol/L 盐酸溶液，在 68～70℃ 水浴中加热 15min，取出迅速冷却至室温，加 2 滴 0.1％甲基红乙醇溶液，用 20％氢氧化钠溶液滴定至中性，加水至刻度，混匀，然后按照直接滴定法测定还原糖含量。

（4）结果计算　按照下式进行计算：

$$总糖量（以转化糖计，％）= \frac{m_1}{m_2 \times \frac{50}{V_1} \times \frac{V_2}{100} \times 1000} \times 100 \qquad (9-12)$$

式中　m_1——10mL 碱性酒石酸铜溶液相当的转化糖质量，mg；

V_1——样品处理液总体积，mL；

V_2——测定时消耗样品水解液体积，mL；

m_2——样品质量，g。

（5）说明与注意事项

① 总糖测定的水解条件同蔗糖，其结果一般以转化糖计，但也可以以葡萄糖计，要根据产品的质量指标要求而定。如果用转化糖表示，应该用标准转化糖溶液标定碱性酒石酸铜溶液；如用葡萄糖表示，则应该用葡萄糖溶液标定。

② 直接滴定法测定还原糖，不完全符合等物质的量关系，测定时必须严格遵守操作中有关规定，否则结果将会有较大误差。

③ 在营养学上，总糖是指能被人体消化、吸收利用的糖类物质的总和，包括淀粉。这里所讲的总糖不包括淀粉，因为在测定条件下，淀粉的水解作用很微弱。

2. 蒽酮比色法

（1）原理　单糖类遇浓硫酸时，脱水生成糠醛衍生物，后者可与蒽酮缩合成蓝绿色的化合物。以葡萄糖为例，反应式如下：

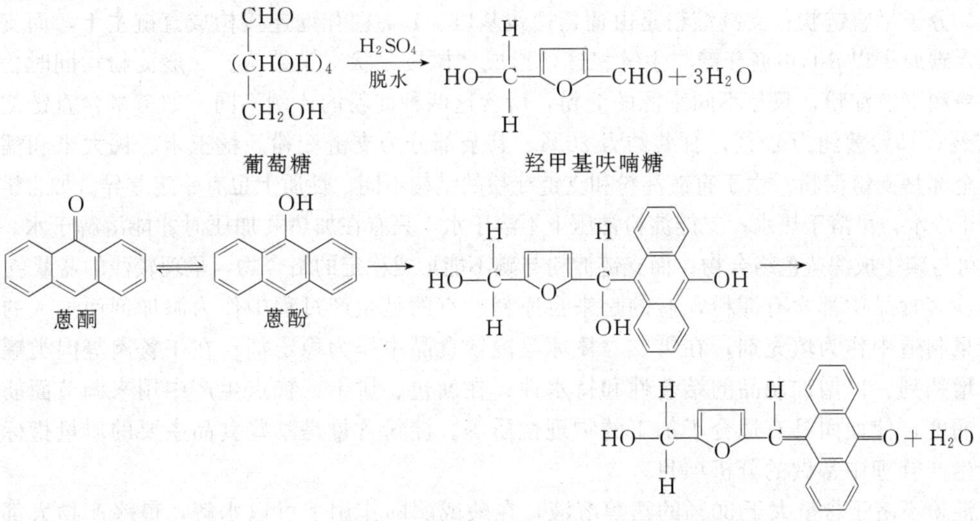

当糖的量在 20～200mg 范围内时，其呈色强度与溶液中糖的含量成正比，故可比色定量。可按下式计算糖的含量。

$$总糖（以葡萄糖计，％）= \rho \times 稀释倍数 \times 10^{-4} \qquad (9-13)$$

式中　ρ——从标准曲线查得的糖浓度，μg/mL；

10^{-4}——将 μg/mL 换算为％的系数。

（2）说明与注意事项

① 本法属微量法，适合于含微量糖的样品，具有灵敏度高、试剂用量少等优点。

② 该法按操作的不同可分为几种，主要差别在于蒽酮试剂中硫酸含量（66%～95%）、取样液量（1～5mL）、蒽酮试剂用量（5～20mL）、沸水浴中反应时间（6～15min）和显色时间（10～30min）。这几个操作条件之间是有联系的，不能随意改变其中任何一个，否则将影响分析结果。

③ 蒽酮试剂不稳定，易被氧化，放置数天后变为褐色，故应当天配制，添加稳定剂硫脲后，在冷暗处可保存48h。

④ 反应液中硫酸含量高达60%以上，在此高酸度条件下，在沸水浴中加热，可使双糖、淀粉等发生水解，再与蒽酮发生显色反应。因此测定结果是样液中单糖、双糖和淀粉的总量。如要求测定结果包括淀粉，则样品处理时应采用52%高氯酸作提取剂；如要求测定不包括淀粉，应该用80%乙醇作提取剂，以避免淀粉和糊精溶出。此外，在测定条件下，纤维素也会与蒽酮试剂发生一定程度的反应，因此应避免样液中含有纤维素。

⑤ 本法反应条件控制较严，如反应温度、显色时间、试剂和试液的初始温度等都将影响显色状况，操作稍不留心，就会引起误差。样液必须清澈透明，加热后不应有蛋白质沉淀，如样液色泽较深，可用活性炭脱色。

第三节　淀粉的测定

淀粉是人类食物中的重要组成部分，也是供给人体热能的主要来源，广泛存在于植物的根、茎、叶、种子等组织中。它是由葡萄糖单位构成的聚合体，聚合度为100～3000。按聚合形式不同，淀粉可分为直链淀粉和支链淀粉。直链淀粉是由葡萄糖残基以 α-1,4-糖苷键连接构成的，分子呈直链状；支链淀粉是由葡萄糖残基以 α-1,4-糖苷键连接构成直链主干，而支链通过第六碳原子以 β-1,6-糖苷键与主链相连，形成"树枝"状支叉结构。一般淀粉均同时含有直链淀粉和支链淀粉，只是不同来源的淀粉，所含这两种淀粉的比例不同。如玉米含直链淀粉约为27%，马铃薯约为23%，甘薯约为20%，其余部分为支链淀粉。糯玉米、糯大米和糯高粱几乎全部是支链淀粉。由于直链淀粉和支链淀粉的结构不同，性质上也有一定差异。如直链淀粉不溶于冷水，可溶于热水；支链淀粉常压下不溶于水，只有在加热并加压时才能溶解于水。直链淀粉可与碘生成深蓝色络合物；而支链淀粉与碘不能形成稳定的络合物，呈现较浅的蓝紫色。

许多食品中都含有淀粉，有的是来自原料，有的是生产过程中作为添加剂而加入的。如在糖果制造中作为填充剂；在雪糕、棒冰等冷饮食品中作为稳定剂；在午餐肉等肉类罐头中作为增稠剂，以增加制品的结着性和持水性；在面包、饼干、糕点生产中用来调节面筋浓度和胀润度，使面团具有适合于加工的物理性质等。淀粉含量是某些食品主要的质量指标，是食品生产管理中常做的分析项目。

淀粉不溶于含量大于30%的乙醇溶液，在酸或酶的作用下可以水解，最终产物大都是葡萄糖。淀粉与碘发生特殊的颜色反应。淀粉水溶液具有右旋性，比旋光度为（＋）201.5°～205°。淀粉的许多测定方法都是根据淀粉的这些理化性质而建立的。常用的方法有：根据淀粉在酸或酶作用下能水解为葡萄糖，通过测定还原糖进行定量的酸水解法和酶水解法；根据淀粉具有旋光性而建立的旋光法；根据淀粉不溶于乙醇的性质而建立的重量法。现分别介绍如下。

一、酸水解法

（1）原理　样品经乙醚除去脂肪、乙醇除去可溶性糖类后，用盐酸水解淀粉为葡萄糖。

水解反应为：

$$(C_6H_{10}O_5)_n + nH_2O = nC_6H_{12}O_6$$

相对分子质量　　　　162　　　　　　　　180

然后按还原糖测定方法测定水解所得的葡萄糖含量，再把葡萄糖含量折算为淀粉含量。换算系数为 162/180＝0.9。

计算公式如下：

① 直接滴定法

$$淀粉含量(\%) = \frac{m_1 \times 500 \times 0.9}{m_2 \times 1000} \times \left(\frac{1}{V} - \frac{1}{V_0}\right) \times 100 \tag{9-14}$$

式中　m_1——10mL 碱性酒石酸铜溶液相当的葡萄糖量，mg；

　　　V——滴定时样品水解液消耗量，mL；

　　　V_0——滴定时空白溶液消耗量，mL；

　　　m_2——样品质量，g；

　　　500——样品水解液总体积，mL；

　　　0.9——还原糖换算为淀粉的系数。

② 高锰酸钾法

$$淀粉含量(\%) = \frac{(m_1 - m) \times 0.9}{m_2 \times \dfrac{V}{500} \times 1000} \times 100 \tag{9-15}$$

式中　m_1——样品水解液中还原糖含量，mg；

　　　m——空白液中还原糖含量，mg；

　　　m_2——样品质量，g；

　　　V——样品水解液的体积，mL；

　　其他——同公式(9-14)。

（2）适用范围及特点　此法一步可将淀粉水解至葡萄糖，简便易行，适用于淀粉含量较高，而半纤维素和多缩戊糖等其他多糖含量较少的样品。对富含半纤维素、多缩戊糖及果胶质的样品，因水解时它们也被水解为木糖、阿拉伯糖等还原糖，使测定结果偏高。该法应用广泛，但选择性和准确性不及酶水解法。操作方法可参阅 GB/T 5009.9—2008。

（3）

① 本法要求对粮食、豆类、饼干和代乳粉等较干燥、易磨细的样品磨碎、过 40 目筛；对蔬菜、水果、粉皮和凉粉等水分较多的样品，需按 1：1 加水在组织捣碎机中捣成匀浆。再称取此处理后的样品进行分析。

② 样品含可溶性糖类时，会使结果偏高，可用 85% 乙醇分数次洗涤样品以除去。脂肪会妨碍乙醇溶液对可溶性糖类的提取，所以要用乙醚分数次洗去样品中的脂肪。脂肪含量较低时，可省去乙醚脱脂肪步骤。

③ 样品加入乙醇溶液后，混合液中乙醇的含量应在 80% 以上，以防止糊精随可溶性糖类一起被洗掉。如要求测定结果不包括糊精，则用 10% 乙醇洗涤。

④ 水解条件要严格控制，要保证淀粉水解完全，并避免因加热时间过长对葡萄糖产生影响（形成糠醛聚合体，失去还原性）。对于水解时取样液量、所用酸的浓度及加入量、水解时间等条件，各方法规定有所不同。在国家标准分析方法中，样品中加入了 30mL 6mol/L盐酸，使混合液中盐酸的含量达 5%，要求 100℃ 水解 2.0h。其他方法还有：混合液中盐酸的浓度达 1% 时，100℃ 水解 4h；混合液中盐酸浓度达 2% 时，100℃ 水解 2.5h。因水解时

间较长，应采用回流装置，以保证水解过程中盐酸的浓度不发生变化。

⑤ 样品水解液冷却后，应立即调至中性。可加入两滴甲基红，先用40％氢氧化钠调到黄色，再用6mol/L盐酸调到刚好变为红色，最后用10％氢氧化钠调到红色刚好褪去。若水解液颜色较深，可用精密pH试纸测试，使样品水解液的pH值约为7。

⑥ 澄清液的选择可用20％中性醋酸铅溶液，沉淀蛋白质、果胶等杂质，以澄清样品水解液。再加入10％硫酸钠溶液除去过多的铅。

二、酶水解法

（1）原理　样品经除去脂肪和可溶性糖类后，在淀粉酶的作用下，使淀粉水解为麦芽糖和低分子糊精，再用盐酸进一步水解为葡萄糖，然后按还原糖测定法测定其还原糖含量，并折算成淀粉含量。计算公式同酸水解法。

（2）适用范围及特点　利用淀粉酶水解样品，具有专一性和选择性，它只水解淀粉而不会水解半纤维素、多缩戊糖、果胶质等多糖，所以该法不受这些多糖的干扰，水解后可直接通过过滤除去这类多糖，适合于富含纤维素、半纤维素和多缩戊糖等多糖含量高的样品，分析结果准确可靠，重现性好。但是酶催化活力的稳定性受pH值和温度的影响很大，而且操作繁琐、费时，使用受到了一定程度的限制。本法为GB/T 5009.9—2008中的第一法。

（3）说明与讨论

① 脂肪的存在会妨碍酶对淀粉的作用及可溶性糖类的去除，故应用乙醚脱脂。若样品中脂肪含量较少，可省略此步骤。

② 淀粉粒具有晶格结构，淀粉酶难以作用。加热糊化破坏了淀粉的晶格结构，使其易于被淀粉酶作用。

③ 常用于液化的淀粉酶是麦芽淀粉酶，它是α-淀粉酶和β-淀粉酶的混合物。α-淀粉酶水解直链淀粉的初始产物是低分子糊精，最终产物是麦芽糖和葡萄糖；对支链淀粉的初始产物是界限糊精和低分子糊精，最终产物是麦芽糖、异麦芽糖和葡萄糖。β-淀粉酶对直链淀粉和支链淀粉的最终水解产物都是麦芽糖。故采用麦芽淀粉酶时，水解产物主要是麦芽糖，还有少量葡萄糖和糊精。

④ 淀粉酶解过程中，淀粉黏度迅速下降，流动性增强。淀粉在淀粉酶中水解的顺序为：淀粉→蓝糊精→红糊精→麦芽糖→葡萄糖。与碘液呈色依次为：蓝色、蓝色、红色、无色、无色。因此可用碘液检验酶解终点。酶解终点为酶解液与碘液的反应不呈蓝色。若呈蓝色，再加热糊化，冷却至60℃以下，再加淀粉酶溶液，继续保温，直至酶解液加碘液后不呈蓝色为止。

⑤ 使用淀粉酶前，应确定其活力及水解时加入量。可用已知浓度的淀粉溶液少许，加入一定量淀粉酶溶液，置55～60℃水浴中保温1h，用碘液检验淀粉是否水解完全。以确定酶的活力及水解时的用量。

三、其他方法

1. 旋光法

（1）原理　淀粉具有旋光性，在一定条件下旋光度的大小与淀粉的浓度成正比。用氯化钙溶液提取淀粉，使之与其他成分分离，用氯化锡沉淀提取液中的蛋白质后，测定旋光度，即可计算出淀粉含量。计算公式如下：

$$淀粉含量（\%）=\frac{\alpha \times 100}{L \times 203 \times m} \times 100 \tag{9-16}$$

式中　α——旋光度读数，（°）；

　　　　L——观测管长度，dm；

　　　　m——样品质量，g；

　　　203——淀粉的比旋光度，(°)。

　　(2) 适用范围及特点　本法适用于不同来源的淀粉，具有重现性好、操作简便、快速等特点。由于淀粉的比旋光度大，直链淀粉和支链淀粉的比旋光度又很接近，因此本法对于可溶性糖类含量不高的谷物样品，具有较高的准确度。但对于一些未知或性质不清楚的样品及淀粉已经受热或变性，分析结果的误差较大。

　　(3) 说明与讨论

　　① 本法属于选择性提取法，用氯化钙溶液作为淀粉的提取剂，是因为钙能与淀粉分子上的羟基形成络合物，使淀粉与水有较高的亲和力而易溶于水中。

　　② 用氯化钙溶液提取淀粉时，需加热煮沸样品溶液一定时间，并随时搅拌，以提高淀粉提取率。加热后必须迅速冷却，以防止淀粉老化，形成高度晶化的不溶性淀粉分子微束。若加热煮沸过程中泡沫过多，可加入 1～2 滴辛醇消泡。

　　③ 蛋白质也具有旋光性，为消除其干扰，本法加入氯化锡溶液，以沉淀蛋白质。蛋白质含量较高的样品，如高蛋白营养米粉，用旋光法测定时结果偏低，误差较大。

　　④ 淀粉的比旋光度一般按 203° 计，但不同来源的淀粉也略有不同，如玉米、小麦淀粉为 203°，豆类淀粉为 200° 等。

　　⑤ 可溶性糖类比旋光度低，如蔗糖为 $+66.5°$、葡萄糖为 $+52.5°$、果糖为 $-92.5°$，都比淀粉的比旋光度低得多，它们对测定结果一般影响不大，可忽略不计。但糊精的比旋光度为 $+95°$，对糊精含量高的样品测定结果有较大的误差。

　　2. 重量法

　　(1) 原理　把样品与氢氧化钾酒精溶液共热，使蛋白质、脂肪等溶解，而淀粉和粗纤维不溶解。过滤后，用氢氧化钾水溶液溶解淀粉，使之与粗纤维分离。然后用醋酸酸化的乙醇使淀粉重新沉淀，过滤后把沉淀于 100℃烘干至恒重，再于 550℃灼烧至恒重，灼烧前后重量之差即为淀粉的含量。计算公式如下：

$$淀粉含量(\%)=\frac{(m_1-m_2)\times100}{m\times V}\times100 \tag{9-17}$$

式中　m_1——坩埚和内容物干燥后的质量，g；

　　　　m_2——坩埚和内容物灼烧后的质量，g；

　　　　m——样品质量，g；

　　　　V——测定时取样液量，mL；

　　　100——样液总量，mL。

　　(2) 适用范围及特点　本法是北欧食品分析委员会的标准方法。适用于蛋白质、脂肪含量较高的熟肉制品，如午餐肉、灌肠等食品中淀粉的测定。结果准确，重现性好，但操作繁琐，时间较长。

　　(3) 说明与讨论

　　① 氢氧化钾酒精溶液是将 50g KOH 溶于 1000mL 95％乙醇溶液中；醋酸酸化的乙醇溶液是指 1000mL 90％乙醇溶液中加 5mL 冰醋酸。

　　② 实验过程中有两次过滤，第一次是从样品溶液中分离提取出淀粉和粗纤维，用氢氧化钾酒精溶液洗涤沉淀，采用滤纸过滤；第二次是以醋酸酸化的乙醇溶液洗涤沉淀淀粉，采用古氏坩埚过滤。过滤过程中易造成损失，需细心操作，确保实验结果准确。

③ 测定肉制品中淀粉也可以采用容量法。即把样品与氢氧化钾共热，使样品完全溶解，再加入乙醇使淀粉析出，经乙醇洗涤后加酸水解为葡萄糖，然后按测定还原糖的方法测定葡萄糖含量，再换算为淀粉含量。此方法没有将淀粉与其他多糖分离开，如果在水解条件下这些多糖也能水解为还原糖，将产生正误差。

3. 高压酸水解法

（1）原理　在高压条件下用硫酸水解样品，使淀粉水解为葡萄糖，继而测定水解液中还原糖总量，同时测定样品总糖量，两者之差即为淀粉水解产生的还原糖量，再乘以换算系数即得淀粉含量。

（2）适用范围及特点　该法适用于蔬菜、水果等淀粉含量较少的样品。根据样品中淀粉及脂肪含量少的特点，省略了乙醚除脂肪和乙醇除可溶性糖类的操作步骤，以避免处理过程中淀粉的流失（当淀粉含量少时这种损失不可忽略），并简化了样品处理过程，改变了水解条件，从而大大缩短了测定时间。

（3）说明与讨论

① 本法采用的高压酸水解条件：样品中加入 100mL 0.5mol/L 硫酸，压力为 0.1MPa，水解时间为 15min。

② 样品中如含有半纤维素、戊聚糖、果胶质等多糖类，也可能被水解，造成正误差。另外，水解淀粉的条件与测总糖时的水解条件不同，可溶性糖类如蔗糖、葡萄糖、果糖等在这两种水解条件下的产物不一定完全相同，这也会给结果带来误差。

4. 酶-比色法

（1）原理　淀粉在淀粉葡萄糖苷酶（AGS）催化下，最终水解为葡萄糖。葡萄糖氧化酶（GOD）在有氧条件下，催化 β-D-葡萄糖（葡萄糖水溶液）氧化，生成 D-葡萄糖酸-δ-内酯和过氧化氢。受过氧化物酶（POD）催化，过氧化氢与 4-氨基安替比林和苯酚生成红色醌亚胺。

$$(C_6H_{10}O_5)_n + nH_2O \xrightarrow{AGS} nC_6H_{12}O_6$$

$$C_6H_{12}O_6 + O_2 \xrightarrow{GOD} C_6H_{12}O_6 + H_2O_2$$

$$H_2O_2 + C_6H_5OH + C_{11}H_{13}N_3O \xrightarrow{POD} C_6H_5NO + H_2O + C_{11}H_{14}$$

生成的醌亚胺在 505nm 波长处有最大吸收峰，可测定吸光度值，计算食品中淀粉的含量。计算公式如下：

$$w = \frac{m_1}{m_2 \times \frac{V_2}{V_1}} \times \frac{1}{1000 \times 1000} \times 100 = \frac{m_1}{m_2 \times \frac{V_2}{V_1} \times 10000} \tag{9-18}$$

式中　w——样品中淀粉的含量（质量分数），%；

m_1——标准曲线上查出的试液中淀粉含量，μg；

m_2——试样的质量，g；

V_1——试液的定容体积，mL；

V_2——测定时吸取试液的体积，mL。

（2）说明与讨论

① 本法选自国家标准分析方法 GB/T 5009.9—2008，简单快速，选择性好，不受其他糖类物质的干扰，适用于各类样品中淀粉的测定，最低检出限为 $0.09\mu g/mL$。但需专用试剂，价格昂贵，不易保存，应用受到限制。

② 组合试剂盒由四瓶试剂组成。1 号瓶内含淀粉葡萄糖苷酶 200U，柠檬酸和柠檬酸钠；2 号瓶内含 0.2mol/L 磷酸盐缓冲溶液（pH＝7）200mL，其中 4-氨基安替比林为 0.00154mol/L；3 号瓶内含 0.022mol/L 苯酚溶液 200mL；4 号瓶内含葡萄糖氧化酶和过氧化氢酶。4 个瓶须在 4℃左右保存。用时将 1 号瓶内的物质用重蒸馏水溶解，使其体积为 66mL，此溶液即为淀粉葡萄糖苷酶试剂；2 号瓶和 3 号瓶的物质充分混合均匀，再将 4 号瓶的物质溶解于其中，使葡萄糖氧化酶和过氧化氢酶完全溶解即得葡萄糖氧化酶和过氧化氢酶试剂溶液。这两种酶试剂溶液须在 4℃左右保存，有效期一个月。

③ 酶水解条件很严格，制备试液时，要求用二甲基亚砜和 6mol/L 盐酸溶液于（60±1）℃加热提取 30min，冷却至室温后，用 6mol/L 氢氧化钠溶液调整 pH 值至 4.6 左右。用重蒸馏水定容，弃去初滤液。测定试液时，要求加入 1mL 淀粉葡萄糖酶试剂溶液，摇匀，于（58±2）℃恒温水解 20min。冷却至室温后，加入 3mL 葡萄糖氧化酶-过氧化物酶试剂溶液，摇匀，在（36±1）℃恒温 4min。冷却至室温，用重蒸馏水定容，摇匀，测定吸光度，查标准曲线计算样品中的淀粉含量。

第四节　粗纤维的测定

食品中的粗纤维在化学上不是单一组分的物质，而是包括纤维素、半纤维素、木质素等多种组分的混合物。纤维素广泛存在于各种植物体内，其含量随食品种类的不同而异，尤其在谷类、豆类、水果、蔬菜中含量较高。由于其组成十分复杂，且随食品的来源、种类而变化，因此不同的研究者对纤维的解释也有所不同，其定义也就不同。目前，还没有明确的科学的定义。在 19 世纪，德国科学家首次提出了"粗纤维"的概念，用来表示食品中不能被稀酸、稀碱所溶解，不能为人体所消化利用的物质。到了近代，在研究和评价食品消化率和品质时，从营养学的观点，提出了"膳食纤维"的概念。它是指人体消化系统或者消化系统中的酶不能消化、分解、吸收的物质。它包括纤维素、半纤维素、戊聚糖、木质素、果胶、树胶等。膳食纤维比粗纤维更能客观、准确地反映食物的可利用率，因此有逐渐取代粗纤维的趋势。

纤维素与淀粉一样，也是葡萄糖的聚合物，但它不溶于水，也不溶于任何有机溶剂，对稀酸、稀碱相当稳定，人类和大多数动物由于没有 β-1,4-糖苷酶，故不能消化利用纤维素。纤维虽然不能被人体消化吸收和利用，营养价值很低，但它能吸收和保留水分使粪便柔软，有利于大便畅通，也能刺激消化液的分泌与肠道的蠕动，在维持人体健康、预防疾病方面有着独特的生理作用，因此已日益引起人们的重视。人类每天要从食品中摄入 8～12g 粗纤维才能维持人体正常的生理代谢功能。为保证纤维的正常摄取，一些国家强调增加纤维含量高的谷物、果蔬制品的摄食，同时还开发了许多强化纤维的配方食品。在食品生产和开发中，常需要测定粗纤维的含量，它也是食品成分全分析项目之一，对于食品品质管理和营养价值的评定具有重要意义。测定纤维素的方法现介绍如下。

一、称量法

(1) 原理　在热的稀硫酸作用下，样品中的糖、淀粉、果胶等物质经水解而除去，再用热的氢氧化钾溶液处理，使蛋白质溶解、脂肪皂化而除去。然后再用乙醇和乙醚处理以除去单宁、色素及残余的脂肪，所得的残渣即为粗纤维，如其中含有无机物质，可经灰化后扣除。

(2) 试剂

① 1.25% 硫酸溶液。

② 1.25% 氢氧化钾溶液。

（3）操作方法

① 取样

a. 干燥样品　如粮食、豆类等，经磨碎过 24 目筛，称取均匀的样品 5.0g，置于 500mL 锥形瓶中。

b. 含水分较高的样品　如蔬菜、水果、薯类等，先将样品加水打浆，记录样品重量和加水量，称取相当于 5.0g 干燥样品，加 1.25% 硫酸适量，充分混合，用亚麻布过滤，残渣移入 500mL 锥形瓶中。

② 酸处理　在带有样品的锥形瓶中加入 200mL 煮沸的 1.25% 硫酸，装上回流装置，加热使之微沸，回流 30min，每隔 5min 摇动锥形瓶一次，以充分混合瓶内物质。取下锥形瓶，立即用亚麻布过滤，用热水洗涤至洗液不呈酸性（以甲基红为指示剂）。

③ 碱处理　用 200mL 煮沸的 1.25% 氢氧化钾溶液将亚麻布上的存留物洗入原锥形瓶中，再装上回流装置，加热使之微沸，回流 30min，取下锥形瓶，立即用亚麻布过滤，用热水洗涤至洗液不呈碱性（以酚酞红为指示剂）。

④ 干燥　用水将亚麻布上的残留物洗入 100mL 烧杯中，再转移到已干燥至恒重的 G_2 垂融坩埚或 G_2 垂融漏斗中，抽滤，用热水充分洗涤后，抽干，再依次用乙醇、乙醚洗涤一次。将坩埚和内容物在 105℃ 烘箱中烘干至恒重。

⑤ 灰化　若样品中含有较多的无机物质，可用石棉坩埚代替垂融坩埚过滤，烘干称重后，移入 550℃ 高温炉中灼烧至恒重，置于干燥器内，冷却至室温后称重，灼烧前后的质量之差即为纤维素的量。

（4）结果计算

$$粗纤维的含量（\%）=\frac{m_1}{m_2}\times100 \tag{9-19}$$

式中　m_1——残余物的质量（或经高温灼烧后损失的质量），g；

　　　m_2——样品质量，g。

（5）说明与注意事项

① 该法选自 GB/T 5009.88—2008，具有操作简便、迅速，适用于各类食品。但该法测定结果粗糙，重现性差。由于酸碱处理时纤维成分会发生不同程度的降解，使测得值与纤维的实际含量差别很大，这是此法的最大缺点。

② 试样一般要求通过 40 目筛，并且充分混合使之均匀，过粗或过细都不好。过粗，则难以水解充分，往往使结果偏高；而过细则往往使结果偏低且过滤困难。

③ 样品中脂肪含量高于 1% 时，应先用石油醚脱脂，然后再测定，否则结果将偏高。

④ 测定过程中要严格控制酸、碱处理过程和沸腾的状态，确保测定结果的准确性。实验证明，酸、碱处理过程的回流时间和沸腾的状态等因素都将对测定结果产生影响。酸、碱处理时间必须严格掌握。注意沸腾不能过于剧烈，以防止样品脱离液体，附于液面以上的瓶壁上。每隔 5min 摇动锥形瓶一次，以充分混合瓶内物质，并注意加沸水维持原来液面的高度以保持酸、碱的浓度不变。如产生大量泡沫，可加入 2 滴硅油或辛醇消泡。

⑤ 回流处理后，必须立即用亚麻布过滤，并用热水洗涤至洗液不呈酸性（以甲基红为指示剂），否则结果出入较大。用亚麻布过滤时，最好采用 200 目尼龙筛绢过滤，既耐较高温度，孔径又稳定，本身不吸留水分，洗残渣也较容易。过滤时间不能太长，一般不超过 10min，否则应适量减少称样量。

⑥ 恒重要求：烘干<1mg，灰化<0.5mg。

⑦ 本方法在测定中，纤维素、半纤维素、木质素等食物纤维成分都发生了不同程度的降解，且残留物中还包含了少量的无机物、蛋白质等成分，故测定结果称为"粗纤维"。

⑧ 测定粗纤维的方法还有容量法。样品经 2％盐酸回流，除去可溶性糖类、淀粉、果胶等物质，残渣用 80％硫酸溶解，使纤维成分水解为还原糖（主要是葡萄糖），然后按还原糖测定方法测定，再折算为纤维含量。该法操作复杂，一般很少采用。

二、纤维素测定仪法

（1）仪器构造　纤维素测定仪主要由热抽提器和冷抽提器两部分组成。热抽提器由辐射加热、试剂和洗涤水的预热系统、冷凝水系统、水泵、试剂泵、真空泵、压力泵等部分组成。冷抽提器由阀门系统、真空排泄系统、压力系统等部分组成。该系统所使用的坩埚由硼硅玻璃制成，配有不同孔隙度的过滤器，根据所配过滤器孔隙度的不同，坩埚可分为 P_0、P_1、P_2、P_3 几种型号，分别标注在坩埚上。P_0 为粗过滤器，P_1 为 $90\sim150\mu m$，P_2 为 $40\sim90\mu m$，P_3 为 $15\sim40\mu m$。这些坩埚均可承受 $540℃$ 的高温。但冷坩埚不可立即放入高温炉内，应从炉口低温区逐步放入炉内高温区；在 $500℃$ 灰化后，热坩埚也不可立即放在冷的表面上，应先在炉口降温后拿出，以防破裂。仪器配有坩埚夹钳，便于将一组 6 个坩埚一齐插入热抽提器和冷抽提器，或将 6 个坩埚从热、冷抽提器中拨出。仪器还配有坩埚支架，便于将一组 6 个坩埚移到其他地方。

（2）工作原理　用水充满热抽提器的水箱，由电加热装置加热水箱中的水，温度保持 $94℃$。由水泵使水在系统中循环。试剂瓶装在保温的支承套中，由试剂泵将试剂泵出，再通过两个热交换器，最后又返回到贮存瓶内，热交换器与水箱内的水加热装置盘绕在一起，以此可使试剂加热升温。

当六个控制阀位于左边时，$0.128mol/L$ 硫酸被泵入试样坩埚和抽提筒内。由电辐射器加热试剂且保持合适的沸腾速度。当到达抽提时间后，辐射加热将自动关闭，循环终止，发出短促响声信号。然后将控制阀门推向真空位置，进行真空过滤。启动压力泵，排出废液。在热抽提器的上方配有喷雾器，可沿导杆滑动，导杆上设有定位槽，以保证喷雾器能依次向每个抽提筒内喷去离子水洗涤试样。依次用喷雾洗涤试样。当六个控制阀位于右边时，则是 $0.223mol/L$ 氢氧化钠溶液被泵入试样坩埚和抽提筒内，同上述 $0.128mol/L$ 硫酸处理的原理和步骤进行抽提和洗涤试样。当完成最后的抽提和洗涤后，移走坩埚，将其放入冷抽提器内，再用丙酮洗涤除去残留的有机物，烘干所得残余物减去灰分即为试样中的纤维素，计算公式如下：

$$粗纤维的含量（\%）=\frac{m_2-m_3}{m_1}\times100 \tag{9-20}$$

式中　m_2——烘干所得残余物的质量，g；

　　　m_1——样品质量，g；

　　　m_3——样品灰分质量，g。

（3）说明与讨论

① 本法样品的抽提、洗涤和过滤等操作由仪器自动完成，操作简便、迅速，适用于各类食品，但由于酸碱处理时，样品中纤维素、半纤维素等成分有不同程度的降解，使测定结果粗糙，重现性差。

② 要求试样水分含量为 $5\%\sim10\%$，通过孔径为 1mm 的筛绢。高脂肪含量的试样应先在冷抽提器内脱脂，再进行分析。

③ 当试剂开始沸腾后，火力应当调小，以保持缓慢而稳定的沸腾速率，使其准确沸腾 0.5h。如果试样浮在试剂表面，可加入一些乙醇以减少表面张力，也可加几滴辛醇以减少

或消除泡沫的形成。

④ 如果试样在抽提筒内黏附在试剂表面上方的筒壁上，可将加热器开大些，以增加沸腾的强度，达到洗下黏附的试样的目的，也可以小心用玻璃棒将黏附的试样刮下，或用洗瓶喷水洗下。

⑤ 借助热抽提器内的反向气流作用，能有效地除掉滤渣或堵塞过滤坩埚的物料。减少过滤时可能会出现问题的另一种方法是使加热器工作，维持抽提筒的热量，使试样黏度不下降。

⑥ 完成每一试样抽提后，应及时检查水箱内的水位，如需要可加水补充；测定完成后，用压缩空气冲洗坩埚中的灰分，如果坩埚弄脏，可用铬酸洗涤。

三、不溶性膳食纤维的测定

鉴于粗纤维测定方法的诸多缺点，近几十年来各国学者对膳食纤维的测定方法进行了广泛的研究，提出了不溶性膳食纤维，试图用来代替粗纤维指标。不溶性膳食纤维是指来源于各类植物性食物中不溶于水的半纤维素、纤维素和木质素。目前有的国家把它列为营养分析的正式指标之一。

(1) 原理　样品经热的中性洗涤剂溶液浸煮后，其中的糖、淀粉、蛋白质、果胶等物质被溶解除去，残渣用热蒸馏水充分洗涤后，加入 α-淀粉酶溶液以分解结合态淀粉，再用蒸馏水、丙酮洗涤，除去残存的脂肪、色素等，残渣经烘干，即为不溶性膳食纤维。计算公式如下：

$$粗纤维的含量(\%)=\frac{m_1}{m_2}\times100 \tag{9-21}$$

式中　m_1——残余物的质量，g；

　　　m_2——样品质量，g。

(2) 说明与讨论

① 本法是美国谷物化学家协会（AACC）审批的方法，同时也是我国国标 GB 5009.88—2008 的方法，适用于谷物及其制品、饲料、果蔬等样品，对于蛋白质、淀粉含量高的样品，由于易形成大量泡沫，黏度大，过滤困难，使此法应用受到限制。本法设备简单、操作容易、准确度高、重现性好，所测结果包括食品中全部的纤维素、半纤维素、木质素，最接近于食品中膳食纤维的真实含量。

② 不溶性膳食纤维相当于植物细胞壁，它包括了样品中全部的纤维素、半纤维素、木质素、角质等。水溶性膳食纤维是指溶于水的膳食纤维，包括来源于水果的果胶、某些豆类种子中的豆胶、海藻的藻胶、某些植物的黏性物质等，由于食品中水溶性膳食纤维含量一般较少，所以不溶性膳食纤维接近于食品中膳食纤维的真实含量。

③ 样品粒度对分析结果影响较大，本法要求试样通过 1mm 筛。

④ 许多样品易形成泡沫，干扰测定，可用十氢钠（萘烷）作为消泡剂，也可用正辛醇，但正辛醇测定结果精密度不及十氢钠。

⑤ 不溶性膳食纤维测定值高于粗纤维测定值，且随食品种类的不同，两者的差异也不同，实验证明，粗纤维测定值占不溶性膳食纤维测定值的百分比：谷物为 13%～27%；干豆类为 35%～52%；果蔬为 32%～66%。

第五节　果胶物质的测定

果胶物质是由半乳糖醛酸、乳糖、阿拉伯糖、葡萄糖醛酸等组成的高分子聚合物，存在于水果、蔬菜及其他植物的细胞膜中，是植物细胞的主要成分之一。果胶物质以甲氧基含量或酯化程度不同分为原果胶、果胶酯酸、果胶酸。原果胶是与纤维素、半纤维素结合在一起的高度甲酯化的聚半乳糖醛酸，存在于细胞壁中，不溶于水，在原果胶酶或酸的作用下可水解为果胶酯酸。果胶酯酸是羧基不同程度甲酯化和中和的聚半乳糖醛酸，存在于植物细胞汁液中，可溶于水，溶解度与酯化程度有关，在果胶酶或酸、碱的作用下可水解为果胶酸。果胶酸是指甲氧基含量 $<1\%$ 的果胶物质，它可溶于水，在细胞汁中可与 Ca^{2+}、Mg^{2+}、K^+、Na^+ 等离子形成不溶于水或微溶于水的果胶酸盐。

植物中各种形态果胶物质含量与其成熟度有关，并影响植物组织的强度和密度。在果蔬未成熟时主要以原果胶形式存在于细胞壁中，整个组织比较坚硬。在逐渐成熟过程中，原果胶在酶的作用下水解为可溶性果胶酯酸，并与纤维素、半纤维素分离，渗入细胞汁液中，组织随之变软。如果过熟，果胶酯酸在酶的作用下水解为果胶酸，组织变成软瘪状态。果胶物质在酸的作用下最终可水解为半乳糖醛酸。

果胶物质是一种植物胶，在食品工业中用途较广，如利用果胶的水溶液在适当的条件下可以形成凝胶的特性，可以生产果酱、果冻及高级糖果等食品；利用果胶具有增稠、稳定、乳化等功能，可以在解决饮料的分层、稳定结构、防止沉淀、改善风味等方面起着重要作用；利用果胶物质能治疗胃肠道疾病、胃溃疡等疾病，低甲氧基果胶能与铅、汞等有害金属络合形成人体不能吸收的不溶解物的性质，可以用其制成功能性食品。

测定果胶物质的方法有重量法、咔唑比色法、果胶酸钙滴定法、蒸馏滴定法等。其中果胶酸钙滴定法主要适用于纯果胶的测定，当样液有颜色时，不易确定滴定终点。此外，由不同来源的试样得到的果胶酸钙中钙所占比例并不相同，从测得的钙量不能准确计算出果胶物质的含量，因此此法的应用受到了一定的限制。对于蒸馏滴定法，因为在蒸馏时有一部分糠醛分解，使回收率降低，故此法也不常用。较常用的是称量法和咔唑比色法。

一、重量法

（1）原理　先用70%乙醇处理样品，使果胶沉淀，再依次用乙醇、乙醚洗涤沉淀，以除去可溶性糖类、脂肪、色素等物质，残渣分别用酸或用水提取总果胶或水溶性果胶。果胶经皂化生成果胶酸钠，再经醋酸酸化使之生成果胶酸，加入钙盐则生成果胶酸钙沉淀，烘干后称重。

（2）试剂

① 乙醇。

② 乙醚。

③ 0.05mol/L 盐酸溶液。

④ 0.1mol/L 氢氧化钠溶液。

⑤ 1.0mol/L 醋酸溶液　称取58.3mL冰醋酸，用水定容到100mL。

⑥ 1.0mol/L 氯化钙溶液　称取110.99g无水氯化钙，用水定容到500mL。

（3）仪器

① 布氏漏斗。

② G_2 垂融坩埚。

③ 真空泵。

（4）操作方法

① 样品处理

a. 新鲜样品　称取试样30～50g，用小刀切成薄片，置于预先放有99%乙醇的500mL锥形瓶中，装上回流装置，在水浴上沸腾回流15min后，冷却，用布氏漏斗过滤，残渣置于研钵中一边慢慢研磨，一边滴加 70％的热乙醇，冷却后再过滤，反复操作至滤液不呈糖的反应为止（用苯酚-硫酸法检验）。残渣用 99％乙醇洗涤脱水，再用乙醚洗涤以除去脂类和色素，风干乙醚。

b. 干燥样品　将样品研细，过 60 目筛，称取 5～10g 样品于烧杯中，加入热的 70％乙醇，充分搅拌以提取糖类，过滤。反复操作至滤液不呈糖的反应为止。残渣用 99％乙醇洗涤脱水，再用乙醚洗涤以除去脂类和色素，风干乙醚。

② 提取果胶

a. 水溶性果胶提取　用 150mL 水将上述漏斗中的残渣移入 250mL 烧杯中，加热至沸腾并保持沸腾 1h，随时补充蒸发的水分，冷却后移入 250mL 容量瓶中，加水定容，摇匀过滤，弃去初滤液，收集滤液即可得到水溶性果胶提取液。

b. 总果胶的提取　用 150mL 加热至沸的 0.05mol/L 盐酸溶液把漏斗中残渣移入 250mL 锥形瓶中，装上冷凝器，在沸水浴中回流加热 1h，冷却后移入 250mL 容量瓶中，加甲基红指示剂 2滴，加 0.5mol/L 氢氧化钠溶液中和后，用水定容，摇匀、过滤，收集滤液即得总果胶提取液。

③ 测定　取 25mL 提取液（能生成果胶酸钙约 25g）于 500mL 烧杯中，加入 0.1mol/L 氢氧化钠 100mL，充分搅拌，放置 0.5h，再加入 1.0mol/L 醋酸溶液 50mL，放置 5min，边搅拌边缓缓加入 1.0mol/L 氯化钙溶液 25mL，放置 1h（陈化），加热煮沸 5min，趁热用烘干至恒重的滤纸（G_2 垂融坩埚）过滤，用热水洗涤至无氯离子（用 10％硝酸银溶液检验）为止。滤渣连同滤纸一同放入称量瓶内，置 105℃烘箱中（G_2 垂融坩埚可直接放入）干燥至恒重。

（5）结果计算

$$果胶物质含量(以果酸计,\%) = \frac{(m_1 - m_2) \times 0.9233}{m \times \frac{25}{250} \times 1} \times 100 \tag{9-22}$$

式中　m_1——果胶酸钙和滤纸或垂融坩埚质量，g；

　　　m_2——滤纸或垂融坩埚的质量，g；

　　　m——样品质量，g；

　　　25——测定时取果胶提取液的体积，mL；

　　　250——果胶提取液总体积，mL；

0.9233——由果胶酸钙换算为果胶酸的系数。果胶酸钙（$C_{17}H_{22}O_{11}Ca$），其中钙含量约7.67％、果胶酸含量约为 92.33％。

（6）说明与注意事项

① 本法适用于各类食品，方法稳定可靠，但操作较繁琐费时。果胶酸钙沉淀中易夹杂其他胶态物质，使本法选择性较差。

② 新鲜试样若直接研磨，由于果胶酶的作用，果胶会迅速分解，需将试样切片浸入热95％乙醇中，使乙醇溶液最终浓度调整到 70％以上，回流煮沸 15min，以钝化酶的活性。

③ 糖分检验用苯酚-硫酸法：取检液 1mL，置于试管中，加入 5％苯酚水溶液 1mL，再加入硫酸 5mL，混匀，如溶液呈褐色，证明检液中含有糖分。

④ 本法是用沉淀剂使果胶物质沉淀析出，而后测定重量的方法。沉淀剂有两类：一类是电解质，如氯化钠、氯化钙等；另一类是有机溶剂，如甲醇、乙醇、丙酮等。果胶物质沉淀的难易程度与其酯化程度有关，酯化度越大，溶解度越大，越难于沉淀。电解质适用于酯化度小和中等的果胶物质，如酯化度为 0～30％时，常用氯化钠溶液；酯化度为 40％～70％时，常用氯化钙溶液作沉淀剂。有机溶剂适用于酯化度较大的果胶物质，且酯化度越大，选

用的有机溶剂的浓度也应越大。

⑤ 本法采用氯化钙溶液作沉淀剂，加入氯化钙溶液时，应边搅拌边缓缓滴加，以减小过饱和度，并避免溶液局部过浓。

⑥ 由于果胶物质的黏度一般很大，为了降低溶液的黏度，加快过滤和洗涤速度，并增大杂质的溶解度，使其易被洗去，需采用热过滤和热水洗涤沉淀。

二、咔唑比色法

果胶经水解生成半乳糖醛酸，在强酸中与咔唑试剂发生缩合反应，生成紫红色化合物，其呈色强度与半乳糖醛酸含量成正比，可比色定量。按下式计算：

$$果胶含量（以半乳糖醛酸计，\%）=\frac{\rho \times V \times K}{m \times 10^{6}} \times 100 \tag{9-23}$$

式中　ρ——从标准曲线上查得的半乳糖醛酸浓度，$\mu g/mL$；

　　　V——果胶提取液总体积，mL；

　　　K——提取液稀释倍数；

　　　m——样品质量，g。

说明与讨论：

① 本法适用于各类食品，较重量法操作简便、快速。标准样品的平均回收率为98.4%～102.7%，准确度高，重现性好，同一试样五次测定结果的标准误差为±（0.46～1.51）。

② 糖分存在对咔唑的呈色反应影响较大，使结果偏高。因此从样品中提取果胶物质之前，用70%乙醇充分洗涤试样以完全除去糖分。

③ 硫酸的浓度对呈色反应影响较大，半乳糖醛酸在低浓度的硫酸中与咔唑试剂的呈色度极低，甚至不显色，只有在浓硫酸中才可使其显色，且颜色深浅与浓硫酸浓度和纯度有关。故在测定样液和制作标准曲线时，应使用同规格、同批号的浓硫酸，以保证其浓度、纯度一致。

④ 浓硫酸与半乳糖醛酸混合液，在加热条件下可形成与咔唑呈色反应所必需的中间化合物，在加热10min后即已形成，在测定条件下显色迅速且具有一定的稳定性，可满足测定要求。

⑤ 本法的测定结果以半乳糖醛酸表示，因不同来源的果胶中半乳糖醛酸的含量不同，如甜橙为77.7%、柠檬为94.2%、柑橘为96%、苹果为72%～75%。若把结果换算为果胶的含量，可按上述关系计算换算系数。

第十章　蛋白质和氨基酸的测定

第一节　概　　述

蛋白质是生命的物质基础，也是构成生物体细胞组织的重要成分，同时也是生物体发育及修补组织的原料。一切有生命的活体都含有不同类型的蛋白质。人体内的酸、碱及水分平衡，遗传信息的传递，物质代谢及转运都与蛋白质有关。人及动物只能从食物中得到蛋白质及其分解产物来构成自身的蛋白质，故蛋白质是人体重要的营养物质，也是食品中重要的营养成分。

蛋白质在食品中含量的变化范围很宽。动物来源和豆类食品是优良的蛋白质资源。部分种类食品的蛋白质含量如表 10-1 所示。

表 10-1　部分食品的蛋白质含量（质量分数/％，以湿基计）

食品名称	蛋白质含量	食品名称	蛋白质含量
大米(糙米、长粒、生)	7.9	马铃薯(整粒、肉和皮)	2.1
大米(白米、长粒、生、强化)	7.1	大豆(成熟的种子、生)	36.5
玉米粉(整粒、黄色)	6.9	豆(腰子状、所有品种、成熟的种子、生)	23.6
小麦粉(整粒)	13.7		
意大利面条(干、强化)	12.8	豆腐(生、普通)	8.1
玉米淀粉	0.3	牛肉(颈肉、烤前腿)	18.5
牛乳(全脂、液体)	3.3	牛肉(腌制、干牛肉)	29.1
牛乳(脱脂、干)	36.2	鸡(可供煎炸的鸡胸肉、生)	23.1
切达干酪	24.9	火腿(切片、普通的)	17.6
酸奶(普通的、低脂)	5.3	鸡蛋(生、全蛋)	12.5
苹果(生、带皮)	0.2	鱼(太平洋鳕鱼、生)	17.9
芦笋(生)	2.3	鱼(金枪鱼、白色、罐装、油浸、滴干的固体)	26.5
草莓(生)	0.6		
莴苣(冰、生)	1.0		

蛋白质是复杂的含氮有机化合物，相对分子质量大，大部分高达数万至数百万，分子的长轴则长达 $1\sim100nm$，它们由 20 种氨基酸通过酰胺键以一定的方式结合起来，并具有一定的空间结构，所含的主要化学元素为 C、H、O、N，在某些蛋白质中还含有微量的 P、Cu、Fe、I 等元素，但含氮则是蛋白质区别于其他有机化合物的主要标志。

不同的蛋白质，其氨基酸构成比例及方式不同，故各种不同种类、不同来源的蛋白质其含氮量也不相同。一般蛋白质含氮量为 16％，即 1 份氮相当于 6.25 份蛋白质，此数值(6.25) 称为蛋白质系数。不同种类食品的蛋白质系数有所不同，如玉米、荞麦、青豆、鸡蛋等为 6.25，花生为 5.46，大米为 5.95，大豆及其制品为 5.71，小麦粉为 5.70，牛乳及其制品为 6.38。

蛋白质的酰胺键能在酸、碱、酶的催化下发生水解作用。依据水解程度的不同分为完全水解和部分水解，完全水解的产物是氨基酸的混合物，部分水解的产物是肽段和氨基酸的混合物。蛋白质的水解过程及生成产物为：蛋白质→蛋白胨→蛋白短肽→二肽→氨基酸。氨基酸是构成蛋白质的最基本物质,虽然从各种天然物质中分离得到的氨基酸已达 175 种以上,但是构成蛋白质的氨基酸主要是其中的 20 种,而在构成蛋白质的氨基酸中,亮氨酸、异亮氨酸、赖氨酸、苯丙氨酸、蛋氨酸、苏氨酸、色氨酸和缬氨酸等 8 种氨基酸在人体中不能合成,必须依靠食物供给,故被称为必需氨基酸,它们对人体有着极其重要的生理功能,常会因其在体内缺乏而导致患病或通过补充而增强了新陈代谢作用。随着食品科学的发展和营养知识的普及,食品蛋白质中必需氨基酸含量的高低及氨基酸的构成愈来愈得到人们的重视。为提高蛋白质生理效价而进行食品的开发及合理配膳等工作都具有极其重要的意义。

测定蛋白质的方法可分为两大类:一类是利用蛋白质的共性,即含氮量、肽键和折射率等测定蛋白质含量;另一类是利用蛋白质中特定氨基酸残基、酸性和碱性基团以及芳香基团等测定蛋白质含量。但因食品种类繁多,食品中蛋白质含量各异,特别是其他成分,如碳水化合物、脂肪和维生素等干扰成分很多,因此蛋白质含量测定最常用的方法是凯氏定氮法,它是测定总有机氮的最准确和操作较简便的方法之一,在国内外应用普遍。该法是通过测出样品中的总含氮量再乘以相应的蛋白质系数而求出蛋白质含量的,由于样品中常含有少量非蛋白质含氮化合物,故此法的结果称为粗蛋白含量。此外,双缩脲法、染料结合法、酚试剂法等也常用于蛋白质含量测定,由于凯氏定氮法简便快速,故多用于生产单位质量控制分析。

近年来,凯氏定氮法经不断地研究改进,使其在应用范围、分析结果的准确度、仪器装置及分析操作速度等方面均取得了新的进步。另外,国外采用红外分析仪,利用波长在 $0.75 \sim 3 \mu m$ 范围内的近红外线具有被食品中蛋白质组分吸收及反射的特性,依据红外线的反射强度与食品中蛋白质含量之间存在的函数关系而建立了近红外光谱快速定量方法。

鉴于食品中氨基酸成分的复杂性,在一般的常规检验中多测定样品中的氨基酸总量,通常采用酸碱滴定法来完成。色谱技术的发展为各种氨基酸的分离、鉴定及定量提供了有力的工具,近年来世界上已出现了多种氨基酸分析仪,这使得快速鉴定和定量氨基酸的理想成为了现实。另外,利用近红外反射分析仪,输入各类氨基酸的软件,通过计算机控制进行自动检测和计算,也可以快速、准确地测出各类氨基酸含量。以下将分别介绍常用的蛋白质和氨基酸测定方法。

第二节 蛋白质的定性反应

一、蛋白质的一般显色反应

1. 氨基黑法

氨基黑 10B

氨基黑 10B 是一种酸性染料,其磺基可与蛋白质反应构成复合盐,产生颜色,是最常用的蛋白质染料之一。

显色方法:

(1) 经点样后的层析纸经电泳或色谱分离后,浸入氨基黑 10B 醋酸甲醇溶液(13g 氨基黑 10B 溶解于 100mL 冰醋酸和 900mL 甲醇中,充分摇匀,放置过夜,过滤后可反复使用几次）中，染色 10min，然后用 10％醋酸甲醇溶液洗涤约 5～7 次，待背景变成浅蓝色后干燥。若进行洗脱，用 0.1mol/L 氢氧化钠浸泡 30min，于 595nm 处比色测定。

（2）聚丙烯酰胺凝胶电泳后染色　用甲醇固定后，在含 1％氨基黑 10B 的 0.1mol/L 氢氧化钠溶液中染色 5min（室温），用 5％乙醇洗脱背景底色。或用 7％醋酸固定后，于 96℃水浴中用 7％醋酸（含 0.5％～1％氨基黑 10B）染色 10min，以 7％醋酸洗脱背景底色。用氨基黑 10B 染 SDS-蛋白质时效果不好。如果凝胶中含有兼性离子载体，可先用 10％三氯醋酸浸泡，每隔 2h 换液一次，约洗脱 10 次，再进行染色。

（3）凝胶薄层的直接染色　将凝胶薄层放在一定湿度的烘箱内逐步干燥（50℃），没有调温调湿箱时用一张滤纸放于烘箱内，以保持一定的湿度。将干燥的薄层板于漂洗液（750mL 甲醇、200mL 水、50mL 冰醋酸）中预处理 10min，然后在染色液（750mL 甲醇、200mL 水、50mL 冰醋酸，在此溶液中加氨基黑 10B 饱和）中染色 5h，再在漂洗液内洗涤。

本法优点是灵敏度较高，缺点是花费时间长，不同蛋白质染色强度不同。

2. 溴酚蓝法

经电泳或色谱分离后将滤纸或凝胶于 0.1％溴酚蓝固定染色液（1g 溴酚蓝、100g 氯化汞溶于 50％乙醇水溶液中，用 50％乙醇稀释至 1000mL）中浸泡 15～20min，在 30％乙醇：5％醋酸水溶液中漂洗过夜。若需洗脱，可用 0.1mol/L NaOH 进行洗脱。

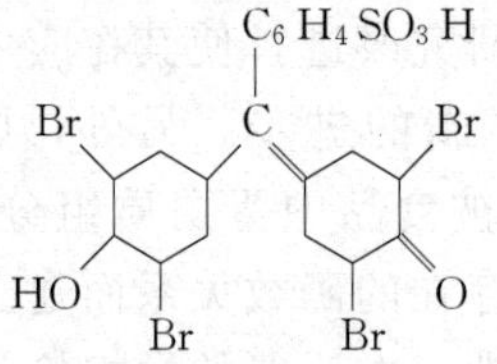

溴酚蓝

此法缺点是灵敏度低，某些相对分子质量小的蛋白质可能染不上颜色。

3. 考马斯亮蓝法

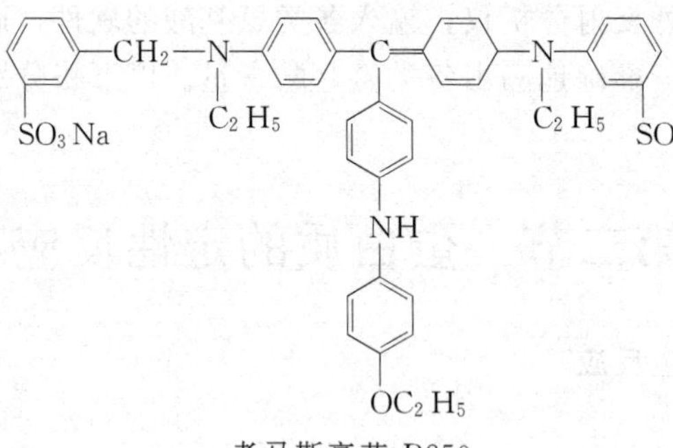

考马斯亮蓝 R250

该染料通过范德华力与蛋白质结合。考马斯亮蓝含有较多疏水基团，和蛋白质的疏水区有较大的亲和力，而和凝胶基质的亲和力不如氨基黑，所以用考马斯亮蓝染色时漂洗要容易得多。

显色方法：

（1）经电泳后滤纸或醋酸纤维膜在 200g/L 磺基水杨酸溶液中浸 1min，取出后放入 2.5g/L 考马斯亮蓝 R250 染色液（配制用蒸馏水内不含有重金属离子）浸 5min，在蒸馏水或 7％醋酸中洗 4 次，每次 5min，于 90℃放置 15min。

（2）聚丙烯酰胺凝胶也可同上处理。在酸性醇溶液中，考马斯亮蓝-兼性离子载体络合物溶解度显著增大，因此能免去清除兼性离子载体的步骤。可运用下列方法之一：

① 凝胶用 10％三氯醋酸固定，在 10％三氯醋酸-1％考马斯亮蓝 R250（19：1）中室温染色 0.5h，用 10％三氯醋酸脱底色。

② 凝胶浸入预热至 60℃的 0.1％考马斯亮蓝固定染色液（150g 三氯醋酸、45g 磺基水杨酸溶于 375mL 甲醇和 930mL 蒸馏水的混合液中。每 1 克考马斯亮蓝 R250 溶于此混合液 1000mL 中）中约 30min，用酸性乙醇漂洗液（乙醇：水：冰醋酸＝25：25：8）洗尽背景颜色。染色后凝胶保存于酸性乙醇漂洗液中。本法灵敏度为：卵清蛋白 0.03μg，血清清蛋白 0.02μg，血红蛋白 0.01μg。

③ 凝胶浸入考马斯亮蓝固定染色液（2g 考马斯亮蓝 R250 溶于 100mL 蒸馏水中，加 2mol/L 硫酸 100mL，过滤除去沉淀，向清液中滴加 10mol/L KOH 至颜色从绿变蓝为止。量体积，每 100mL 加入三氯醋酸 12g）中 1h，然后用蒸馏水洗净背景颜色或在 0.2％ H_2SO_4 溶液中浸泡片刻脱除背景颜色。染色后的凝胶保存于蒸馏水中。此法机制未明，起染色作用的可能不是考马斯亮蓝本身，灵敏度不如上法。

考马斯亮蓝法灵敏度比氨基黑高 5 倍，尤其适用于 SDS 电泳的微量蛋白质的染色。在 549nm 处有最大吸收值，蛋白质在 1～10μg 呈线性关系。

4. 酸性品红法

经电泳后滤纸置于 0.2％酸性品红溶液中（2g 酸性品红溶解于 500mL 甲醇、400mL 蒸馏水和 100mL 冰醋酸中）加热染色 15min；取出后浸入醋酸甲醇溶液（500mL 甲醇，加 400mL 蒸馏水和 100mL 冰醋酸）15min；然后浸入 10％醋酸溶液，每次 20min，至背景无色为止。若需进行比色，可用 0.1mol/L NaOH 溶液浸泡 2h，在波长为 570nm 处比色。

5. 氨基萘酚磺酸法

聚丙烯酰胺凝胶电泳后，把凝胶暴露于空气中几分钟，或在 2mol/L HCl 中浸一下使表层蛋白变性，再在 0.003％氨基萘酚磺酸的 0.1mol/L 磷酸盐缓冲液（pH6.8）中染色 3min，在紫外光下可显黄绿色荧光。这样的染色可保留凝胶内部的酶和抗体的活性。如不需保留活性时，可先在 3mol/L HCl 中浸 2min 以上使蛋白质充分变性，再染色。

二、复合蛋白质的显色反应

1. 糖蛋白的显色

(1) 过碘酸-Schiff 氏试剂显色法

① 试剂

过碘酸液：1.2g 过碘酸溶解于 30mL 蒸馏水中，加 15mL 0.2mol/L 醋酸钠溶液及 100mL 乙醇。临用前配制，或保存在棕色瓶中，可用数日。

还原液：5g 碘化钾、5g 硫代硫酸钠溶于 100mL 蒸馏水中，加 150mL95％乙醇及 2.5mL 2mol/L HCl。现配现用。

亚硫酸品红液：2g 碱性品红溶解于 400mL 沸水中，冷却至 50℃过滤。在滤液中加入 10mL 2mol/L 盐酸和 4g 偏亚硫酸钾（$K_2S_2O_5$），将瓶塞塞紧，并置于 0～4℃冰箱中过夜，取出后加 1g 活性炭，过滤，再逐渐加入 2mol/L 盐酸，直至此溶液在玻片上干后不变红色为止，保存在棕色瓶中，冰箱贮存，当溶液变红时不可以再用。

亚硫酸盐冲洗液：1mL 浓硫酸、0.4g 偏亚硫酸钾加入到 100mL 水中。

② 显色步骤　将含有样品的滤纸浸在 70％乙醇中，片刻后取出吹干，在高碘酸液中浸 5min，用 70％乙醇洗一次，在还原液中浸 5～8min，再用 70％乙醇洗一次，在亚硫酸品红液中浸 24～25min，用亚硫酸盐冲洗液洗三次，并用乙醇脱水后，放在玻璃板上吹干。显色结果：在黑灰色的底板上呈现紫红色。

（2）甲苯胺蓝（toluidine blue）显色法

① 试剂

试剂甲：1.2g 过碘酸溶解在 30mL 蒸馏水中，加 15mL 0.5mol/L 醋酸钠和 100mL 96％乙醇。现配现用。

试剂乙：100mL 甲醇加 20mL 冰醋酸及 80mL 蒸馏水。

试剂丙：溴水。

试剂丁：10g/L 甲苯胺蓝水溶液。

试剂戊：40g/L 钼酸铵溶液。

② 显色步骤　将点有样品的滤纸依次在试剂甲中浸 15min、试剂丙中浸 15min，用自来水漂洗，再在试剂丁中浸 30min，自来水中漂洗至没有蓝色染料渗出（约 30~40min）后，再依次在试剂戊中浸 3min、试剂乙中浸 15min，丙酮中浸 2min 后在空气中干燥。显色结果：糖蛋白部分染成蓝色，背景带有红紫色。

（3）阿尔新蓝（Alcian blue）显色法　聚丙烯酰胺凝胶在 12.5％三氯醋酸中固定 30min后，再用蒸馏水轻轻漂洗。放入 1％过碘酸液（在 3％醋酸中）中氧化 50min。用蒸馏水反复洗涤去除多余的过碘酸盐。再放入 0.5％偏重亚硫酸钾中还原剩余的过碘酸盐 30min，再用蒸馏水洗涤。浸在 0.5％阿尔新蓝（在 3％醋酸中）溶液中染 4h。

2. 脂蛋白的显色

（1）苏丹黑（Sudan black）显色法　将 0.1g 苏丹黑 B 溶解于煮沸的 100mL 60％的乙醇溶液中，制备成饱和溶液，冷却后过滤两次，备用。

显色时将点有样品的滤纸浸于上述溶液中，完全浸泡 3h 后取出，用 50％乙醇溶液洗涤两次，每次洗涤 15min，空气中干燥。

聚丙烯酰胺凝胶电泳预染法：加苏丹黑 B 到无水乙醇中成饱和液，并振摇使乙酰化。用前过滤。按样品液的 1/10 量加入样品液中染色 1h 或 4℃过夜。染色后的样品再进行电泳。

（2）油红-O（Oil red O）显色法　0.04g 油红-O 溶解于 100mL 60％的乙醇中，30℃放置过夜（16h）使油红-O 充分饱和后，在 30℃下滤去多余的染料，澄清液即可用于染色。

将滤纸浸入染料液中，在 30℃下染色 18h 后，用水冲洗，使背景变浅，在空气中干燥。脂蛋白为红色，背景为桃红色。本法在 30℃以下显色时，会引起染料沉淀。

第三节　蛋白质的定量测定

一、凯氏定氮法

新鲜食品中含氮化合物大都以蛋白质为主体，故检测食品中的蛋白质时，往往只测定总氮量，然后乘以蛋白质换算系数，即可得到蛋白质含量。凯氏定氮法可用于所有动植物食品的蛋白质含量测定，但因样品中常含有核酸、生物碱、含氮类脂、卟啉以及含氮色素等非蛋白质的含氮化合物，故结果称为粗蛋白质含量。

凯氏定氮法由 Kieldahl 于 1833 年首先提出，经过长期改进，迄今已演变成常量法、微量法、自动定氮仪法、半微量法及改良凯氏法等多种，并且至今仍被作为标准检验方法。以下仅对前三种方法予以介绍。

1. 常量凯氏定氮法

（1）原理　样品与浓硫酸和催化剂一同加热消化，使蛋白质分解，其中碳和氢被氧化成二氧化碳和水逸出，而样品中的有机氮转化为氨与硫酸结合成硫酸铵。然后加碱蒸馏，使氨蒸出，用硼酸吸收后再以标准盐酸或硫酸溶液滴定。根据标准酸消耗量可计算出蛋白质的含量。

① 样品消化　消化反应如下：

$$2NH_2(CH_2)_2COOH + 13H_2SO_4 \Longrightarrow (NH_4)_2SO_4 + 6CO_2 + 12SO_2 + 16H_2O$$

浓硫酸具有脱水性，使有机物脱水后被炭化为碳、氢、氮的化合物。浓硫酸又具有氧化性，可将有机物炭化后的碳氧化成为二氧化碳，硫酸则被还原成二氧化硫：

$$2H_2SO_4 + C \xrightarrow{\triangle} 2SO_2\uparrow + 2H_2O + CO_2\uparrow$$

二氧化硫使氮还原为氨，本身则被氧化为三氧化硫，氨随之与硫酸作用生成硫酸铵留在酸性溶液中：

$$H_2SO_4 + 2NH_3 \Longrightarrow (NH_4)_2SO_4$$

在消化反应中，为了加速蛋白质的分解，缩短消化时间，常加入下列物质：

a. 硫酸钾　加入硫酸钾可以提高溶液的沸点而加快有机物分解。它与硫酸作用生成硫酸氢钾可提高反应温度，一般纯硫酸的沸点在 340℃ 左右，而添加硫酸钾后，可使温度提高至 400℃ 以上，原因主要在于随着消化过程中硫酸不断地被分解，水分不断逸出而使硫酸钾浓度增大，故沸点升高，其反应式如下：

$$K_2SO_4 + H_2SO_4 \Longrightarrow 2KHSO_4$$

$$2KHSO_4 \xrightarrow{\triangle} K_2SO_4 + H_2O\uparrow + SO_3\uparrow$$

但硫酸钾加入量不能太大，否则消化体系温度过高，又会引起已生成的铵盐发生热分解放出氨而造成损失：

$$(NH_4)_2SO_4 \xrightarrow{\triangle} NH_3\uparrow + NH_4HSO_4$$

$$NH_4HSO_4 \xrightarrow{\triangle} NH_3\uparrow + SO_3\uparrow + H_2O$$

除硫酸钾外，也可以加入硫酸钠、氯化钾等盐类来提高沸点，但效果不如硫酸钾。

b. 硫酸铜（$CuSO_4$）　硫酸铜起催化剂的作用。凯氏定氮法中可用的催化剂种类很多，除硫酸铜外，还有氧化汞、汞、硒粉、二氧化钛等，但考虑到效果、价格及环境污染等多种因素，应用最广泛的是硫酸铜，使用时常加入少量过氧化氢、次氯酸钾等作为氧化剂以加速有机物氧化，硫酸铜的作用机理如下所示：

$$2CuSO_4 \xrightarrow{\triangle} Cu_2SO_4 + SO_2\uparrow + O_2\uparrow$$

$$C + 2CuSO_4 \xrightarrow{\triangle} Cu_2SO_4 + SO_2\uparrow + CO_2\uparrow$$

$$Cu_2SO_4 + 2H_2SO_4 \xrightarrow{\triangle} 2CuSO_4 + 2H_2O + SO_2\uparrow$$

此反应不断进行，待有机物全部被消化完后，不再有硫酸亚铜（Cu_2SO_4）生成，溶液呈现清澈的蓝绿色。故硫酸铜除起催化剂的作用外，还可指示消化终点的到达，以及下一步蒸馏时作为碱性反应的指示剂。

② 蒸馏　在消化完全的样品溶液中加入浓氢氧化钠使呈碱性，加热蒸馏，即可释放出氨气，反应方程式如下：

$$2NaOH + (NH_4)_2SO_4 \Longrightarrow 2NH_3\uparrow + Na_2SO_4 + 2H_2O$$

③ 吸收与滴定　加热蒸馏所放出的氨，可用硼酸溶液进行吸收，待吸收完全后，再用盐酸标准溶液滴定，因硼酸呈微弱酸性（$K_a = 5.8 \times 10^{-10}$），用酸滴定不影响指示剂的变色

反应，但它有吸收氨的作用，吸收及滴定反应方程如下：

$$2NH_3 + 4H_3BO_3 \Longrightarrow (NH_4)_2B_4O_7 + 5H_2O$$

$$(NH_4)_2B_4O_7 + 5H_2O + 2HCl \xrightarrow{\triangle} 2NH_4Cl + 4H_3BO_3$$

（2）仪器　凯氏烧瓶（500mL）、定氮装置如图10-1所示。

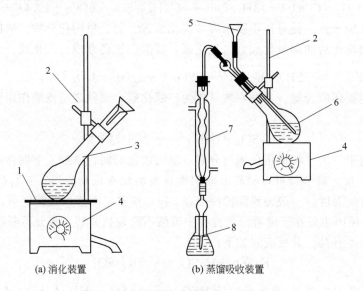

(a) 消化装置　　　　　　(b) 蒸馏吸收装置

图 10-1　常量凯氏定氮消化、蒸馏装置

1—石棉网；2—铁支架；3—凯氏烧瓶；4—电炉；5—进样漏斗；6—蒸馏瓶；7—冷凝管；8—吸收液

（3）试剂　浓硫酸；硫酸铜；硫酸钾；40％氢氧化钠溶液；40g/L 硼酸吸收液（称取 20g 硼酸溶解于 500mL 热水中，摇匀备用）；甲基红-溴甲酚绿混合指示剂（5 份 0.2％溴甲酚绿的 95％乙醇溶液与 1 份 0.2％甲基红乙醇溶液混合）；0.1000mol/L 盐酸标准溶液。

（4）操作方法　准确称取固体样品 0.2～2g（半固体样品 2～5g，液体样品 10～20mL），小心移入干燥洁净的 500mL 凯氏烧瓶中，然后加入研细的硫酸铜 0.5g、硫酸钾 10g 和浓硫酸 20mL，轻轻摇匀后，按图 10-1 中（a）安装消化装置，于凯氏瓶口放一漏斗，并将其以 45°角斜支于有小孔的石棉网上。用电炉以小火加热，待内容物全部炭化、泡沫停止产生后，加大火力，保持瓶内液体微沸，至液体变蓝绿色透明后，再继续加热微沸 30min。冷却，小心加入 200mL 蒸馏水，再放冷，加入玻璃珠数粒以防蒸馏时暴沸。

将凯氏烧瓶按图 10-1 蒸馏装置方式连好，塞紧瓶口，连接冷凝水，冷凝管下端插入吸收瓶液面下（瓶内预先装入 50mL 40g/L 硼酸溶液及混合指示剂 2～3 滴）。放松夹子，通过漏斗加入 70～80mL 40％ 氢氧化钠溶液，并摇动凯氏瓶，至瓶内溶液变为深蓝色，或产生黑色沉淀，再加入 100mL 蒸馏水（从漏斗中加入），夹紧夹子，加热蒸馏，至氨全部蒸出（馏液约 250mL 即可），将冷凝管下端提离液面，用蒸馏水冲洗管口，继续蒸馏 1min，用表面皿接几滴馏出液，以奈氏试剂 [$K_2(HgI_4)$] 检查，如无红棕色物生成，表示蒸馏完毕，即可停止加热。

将上述吸收液用 0.1000mol/L 盐酸标准溶液直接滴定至由蓝色变为微红色即为终点，记录盐酸溶液用量，同时作一试剂空白（除不加样品外，从消化开始操作完全相同），记录空白试验消耗盐酸标准溶液的体积。

（5）结果计算　按下式进行计算：

$$蛋白质含量(g/100g) = \frac{c \times (V_1 - V_2) \times \frac{14.01}{1000}}{m} \times F \times 100 \qquad (10\text{-}1)$$

式中　c——盐酸标准溶液的浓度，mol/L；

　　　V_1——滴定样品吸收液时消耗盐酸标准溶液体积，mL；

　　　V_2——滴定空白吸收液时消耗盐酸标准溶液体积，mL；

　　　m——样品质量，g；

　　14.01——$\frac{1}{2}N_2$ 的摩尔质量，g/mol；

　　　F——氮换算为蛋白质的系数。

（6）说明及注意事项

① 此法可应用于各类食品中蛋白质含量的测定。

② 所用试剂溶液应用无氨蒸馏水配制。

③ 消化时不要用强火，应保持和缓沸腾，以免黏附在凯氏瓶内壁上的含氮化合物在无硫酸存在的情况下未消化完全而造成氮损失。

④ 消化过程中应注意不时转动凯氏烧瓶，以便利用冷凝酸液将附在瓶壁上的固体残渣洗下并促进其消化完全。

⑤ 样品中若含脂肪或糖较多时，消化过程中易产生大量泡沫，为防止泡沫溢出瓶外，在开始消化时应用小火加热，并不停地摇动；或者加入少量辛醇或液体石蜡或硅油消泡剂，并同时注意控制热源强度。

⑥ 当样品消化液不易澄清透明时，可将凯氏烧瓶冷却，加入 30% 过氧化氢 2～3mL 后再继续加热消化。

⑦ 若取样量较大，如干试样超过 5g，可按每克试样 5mL 的比例增加硫酸用量。

⑧ 一般消化至呈透明后，继续消化 30min 即可，但对于含有特别难以氨化的氮化合物的样品，如含赖氨酸、组氨酸、色氨酸、酪氨酸或脯氨酸等时，需适当延长消化时间。有机物如分解完全，消化液呈蓝色或浅绿色，但含铁量多时，呈较深绿色。

⑨ 蒸馏装置不能漏气。

⑩ 蒸馏前若加碱量不足，消化液呈蓝色不生成氢氧化铜沉淀，此时需再增加氢氧化钠用量。

⑪ 硼酸吸收液的温度不应超过 40℃，否则对氨的吸收作用减弱而造成损失，此时可置于冷水浴中使用。

⑫ 蒸馏完毕后，应先将冷凝管下端提离液面清洗管口，再蒸 1min 后关掉热源，否则可能造成吸收液倒吸。

⑬ 混合指示剂在碱性溶液中呈绿色，在中性溶液中呈灰色，在酸性溶液中呈红色。

2. 微量凯氏定氮法

（1）原理　同常量凯氏定氮法。

（2）仪器　凯氏烧瓶（100mL）、微量凯氏定氮装置如图 10-2 所示。

（3）试剂　0.01000mol/L 盐酸标准溶液；其他同常量凯氏定氮法。

（4）操作步骤　样品消化步骤同常量凯氏定氮消化步骤。

将消化完全的消化液冷却后，完全转入 100mL 容量瓶中，加蒸馏水至刻度，摇匀。按图 10-2 装好微量定氮装置，准确移取消化稀释液 10mL 于反应管内，经漏斗再加入 10mL

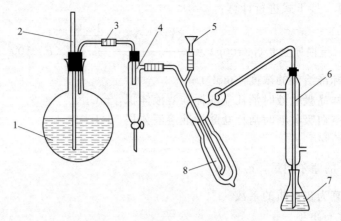

图 10-2 微量凯氏定氮蒸馏装置

1—蒸汽发生器；2—安全管；3—导管；4—汽水分离器；5—样品入口；6—冷凝管；7—吸收瓶；8—反应管

40％氢氧化钠溶液使呈强碱性，用少量蒸馏水洗漏斗数次，夹好漏斗夹，进行水蒸气蒸馏。冷凝管下端预先插入盛有 10mL 40g/L（或 20g/L）硼酸吸收液的液面下。蒸馏至吸收液中所加的混合指示剂变为绿色开始计时，继续蒸馏 10min 后，将冷凝管尖端提离液面再蒸馏 1min，用蒸馏水冲洗冷凝管尖端后停止蒸馏。

馏出液用 0.01000mol/L 盐酸标准溶液滴定至微红色为终点。同时作一空白试验。

（5）结果计算　同常量凯氏定氮法。

（6）说明与注意事项

① 蒸馏前给水蒸气发生器内装水至 2/3 容积处，加甲基橙指示剂数滴及硫酸数毫升以使其始终保持酸性，这样可以避免水中的氨被蒸出而影响测定结果。

② 20g/L 硼酸吸收液每次用量为 25mL，用前加入甲基红-溴甲酚绿混合指示剂 2 滴。

③ 在蒸馏时，蒸汽发生要均匀充足，蒸馏过程中不得停火断气，否则将发生倒吸。加碱要足量，操作要迅速；漏斗应采用水封措施，以免氨由此逸出而损失。

3. 自动凯氏定氮法

（1）原理　同常量凯氏定氮法。

（2）仪器

① 自动凯氏定氮仪　该装置内具有自动加碱蒸馏装置、自动吸收装置和自动滴定装置以及自动数字显示装置。

② 消化装置　由优质玻璃制成的凯氏消化管及红外线加热装置组合而成的消化炉。

（3）试剂　同常量凯氏定氮法。

（4）操作方法

① 称取 0.50～1.00g 样品，置于消化管内，加入硫酸铜 0.5g、硫酸钾 10g，加入浓硫酸 10mL，将消化瓶置于红外线消化炉中。消化管放入消化炉后，上端罩一小漏斗，开启消化炉的电源，设置消化程序（可查阅相关资料确定加热温度和时间），开始消化，直至终点。

② 取出消化管，放置于自动凯氏定氮仪中，接连开启加水的电钮、加碱电钮、自动蒸馏滴定电钮，开启电源，大约经 12min 后由数显装置即可给出样品总氮百分含量，并记录样品总氮百分比。根据样品的种类选择相应的蛋白质换算系数 F，即可得出样品中蛋白质含量。

③ 开启排废液电钮及加水电钮，排出废液并对消化瓶清洗一次。

本法具有灵敏度高、准确、快速及样品用量少等优点。

二、双缩脲法

（1）原理　当脲被小心地加热至 150～160℃ 时，可由两个分子间脱去一个氨分子而生成二缩脲（也叫双缩脲），反应如下：

$$H_2NCONH_2 + H-N(H)-CO-NH_2 \xrightarrow{150～160℃} H_2NCONHCONH_2 + NH_3$$

双缩脲与碱及少量硫酸铜溶液作用生成紫红色的络合物，此反应称为双缩脲反应：

（双缩脲）　　　　　　　（紫红色络合物）

由于蛋白质分子中含有肽键（—CO—NH—），与双缩脲结构相似，故也能发生此反应而生成紫红色络合物，在一定条件下其颜色深浅与蛋白质含量成正比，据此可用吸收光度法来测定蛋白质含量，该络合物的最大吸收波长为 560nm。

（2）方法特点及应用范围　本法灵敏度较低，但操作简单快速，故在生物化学领域中测定蛋白质含量时常用此法。本法亦适用于豆类、油料、米谷等作物种子及肉类等样品测定。

（3）仪器　分光光度计；离心机（4000r/min）。

（4）试剂

① 碱性硫酸铜溶液　包括以下两种。

以甘油为稳定剂：将 10mL 10mol/L 氢氧化钾和 3.0mL 甘油加入到 937mL 蒸馏水中剧烈搅拌，同时慢慢加入 50mL 40g/L 硫酸铜（$CuSO_4 \cdot 5H_2O$）溶液。

以酒石酸钾钠为稳定剂：将 10mL 10mol/L 氢氧化钾和 20mL 25g/L 酒石酸钾钠溶液加入到 937mL 蒸馏水中剧烈搅拌，同时慢慢加入 50mL 40g/L 硫酸铜（$CuSO_4 \cdot 5H_2O$）溶液。

② 四氯化碳（CCl_4）。

（5）操作方法

① 标准曲线的绘制　以采用凯氏定氮法测出蛋白质含量的样品作为标准蛋白质样。按蛋白质含量 40mg、50mg、60mg、70mg、80mg、90mg、100mg 和 110mg 分别称取混合均匀的标准蛋白质样于 8 支 50mL 纳氏比色管中，然后各加入 1mL 四氯化碳，再用碱性硫酸铜溶液准确稀释至 50mL，振摇 10min，静置 1h，取上层清液离心 5min，取离心分离后的透明液于比色皿中，在 560nm 波长下以蒸馏水作参比液调节仪器零点并测定各溶液的吸光度 A，以蛋白质的含量为横坐标、吸光度 A 为纵坐标绘制标准曲线。

② 样品的测定　准确称取样品适量（即使得蛋白质含量在 40～110mg 之间）于 50mL 纳氏比色管中，加 1mL 四氯化碳，按标准曲线显色步骤显色后，在相同条件下测其吸光度 A。用测得的 A 值在标准曲线上即可查得蛋白质质量（mg），进而求得样品中的蛋白质含量。

（6）结果计算　按下式进行计算：

$$蛋白质含量(mg/100g) = \frac{m \times 100}{m_1} \tag{10-2}$$

式中　m——由标准曲线上查得的蛋白质质量，mg；

m_1——样品质量，g。

（7）说明及注意事项

① 蛋白质的种类不同，对发色程度影响不大。

② 标准曲线制作完整后，无需每次再作标准曲线。

③ 含脂肪高的样品应预先用醚抽出弃去。

④ 样品中有不溶性成分存在时，会给比色测定带来困难，此时可预先将蛋白质抽出后再进行测定。

⑤ 当肽链中含有脯氨酸时，若有多量糖类共存，则显色不好，会使测定值偏低。

三、紫外吸收法

1. A_{280nm}光吸收法

（1）原理　蛋白质及其降解产物（胨、肽和氨基酸）的芳香环残基［—NH—CH(R)—CO—］在紫外光区内对一定波长的光具有选择吸收作用。在此波长（280mm）下，光吸收程度与蛋白质浓度（3～8mg/mL）成直线关系，因此，通过测定蛋白质溶液的吸光度，并参照事先用凯氏定氮法测定蛋白质含量的标准样所作的标准曲线，即可求出样品蛋白质含量。

（2）适用范围　本法操作简便迅速，常用于生物化学研究工作；但由于许多非蛋白质成分在紫外光区也有吸收作用，加之光散射作用的干扰，故在食品分析领域中的应用并不广泛，最早用于测定牛乳的蛋白质含量，也可用于测定小麦面粉、糕点、豆类、蛋黄及肉制品中的蛋白质含量。

（3）仪器　分光光度计；离心机（4000r/min）。

（4）试剂　0.1mol/L 柠檬酸水溶液；8mol/L 尿素的 2mol/L 氢氧化钠溶液；95％乙醇；无水乙醚。

（5）操作方法

① 标准曲线绘制　准确称取样品 2.00g，置于 50mL 烧杯中，加入 0.1mol/L 柠檬酸溶液 30mL，不断搅拌 10min 使其充分溶解，用四层纱布过滤于玻璃离心管中，以 3000～5000r/min 的速度离心 5～10min，倾出上清液。分别吸取 0.5mL、1.0mL、1.5mL、2.0mL、2.5mL、3.0mL 于 10mL 比色管中，各加入 8mol/L 尿素的氢氧化钠溶液定容至标线，充分振摇 2min，若浑浊，再次离心直至透明为止。以 8mol/L 尿素的氢氧化钠溶液作参比液，在 280nm 波长处测定各溶液的吸光度 A。

以事先用凯氏定氮法测得的样品中蛋白质的质量为横坐标、上述吸光度 A 为纵坐标，绘制标准曲线。

② 样品的测定　准确称取试样 1.00g，处理方法与标准曲线步骤相同，吸取的每毫升样品溶液中含有大约 3～8mg 的蛋白质。按标准曲线绘制的操作条件测定其吸光度，从标准曲线中查出蛋白质的含量。

（6）结果计算　按下式进行计算：

$$蛋白质含量（\%）=\frac{m}{m_1}\times100 \tag{10-3}$$

式中　m——由标准曲线上查得的蛋白质质量，mg；

　　　m_1——测定样品溶液所相当于样品的质量，mg。

（7）说明及注意事项

① 测定牛乳样品时的操作手续：准确吸取混合均匀的样品 0.2mL 于 25mL 纳氏比色管

中，用 95％～97％的冰醋酸稀释至标线，摇匀，以 95％～97％冰醋酸为参比液，用 1cm 比色皿于 280nm 处测定吸光度，并用标准曲线法确定样品蛋白质含量（标准曲线以采用凯氏定氮法已测出蛋白质含量的牛乳标准样绘制）。

② 测定糕点时，应将表皮的颜色去掉。

③ 温度对蛋白质水解有影响，操作温度应控制在 20～30℃。

2. 肽键紫外光测定法

蛋白质溶液在 238nm 处均有光吸收，其吸收强弱与肽键多少成正比，根据这一性质，可测定样品在 238nm 处的吸收值，与蛋白质标准液作对照，求出蛋白质含量。

本法比 A_{280nm} 吸收法灵敏度高。由于醇、酮、醛、有机酸、酰胺类和过氧化物等都具有干扰作用，因此最好用无机酸、无机碱和水作为介质溶液。若含有机溶剂，则可先将样品蒸干，或用其他方法除去干扰物质，然后用水、稀酸或稀碱溶解后再作测定。在 50～500mg/L 蛋白质范围内呈良好线性关系。表 10-2 为紫外分光光度法测定蛋白质含量校正数据表。

表 10-2　紫外分光光度法测定蛋白质含量校正数据表

280/260	核算质量分数/%	因子(F)	280/260	核算质量分数/%	因子(F)	280/260	核算质量分数/%	因子(F)
1.75	0.00	1.116	1.03	3.00	0.814	0.753	8.00	0.545
1.63	0.25	1.081	0.979	3.50	0.776	0.730	9.00	0.508
1.52	0.50	1.054	0.939	4.00	0.743	0.705	10.00	0.478
1.40	0.75	1.023	0.874	5.00	0.682	0.671	12.00	0.422
1.36	1.00	0.994	0.846	5.50	0.656	0.644	14.00	0.377
1.30	1.25	0.970	0.822	6.00	0.632	0.615	17.00	0.322
1.25	1.50	0.944	0.804	6.50	0.607	0.595	20.00	0.278
1.16	2.00	0.899	0.784	7.00	0.585			
1.10	2.50	0.852	0.767	7.50	0.565			

注：表中的数值是由结晶的酵母烯醇化酶和纯的酵母核酸的吸光度计算得来的。一般，纯蛋白质的吸光度比值（280/260）约为 1.8，而核酸的比值大约为 0.5。

四、福林-酚比色法

(1) 原理　蛋白质与福林（Folin）-酚试剂反应，可产生蓝色复合物。其反应作用机理主要是蛋白质中的肽键与碱性铜盐产生双缩脲反应，同时也由于蛋白质中存在的酪氨酸与色氨酸同磷钼酸-磷钨酸试剂反应产生颜色。呈色强度与蛋白质含量成正比，是检测可溶性蛋白质含量最灵敏的经典方法之一。

(2) 试剂

① 福林-酚试剂甲　将溶液 A 50mL 和溶液 B 1mL 混合即成。现用现配，过期失效。

溶液 A：1g Na_2CO_3 溶于 50mL 0.1mol/L NaOH 溶液中。

溶液 B：将 1％硫酸溶液和 20g/L 酒石酸钠（钾）溶液等体积混合而成。

② 福林-酚试剂乙　在 1.5L 体积的磨口回流瓶中，加入 100g 钨酸钠（$Na_2WO_4 \cdot 2H_2O$）、25g 钼酸钠（$Na_2MoO_4 \cdot 2H_2O$）以及 700mL 蒸馏水，再加入 50mL 85％磷酸溶液及 100mL 浓盐酸，充分混合，接上回流冷凝管，以小火回流 10h。回流完毕，加入 150g 硫酸锂、50mL 蒸馏水及数滴液体溴，开口继续沸腾 15min，以便除去过量的溴，冷却后加水定容至 1000mL，过滤，滤液呈微绿色，置于棕色瓶中保存。使用时用氢氧化钠标准溶液滴定，以酚酞作指示剂，最后用蒸馏水稀释（约 1 倍左右），使最终浓度为 1.0mol/L。

③ 牛血清白蛋白标准溶液　精确称取牛血清白蛋白或酪蛋白，配制成 100μg/mL 溶液。

（3）操作方法　吸取一定量的样品稀释液，加入试剂甲 3.0mL，置于 25℃中水浴保温 10min，再加入试剂乙 0.3mL，立即混匀，保温 30min，以介质溶液调零，测定 A_{750nm} 值，与蛋白质标准液作对照，求出样品的蛋白质含量。

本法在 0～60mg/L 蛋白质范围呈良好线性关系。

（4）说明　福林-酚法灵敏度高，实测下限较双缩脲法约小 2 个数量级。但对双缩脲法有干扰的物质对福林-酚法的影响更大。酚类及柠檬酸均对本法有干扰。

五、考马斯亮蓝染料比色法

（1）原理　考马斯亮蓝 G-250 是一种蛋白质染料，与蛋白质通过范德华引力结合，使蛋白质染色，在 620nm 处有最大吸收值，可用于蛋白质的定量测定。此法简单而快速，适合大量样品的测定，灵敏度与福林-酚法相似，但不受酚类、游离氨基酸和小分子的影响。

（2）试剂

① 牛血清白蛋白标准液　精确称取牛血清白蛋白 10mg，用蒸馏水配成 100μg/mL 的标准溶液。

② 染料试剂　称取考马斯亮蓝 G-250（Coomassic brilliant blue G-250）60mg，溶于 100mL 3%过氯酸溶液中，滤去未溶解的染料，贮于棕色瓶中。

（3）操作方法　吸取样品稀释液 2mL，加染料试剂 2mL，混匀，以介质溶液调零，测定 A_{620nm}，与蛋白质标准溶液对照，求出样品蛋白质含量。

本法在 0～100mg/L 蛋白质范围内呈良好的线性关系。

六、水杨酸比色法

（1）原理　样品中的蛋白质经硫酸消化而转化成铵盐溶液后，在一定的酸度和温度条件下可与水杨酸钠和次氯酸钠作用生成蓝色化合物，该化合物在波长 660nm 处有最大吸收，可以进行比色测定，求出样品含氮量，进而计算出蛋白质含量。

（2）仪器　分光光度计；恒温水浴锅。

（3）试剂

① 氨标准溶液　准确称取经 110℃干燥 2h 的硫酸铵 0.4719g，置于小烧杯中，用水溶解移入 100mL 容量瓶中，用水稀释至刻度，摇匀，此溶液每毫升相当于 1.0mg 氮标准溶液。使用时用水配制成每毫升相当于 2.50μg 含氮量的标准溶液。

② 空白酸溶液　称取 0.50g 蔗糖，加入 15mL 浓硫酸及 5g 催化剂（其中含硫酸铜 1 份和无水硫酸钠 9 份，两者研细混匀备用），与样品一样处理消化后移入 250mL 容量瓶中，加水至刻度线。临用前吸取此溶液 10mL，加水至 100mL，摇匀作为工作液。

③ 磷酸盐缓冲溶液　称取 7.1g 磷酸氢二钠、38g 磷酸三钠和 20g 酒石酸钾钠，加入 400mL 水溶解后过滤。另称取 35g 氢氧化钠溶于 100mL 水中，冷却至室温，缓慢地边搅拌边加入磷酸盐溶液中，用水稀释至 1000mL 备用。

④ 水杨酸溶液　称取 25g 水杨酸钠和 0.15g 亚硝酸铁氰化钠溶于 200mL 水中，过滤，加水稀释至 500mL。

⑤ 次氯酸钠溶液　吸取试剂安替福民溶液 4mL，用水稀释至 100mL，摇匀备用。

（4）操作方法

① 标准曲线的绘制　准确吸取每毫升相当于氮含量 2.5μg 的标准溶液 0、1.0mL、2.0mL、3.0mL、4.0mL、5.0mL，分别置于 25mL 容量瓶或比色管中，分别加入 2mL 空白酸工作液、5mL 磷酸盐缓冲溶液，并分别加水至 15mL，再加入 5mL 水杨酸钠溶液，移入 36～37℃的恒温水浴中加热 15min 后，逐瓶加入 2.5mL 次氯酸钠溶液，摇匀后再在恒温

水浴中加热 15min，取出加水至标线，在分光光度计上于 660nm 波长处进行比色测定，测得各标准液的吸光度后绘制标准曲线。

② 样品处理 准确称取 0.20～1.00g 样品（视含氮量而定，小麦及饲料称取样品 0.50g 左右），置于凯氏定氮瓶中，加入 15mL 浓硫酸、0.5g 硫酸铜及 4.5g 无水硫酸钠，小火加热至沸腾后，加大火力进行消化。待瓶内溶液澄清呈暗绿色时，不断地摇动瓶子，使瓶壁黏附的残渣溶下消化。待瓶内溶液澄清后取出冷却，移至 25mL 容量瓶中并用水稀释至标线。

③ 样品测定 准确吸取上述消化好的样液 10mL（如取 5mL 则补加 5mL 空白酸原液），置于 100mL 容量瓶中，并用水稀释至标线。准确吸取 2mL 稀释液于 25mL 容量瓶中（或比色管中），加入 5mL 磷酸盐缓冲溶液，以下操作手续按标准曲线绘制的步骤进行，并以试剂空白为参比液测定样液的吸光度，从标准曲线上查出其含氮量。

（5）结果计算

$$总氮量(\%)=\frac{m\times K}{m_1\times 1000\times 1000}\times 100 \tag{10-4}$$

式中 m——从标准曲线查得的样液的含氮量，μg；

K——样品溶液的稀释倍数；

m_1——样品质量，g。

$$蛋白质(\%)=总氮(\%)\times F(蛋白质系数，同凯氏定氮法) \tag{10-5}$$

（6）说明

① 样品消化完全后当天进行测定结果的重现性好，但样液放至第二天比色即有变化。

② 温度对显色影响极大，故应严格控制反应温度。

③ 对谷物及饲料等样品的测定证明，此法结果与凯氏法基本一致。

七、红外光谱法

（1）原理 红外光谱法测定主要基于食品或其他物质中分子引起的辐射吸收（近红外、中红外、远红外区）。食品中不同的功能基团吸收不同频率的辐射。对于蛋白质和多肽，多肽键在中红外波段（6.47μm）和近红外（NIR）波段（如 3300～3500nm，2080～2220nm，1560～1670nm）的特征吸收可用于测定食品中的蛋白质含量。针对所要测的成分，用红外波长光辐射样品，通过测定样品反射或透射光的能量（反比于能量的吸收）可以预测其成分的浓度。

（2）应用 红外牛乳分析仪采用中红外光谱法测定牛乳蛋白质含量，同时近红外光谱仪也广泛应用于食品蛋白质的分析中（如谷物、谷类制品、肉类和乳制品中）。这些仪器非常昂贵，且多须经适当的调试。但分析人员只需经最低程度的培训就可以快速分析样品（30s～2min）。

八、比浊法

（1）原理 低含量（3%～10%）的三氯乙酸、磺基水杨酸和乙酸中的铁氰化钾能使提取的蛋白质沉淀形成蛋白质颗粒的悬浊液。其浊度可由辐射光传送过程中的衰减而确定，辐射光传送过程中的衰减是由于蛋白质颗粒的散射造成的，辐射光衰减的程度与溶液中的蛋白质浓度成正比，据此可以通过测定辐射光的衰减度来测定蛋白质含量。

（2）操作方法 以小麦面粉为例来介绍测定其中蛋白质含量的操作方法。测定小麦蛋白质的常规方法为磺基水杨酸法，具体方法如下所述：

① 小麦面粉用 0.05mol/L 氢氧化钠溶液萃取；

② 溶于碱液的蛋白质从不溶性原料中离心分离；

③ 磺基水杨酸和蛋白质溶液混合；

④ 在 540nm 处测定其浊度，并扣去空白；

⑤ 蛋白质的含量可根据凯氏定氮法校正过的标准曲线来计算。

（3）应用　比浊法已经用于测定小麦面粉和玉米的蛋白质含量。本法的优点为：①快速，可在 15min 内完成；②测定结果不包括除了核酸外的非蛋白质含量。其缺点也很显著：①不同的蛋白质沉淀的速率不同；②浊度随酸试剂浓度的不同而变化；③核酸也能被酸试剂沉淀。

九、杜马斯法（燃烧法）

（1）原理　样品在高温下（700～800℃）燃烧，释放的氮气由带热导检测器（TCD）的气相色谱仪测定。测得的氮含量转换成样品中的蛋白质含量。

（2）操作方法　称量样品（100～500mg）置于样品盒中，放入具有自动装置的燃烧反应器中，释放的氮气由内置的气相色谱仪测定。

（3）应用　燃烧法适用于所有种类的食品，AOAC 方法 992.15 和 992.23 分别用于肉类和谷物食品。本法的优点为：①燃烧法是凯氏定氮法的一个替代方法；②不需要使用任何有害化合物；③可在 3min 内完成；④最先进的自动化仪器可在无人看管状态下分析多达 150 个样品。其缺点为：①需要的仪器价格昂贵；②非蛋白氮也包括在内。

第四节　蛋白质的末端测定

一、N-末端测定——丹磺酰化法

（1）原理　蛋白质基团中的 α-氨基与丹磺酰氯（DNS—Cl）反应，生成 DNS-蛋白质，经水解可生成 DNS-氨基酸。通过分析 DNS-氨基酸，可确定蛋白质的 N-末端氨基酸。

（2）仪器和试剂

① 色谱纯标准氨基酸；

② DNS—Cl 丙酮溶液　称取丹磺酰氯 250mg 溶于 100mL 丙酮中，贮于棕色瓶内，置于冰箱保存，一个月稳定；

③ 三乙胺　重蒸后使用；

④ 水解管　硬质玻璃制成；

⑤ 具塞磨口玻璃试管　5mL 体积；

⑥ 蛋白质样品　胰岛素 B 链或其他纯蛋白质。

（3）操作方法

① 氨基酸的丹磺酰化　分别称取 2.3μmol 色谱纯的各种氨基酸，溶于 0.5mL 0.2mol/L 碳酸氢钠溶液中。取 0.1mL 于具塞玻璃试管中，加入 0.1mL DNS-Cl 丙酮溶液，检查 pH，必要时用三乙胺调 pH 为 9.0～9.5，于室温（25℃左右）下放置 2～4h。再用去离子水稀释 10 倍，贮存于暗处。经色谱分析，得 DNS-氨基酸的标准图谱。

② 蛋白质 N-末端氨基酸的 DNS 化　取 0.5mg 蛋白质（胰岛素 B 链或其他纯蛋白质）样品，置于具塞玻璃试管中。用少量水溶解后，加入 0.5mL 0.2mol/L 碳酸氢钠溶液。再加入 0.5mL DNS-Cl 丙酮溶液，用三乙胺调至 pH 9.0～9.5，塞好塞子，于 40℃烘箱中反应 2h，或室温（25℃左右）放置 2～4h，生成 DNS-蛋白质。

③ DNS-蛋白质的水解　DNS 化反应结束后，真空蒸去丙酮，加入 0.5mL 6mol/L 盐酸溶解 DNS-蛋白质。全部移入水解管，抽真空封管，于 110℃烘箱中水解 18～24h。开管后蒸

去盐酸，加少量水，再蒸干。重复 2～3 次以除尽盐酸。

④ DNS-氨基酸的抽提　将上述水解产物，加 0.5mL 水，用 1mol/L 盐酸调至 pH2～3。加入 0.5mL 乙酸乙酯抽提，分层可在细长滴管中进行。重复抽提 2～3 次，将上层抽提液合并于小试管中，抽去乙酸乙酯，置于干燥器中备用。

⑤ DNS-氨基酸的色谱分析与检测　样品生成的 DNS-氨基酸和标准 DNS-氨基酸分别进行聚酰胺薄膜色谱分析。

将图谱用 360nm 或 280nm 波长的紫外灯检测。比较样品 DNS-氨基酸和 DNS-氨基酸的色谱分析图谱，从而确定蛋白质样品的 N-末端氨基酸（若用胰岛素 B 链，其 N-末端氨基酸为苯丙氨酸）。

二、蛋白质及多肽 C-末端测定及顺序分析（羧肽酶法）

（1）原理　蛋白质或多肽及其裂解片段，一般均先进行末端基测定，然后再进行顺序分析，C-末端的测定方法很多，如化学法中的肼解法、还原法、乙内酰硫脲法、同位素标记法以及羧肽酶法等。通常 C-末端基的测定要比 N-末端基的测定困难，特别是 C-末端基的化学测定法效果较差。目前普遍采用羧肽酶法进行 C-末端基的测定及 C 端氨基酸顺序分析，故羧肽酶法至今仍是测定肽链 C 端比较有效的手段。羧肽酶是一类外肽酶，这些酶与蛋白质或多肽作用时，能从 C-末端氨基酸残基开始顺序降解，并逐个释放出游离 C 端氨基酸。

目前常用的羧肽酶有羧肽酶-A、羧肽酶-B、羧肽酶-C 和羧肽酶-Y（分别简称 CPA、CPB、CPC 和 CPY），其中 CPA 使用最广泛。也有将 CPA 与 CPB 混合作用，以此扩大酶解作用的范围，效果较好。CPY 则具有更广的作用范围，包括释放 C-末端 Pro 的特殊功能，因此，适用于降解所有的氨基酸，在多肽或蛋白质的结构研究中是一种非常重要的工具酶。

蛋白质或多肽在羧肽酶的作用下，被逐步降解及释放的氨基酸种类和数目随时间而发生变化，将经过一定间隔时间反应的样品分别取出，进行酸化失活处理后可用自动分析仪或 HPLC 仪进行快速测定，根据不同时间取样的分析结果便能初步确定 C-末端基为何种氨基酸。若以酶作用时间为横坐标，对所释放的各氨基酸量（mol/L）为纵坐标作图，然后根据氨基酸释放的动力学曲线即可进一步判断和确定肽链 C-端的氨基酸顺序。

在用羧肽酶测定 C-末端基时，关键在于测出第一个释放的为何种氨基酸，如果 C-端第一个氨基酸残基降解的速率很慢，而第二个残基降解的速率则非常快时，这样就容易得出错误的结论。一般最好采用两种以上 C-末端测定方法，进行比较和验证才稳妥可靠。由于酶解反应是连续进行的，很难加以控制。如果几个氨基酸以相近的速率降解时，以及几个相同的氨基酸顺序毗邻排列时，结果就难以确定。这些都是 C-末端分析的缺点，有待改进和完善。

（2）试剂

① 羧肽酶 Y（−20℃保存）；

② 牛胰核糖核酸酶 A（RNase A）；

③ 降解缓冲液（又称消化液）：称取 1g 纯 SDS 和 1.312g 亮氨酸，定容于 100mL 0.1mol/L 吡啶-醋酸缓冲液中（pH 5.6）。

（3）操作步骤

① 酶液和样品溶液的制备

a. 酶液的配制　将 1mg CPY 溶于 0.5mL 0.1mol/L 吡啶-醋酸缓冲液中（pH5.6），每次均必须临用前配制。

b. 样品溶液的准备　称取适量 RNaseA 或其他蛋白质，加降解缓冲液溶解，配制成

0.1～0.2μmol/L 的蛋白质样品溶液。然后置于 60℃恒温水浴箱中保温 20min，使蛋白质变性（小肽或肽片段无须进行变性处理），冷却至室温备用。

② 样品的酶解　取上述蛋白质样品溶液 200μL 放入干净的具塞试管中，留下 25μL 样品于另一干净小试管中作空白对照用。然后向样品液中加入 5μL CPY 酶液，迅速混匀并开始计算反应时间，盖上塞子后室温放置或于 25℃恒温水浴中进行酶解反应。按一定时间间隔（如 1min、2min、5min、10min、20min、30min 及 1h 等）分别快速取出 25μL 酶解液放入小离心管中，为了终止酶解反应，立即加入 5μL 冰醋酸到取出的样品液中，混匀。或用 1mol/L HCl 溶液酸化至 pH 2.0，再加热 5min（60℃以上），使 CPY 彻底失活。低温离心除去沉淀，上清液留待进行氨基酸分析。

③ 氨基酸分析　取上清液用自动氨基酸分析仪进行氨基酸定性或定量测定。若不能立即分析，必须将上清液样品冷却干燥后，置 1～20℃低温冰箱中保存。如果再取出无需另作处理，可按氨基酸分析仪灵敏度配制溶液上样直接进行测定。样品中含有少量 SDS 既不影响洗脱曲线的图形，也不损害氨基酸分析仪。

在进行蛋白质或多肽 C-末端氨基酸顺序分析时，鉴于操作或其他原因，往往会出现被分析的各个氨基酸的实际释放量与测定值有偏差。为了比较准确地测定在规定酶解时间内所释放的每个氨基酸物质的量，通常在酶解液中加入一种已知量（mol/L）的非蛋白质氨基酸类似物作为内标，即用亮氨酸来进行校正，可按下列公式进行计算：

$$释放的氨基酸实际值 = \frac{亮氨酸实际值}{释放的氨基酸测定值 \times 亮氨酸的测定值} \qquad (10\text{-}6)$$

（4）实验结果

① 动力曲线的绘制　依据自动氨基酸分析仪测定所提供的数据，以酶解时间为横坐标、对不同时间所释放的各种氨基酸相应的量（mol/L）为纵坐标作图，绘制出氨基酸释放的动力学曲线图。

② C-末端分析结果　根据上述氨基酸释放的动力学曲线分析，判断和确定被测蛋白质的 C-末端为何种氨基酸，并写出其 C-端氨基酸排列顺序。

第五节　氨基酸的定性测定

一、氨基酸的一般显色反应

目前氨基酸显色使用最多的三种显色反应为：茚三酮法、吲哚醌法和邻苯二甲醛法。前两种是经典的常用显色法，后一种是近年来发展起来的荧光显色法，具有灵敏度高的特点。

1. 茚三酮法

按照实验所需，可采用不同的显色方法。

常用法：将点有样品的色谱分析或电泳完毕的滤纸充分除尽溶剂，用 5g/L 茚三酮无水丙酮溶液喷雾，充分吹干，置 65℃烘箱中约 30min（温度不宜过高，避免空气中氨进入滤纸，以免背景泛红色），氨基酸斑点呈紫红色。

除上述方法中茚三酮与氨基酸呈紫色外，不同的处理方法又可得到不同的颜色。若以相同的方法处理，与已知氨基酸色斑比较，以相同者为该种氨基酸。

为了使各种氨基酸呈现不同的颜色，可用下列方法：

① 用 0.4g 茚三酮、10g 酚和 90g 正丁醇的混合液显色，此时各种氨基酸显示出的颜色各不相同。

② 用 1g/L 茚三酮无水丙酮溶液显色完毕后，再用盐酸蒸气熏 1min，此时氨基酸各显不同颜色。

③ 用 1g 茚三酮、600mL 无水乙醇、200mL 冰醋酸及 80mL 2,4,6-三甲基吡啶混合液 80℃染色 5～10min。

另外，可采用下列方法使显色稳定：

① 配制含醋酸镉 2g 加蒸馏水 200mL 及冰醋酸 40mL 的贮存液。将上述贮存液加 200mL 丙酮及 2g 茚三酮，即为显色液。点有样品的滤纸上浸有此显色液后，放置于盛有一小杯浓硫酸的密闭玻璃容器中，25℃，18h，或较高温度下适当缩短时间。背景色浅，氨基酸斑点也比较稳定。

② 用含 2g/L CoCl₂（或 CuSO₄）的 4g/L 茚三酮异丙酮溶液显色时，氨基酸斑点呈红色，也可在茚三酮显色后喷以含钴、镉或铜等无机离子的异丙醇溶液，斑点自蓝紫色变成红色。上述无机离子有稳色的作用。

2. 吲哚醌法

(1) 原理　各种氨基酸与吲哚醌试剂能显示不同的颜色，因此可借此辨认氨基酸。氨对吲哚醌显色没有妨碍，但其灵敏度较茚三酮法稍差，显色不稳定，颜色只有在绝对干燥的环境中才能保存。

(2) 试剂

① 显色剂　1g 吲哚醌溶于 100mL 乙醇及 10mL 冰醋酸中（若冰醋酸用量减少则灵敏度稍差）。

② 底色褪色剂　在 100mL 200g/L 碳酸钠溶液中加入 60g 硅酸钠（Na₂SiO₃·9H₂O），在水浴（60～70℃）中加热搅拌直至完全溶解，待溶液比较清澈为止。在溶解过程中，有时硅酸钠会结成凝胶，此时只需继续搅拌即可溶解。配制时若硅酸钠用量多则褪色较快，但背景容易变黄，硅酸钠用得少（40g），虽褪色较慢，但背景较为洁白。

(3) 显色步骤　色谱分析或电泳后滤纸烘干后，仔细喷上或涂上显色剂，用电吹风迅速吹干，待醋酸气味不太刺鼻时移置 100℃烘箱烘 5～15min，直至显色为止（温度不要太高，以免引起减色）。注意观察所显出的颜色，然后均匀地涂上底色褪色剂，纸的背景即由黄色变为绛红而后逐渐变浅，待黄色背景几乎褪尽时，迅速用电吹风吹干，并随时观察颜色的变化。例如苏氨酸在褪色前为浅红带褐色，褪色后则呈橙黄色或黄色；脯氨酸在褪色前为蓝色，吹干时很快褪成无色。室温较低时，底色褪色很慢，此时可将褪色剂加温到 30～40℃。温度过高也不宜，因氨基酸斑点的褪色速度也同时加快，应该避免。

其他显色步骤为：显色剂为 1g 吲哚醌、1.3g 醋酸锌溶解于 70～80mL 热异丙醇中，冷却后加 1mL 吡啶。或者 1g 吲哚醌、1.5g 醋酸锌溶解于 95mL 热异丙醇中，加 3mL 水，冷却后加 1mL 冰醋酸。点有样品的滤纸仔细喷以显色剂后，80～85℃放置 10min，背景可用水迅速浸洗除去而不使氨基酸斑点褪去。

由于吲哚醌试剂配制方法不同，对同一种氨基酸所显颜色往往也有差异。

3. 邻苯二甲醛法

邻苯二甲醛法是目前纸上色谱、硅胶薄层色谱荧光显色氨基酸最灵敏的方法之一，也可用于氨基酸溶液定量，并推广应用于乙内酰苯硫脲氨基酸、多肽和蛋白质的检出和定量。根据文献报道，氨基酸纸上色谱灵敏度达 0.5μmol，在硅胶薄层色谱上为 0.05～0.2μmol。这里介绍在纸上色谱显现氨基酸的方法（荧光胺是另一种常用的荧光试剂，由于荧光胺来源比较困难，这里未作介绍）。

（1）原理　邻苯二甲醛在 2-巯基乙醇存在下，在碱性溶液中与氨基酸作用产生荧光化合物，最适的激发光和发射光波长分别为 340nm 和 455nm。各种氨基酸显现的荧光强度不同，其相对荧光强度由大到小的大致顺序如下：天冬氨酸、异亮氨酸、甲硫氨酸、精氨酸、组氨酸、亮氨酸、丝氨酸、缬氨酸、谷氨酸、苏氨酸、甘氨酸、色氨酸、丙氨酸、苯丙氨酸、赖氨酸、酪氨酸、NH_3、脯氨酸和半胱氨酸。

（2）试剂　邻苯二甲醛显色液：取 0.1g 邻苯二甲醛、0.1mg 巯基乙醇、1mL 三乙胺，加丙酮＋石油醚（60～90℃）（1＋1）的混合溶剂至 100mL。放置 0.5h 后使用。

（3）显色步骤　将含有氨基酸样品的滤纸浸入邻苯二甲醛显色液中 1min，冷风吹干，在温度 18℃ 以下、湿度 50%～90% 之间显色 0.5h，于紫外灯下观察荧光点。

（4）说明　在滤纸上显现氨基酸时，邻苯二甲醛浓度以 0.1% 为宜。显色时必须有一定的湿度，以便氨基酸溶解，提高分子碰撞概率，并使极性基团解离，促进反应趋于完全。湿度太低，显不出荧光。温度对显现的荧光延时有显著影响，温度高荧光延时短，温度低荧光延时长。

二、个别氨基酸的显色反应

利用个别氨基酸与某些试剂具有特殊的显色反应定性氨基酸。可应用于纸色谱和纸电泳显色，也可单独应用。方法很多，仅将常用的方法介绍如下。

1. 精氨酸的显色——坂口（Sakaguchi）反应

（1）第一种方法

① 试剂

试剂甲：5g 尿素溶解于 100mL 0.1g/L α-萘酚乙醇中。使用前，每 100mL 加约 5g KOH。

试剂乙：0.7mL 溴水溶解于 100mL 5% NaOH 中。

② 显色步骤　在点有样品的滤纸上喷试剂甲后，在空气中吹几分钟，再喷试剂乙。精氨酸或含精氨酸的多肽显红色。此试剂对含精氨酸的蛋白质也适用。

（2）第二种方法

① 试剂

试剂甲：1g/L 8-羟基喹啉的丙酮溶液。

试剂乙：0.02mL 溴水溶解于 100mL 0.5mol/L NaOH 溶液中。

② 显色步骤　将点有样品的滤纸烘干后，喷上试剂甲，吹干后，再喷试剂乙。精氨酸或其他胍类物质显橘红色。

2. 胱氨酸和半胱氨酸的显色

（1）试剂

试剂甲：1.5g 亚硝基铁氰化钠 $\{Na_2[Fe(CN)_5NO]\cdot 2H_2O\}$ 溶于 5mL 2mol/L H_2SO_4 溶液中，加 95mL 甲醇。此时会有沉淀产生，可保存一个月以上。使用时在每 100mL 上述溶液中加 10mL 28% 氨水，过滤除去沉淀，清液仅能保持一天左右。

试剂乙：2g 氰化钠溶于 5mL 水中，然后加 95mL 甲醇。此时有沉淀产生，使用时只需摇匀即可。

（2）显色步骤

半胱氨酸的显色：在滤纸上喷以试剂甲的清液，5min 后半胱氨酸显红色。胱氨酸的显色：先将滤纸浸入试剂乙，迅速取出，稍等片刻再喷试剂甲的清液，5min 后胱氨酸显红色。也可以把试剂乙配制的浓度增加一倍，在显色前混合，再喷到滤纸上。

3. 甘氨酸的显色

（1）试剂　0.1g 邻苯二甲醛溶于 100mL 77％乙醇中。

（2）显色步骤　点有样品的滤纸喷上试剂，甘氨酸显墨绿色，在汞灯（365nm）下显巧克力棕色。吲哚醌显色后，再用此试剂仍有效。以甘氨酸为 N-端的小肽也能显色，但其 N-端被保护后，甘氨酸以及其他氨基酸均不显色。

4. 脯氨酸的显色

（1）试剂　1g 吲哚醌和 1.5g 醋酸锌、1mL 醋酸、5mL 蒸馏水混合，再加入 95mL 异丙醇，新鲜配制。

（2）显色步骤　色谱分析用滤纸除尽溶剂，喷上以上试剂，80～85℃烘箱内放置 30min，脯氨酸显蓝色，再以 30℃温水漂洗除去多余的试剂后，背景为白色或浅黄色。

也可剪下脯氨酸斑点，在试管中加入 5mL 水饱和酚，在黑暗中洗脱 15min，间歇振摇，于 610nm 处测定其吸光度。从已知标准曲线即可求得样品内脯氨酸含量，测定范围 5～20μg。

5. 丝氨酸和羟赖氨酸的显色

（1）试剂

试剂甲：0.035mol/L 过碘酸钠（748mg $NaIO_4$ 溶于数毫升甲醇中，加 2 滴 6mol/L 盐酸，再用甲醇稀释至 100mL）。

试剂乙：15g 醋酸铵加 0.3mL 冰醋酸，加 1mL 乙酰丙酮，用甲醇稀释到 100mL。

（2）显色步骤　点有样品的滤纸吹干，先喷试剂甲，近干后再喷试剂乙，室温放置 2h，紫外灯下照射 0.5h，丝氨酸和羟赖氨酸呈黄色斑点，在紫外线下都有荧光。

6. 羟脯氨酸的显色

（1）试剂

试剂甲：1g 吲哚醌溶于 100mL 乙醇及 10mL 冰醋酸。

试剂乙：1g 对二甲氨基苯甲醛溶于 100mL 的丙酮浓盐酸（9＋1）混合液中（此试剂不稳定，隔数日后溶液颜色增深发黑，灵敏度降低，故用时新鲜少量配制）。

（2）显色步骤　将待鉴定的溶液点于小方块纸上，干后先点上试剂甲，热风吹干。这时纯羟脯氨酸呈墨绿色，纯脯氨酸呈深蓝色（极灵敏），对其他氨基酸呈程度不同的紫红色（不太灵敏）；然后再点上试剂乙吹干，如溶液中含有羟脯氨酸即转变为玫瑰红色，而其他氨基酸与吲哚醌所生成的颜色则褪去。

7. 色氨酸的显色

（1）第一种方法

① 试剂　1g 对二甲氨基苯甲醛加 90mL 丙酮、10mL 浓盐酸。新鲜配制。

② 显色步骤　点有样品的滤纸干燥后，喷上以上试剂，在室温下放置几分钟后，色氨酸显蓝色或紫红色。茚三酮显色后，仍可使用本法。

（2）第二种方法

① 试剂　10mL 35％甲醛加 10mL 25％盐酸、20mL 无水乙醇。

② 显色步骤　点有样品的滤纸喷上以上试剂后，100℃烘 5min，色氨酸在长波长紫外光下呈现荧光（黄-橙-带绿色）。

8. 酪氨酸的显色

（1）试剂

试剂甲：0.1％α-亚硝基-β-萘酚的 95％乙醇溶液。

试剂乙：10％硝酸水溶液。

（2）显色步骤　点有样品的滤纸喷上试剂甲后，吹干，再喷试剂乙，然后在100℃烘3min，酪氨酸或含酪氨酸的多肽在浅灰绿色的背景上显红色，0.5h后转变为橘红色，其后渐退去。灵敏度为1～2μg酪氨酸。茚三酮显色后，再用此试剂处理，仍能显色，茚三酮所显出的紫红色斑点变成红色。

9. 酪氨酸和组氨酸的显色——Pauly反应

（1）试剂

试剂甲：4.5g对氨基苯磺酸与45mL 12mol/L盐酸共热溶解，以蒸馏水稀释至500mL。用时取出30mL，在0℃与等体积的5％亚硝酸钠水溶液相混合（室温放置太长会失效）。

试剂乙：10％碳酸钠水溶液。

（2）显色步骤　点有样品的滤纸上喷试剂甲，片刻后再喷试剂乙。组氨酸及含组氨酸的多肽显橘红色；酪氨酸及含酪氨酸的多肽显浅红色。

第六节　氨基酸定量测定

以下仅介绍氨基酸的一般定量测定。

1. 甲醛滴定法

（1）原理　氨基酸具有酸性的—COOH和碱性的—NH$_2$。它们相互作用而使氨基酸成为中性的内盐。当加入甲醛溶液时，—NH$_2$与甲醛结合，从而使其碱性消失。这样就可以用标准强碱溶液来滴定—COOH，并用间接的方法测定氨基酸总量。反应式（有三种不同的推论）如下：

$$R-\underset{\underset{H_3N^+O^-}{|}}{\overset{\overset{H}{|}}{C}}-\overset{O}{\overset{||}{C}} \rightleftharpoons R-\underset{\underset{NH_2}{|}}{\overset{\overset{H}{|}}{C}}-\overset{O}{\overset{||}{C}}-OH \xrightarrow{+HCHO} R-\underset{\underset{N=CH_2}{|}}{\overset{\overset{H}{|}}{C}}-COOH \xrightarrow{+NaOH} R-\underset{\underset{NH-CH_2OH}{|}}{\overset{}{CH}}-COOH$$

$$\left[或 \underset{\underset{HOH_2C-N-CH_2OH}{|}}{\overset{}{R-CH}}-COOH \right] \quad 或 \underset{\underset{N=CH_2}{|}}{\overset{}{R-CH}}-COONa \quad 或 \underset{\underset{NH-CHO}{|}}{\overset{}{R-CH}}-COOH$$

（2）方法特点及应用　此法简单易行、快速方便，与亚硝酸氮气容量法分析结果相近。在发酵工业中常用此法测定发酵液中氨基氮含量的变化，来了解可被微生物利用的氮源的量及利用情况，并以此作为控制发酵生产的指标之一。但脯氨酸与甲醛作用时产生不稳定的化合物，使结果偏低；酪氨酸含有酚羟基，滴定时也会消耗一些碱而致使结果偏高；溶液中若有铵存在也可与甲醛反应，往往使结果偏高。

（3）试剂

① 40％中性甲醛溶液：以百里酚酞为指示剂，用氢氧化钠溶液将40％甲醛中和至淡蓝色。

② 1g/L百里酚酞乙醇溶液。

③ 1g/L中性红50％乙醇溶液。

④ 0.1mol/L氢氧化钠标准溶液。

（4）操作方法　移取含氨基酸约20～30mg的样品溶液2份，分别置于250mL锥形瓶中，各加50mL蒸馏水，其中一份加入3滴中性红试剂，用0.1mol/L氢氧化钠标准溶液滴定至由红变为琥珀色为终点；另一份加入3滴百里酚酞指示剂及中性甲醛20mL，摇匀，静置 1min，用 0.1mol/L 氢氧化钠标准溶液滴定至淡蓝色为终点。分别记录两次所消耗的碱液体积（mL）。

（5）结果计算

$$氨基酸态氮含量(\%) = \frac{(V_2 - V_1) \times c \times 0.014}{m} \times 100 \qquad (10\text{-}7)$$

式中　c——氢氧化钠标准溶液的浓度，mol/L；

　　　V_1——用中性红作指示剂滴定时消耗氢氧化钠标准溶液的体积，mL；

　　　V_2——用百里酚酞作指示剂滴定时消耗氢氧化钠标准溶液的体积，mL；

　　　m——测定用样品溶液相当于样品的质量，g；

　0.014——$\frac{1}{2}N_2$ 的毫摩尔质量，g/mmol。

（6）说明

① 本法准确、快速，可用于各类样品游离氨基酸含量测定。

② 浑浊和色深样液可不经处理而直接测定。

2. 电位滴定法

（1）原理　根据氨基酸的两性作用，加入甲醛以固定氨基的碱性，使羧基显示出酸性，将酸度计的玻璃电极及甘汞电极同时插入被测液中构成电池，用氢氧化钠标准溶液滴定，依据酸度计指示的 pH 值判断和控制滴定终点。

（2）仪器

① 酸度计。

② 磁力搅拌器。

③ 微量滴定管（10mL）。

（3）试剂

① 20%中性甲醛溶液。

② 0.05mol/L 氢氧化钠标准溶液。

（4）操作方法　吸取含氨基酸约 20mg 的样品溶液，置于 100mL 容量瓶中，加水至刻度，混匀后吸取 20.0mL 于烧杯中，加 60mL 水，开动磁力搅拌器，用 0.05mol/L 氢氧化钠标准溶液滴定至酸度计指示 pH8.2〔记下消耗 0.05mol/L 氢氧化钠标准溶液的体积（mL），可计算总酸含量〕。加入 0.1mL 甲醛溶液，混匀。再用 0.05mol/L 氢氧化钠标准溶液继续滴定至 pH9.2，记下消耗 0.05mol/L 氢氧化钠标准溶液的体积（mL）。

同时取 80mL 水，先用 0.05mol/L 氢氧化钠溶液调节至 pH 为 8.2，再加入 10.0mL 甲醛溶液，用 0.05mol/L 氢氧化钠标准溶液滴定至 pH9.2，做试剂空白试验。

（5）结果计算

$$氨基酸态氮含量(\%) = \frac{(V_2 - V_1) \times c \times 0.014}{m} \times 100 \qquad (10\text{-}8)$$

式中　c——氢氧化钠标准溶液的浓度，mol/L；

　　　V_1——样品稀释液在加入甲醛后滴定至终点（pH9.2）所消耗氢氧化钠标准溶液的体积，mL；

　　　V_2——空白试验加入甲醛后滴定至终点所消耗氢氧化钠标准溶液的体积，mL；

　　　m——测定用样品溶液相当于样品的质量，g；

　0.014——$\frac{1}{2}N_2$ 的毫摩尔质量，g/mmol。

（6）说明

① 本法准确快速，可用于各类样品游离氨基酸含量测定。

② 对于浑浊和色深样液可不经处理而直接测定。

3. 茚三酮比色法

（1）原理　氨基酸在碱性溶液中能与茚三酮作用，生成蓝紫色化合物（除脯氨酸外均有此反应），可用吸光光度法测定。该蓝紫色化合物的颜色深浅与氨基酸含量成正比，其最大吸收波长为 570nm，故据此可以测定样品中氨基酸含量。

（2）仪器　可见光分光光度计。

（3）试剂

① 20g/L 茚三酮溶液　称取茚三酮 1g 于盛有 35mL 热水的烧杯中使其溶解，加入 40mg 氯化亚锡（$SnCl_2 \cdot H_2O$），搅拌过滤。滤液置冷暗处过夜，加水至 50mL，摇匀备用。

② pH8.04 磷酸盐缓冲溶液　准确称取磷酸二氢钾（KH_2PO_4）4.5350g 于烧杯中，加水溶解，定容到 500mL 容量瓶中，摇匀备用。

准确称取磷酸氢二钠（Na_2HPO_4）11.9380g 于烧杯中，用少量蒸馏水溶解后，定量转入 500mL 容量瓶中，用水稀释到标线，摇匀备用。

取上述配好的磷酸二氢钾溶液 10mL 与 190mL 磷酸氢二钠溶液混合均匀即为 pH8.04 的磷酸盐缓冲溶液。

③ 氨基酸标准溶液　准确称取干燥的氨基酸（如异亮氨酸）0.2000g 于烧杯中，先用少量水溶解后，定量转入 100mL 容量瓶中，用水稀释至标线，摇匀。准确吸取此溶液 10.0mL 于 100mL 容量瓶中，加水至标线，摇匀。此为 $200\mu g/mL$ 的氨基酸标准溶液。

（4）操作方法

① 标准曲线绘制　准确吸取 $200\mu g/mL$ 的氨基酸标准溶液 0.0、0.5mL、1.0mL、1.5mL、2.0mL、2.5mL、3.0mL（相当于 0、$100\mu g$、$200\mu g$、$300\mu g$、$400\mu g$、$500\mu g$、$600\mu g$ 氨基酸），分别置于 25mL 容量瓶或比色管中，各加水补充至容积为 4.0mL，然后加入茚三酮溶液（20g/L）和磷酸盐缓冲溶液（pH 为 8.04）各 1mL，混合均匀，于水浴上加热 15min，取出迅速冷至室温，加水至标线，摇匀。静置 15min 后，在 570nm 波长下，以试剂空白为参比液测定其余各溶液的吸光度 A。以氨基酸的质量（μg）为横坐标、吸光度 A 为纵坐标，绘制标准曲线。

② 样品测定　吸取澄清的样品溶液 1～4mL，按标准曲线制作步骤，在相同条件下测定吸光度 A，用测得的 A 值在标准曲线上可查得对应的氨基酸质量（μg）。

（5）结果计算

$$氨基酸含量(mg/100g) = \frac{m}{m_1 \times 1000} \times 100 \qquad (10\text{-}9)$$

式中　m——从标准曲线上查得的氨基酸的质量，μg；

　　　m_1——测定的样品溶液相当于样品的质量，g。

（6）说明及注意事项

① 通常采用的样品处理方法为：准确称取粉碎样品 5～10g 或吸取样液样品 5～10mL，置于烧杯中，加入 50mL 蒸馏水和 5g 左右活性炭，加热煮沸，过滤，用 30～40mL 热水洗涤活性炭，收集滤液于 100mL 容量瓶中，加水至标线，摇匀备测。

② 茚三酮受阳光、空气、温度、湿度等影响而被氧化呈淡红色或深红色，使用前须进行纯化，方法为：取 10g 茚三酮溶于 40mL 热水中，加入 1g 活性炭，摇动 1min，静置

30min 过滤。将滤液放入冰箱中过夜，即出现蓝色结晶，过滤，用 2mL 冷水洗涤结晶，置干燥器中干燥，装瓶备用。

4. 非水溶液滴定法

（1）原理　氨基酸的非水溶液滴定法是氨基酸在冰醋酸中用高氯酸的标准溶液滴定其含量。根据酸碱质子学说：一切能给出质子的物质为酸，能接受质子的物质为碱；弱碱在酸性溶剂中碱性显得更强，而弱酸在碱性溶剂中酸性也显得更强，因此，本来在水溶液中不能滴定的弱碱或弱酸，如果选择适当的溶剂使其强度增加，则可以顺利地进行滴定。氨基酸有氨基和羧基，在水中呈现中性，而在冰醋酸中就能接受质子显示出碱性，因此可以用高氯酸等强酸进行滴定。具体反应如下：

$$R-\underset{\underset{NH_2}{|}}{CH}-COOH + CH_3COOH \Longrightarrow R-\underset{\underset{NH_3^+}{|}}{CH}-COOH + CH_3COO^-$$

$$HClO_4 + CH_3COOH \Longrightarrow CH_3COOH_2^+ + ClO_4^-$$

$$CH_3COO^- + CH_3COOH_2^+ \Longrightarrow 2CH_3COOH$$

$$R-\underset{\underset{NH_2}{|}}{CH}-COOH + HClO_4 \Longrightarrow R-\underset{\underset{NH_3^+}{|}}{CH}-COOH + ClO_4^-$$

本法适合于氨基酸成品的含量测定。允许测定的范围是几十毫克的氨基酸。

（2）试剂　0.100mol/L 的高氯酸标准溶液：准确量取 8.4mL 72% 高氯酸溶液，加入预先放有 400mL 冰醋酸的 1L 容量瓶中，加入 20mL 醋酸酐以除去高氯酸中含有的少量水分（注意不要将醋酸酐直接注入高氯酸中），然后以冰醋酸稀释到 1L，放置过夜，用基准邻苯二甲酸氢钾标定。

标定：精确称取干燥至恒重的邻苯二甲酸氢钾 0.8000g，置于 250mL 锥形瓶中，加入 80mL 冰醋酸，加热溶解后，加 5 滴 10g/L 甲基紫指示剂，用上述高氯酸溶液滴定至紫色刚刚消失为止，记录消耗体积。按下式计算高氯酸浓度：

$$c = \frac{m}{V \times \frac{204.24}{1000}} \tag{10-10}$$

式中　c——高氯酸溶液浓度，mol/L；

m——邻苯二甲酸氢钾的质量，g；

V——滴定时消耗高氯酸溶液的体积，mL；

204.24——邻苯二甲酸氢钾的相对分子质量。

（3）操作方法

① 直接法（适用于能溶解于冰醋酸的氨基酸）　精确称取氨基酸样品 50mg 左右，溶解于 20mL 冰醋酸中，加 2 滴甲基紫指示剂，用 0.100mol/L 高氯酸标准液滴定（用 10mL 体积的微量滴定管），终点为紫色刚消失、呈现蓝色。空白管为不含氨基酸的冰醋酸液，滴定至同样终点颜色。

$$氨基酸含量（\%） = \frac{V \times c \times M}{m} \times 100 \tag{10-11}$$

式中　V——消耗高氯酸标准溶液的体积；

c——高氯酸的浓度；

M——被测氨基酸的摩尔质量；

m——被测氨基酸的质量，mg。

② 回滴法（适用于不易溶解于冰醋酸而能溶解于高氯酸的氨基酸） 精确称取氨基酸样品 30～40mg 左右，溶解于 5mL 0.1mol/L 高氯酸标准溶液中，加 2 滴甲基紫指示剂，剩余的酸以醋酸钠溶液滴定，颜色变化由黄，经过绿、蓝至初次出现不褪的紫色为终点。

$$氨基酸含量（\%）=\frac{(V_1 \times c_1 - V_2 \times c_2) \times M}{m} \times 100 \quad (10\text{-}12)$$

式中　V_1——消耗高氯酸的体积；

　　　c_1——高氯酸的浓度；

　　　V_2——消耗的醋酸钠的体积；

　　　c_2——消耗醋酸钠的浓度；

　其他——同上式。

若含有两个氨基的氨基酸，如赖氨酸、胱氨酸和精氨酸在应用此计算式时应除以 2。

（4）说明

① 能溶解于冰醋酸的氨基酸，可以用直接法测定的有：丙氨酸、精氨酸、甘氨酸、组氨酸、亮氨酸、甲硫氨酸、苯丙氨酸、色氨酸、缬氨酸、异亮氨酸和苏氨酸。不易溶解于冰醋酸，但能溶解于高氯酸可以回滴法测定的有：赖氨酸、丝氨酸、胱氨酸和半胱氨酸。

② 谷氨酸和天冬氨酸在高氯酸溶液中也不能溶解，可以将样品溶解于 2mL 甲酸中，再加 20mL 冰醋酸，直接用标准的高氯酸溶液滴定。

5. 三硝基苯磺酸法

（1）原理　三硝基苯磺酸（TNBS）是定量测定氨基酸的重要试剂之一。TNBS 在偏碱性的条件下与氨基酸反应，先形成中间络合物，如下式所示：

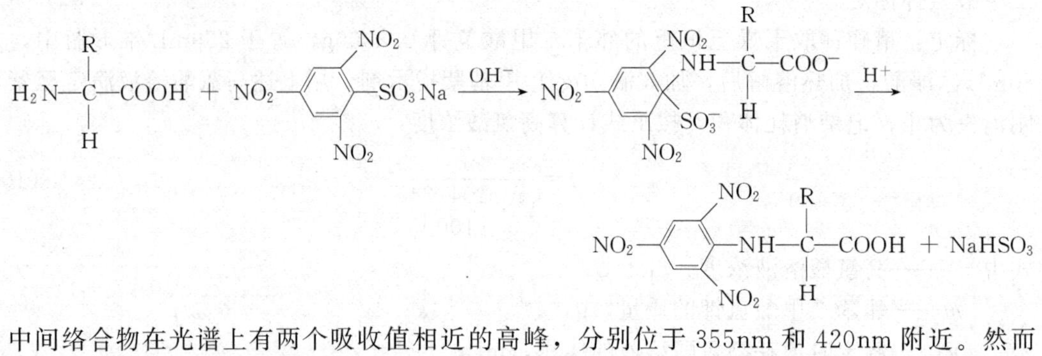

中间络合物在光谱上有两个吸收值相近的高峰，分别位于 355nm 和 420nm 附近。然而溶液一旦酸化，中间络合物转化成三硝基苯-氨基酸（TNP-氨基酸），420nm 处的吸收值显著下降，而 350nm 附近的吸收峰则移至 340nm 处。

利用 TNBS 与氨基酸反应的这一特性，可在 420nm 处（偏碱性溶液中）或在 340nm 处（偏酸性溶液中）对氨基酸进行定量测定。表 10-3 列出了各种氨基酸与 TNBS 反应后在不同条件下测定的吸光度。在 340nm 处，各氨基酸的吸光度大致相近，而在 420nm 处的吸光度因氨基酸种类而异；在加入适量 SO_3^{2-} 时，吸收值升高。

本法允许的测定范围是 0.05～0.4μmol 氨基酸。

（2）试剂

① 1g/L 三硝基苯磺酸溶液（TNBS）　称取 0.1g 三硝基苯磺酸加蒸馏水至 100mL。贮于棕色瓶中。

② 40g/L 碳酸氢钠溶液　4g NaHCO₃ 加蒸馏水至 100mL（以稀酸或稀碱调至 pH8.5）。

③ 0.01mol/L 亚硫酸钠溶液　称 0.252g Na₂SO₃·7H₂O，加蒸馏水至 100mL。

表 10-3 各种氨基酸与 TNBS 反应后在不同条件下测定的吸光度

氨基酸种类	碱性溶液[①]	酸性溶液加 SO_3^{2-}[②]	酸性溶液[③]
甘氨酸	0.30	0.54	0.31
丙氨酸	0.31	0.59	0.30
甲硫氨酸	0.30	0.53	0.30
缬氨酸	0.31	0.57	0.31
亮氨酸	0.30	0.60	0.30
异亮氨酸	0.30	0.56	0.31
苏氨酸	0.30	0.59	0.30
丝氨酸	0.30	0.60	0.30
天冬氨酸	0.19	0.43	0.30
谷氨酸	0.23	0.53	0.30
天冬酰胺	0.30	0.46	0.30
谷氨酰胺	0.31	0.53	0.30
酪氨酸	0.30	0.48	0.30
苯丙氨酸	0.30	0.60	0.30
色氨酸	0.16	0.31	沉淀
组氨酸	0.30	0.50	0.30
赖氨酸	0.60	0.90	沉淀
精氨酸	0.40	0.58	0.30
α-N-苄氧羰酰-赖氨酸	0.32	0.45	沉淀
脯氨酸	0	0	
α-N-苄氧羰酰-精氨酸	0	0	

① 取不同含量氨基酸 1mL，加 4% NaHCO₃ 1mL、0.1% TNBS 1mL，于 40℃反应 2h，用水补充至 4mL，在 420nm 处测定。制作氨基酸浓度-吸光度坐标图，从曲线中求得各氨基酸于 1μmol 时的吸光度。

② 条件同上，但在与 TNBS 反应时加 0.01mol/L Na₂SO₃ 1mL，最后总体积也是 4mL，同样在 420nm 处测定。

③ 条件同①，但与 TNBS 反应后加 1mol/L HCl 1mL 酸化，在 340nm 处测定。

④ 标准氨基酸溶液 配成 5mmol/L 的水溶液。

⑤ ε-TNP-赖氨酸标准溶液（或丙氨酸） 配成 0.5mmol/L 的水溶液。

（3）操作方法

① 偏碱性溶液，在 420nm 处测定吸光值。待测氨基酸样品溶液（含氨基酸 0.5～4μmol/L）1mL，加 40g/L NaHCO₃ 1mL、1g/L TNBS 1mL、0.01mol/L Na₂SO₃ 1mL，混合后于 40℃反应 2h，在 420nm 处测定，空白以蒸馏水代替待测液。

标准曲线绘制：标准氨基酸溶液（5mmol/L）0.1mL、0.2mL、0.3mL、0.4mL、0.5mL、0.6mL、0.7mL、0.8mL，分别补充水至 1mL，与上述样品同样步骤操作。

② 偏酸性溶液，在 340nm 处测定吸光值。待测氨基酸样品溶液（含氨基酸 0.5～4μmol/L）1mL，加 40g/L NaHCO₃ 1mL、1g/L TNBS 1mL，混合后于 40℃反应 2h，加 1mol/L 盐酸 1mL，混合后在 340nm 处测定。空白以蒸馏水代替待测液。

标准曲线绘制：标准氨基酸溶液（5mmol/L）0.1mL、0.2mL、0.3mL、0.4mL、0.5mL、0.6mL、0.7mL、0.8mL，分别补充水至 1mL，与上述样品同样步骤操作。

（4）说明

① 上述两种测定系统各有利弊，可根据具体情况进行选择。在碱性条件下，各种 TNP-氨基酸衍生物的水溶性均很好，如无紫外分光光度计，可用普通分光光度计代替，测定波长可取 440nm，这时吸光值约相当于 420nm 处的 85%。缺点是对不同种类的氨基酸消光系数不同。在酸性条件下测定的最大优点是不同种类氨基酸的消光系数基本上一致，但必须有紫外分光光度计。此外，某些氨基酸如色氨酸、赖氨酸经 TNBS 反应后在酸性条件下产生沉淀而不能测定。

② TNBS 法定量测定氨基酸与常用的茚三酮法比较有以下优点：灵敏度与茚三酮法大致相当，若添加 Na_2SO_3，还要超过茚三酮法，反应条件简单，无需加温及添加有机溶剂；试剂也不必经特殊处理，不需添加还原剂，茚三酮法中往往由于还原不当而严重影响显色反应。由于 TNBS 与 NH_4^+ 及脲不起反应，不会像茚三酮那样会受到这些物质的干扰。吸光值达 1.5 仍与浓度呈良好的线性关系。TNBS 法的缺点是脯氨酸几乎不起反应。

③ TNBS 与二硝基氟苯不同，它主要与氨基酸中的伯胺起反应，不与组氨酸的咪唑基、酪氨酸的羟基及精氨酸的胍基起作用，与脯氨酸的仲胺也几乎不作用。除氨基外，TNBS 也能很快与半胱氨酸的巯基起反应，但在偏碱条件下巯基本身也很容易氧化呈二硫键。因此，若要避免样品中的巯基对 TNBS 反应的干扰，可先在碱性溶液中 30℃ 保温数小时，使巯基都氧化呈二硫键，然后再与 TNBS 起反应，这样就可以定量测定样品中的氨基酸含量。

④ TNBS 与氨基酸中 α-氨基的反应速度决定于溶液的 pH，当 pH 低于 6.2 时几乎不起反应，随着 pH 升高，反应速度加快。pH 大于 11 时反应迅速，在 2～3min 内即完成，但 TNBS 本身的破坏也加快，空白提高，因而一般取 pH9～10 为宜，通常用 10g/L $NaHCO_3$ 溶液比较理想。

⑤ TNBS 与不同性质氨基酸的反应速度不同，与碱性氨基酸的反应较快，在 40℃ 30min 内反应即完成，而这时酸性氨基酸的反应还不到一半。提高温度可使反应速度加快，但 TNBS 本身破坏也显著，空白也提高。因此一般不采用升高温度，而是延长反应时间。在 40℃ 保温 2h 对各种氨基酸的反应均可完成，此时空白本身在 420nm 处的吸光值大约在 0.15 左右（采用蒸馏水做空白测定）。

第十一章　气相色谱分析法

色谱法是一种重要的分离分析方法，它是利用混合物不同组分在两相中具有不同的分配系数（或吸附系数、渗透性等），当两相做相对运动时，不同组分在两相中进行多次反复分配实现分离后，通过检测器得以检测，进行定性定量分析。其中不动的一相称为固定相，而携带混合物流过此固定相的流体称为流动相。混合物由流动相携带经过固定相时，不同组分因其性质和结构上的差异，与固定相发生作用的大小、强弱有所差异。在同一推动力作用下，不同组分与固定相进行多次反复分配，使其在固定相中滞留时间有所不同，从而按先后不同次序从固定相中流出。这种在两相间反复分配而使混合物中各组分分离的技术，称为色谱法（chromatography），又称色层法、层析法。色谱法可按不同角度分为多种类型。

（1）按流动相的物态，色谱法可分为气相色谱法（流动相为气体）、液相色谱法（流动相为液体）和超临界色谱法（流动相为超临界流体）。按固定相的物态，则可分为气固色谱（固定相为固体吸附剂）、气液色谱（固定相为涂在固体担体上或毛细管壁上的液体）、液固色谱和液液色谱法等。

（2）按固定相使用的形式，可分为柱色谱（固定相装在色谱柱中）、纸色谱（固定相为滤纸）和薄层色谱法（将吸附剂粉末制成薄层作固定相）等。

（3）按分离过程的机制，可分为吸附色谱法（利用吸附剂表面对不同组分的物理吸附性能的差异进行分离）、分配色谱法（利用不同组分在两相中有不同的分配系数进行分离）、离子交换色谱法（利用离子交换原理）和排阻色谱法（利用多孔性物质对不同大小分子的排阻作用）等。

色谱法因其分离效能高、灵敏度高和分析速度快等特点，已成为现代仪器分析方法中应用最广泛的一种方法。

第一节　气相色谱的基本理论

色谱分析的关键是样品中各组分的分离。欲使两组分分离，它们的色谱峰之间必须有足够的距离，同时色谱峰必须很窄，才能达到完全分离的目的。前者是由各组分在两相之间的分配系数所决定，即与色谱过程的热力学因素有关，而峰的宽度则由色谱柱的柱效决定，即与色谱动力学过程有关。本节简要介绍有关术语和基本理论，以有助于正确选择色谱条件，达到组分完全分离的目的。

一、气相色谱常用术语

试样中各组分经色谱柱分离，先后流出色谱柱，由检测器得到的信号大小随时间变化形成的色谱流出曲线如图 11-1 所示。一般色谱峰是一条高斯分布曲线。

1. 基线、峰高、峰宽

（1）基线　当色谱柱后没有组分通过检测器时，仪器记录到的信号称为基线。它反映了随时间变化的检测器系统噪声。稳定的基线是一条直线。

（2）峰高　色谱峰最高点与基线之间的距离称为色谱峰高，用 h 表示。

（3）峰宽　色谱峰宽有三种表示方法：

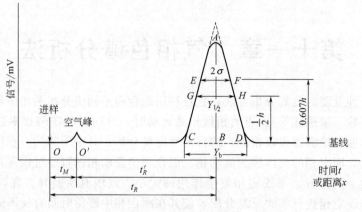

图 11-1　色谱流出曲线

① 标准偏差 σ——0.607 谱峰宽度的一半。

② 半峰宽——峰高为一半处的宽度，用 $Y_{1/2}$ 与标准偏差的关系为：

$$Y_{1/2}=2\sigma\sqrt{2\ln 2}=2.35\sigma \tag{11-1}$$

③ 基线宽度——从峰两边拐点做切线，切线与基线交点间的距离，用 Y 表示。它与标准偏差的关系是：

$$Y=4\sigma \tag{11-2}$$

2. 保留值

保留值为试样中各组分在色谱柱中滞留时间的数值。通常用时间或用将组分带出色谱柱所需载气的体积来表示。

（1）保留时间　从进样到组分出现最大浓度的时间叫该组分的保留时间，用 t_R 表示。不被固定相吸附的组分（如空气、甲烷）的保留时间称为死时间，用 t_M 表示。扣除死时间后的保留时间称为调整保留时间，用 $t'_R=t_R-t_M$ 表示。

（2）保留体积　从进样到组分出现最大浓度时所通过的载体体积称为保留体积，用 V_R 表示。

$$V_R=t_R F_0 \tag{11-3}$$

式中，F_0 为载气体积流速，mL/min。死体积系指色谱柱柱管内固定相颗粒间所剩留的空间、色谱仪中管路连接头间的空间及检测器的空间的总和。当后两项很小、可忽略不计时，死体积 V_M 可由下式计算：

$$V_M=t_M F_0 \tag{11-4}$$

调整保留体积 V'_R 指扣除死体积后的保留体积，即

$$V'_R=t'_R F_0 \text{ 或 } V'_R=V_R-V_M \tag{11-5}$$

死体积反映了柱和仪器系统的几何特性，它与被测组分性质无关，故 t'_R 或 V'_R 更合理地反映了被测组分的保留特性。

（3）相对保留值　某一组分 i 的调整保留值与标准物 s 调整保留值之比，称为组分 i 对 s 的相对保留值 r_{is}。

$$r_{is}=\frac{t'_{Ri}}{t'_{Rs}}=\frac{V'_{Ri}}{V'_{Rs}} \tag{11-6}$$

r_{is} 仅随柱温及固定相变化。当柱温、固定相不变时，即使柱径、柱长、流动相流速有所改变，r_{is} 值仍保持不变，故可作为色谱定性分析的参数。

3. 分配系数和容量因子

（1）分配系数　组分在固定相和流动相（气相）之间发生的吸附、脱附和溶解、挥发的过程，叫做分配过程。色谱分离是基于组分在两相中的分配情况不同，可用分配系数来描述。分配系数是在一定的温度和压力下，组分在固定相和流动相中平衡浓度之比值，用 K 表示：

$$K=\frac{c_S}{c_M} \tag{11-7}$$

式中，c_S 为组分在固定相中的浓度，g/mL；c_M 为组分在流动相中的浓度，g/mL。

分配系数具有热力学意义。在气相色谱中，K 取决于组分及固定相的热力学性质，并随柱温、柱压而变化。同一条件下，如两组分的 K 值相同，则色谱峰重合。分配系数小的组分，因每次分配后在气相中的浓度较大，因而较早流出色谱柱。

（2）容量因子　表示在一定的温度和压力下，两相平衡时，组分在两相中的质量比，用 k 表示：

$$k=\frac{p}{q} \tag{11-8}$$

式中，p 为组分在固定相中的质量；q 为组分在流动相中的质量。分配系数与容量因子之间的关系式如下：

$$K=\frac{c_S}{c_M}=\frac{p/V_S}{q/V_M}=k\frac{V_M}{V_S}=k\beta \tag{11-9}$$

式中，V_M 为色谱柱中的流动相体积，即柱内固定相颗粒间的空隙体积；V_S 为色谱柱中固定相体积，对不同类型色谱分析，V_S 有不同内容。例如，在气固色谱中为吸附剂表面容量，而在气-液色谱中它为固定液体积。V_M 与 V_S 之比称为相比（phase ratio），它反映了各种色谱柱柱型及其结构的重要特征。

$$k=\frac{t'_R}{t_M} \tag{11-10}$$

4. 分离度

分离度定义为相邻两组分保留时间之差与两组分基线宽度总和之半的比值，用 R 表示。

$$R=\frac{t_{R(2)}-t_{R(2)}}{\frac{1}{2}(W_1+W_2)} \tag{11-11}$$

欲将两组分完全分开，首先是要两组分的保留时间相差较大，其次是色谱峰要尽可能窄。前者取决于固定液的热力学性质，后者反映了色谱过程的动力学因素。分离度 R 综合了这两个因素，故可用作为色谱柱的总分离效能指标。若峰形对称且满足高斯分布，当 $R \geqslant 1.5$ 时，分离程度可达 99.7%，两组分完全分离；当 $R \leqslant 1$ 时，分离程度小于 98%，两组分没有分开。当峰形不对称或两峰有重叠时，基线宽度很难测定，分离度可用半峰宽来表示：

$$R=\frac{t_{R(2)}-t_{R(1)}}{\frac{1}{2}(W_{1/2(1)}+W_{1/2(2)})} \tag{11-12}$$

试样在色谱柱中分离过程的基本理论包括两方面：一方面是试样中各组分在两相间的分配情况。它与各组分在两相间的分配系数以及组分、固定相和流动相的分子结构和相互作用有关。保留时间反映了各组分在两相间的分配情况，与色谱过程中的热力学因素有关。另一方面是各组分在色谱柱中的运动情况。它与各组分在流动相和固定相之间的传质阻力有关，色谱峰的半峰宽反映了各组分运动情况，和动力学因素有关。色谱理论须全面考虑这两方面因素。

二、气相色谱分离的基本理论

1. 塔板理论

塔板理论是把色谱柱假想成一个精馏塔，由许多塔板组成，在每个塔板上，组分在气、液两相间达成一次平衡。经过多次分配平衡后，各组分由于分配系数不同而得以分离。分配系数小的组分，先离开精馏塔（色谱柱）。当板数足够多时，色谱流出曲线（色谱峰）可用高斯分布表示：

$$c = \frac{c_0}{\sigma\sqrt{2\pi}} e^{\frac{(t-t_R)^2}{2\sigma^2}} \tag{11-13}$$

式中，c 为时间 t 时组分的浓度；c_0 为进样浓度；t_R 为保留时间；σ 为标准偏差。假定色谱柱长为 L，每达成一次分配平衡所需的柱长为 H（塔板高度），则理论塔板数为：

$$n = \frac{L}{H} \tag{11-14}$$

由式(11-14)看出，当色谱柱长 L 固定时，每次平衡所需的理论塔板高度 H 愈小，则理论塔板数 n 就愈大，柱效率就愈高。理论塔板数的经验表达式为：

$$n = 5.545\left(\frac{t_R}{W_{1/2}}\right)^2 = 16\left(\frac{t_R}{W}\right)^2 \tag{11-15}$$

由式(11-15)可知，组分保留时间愈长，峰形愈窄，理论塔板数就愈大。因而，n 或 H 可作为描述柱效能的指标，高柱效有大的 n 值和小的 H 值。

由于死时间的存在，n 和 H 不能确切地反映柱效，尤其是对出峰早（t_R 较小）的组分更为突出，因此提出用有效理论塔板数 $n_{有效}$ 和有效塔板高度 $H_{有效}$ 作为柱效能指标：

$$n_{有效} = 5.545\left(\frac{t'_R}{W_{1/2}}\right)^2 = 16\left(\frac{t'_R}{W}\right)^2 \tag{11-16}$$

$$H_{有效} = \frac{L}{n_{有效}} \tag{11-17}$$

塔板理论在解释流出曲线的形状（呈高斯分布）、浓度极大点的位置及计算评价柱效能方面都取得了成功。但塔板理论是半经验性理论，它的某些基本假设不完全符合色谱的实际过程，如忽略了纵向扩散的影响、色谱体系不可能达到真正的平衡状态等。因此，它只能定性地给出塔板高度的概念，不能找出影响塔板高度的因素，也不能说明为什么峰会展宽等。尽管塔板理论有缺陷，但以 n 或 H 作为柱效能指标很直观，故目前仍为色谱工作者所接受。

2. 速率理论

塔板理论形象地描述了组分在色谱柱中的分配平衡和分离过程，它在解释色谱流出曲线的形状、保留值以及在计算评价柱效能等方面是成功的。但它不能解释同一色谱柱在不同载气流速下柱效能不同等实验事实。虽然在计算理论塔板的公式中包含了色谱峰宽项，但塔板理论本身不能说明为什么色谱峰会变宽，也未能指出哪些因素影响塔板高度，从而未能指明如何才能减少组分在柱中的扩散和提高柱效的方法，其原因是塔板理论没有考虑到各种动力学因素对色谱柱中传质过程的影响。速率理论在塔板理论的基础上指出，组分在色谱柱中运行的多路径及浓度梯度造成的分子扩散，以及在两相间质量传递不能瞬间实现平衡，是造成色谱峰展宽、柱效能下降的原因。速率理论可用范第姆特方程描述：

$$H = A + \frac{B}{u} + Cu \tag{11-18}$$

式中，u 为流动相的线速度；A、B、C 为与柱性能有关的常数，以下分别讨论各项的物理意义。

（1）涡流扩散项 A　填充柱中固定相的颗粒大小、形状往往不可能完全相同，填充的均匀性也有差别。组分在流动相载带下流过柱子时，会因碰到填充物颗粒和填充的不均匀性而不断改变流动的方向和速度，使组分在气相中形成紊乱的类似涡流的流动，如图 11-2 所示，涡流的出现使同一组分分子在气流中的路径长短不一，因此，同时进入色谱柱的组分到达柱出口所用的时间也不相同，从而导致色谱峰的展宽。以涡流扩散项 A 表示：

$$A = 2\lambda d_0 \tag{11-19}$$

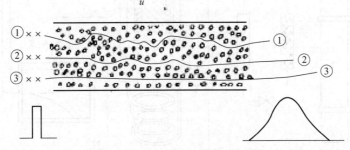

图 11-2　涡流扩散引起谱带的展宽

可见，A 项对色谱峰变宽的影响取决于填充物的平均颗粒直径 d_0 和填充的不均匀因子 λ。对于空心毛细管柱，因无填充物，不存在涡流扩散的影响，故 $A=0$。

（2）分子扩散项 B/u　分子扩散也叫纵向扩散，这是基于载气携带样品进入色谱柱后，样品组分形成浓差梯度，从而产生沿轴向的浓差扩散，故称纵向扩散。它的大小与组分在色谱柱内的停留时间成正比，组分停留的时间长，纵向扩散就大，因此，要降低纵向扩散的影响，应加大载气流速。以分子扩散项 B/u 来描述这种影响，其中 B 用下式计算：

$$B = 2\gamma d_G \tag{11-20}$$

式中，γ 是色谱柱的弯曲因子，填充柱 $\gamma<1$，空心毛细管柱 $\gamma=1$；d_G 为组分在气相中的分子扩散系数，$cm^2 \cdot s$，它与载气相对分子质量、组分本身的性质及温度、压力等有关。

（3）传质阻力项 Cu　传质阻力项包括气相传质阻力 C_G 和液相传质阻力 C_L 两部分：

$$Cu = (C_G + C_L)u \tag{11-21}$$

气相传质阻力是组分分子从气相到两相界面进行交换时的传质阻力，该阻力愈大，组分滞留时间愈长，峰形扩展愈严重。液相传质阻力是组分分子从气液界面到液相内部，并发生质量交换，达到分配平衡，然后又返回气液界面的传质过程。液相传质阻力与固定液涂渍厚度有关，也与组分在液相中的扩散系数有关。

速率理论较好地解释了影响塔板高度的各种因素，对选择合适的色谱操作条件具有指导意义。

由范第姆特方程可以看出：A、B/u、Cu 越小，柱效率越高。改善柱效率的因素有如下几点：

① 选择颗粒较小的均匀填料，并且填充均匀。

② 在固定液保持适当黏度的前提下，选用较低的柱温操作。

③ 用最低实际浓度的固定液，降低担体表面液层的厚度。

④ 选用合适的载气：流速较小时，分子扩散项成为色谱峰扩张的主要因素，宜用相对分子质量较大的载气；流速较大时，传质项为控制因素，宜用相对分子质量较小的载气。

⑤ 选择最合适的载气流速。

三、气相色谱分析流程及分离过程

1. 气相色谱分析流程

气相色谱分析的基本流程如图 11-3 所示。

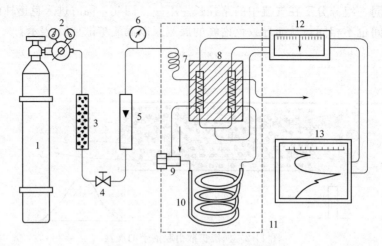

图 11-3 气相色谱装置及流程图

1—载气瓶；2—减压阀；3—净化干燥管；4—针形阀；5—流量计；6—压力表；7—预热管；
8—检测器；9—进样器和气化室；10—色谱柱；11—恒温箱；12—测量电桥；13—记录仪

（1）气相色谱仪 气相色谱仪由 5 个主要部分组成：载气系统、进样系统、分离系统、检测系统、记录系统。

气相色谱分析流程为：钢瓶中的气体经减压、净化、计量，到达进样系统，在进样系统与试样混合，携带试样进入分离系统进行分离，分离后的组分依次流出、由载气带入检测器，检测器将组分的浓度（或质量）转变为电信号，由记录仪记录，得到气相色谱图。

（2）气相色谱仪各部件的作用

① 载气系统 载气系统为气相色谱仪提供稳定的流动相。常用的载气有氮气、氢气及氩气等，贮存载气的钢瓶内压高达 15MPa，需要经过减压阀降到 $50\sim400$kPa。市售的气体含有微量水分等杂质，应经过净化干燥管除去。载气系统的流程为：钢瓶、减压阀→净化干燥管→针形阀→流量计→压力表。

② 进样系统 进样系统包括进样器与气化室。试样通过进样器进入色谱仪。对于液体试样，可以用微量注射器［一般用 1、10、50、100（μL）］进样；对于气体试样，可以通过六通阀进样或注射器进样，为了获得更好的重现性，大多采用六通阀。六通阀有直拉式及旋转式，其工作原理相同。

如图 11-4 所示为直拉式六通阀。直拉式六通阀为长形四方块体，中间有一圆形金属拉杆，拉杆上套有四个橡皮圈，推入时，试样气体进入定量管［图 11-4(a)］；将拉杆拉出时，载气将定量管中的试样气体带入气化室［图 11-4(b)］。

试样由进样器进入气化室，气化室由温控装置控制恒温，温度足以使试液中各组分瞬间气化成为蒸汽。气化室实际上是一个加热器。气化后的试样与载气混合，进入色谱柱。

③ 分离系统 试样经过分离系统后，各组分相互分离。分离系统包括色谱柱、柱箱。色谱柱置于色谱柱箱中，色谱柱箱由温控装置控制恒定的温度，以防止试样在色谱柱中冷凝成液体而无法分离。色谱柱是色谱分析仪的关键部分，混合物中各组分的分离在其中完成。色谱柱有两种柱型。

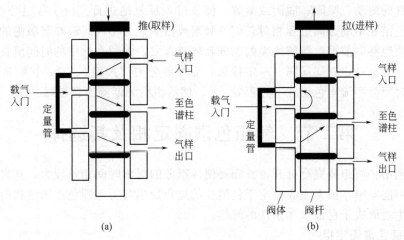

图 11-4 直拉式六通阀取样、进样位置

　　a. 填充色谱柱　装有颗粒状固定相的色谱柱，称为填充柱。填充柱有两种类型：以固体吸附剂为固定相的填充柱，称为气固色谱填充柱；以固定液为固定相的填充柱，称为气液色谱填充柱。填充色谱柱的内径一般为 3～6mm，长 1～10m，可由不锈钢、铜、玻璃和聚四氟乙烯等材料制成。

　　b. 毛细管色谱柱　毛细管柱又名空心柱，它是在毛细管内壁涂布固定液的色谱柱，或称开口柱。内径 0.2～0.5mm，长 30～50m，可由不锈钢或玻璃制成。毛细管柱有很高的分离效能，理论塔板数可高达数万个。

　　④ 检测系统　检测系统包括检测器与微电流放大器。检测器的作用是将载气中各组分的浓度转化为可以记录的电信号。经过色谱柱分离的各组分，依次流经检测器，检测器对载气中试样组分的瞬间浓度产生响应的电信号，并经微电流放大器放大，输入记录仪记录。

　　⑤ 温度控制系统　温度控制系统是气相色谱仪的重要组成部分，温度影响色谱柱的选择性和分离效率，也影响检测器的灵敏度和稳定性。所以色谱柱、检测器、气化室都要进行温度控制。三者最好分别恒温，但不少气相色谱仪的色谱柱、检测器置于同一恒温室中，效果也很好。气化室的温度控制是为了使液体或固体样品迅速气化完全，气化室的温度要高于样品的沸点，但温度不宜过高，否则会使样品组分分解。

　　⑥ 记录系统　记录仪依电信号的大小绘出曲线，称为色谱峰或色谱图。记录仪常用电子电位差计，将检测出来的电信号放大，在专用的色谱纸上扫描出色谱峰。现代的色谱仪一般带有计算机，各种色谱参数由键盘控制，测量结果如色谱图或色谱峰的高度、宽度、面积等，由屏幕显示或由打印机输出。

　　2. 气相色谱分离过程

　　图 11-5 表示含有 A、B 两组分的试样在色谱柱中的分离过程。a、b、c、d、e 为不同时间组分在柱中分离的情况。试样气化后被载气带入色谱柱，很快被固定相吸附或溶解，首先形成一条狭窄的混合谱带（过程 a）。随着载气的不断通入，被吸附或溶解的组分又从固定相中脱附或挥发出来。当脱附或挥发出来的组分随着载气向前移动时，又被固定相吸附或

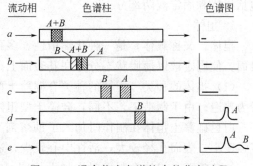

图 11-5 混合物在色谱柱中的分离过程

溶解。随载气的流动,吸附、脱附或溶解、挥发过程反复地进行。由于各组分性质的差异,故混合物在色谱柱中的分离过程相对它们的吸附或溶解能力不同,较难被吸附的组分就容易被脱附,较快地移向前面,溶解度大的组分就较难挥发,停留在柱中的时间就长些,往前移动得就慢些。经过一定时间间隔(一定柱长)后彼此分离(过程 b、c),它们最终在载气的载带下,按时间顺序流出色谱柱(过程 d、e),然后由检测器测出色谱峰。

第二节　气相色谱固定相及其选择

欲利用色谱将两组分完全分开,首先要使两组分的保留时间相差较大,其次是两组分的色谱峰要尽可能地窄。前者主要决定于色谱柱的选择恰当与否,即色谱固定相的选择是否恰当;后者则主要取决于色谱操作条件的好坏。

一、气-固色谱固定相

气-固色谱属于吸附色谱,其分离原理是基于固体吸附剂对试样中各组分吸附能力的差异。吸附色谱固定相都是具有较大比表面的多孔物质。

吸附规律同溶解性的规律有相似之处,一般是极性相似者吸附能力较大。吸附剂按极性分为:

(1) 非极性吸附剂　如活性炭,适用于低沸点的碳氢化合物的分析。但由于其表面不均匀,所得色谱峰拖尾,现在已较少使用。

(2) 弱极性吸附剂　如氧化铝吸附剂,适用于分析 $C_1 \sim C_4$ 的烃类及其异构体。

(3) 强极性吸附剂　如分子筛,适于分析永久性气体 N_2、O_2、CO、H_2、CH_4 和在低温下分析惰性气体及正异构烷烃。

(4) 氢键型吸附剂　如硅胶吸附剂,适用于分析有氢键或极性的化合物。

固体吸附剂吸附容量大,热稳定性好,适用于分离气体混合物。由于固体吸附剂的种类较少,不同批量制备的吸附剂性能不易重复,进样稍多色谱峰就不对称,有拖尾现象,柱效较低,因而使应用范围受到一定的限制。

二、气-液色谱固定相

气-液色谱具有较多的优点:

(1) 固定液的品种繁多,可选择范围大。

(2) 固定液的用量可以任意变化,可以根据需要选用合适的固定液用量,以改善分离效果。

(3) 色谱柱的使用寿命较长,可长达数年之久。

气-液色谱的固定相是在担体表面均匀涂渍一层固定液,因此,气-液色谱固定相的构成包括担体和固定液两部分。

1. 担体

担体,又称载体,是一种化学惰性、多孔性的固体颗粒,其作用是提供一个很大的惰性表面,使固定液以薄膜状态分布在其表面上。

(1) 担体的种类　担体的种类有硅藻土型和非硅藻土型两大类,其中硅藻土型担体使用最为普遍。由于制造工艺不同,硅藻土型担体又可分为白色硅藻土担体和红色硅藻土担体。

白色硅藻土担体在制作时加入了助熔剂 Na_2CO_3,于 900℃ 以上高温煅烧而成。它的机械强度小,表面孔径较大,活性中心较少,适宜于分析极性较大的物质。

红色硅藻土担体在制作时未加助熔剂,900℃ 左右煅烧而成,因含有少量 Fe_2O_3,使担体略带红色。红色担体机械强度较高，表面孔径较小，分离效能高，但存在活性中心，适宜于分析非极性和弱极性的化合物。

非硅藻土型担体有玻璃微球、氟担体、高分子多孔微球等。玻璃微球是一种有规则的小玻璃球，它能在较低柱温下分析高沸点样品，且分析速度快；氟担体由四氟乙烯聚合而成，耐腐蚀能力强，广泛应用于强极性化合物的分析。

（2）担体的处理　担体表面存在着吸附活性、催化活性，造成固定液在担体表面分布不均匀，色谱峰拖尾，因此，要进行表面预处理，使担体表面钝化，失去活性中心。担体表面预处理的方法有酸洗、碱洗、硅烷化处理等。

酸洗、碱洗的作用是除去担体表面的金属氧化物以及氧化铝等活性中心。硅烷化处理是消除担体表面活性的最有效的方法之一。它是利用担体表面的硅醇基与硅烷化试剂反应生成硅醚，消除氢键的作用，从而使极性表面变成非极性表面。常用硅烷化试剂有二甲基二氯硅烷或六甲基二硅胺，其反应如下：

（3）担体的选择　合适地选择担体有利于分离，能提高柱效。选择担体的基本原则是：

① 固定液用量在 5% 以上的，采用硅藻土型担体。

② 固定液用量在 5% 以下的，采用表面处理过的担体。

③ 高沸点组分可选用玻璃微球作担体。

④ 对腐蚀性的样品，应选用抗腐蚀的聚四氟乙烯担体（氟担体）。

⑤ 担体的粒度常选用 60～80 目或 80～100 目，高效柱可选用 100～120 目。

2. 固定液

（1）对固定液的要求　固定液在操作条件下呈液态。理想的固定液应满足下列要求：

① 固定液的沸点应比操作温度高 100℃ 左右；热稳定性好，不应产生固定液的流失或分解，影响色谱柱的使用寿命。

② 在工作柱温下，固定液黏度要低，以保证固定液能够均匀分布在担体表面形成液膜；凝固点低，不至于在柱温下发生凝固，失去分离作用。

③ 对被测组分有一定的溶解度且有较高的选择性，即对各组分的分配系数有一定的差异。

④ 化学稳定性好，在操作条件下，固定液不与载气、担体、被测组分发生不可逆的化学反应。

（2）固定液的分类　气-液色谱基于各组分在固定液中有不同的溶解度，即分配系数的不同而得到分离。色谱条件下分配系数的不同又主要决定于组分分子与固定液分子之间相互作用力的大小。这些作用力包括分子间取向力、诱导力、色散力和氢键。氢键虽不属于范德华力范畴，但在气相色谱中亦有重要意义。组分与固定液之间作用力的大小与固定液的极性密切相关。因此，常基于固定液的相对极性大小来进行分类和表征其分离特性。

相对极性是基于规定强极性的 β,β-氧二丙腈的相对极性 $P=100$，非极性的角鲨烷的相

对极性 $P=0$，其他固定液的相对极性以此为标准进行测定，并根据其相对极性的大小分为 6 级，级性为 0 的固定液为 -1 级，其后每 20 个单位为一级。如 OV-1（甲基硅橡胶）的相对极性为 13，级别为 $+1$；PEG-20M（聚乙二醇）的相对极性为 68，级别为 $+4$。按相对极性的大小，常将固定液分类为非极性固定液（-1，$+1$ 级）、弱至中等极性固定液（$+2\sim$ $+3$ 级）、强极性固定液（$+4\sim+6$ 级）、氢键型固定液和具有特殊保留作用的固定液等五大类。具体可参见表 11-1。

表 11-1　气相色谱常用固定液（部分）

名称	相对极性	级别	最高使用温度/℃	常用溶剂	适宜分析对象
角鲨烷	0	0	140	乙醚	C_8 以前碳氢化合物
甲基聚硅氧烷	13	$+1$	350	甲苯	各类高沸点有机化合物
邻苯二甲酸二任酯	25	$+2$	130	乙醚	醛、酮、酸、酯等
β-氧乙氧基（25%）甲基聚硅氧物	52	$+3$	275	氯仿二氯甲烷	选择性地分离芳香族化合物；可分离苯酚、酚醚、芳胺、生物碱、甾类化合物
β,β'-氧二丙腈	100	$+5$	100	甲苯，丙酮	低级烃、含氧有机物（如醇）、芳烃等

（3）固定液的选择　气-液色谱的分配过程是溶解与挥发。一般认为，组分在固定液中的溶解遵循"相似相溶"的原则。所谓"相似"，是指固定液与被测组分的官能团、极性或者化学性质相似。组分与固定液性质相似时，分子间的作用力强，组分在固定相中的溶解度大，分配系数大，因而组分的保留时间长，容易达到分离的目的。

根据极性相似的原则选择固定液时，通常遵照以下原则：

① 分离非极性物质，一般选用非极性固定液，这时试样中各组分按沸点次序先后流出色谱柱，沸点低的先出峰，沸点高的后出峰。

② 分离极性物质，选用极性固定液，这时试样中各组分主要按极性顺序分离，极性小的先流出色谱柱，极性大的后流出色谱柱。

③ 分离非极性和极性混合物时，一般选用极性固定液，这时非极性组分先出峰，极性组分（或易被极化的组分）后出峰。

④ 对于能形成氢键的试样，如醇、酚、胺和水等的分离，一般选择极性的或是易形成氢键的固定液，这时试样中各组分按与固定液分子间形成氢键的能力大小先后流出。不易形成氢键的先流出，最易形成氢键的最后流出。

⑤ 对于复杂的难分离的物质，可以用两种或两种以上的混合固定液。

第三节　气相色谱操作条件的选择

在气相色谱分析中，我们总希望在较短时间内得到最满意的分析结果，这就是如何选择分离操作条件的问题。

一、载气种类和流速的选择

从范第姆特方程式可知，塔板高度 H 由三项加合而成，载气流速的影响各不相同，参见图 11-6。A 项与流速无关，为一水平线，纵向扩散项 B/u 为一双曲线，而传质阻力项 Cu 是不经过原点的直线，三者之和即为塔板高度 H 与载气流速 u 的关系。从图 11-6 可知，当流速较低时，B/u 项成为影响塔板高度，即影响柱效的主要因素。随着 u 增大，柱效明显增高。但当载气流速超过一定值后，Cu 项成为影响塔板高度的主要因素，随 u 增大，塔板高度增大，柱效下降。在 $u=(BC)^{1/2}$ 时，H 有一最小值，柱效最高。此时的流速称为最佳载气流速。为使在较短时间内得到较好的分离效果，通常选择稍高于最佳流速的载气流速。由于载气流速大时，传质项对柱效的影响是主要的，所以此时宜选相对分子质量小、扩散系数大的气体如 H_2、He 等作载气；反之，当载气流速小时，由于影响柱效的主要因素是分子扩散项，所以宜选择相对分子质量大、扩散系数小的气体如 N_2、Ar 等作载气。另外，载气的选择应考虑所选检测器的要求。热导池检测器常用氢气、氦气作载气；氢火焰检测器宜用氮气作载气。

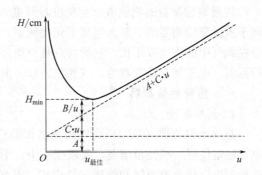

图 11-6　塔板高度 H 与载气流速 u 的关系

二、柱温的选择

柱温是气相色谱的重要操作条件，柱温改变，柱效率、分离度 R、选择性及柱子的稳定性都发生改变。柱温低有利于分配，有利于组分的分离，但温度过低，被测组分可能在柱中冷凝，或者传质阻力增加，使色谱峰扩张，甚至拖尾。温度高有利于传质，但柱温高，分配系数变小，不利于分离。一般通过实验选择最佳柱温，要使物质对既完全分离，又不使峰形扩展、拖尾，柱温一般选各组分沸点平均温度或更低。

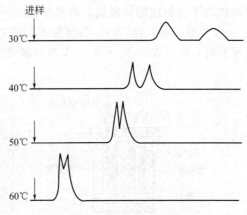

图 11-7　柱温对分离度的影响

某一两组分的混合物，在同一色谱柱中进行分离，在 30~60℃ 选择分离的最佳温度。

如图 11-7 所示可见，当 40℃ 时，所得色谱峰形状及分离情况都较好，故可选择 40℃ 作为最佳柱温。

三、气化温度的选择

气化温度应以能使试样迅速气化而又不产生分解为准，通常比柱温高 20~70℃。

四、进样时间和进样量

进样速度必须很快，防止色谱峰拖尾，一般在 0.1s 之内将试样全部注入气化室，最大进样量应控制在峰面积或峰高与进样量呈线性关系的范围内，因为进样量太多，分离度不好，峰高、峰面积与进样量不成线性关系；进样量太少，会使含量少的组分因检测器灵敏度不够而不出峰。一般液体进样量为 0.1~5μL，气体进样量为 0.1~10mL。

第四节　气相色谱检测器的分类

混合试样经色谱柱分离后，各组分按时间顺序流出，只有将各组分的浓度转变成电信号，及时记录下来，才能进行定性及定量分析。这种转换是由色谱检测器来完成的。由于气相色谱流出组分存在于连续流动的载气中，它只是瞬间流过检测器，而且其量常常很低，这就要求检测器响应速度快、灵敏度高、线性范围宽。根据测定原理的不同，气相色谱检测器可分为质量型检测器和浓度型检测器两类。

质量型检测器的响应值仅与单位时间进入检测器的组分质量成正比，而与载气的量无关。属于质量型检测器的有氢火焰离子化检测器、火焰光度检测器等。浓度型检测器的响应值和组分在载气中的浓度成正比。它的特点是对组分和载气均有响应。属于浓度型检测器的有热导池检测器、电子捕获检测器等。气相色谱仪一般都配置有热导池检测器和氢火焰离子化检测器。

一、热导池检测器

1. 基本原理

热导池检测器（TCD）是气相色谱仪最广泛使用的一种通用型检测器。其特点是结构简单，稳定性好，线性范围宽，灵敏度适中，不需要另外增加气体或其他装置且操作简单。热导池检测器由热导池池体和热敏元件组成。热敏元件是电阻值完全相同的金属丝（钨丝、铂丝或铼钨合金丝），把它们作为两个（或四个）臂接入惠斯顿电桥中，由恒定电流加热。热导池池体由不锈钢或铜块制成。将热导池的两个热敏电阻接在惠斯顿电桥上，如图 11-8 所示，R_2 为参考臂（参比池），R_1 为测量臂（测量池），R_3 和 R_4 为固定电阻。由物理学可知：电桥平衡时，$R_1 \cdot R_4 = R_2 \cdot R_3$，$A$ 和 B 两端没有电压输出，$E_{A,B} = 0$，记录仪无信号输出。

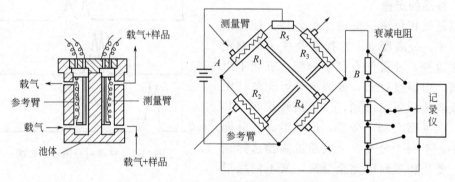

图 11-8　热导池检测器结构及工作原理示意

当电流通过热导池两臂的钨丝时，钨丝被加热到一定的温度，钨丝周围有气体通过时，钨丝的电阻下降，下降的程度与气体的性质和流速有关。若载气中无试样时，流经热导池两个孔的（参比池和测量池）均是载气，两根钨丝温度下降的程度相同，电阻减少的程度相同，电桥仍保持平衡，$E_{A,B} = 0$，无输出信号。

若有试样进入载气，流过参比池的是纯载气，流过测量池的是带有组分的载气，由于两者的导热系数不同，测量池中钨丝散热情况有了变化，若组分的导热系数小于载气的导热系数，则钨丝 R_1 的温度将升高，电阻 R_1 增大，产生一个 ΔR_1 的变化，而 R_2 未变，所以，$(\Delta R_1 + R_1) \cdot R_4 \neq R_2 \cdot R_3$，电桥失去平衡，$E_{A,B} \neq 0$，电桥有一电压信号输给记录仪。组分的浓度越大，则参比池与测量池中钨丝的电阻差别越大，输出的电压信号也就越大。记录仪的输出随组分的浓度而改变，色谱图上得到的是反映组分浓度变化的色谱峰。

四臂热导池具有 4 根相同的金属钨丝，灵敏度比双臂热导池约高一倍，所以大多数气相色谱仪均采用四臂热导池检测器。

当电桥输出信号过大时，色谱峰的高度将超出记录纸的宽度，需要将输出信号缩小至实际信号的若干分之一，称为衰减。例如衰减到二分之一时，记录纸上色谱峰高度为 18.5cm，则色谱峰的实际高度应为 2×18.5cm，超过了记录纸的宽度，在记录纸上得不到完整的色谱峰。

2. 影响热导池灵敏度的因素

（1）桥路电流的影响　惠斯顿电桥电流增大，钨丝温度升高，钨丝与气体的温度差别增大，有利于散热，使钨丝降低温度，改变电阻，从而增加灵敏度，但温度太高则基线不稳定，且容易烧坏钨丝。

（2）热导池体温度的影响 降低池体温度，池体与钨丝的温差大，热传导容易进行。试样进入测量池，热敏电阻会产生较大的电阻变化，得到较高的色谱峰，可提高测定的灵敏度。但池体温度太低将导致组分在检测器内冷凝，一般检测器的温度不应低于柱温。

（3）载气的影响 载气与试样的导热系数相差越大，参比池中的钨丝与测量池中钨丝的温度差别越大，从而两钨丝的电阻差别越大，检测器的灵敏度越高。被测组分的导热系数一般都比较小，故应选导热系数大的载气，比如 H_2、He。同时，载气的导热系数大，钨丝散热快，可以使用更高的桥流，有利于灵敏度的提高。

二、氢火焰离子化检测器

氢火焰离子化检测器（FID），简称氢火焰检测器，也是目前应用广泛的一种较理想的检测器。它的主要优点是：对大多数有机物有很高的灵敏度，能检测低至 10^{-9} g/g 级的痕量有机物；响应速度快；线性范围宽；死体积小；对载气流动不敏感；操作稳定等，特别是与毛细管柱相配合进行快速的痕量分析更具优越性。其缺点是：对永久性气体以及如 C、CO_2、H_2S、H_2O、NH_3、CH_2O、HCOOH、HCN、SiF_4、CCl_4 等无响应，因而不能检测这些物质；需配备燃气（氢气）和助燃气（压缩空气），使设备复杂化；同时对燃气、助燃气及载气的纯度均有较高的要求。

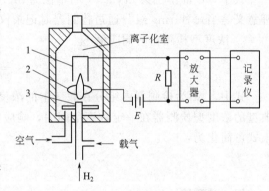

图 11-9 氢火焰离子化检测器的示意图
1—收集极；2—极化极；3—火焰喷嘴

1. 氢火焰离子化检测器结构和工作原理

氢火焰离子化检测器的结构如图 11-9 所示。左半部为离子化室，其中金属小环为负极，称为极化极（或发射极），收集极（正极）与负极之间加有 150～300V 的直流电压，称为极化电压，形成一个电场。当仅通入氢气与空气燃烧时，由于形成的离子很少，两电极间因离子定向运动而形成的电流极微，为 10^{-14}～10^{-12} A，其大小与载气、燃气的纯度有关，形成基线。当有某种有机物随载气进入火焰中时，一部分发生电离，例如：

$$C_nH_m \longrightarrow nCH(自由基)$$
$$CH + O_2 \longrightarrow CHO^+ + e(电子)$$
$$CHO^+ + H_2O \longrightarrow CO + H_3O^+$$

在高温时烃类有机物裂解生成短寿命的自由基，这些自由基被处于激发态的氧氧化生成 CHO^+，或者相互碰撞产生正离子及电子。CHO^+ 与火焰中大量水蒸气碰撞生成 H_3O^+，这种电离过程产生的正离子（H_3O、CHO^+）和电子（e）在外电场作用下，它们分别流向极化极或收集极，形成 10^{-12}～10^{-6}A 微电流，其大小与有机物的质量成正比。此微电流经高电阻（10^7～$10^{10}\Omega$），产生电压信号，经放大器放大后输入记录器。

2. 影响氢火焰检测器灵敏度的因素

有机物在氢火焰中的离子化效率很低，一般为 0.01%～0.05%，离子的复合过程会使效率更低。为了使检测器获得较高灵敏度、较低的噪声和较宽的线性范围，需要配置优质的放大器。

操作条件对离子化效率也有一定影响。极化电压低，电流信号小；当极化电压超过一定值后，再增大电压，则对电流影响不大，一般选用 150～250V。另外，若氢气流速选择比较合理，则电流信号基本不受氢气和载气流速变化的影响。空气流速低时，电流信号随空气流速的增加而增大，但空气流速达到一定值后，对信号电流的影响就不大了，一般流速比为H_2：空气＝1：（10～20）。

三、检测器性能指标

一定量的物质通过检测器时所给出信号大小，称为检测器对该物质的响应值，也称灵敏度，用 S 表示。

1. 质量型检测器的响应值 S_m

$$S_m = \frac{\Delta E}{(\Delta m \Delta t)} \tag{11-22}$$

式中，$\Delta m \Delta t$ 是单位时间内进入检测器的组分质量，又称为质量流量 F_s，为响应值的增量。对多数检测器，在一定流速范围内，E 与 F_s 呈线性关系，所以上式可简化为：

$$S_m = \frac{E}{F_s} \tag{11-23}$$

式中，E 的单位为 mV；F_s 的单位为 mg/s。所以，S_m 的单位为 mV·s/mg。S_m 的物理意义是当每秒 1mg 组分通过检测器时记录仪上得到的电压值。

2. 浓度型检测器的响应值 S_c

$$S_c = \frac{\Delta E}{\Delta c} \tag{11-24}$$

式中，Δc 为检测器内组分在载气中的浓度增量；ΔE 为响应值的相应变化。实验证明，典型的浓度型检测器在一定浓度范围内，响应值与组分在载气中的浓度 c 呈线性关系，所以上式可简化为：

$$S_c = \frac{E}{c} \tag{11-25}$$

四、检测限

检测器的好坏不仅取决于响应值（灵敏度），还与检测器的噪声水平有关。检测限就是考虑到噪声影响而规定的一项指标。当产生的信号大小为两倍噪声时，通过检测器的物质的量（或浓度），称为检测限 D。其数学表达式为：

$$D = \frac{2R_N}{S} \tag{11-26}$$

式中，R_N 为噪声；S 为检测器的响应值（浓度型检测器为 S_c，质量型检测器为 S_m）。一般说来，检测限 D 越小，说明噪声越小，检测器的灵敏度越高，检测器性能越好，所需的试样量越少。

第五节 气相色谱定性与定量分析

一、气相色谱定性分析

利用气相色谱法分析某一样品得到各组分的色谱图后，首先要确定每个色谱峰究竟代表什么组分，即进行定性分析。

气相色谱法的定性方法很多，主要包括以下几种。

1. 用纯物质对照定性

（1）保留值定性　这是最简便的一种定性方法。它是根据同一种物质在同一根色谱柱上，在相同的色谱操作条件下，保留值相同的原理进行定性。

在同一色谱柱和相同条件下分别测得组分和纯物质的保留值，如果被测组分的保留值与纯物质的保留值相同，则可以认为它们是同一物质。

（2）加入纯物质增加峰高法定性　在样品中加入纯物质，对比加入前和加入后的色谱图，如果某一个组分的峰高增加，则表示样品中可能含有所加入的这一种组分。

2. 采用文献数据定性

当没有纯物质时，可利用文献发表的保留值来定性。最有参考价值的是相对保留值。只要能够重复其要求的操作条件，这些定性数据是有一定参考价值的。

3. 与其他方法结合定性

（1）与化学方法结合定性　有些带有官能团的化合物，能与一些特殊试剂起化学反应，经过此处理后，这类物质的色谱峰会消失或提前或移后，比较样品处理前后的色谱图，便可定性。另外，也可在色谱柱后分馏收集各流出组分，然后用官能团分类试剂分别定性。

（2）与质谱、红外光谱等仪器结合定性　单纯用气相色谱法定性往往很困难，但可以配合其他仪器分析方法定性。其中仪器分析方法如红外光谱、质谱、核磁共振等对物质的定性最为有用。

二、气相色谱定量分析

在合适的操作条件下，样品组分的量与检测器产生的信号（色谱峰面积或峰高）成正比，此即为色谱定量分析的依据。可写成：

$$m = f \cdot A \tag{11-27}$$
$$\text{或} \quad m = f \cdot h$$

式中，m 表示物质的量，g；A 表示峰面积；h 表示峰高；f 表示校正因子，其物理意义为单位峰面积或峰高所代表的物质的量。

一般定量时常采用面积定量法。当各种操作条件（色谱柱、温度、载气流速等）严格控制不变时，在一定的进样量范围内，峰的半宽度是不变的。峰高就直接代表某一组分的量或浓度，对出峰早的组分，因半宽度较窄，测量误差大，用峰高定量比用峰高乘半宽度的面积定量更为准确，但对出峰晚的组分，如果峰形较宽或峰宽有明显波动时，则宜用面积定量法。

1. 峰面积的测量方法

峰面积 A 测量的准确度直接影响定量结果，因此对于不同峰形的色谱峰，需要采取不同的测量方法。

① 峰高（h）乘半宽度（W）法适用于对称峰。

$$A = 1.065 \times hW \tag{11-28}$$

一般测定样品含量时，多用相对计算法。

② 峰高（h）乘平均峰宽法适用于不对称峰。

$$A = 1.065 \times h(W_{0.15} + W_{0.85}) \tag{11-29}$$

式中，$W_{0.15}$ 及 $W_{0.85}$ 分别为 0.15 倍和 0.85 倍峰高处测得的峰宽。

③ 用面积仪和积分仪测量。

2. 校正因子（f）及其测定

色谱定量的原理是组分含量与峰面积（或峰高）成正比。不同的组分有不同的响应值，因此相同质量的不同组分，它们的色谱峰面积（或峰高）亦不等，这样就不能用峰面积（或峰高）来直接计算组分的含量。为此，提出了校正因子，选定一个物质作标准，被测物质的峰面积用校正因子校正到相当于这个标准物质的峰面积，再以校正后的峰面积来计算组分的含量。

在气相色谱中，通常用相对质量校正因子进行校正，它的定义是待测物质（i）单位峰面积和标准物质（S）单位峰面积所相当物质的量之比，以 f_w 表示：

$$f_i = \frac{m_i}{A_i} \quad f_S = \frac{m_S}{A_S} \quad f_w = \frac{f_i}{f_S} \tag{11-30}$$

式中，A_i 和 A_S 分别表示待测物质 i 和标准物质 S 的峰面积；m_i 和 m_S 分别表示待测物质 i 和标准物质 S 的质量；f_i 和 f_S 分别表示待测物质 i 和标准物质 S 的定量校正因子；f_w 表示相对校正因子。

第六节　气相色谱法在食品检测中的应用

气相色谱法广泛应用于食品中脂肪酸、农药残留、毒害物质、香精香料、食品添加剂、食品包装材料中的挥发物等成分的分析。以下仅介绍采用气相色谱法测定食品中有机氯农药的残留量。

一、分析原理

样品中的有机氯农药残留经提取、净化与浓缩后，进样汽化并由氮气载入色谱柱中进行分离，再进入对电负性强的组分具有较高检测灵敏度的电子捕获检测器中检出，与标准有机氯农药比较定量。

二、仪器与试剂

（1）仪器　色谱条件：检测器为氚（H^3）源电子捕获检测器。色谱柱：玻璃柱，长 2m，内径 3～4mm，内涂以 1.5%OV-17 和 2%QF-1 混合固定液的 80～100 目白色硅藻土担体（或 Chromosorb W）。温度：进样器 190℃，柱温 160℃，检测器 165℃。载气流速：60mL/min。

（2）试剂　六六六、滴滴涕标准溶液：准确称取 α-666、β-666、γ-666、δ-666、p,p'-DDT；p,p'-DDD、p,p'-DDE、o,p'-DDT 各 10.0mg，溶于苯，分别移入 100mL 容量瓶中，加苯至刻度，混匀，每 1mL 含农药 100.0μg，作为储备液存放在冰箱中。将上述标准储备液以己烷稀释至 0.01μg/mL 作为六六六、滴滴涕标准溶液。

三、测定方法

1. 提取

（1）粮食　称取 20g 粉碎并通过 20 目筛的样品，置于 250mL 具塞锥形瓶中，加 100mL 石油醚，于电动振荡器上振荡 30min，滤入 150mL 分液漏斗中，以 20～30mL 石油醚分数次洗涤残渣，洗液并入分液漏斗中，以石油醚稀释至 100mL。

（2）蔬菜、水果　称取 200g 样品置于捣碎机中捣碎 1～2min（若样品含水分少，可加一定量的水），称取相当于原样 50g 的匀浆，加入 100mL 丙酮，振荡 1min，浸泡 1h，过滤。残渣用丙酮洗涤三次，每次 10mL，洗液并入滤液中，置于 500mL 分液漏斗，加入 80mL 石油醚，振摇 1min，加 200mL 2%硫酸钠溶液，振摇 1min，静置分层，弃之下层，将上层石油醚经盛有 15g 无水硫酸钠的漏斗滤入另一分液漏斗中，再以石油醚少量数次洗涤漏斗及其内容物，洗液并入滤液中，并以石油醚稀释至 100mL。

（3）动、植物油　称取 5～10g 样品，溶于 250mL 石油醚，移入 500mL 分液漏斗中。

（4）乳及乳制品　称取 100g 鲜乳（乳制品取样量按鲜乳折算），移入 500mL 分液漏斗中，加入 100mL 乙醇、1g 草酸钾剧烈振摇 1min，加入 100mL 乙醚，摇匀，加 100mL 石油醚，剧烈振摇 2min，静置 10min，弃去下层，将有机溶剂经盛有 20g 无水硫酸钠的漏斗小心缓慢地滤入 250mL 锥形瓶中，再用石油醚少量多次洗涤漏斗及其内容物，洗液并入滤液中。以脂肪提取器或浓缩器蒸除有机溶剂，残渣为黄色透明油状物。再以石油醚溶解，移入分液漏斗中，以石油醚稀释至 100mL。

（5）各种肉类及其他动物组织　称取绞碎均匀的样品置于乳钵中，加约 80g 无水硫酸钠研磨，无水硫酸钠用量以样品研磨后呈干粉状为度，将研磨后的样品和硫酸钠一并移入 250mL 具塞锥形瓶中，加 100mL 石油醚，于电动振荡器上振荡 30min，抽滤，残渣用约 100mL 石油醚分数次洗涤，洗液并入滤液中，将全部滤液用脂肪抽提器或 K-D 浓缩器蒸除石油醚，残渣为油状物。以石油醚溶解残渣，移入 150mL 分液漏斗中，加石油醚稀释至 100mL。

2. 净化

（1）于 100mL 样品石油醚提取液（富含脂肪的动、植物样品除外）中加 10mL 硫酸，振摇数下后，倒置分液漏斗，打开活塞放气，然后振摇 0.5min，静置分层，弃去下层溶液，上层溶液由分液漏斗上口倒入另一个 250mL 分液漏斗中，用少许石油醚洗涤原分液漏斗后，并入 250mL 分液漏斗中，加 100mL 2% 硫酸钠溶液，振摇后静置分层，弃去下层水溶液，用滤纸吸除分液漏斗颈内外的水，然后将石油醚经盛有约 15g 无水硫酸钠的漏斗过滤，并以石油醚洗涤盛有无水硫酸钠的漏斗数次，洗液并入滤液中，再以石油醚稀释至 100mL。

（2）于 25mL 富含脂肪的动、植物油样品的石油醚提取液中加 25mL 硫酸，振摇数下后，倒置分液漏斗，打开活塞放气，再振摇 0.5min，静置分层，弃去下层溶液，上层溶液由分液漏斗上口倒于另一 500mL 分液漏斗中，用少许石油醚洗涤原分液漏斗，洗液并入分液漏斗中，加 250mL 硫酸钠溶液，摇匀，静置分层，以下按（1）自"弃去下层水溶液"起依法操作。

3. 浓缩

将分液漏斗中已净化的石油醚溶液经过盛有 15g 无水 Na_2SO_4 的小漏斗，缓慢滤入浓缩器 K-D 中，并以少量石油醚洗涤盛有无水 Na_2SO_4 的漏斗 3～5 次，合并洗液与滤液，然后于水浴上将滤液用 K-D 浓缩器浓缩至约 0.3mL（不要蒸干，否则结果偏低），停止蒸馏浓缩，用少许石油醚淋洗导管尖端，最后定容至 0.5～1.0mL，摇匀，塞紧，供测定用。

4. 测定

（1）标准曲线的绘制　吸取六六六与滴滴涕标准混合溶液 $1\mu L$、$2\mu L$、$3\mu L$、4μ、$5\mu L$，分别进样，根据各农药组分含量（ng）与其相对应的峰面积（或峰高），绘制各农药组分的标准曲线。

（2）样品测定　吸取样品处理液 1.0～5.0μL 进样，记录色谱峰，据其峰面积（或峰高）于六六六与滴滴涕各异构体的标准曲线上查出相应的组分含量（ng）。

四、定性定量分析

根据标准六六六与滴滴涕的各个异构体的保留时间进行定性。六六六与滴滴涕的各个异构体出峰顺序为：α-BHT、β-BHT、γ-BHT、δ-六六六、p,p'-DDE、o,p'-DDT、p,p'-DDT、p,p'-DDD。

从标准曲线上查出相应含量；计算样品中 BHT、DDT 的不同异构体或衍生物的单一含量，计算公式如下：

$$样品中 BHT、DDT 及其异构体的单一含量（mg/kg 或 mg/mL）=\frac{c}{m}\times\frac{V}{V_1} \qquad (11-31)$$

式中，c 表示从标准曲线查出的被测样液中 BHT、DDT 及其异构体的单一含量，ng；V_1 表示样液进样体积，μL；V 表示样品净化后浓缩液体积，mL；m 表示样品质量或体积，g 或 mL。

最后，将六六六、滴滴涕的不同异构体或衍生物单一含量相加，即得出样品有机氯农药六六六、滴滴涕的总量。

第十二章　高效液相色谱分析法

第一节　概　　述

流动相为液体的色谱法称为液相色谱法（liquid chromatophy，LC）。液相色谱包括传统的柱色谱、薄层色谱和纸色谱。

20世纪60年代末期，在经典液相色谱和气相色谱法的基础上，在液相柱色谱中，采用极细颗粒的高效固定相，全部分离过程由计算机控制完成，由此发展起来的新型分离分析技术，称为高效液相色谱法（high performance liquid chromatography，HPLC）。目前已成为应用极为广泛的分离分析的重要手段。

高效液相色谱法与气相色谱法相比较，具有以下特点：

(1) 气相色谱法分析的样品限于气体和沸点较低的具有挥发性的化合物。液相色谱法分析的样品不受样品挥发性和热稳定性的限制，适合于分离生物大分子、不稳定的天然产物、离子型化合物以及高沸点的高分子化合物。这类化合物占有机物总数的大多数。

(2) 气相色谱采用的流动相是惰性气体，它对被分离组分不产生相互作用力，仅起运载作用。而液相色谱中的流动相可选用多种多样的不同极性的液体，它对被分离组分可产生一定的作用力，这就为提高分离效能比气相色谱多了一个可选择的参数。

(3) 气相色谱分析一般在较高的温度下进行，而高效液相色谱法则经常在室温条件下工作，并可对分析样品进行回收和纯化制备。

尽管如此，由于气相色谱分析速度快，更灵敏，更简便，消耗较低，在实际应用中，凡是能用气相色谱法分析的样品一般不用液相色谱法。另外，高效液相色谱法不能完成柱效要求高达 10^5 块理论塔板数以上的复杂样品的分离，如多沸程石油产品分析，只能用毛细管柱气相色谱法。

第二节　高效液相色谱法的类型及特点

一、高效液相色谱法的分类

高效液相色谱法按分离机制的不同分为液-固吸附色谱法、液-液分配色谱法（正相与反相）、离子交换色谱法、离子对色谱法、体积排阻色谱法以及亲和色谱法。

(1) 液-固吸附色谱法　使用固体吸附剂，被分离组分在色谱柱上的分离原理是根据固定相对组分吸附力大小不同而分离。分离过程是一个吸附-解吸附的平衡过程。常用的吸附剂为硅胶或氧化铝，粒度为 $5\sim10\mu m$。适用于分离相对分子质量为 $200\sim1000$ 的组分，大多数用于非离子型化合物，离子型化合物易产生拖尾。常用于分离同分异构体。

(2) 液-液分配色谱法　使用将特定的液态物质涂于担体表面，或化学键合于担体表面而形成的固定相，分离原理是根据被分离的组分在流动相和固定相中溶解度不同而分离。分离过程是一个分配平衡过程。

涂布式固定相应具有良好的惰性。流动相必须预先用固定相饱和，以减少固定相从担体表面流失。温度的变化和不同批号流动相的区别常引起柱子的变化，另外，在流动相中存在的固定相也使样品的分离和收集复杂化。由于涂布式固定相很难避免固定液流失，现在已很少采用。目前多采用的是化学键合固定相，如 C_{18}、C_8、氨基柱、氰基柱和苯基柱。

液-液色谱法按固定相和流动相的极性不同可分为正相色谱法（NPC）和反相色谱法（RPC）。

① 正相色谱法　采用极性固定相（如聚乙二醇、氨基与氰基键合相）；流动相为相对非极性的疏水性溶剂（烷烃类如正己烷、环己烷），常加入乙醇、异丙醇、四氢呋喃、三氯甲烷等以调节组分的保留时间。常用于分离中等极性和极性较强的化合物（如酚类、胺类、羰基类及氨基酸类等），极性小的组分先洗出。

② 反相色谱法　一般用非极性固定相（如 C_{18}、C_8）。流动相为水或缓冲液，常加入甲醇、乙腈、异丙醇、丙酮、四氢呋喃等与水互溶的有机溶剂以调节保留时间。适用于分离非极性和极性较弱的化合物，极性大的组分先洗出。随着柱填料的快速发展，反相色谱法的应用范围逐渐扩大，现已应用于某些无机样品或易解离样品的分析。为控制样品在分析过程中的解离，常用缓冲液控制流动相的 pH 值。但需要注意的是，C_{18} 和 C_8 使用的 pH 通常为 2.5~7.5（2~8），太高的 pH 会使硅胶溶解，太低的 pH 会使键合的烷基脱落。

（3）离子交换色谱法　固定相是离子交换树脂，常用苯乙烯与二乙烯交联形成的聚合物骨架，在表面末端芳环上接上羧基、磺酸基（称阳离子交换树脂）或季铵基（阴离子交换树脂）。被分离组分在色谱柱上的分离原理是树脂上可电离离子与流动相中具有相同电荷的离子及被测组分的离子进行可逆交换，根据各离子与离子交换基团具有不同的电荷吸引力而分离。主要用于分析有机酸、氨基酸、多肽及核酸。

（4）离子对色谱法　又称偶离子色谱法，是液-液色谱法的分支。它是根据被测组分离子与离子对试剂离子形成中性的离子对化合物后，在非极性固定相中溶解度增大，从而使其分离效果改善。主要用于分析离子强度大的酸碱物质。

（5）体积排阻色谱法　固定相是有一定孔径的多孔性填料，流动相是可以溶解样品的溶剂。小分子量的化合物可以进入孔中，滞留时间长；大分子量的化合物不能进入孔中，直接随流动相流出。它利用分子筛对分子量大小不同的各组分排阻能力的差异而完成分离。常用于分离高分子化合物，如组织提取物、多肽、蛋白质、核酸等。

（6）亲和色谱法　将在不同基体上键合多种不同特性的配位体作为固定相，具有不同pH 的缓冲溶液作流动相，依据生物大分子（肽、蛋白质、核苷、核苷酸、核酸、酶等）与基体上键联的配位体之间存在的特异性亲和作用能力的差别，而实现对具有生物活性的生物分子的分离。

液相色谱的简单模型可用图 12-1 表示，图中示意了上述各类液相色谱的分离机理。

二、高效液相色谱分析的特点

液相色谱法最大的特点是可以分离不可挥发或受热后不稳定的有机物，而且比气相色谱流动相的选择余地大。由于 HPLC 具有色谱柱可以反复使用，流动相可选择范围宽，流出组分容易收集，分离效率高，分析速度快，灵敏度高，操作自动化，适用范围广（样品不需气化，只需制成溶液即可），以及定量分析方法准确度高的特点，在《中华人民共和国药典》2010 年版二部中该法已成为中药制剂含量测定最常用的分析方法之一。它与气相色谱法配合使用，几乎可以承担绝大部分的有机物分离测试任务，不足之处是定性能力较差。

（1）由于使用了细颗粒、高效率的固定相和均匀填充技术，高效液相色谱法分离效率极高，柱效一般可达每米 10^4 理论塔板。近几年来出现的微型填充柱（内径 1mm）和毛细管

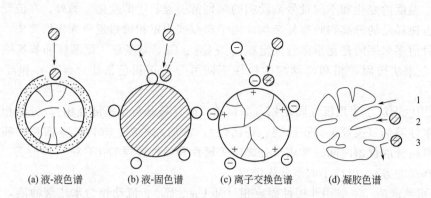

图 12-1　各类液相色谱的分离机理示意

◯溶剂分子；⦸溶质分子；⊖平衡分子；⦸阳离子样品；1—全渗透；2—排阻部分渗透；3—排阻

液相色谱柱（内径 $0.05\mu m$），理论塔板数超过每米 10^5，能实现高效的分离。

（2）由于使用高压泵输送流动相，采用梯度洗脱装置，用检测器在柱后直接检测洗脱组分等，HPLC 完成一次分离分析一般只需几分钟到几十分钟，比经典液相色谱快得多。

（3）紫外、荧光、电化学、质谱等高灵敏度检测器的使用，使 HPLC 的最小检测量可达 $10^{-11}\sim10^{-9}$ g。

（4）高度自动化计算机的应用，使 HPLC 不仅能自动处理数据、绘图和打印分析结果，而且还可以自动控制色谱条件，使色谱系统自始至终都在最佳状态下工作，成为全自动化的仪器。

（5）应用范围广，对样品的适用性广，不受分析对象挥发性和热稳定性的限制，因而弥补了气相色谱法的不足。HPLC 可用于高沸点、相对分子质量大、热稳定性差的有机化合物及各种离子的分离分析。如氨基酸、蛋白质、生物碱、核酸、甾体、维生素、抗生素等。

（6）流动相可选择范围广，它可用多种溶剂作流动相，通过改变流动相组成来改善分离效果，因此对于性质和结构类似的物质分离的可能性比气相色谱法更大。

（7）馏分容易收集，更有利于制备。

第三节　高效液相色谱仪

现代高效液相色谱仪，无论在复杂程度及各种部件的功能上都有很大的差别。但是，就基本原理和色谱流程而言都是相同的，其流程如图 12-2 所示。

储液槽中的流动相被高压泵吸入后输出，经调节压力和流量后导入进样器。将进入进样器后的待分析试样带入色谱柱进行分离，经分离后的组分进入检测器检测，最后和洗脱液一起进入废液槽。被检测器检测的信号经放大器放大后，用记录器记录下来，得到一系列的色谱峰，或者检测信号被微处理机处理，直接显示或打印出结果。可以看出，高效液相色谱仪的基本组成可分为：流动相输送系统、进样系统、色谱分离系统与检测记录数据处理系统等四个部分。

一、流动相输送系统

1. 储液槽

分析用高效液相色谱仪的流动相储槽，常使用 1L 的锥形瓶。在连接到泵入口处的管线上加一个过滤器，以防止溶剂中的固体颗粒进入泵内。为了使储液槽中的溶剂便于脱气，储

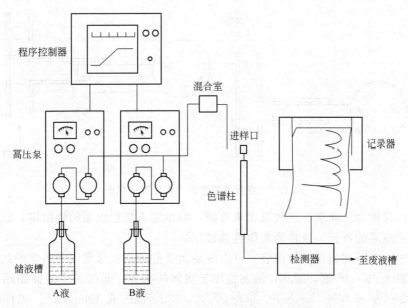

图 12-2　带有高压梯度系统的液相色谱流程

液槽中常需要配备抽真空及吹入惰性气体装置。常用的脱气方法有：超声波振动脱气，加热沸腾回流脱气，真空脱气。

2. 高压泵

现代液相色谱仪对高压泵的要求如下：

① 泵的结构材料抗化学腐蚀。

② 输出压力达到 40～50MPa。

③ 无脉冲或加一个脉冲抑制器。

④ 流量可变，流量稳定，精度优于 1%。

⑤ 为了可以快速更换溶剂，泵腔的体积要小。

高压泵的作用是输送恒定流量的流动相。高压泵按动力源划分，可分为机械泵和气动泵；按输液特性分，可分为恒流泵和恒压泵。

(1) 恒流泵　这种泵的主要优点是始终输送恒定流量的液体，与柱压力的大小和压力的变化无关，因此，保留值的重复性好，并且基线稳定，能满足高精度分析和梯度洗脱要求。恒流泵可分为注射泵和往复泵。往复泵又可分为往复活塞式和隔膜式两种，这里主要介绍前一种，它是 HPLC 中最常用的一种泵。

往复活塞泵的结构比较复杂，主要由传动机构、泵室、活塞和单向阀等构成。其工作原理如图 12-3 所示。

传动机构由电动机和偏心轮组成。开始电动机使活塞做往复运动，偏心轮旋转一周，活塞完成一次往复运动，即完成一次抽吸冲程和输送冲程。改变电动机的转速可以控制活塞的往复频率，获得需要的流速。

往复泵的优点是输液连续，流速与色谱系统的压力无关，泵室的体积很小（几微升至几十微升），因此适用于梯度洗脱和再循环洗脱，而且清洗方便，更换溶剂容易。缺点是输送有脉动的液流，因此液流不稳定，引起基线噪声，克服的办法是在泵和色谱柱间串入一根盘状阻尼管，使液流平稳。

(2) 恒压泵　恒压泵采用适当的气动装置，使高压惰性气体直接加压于流动相，输出无

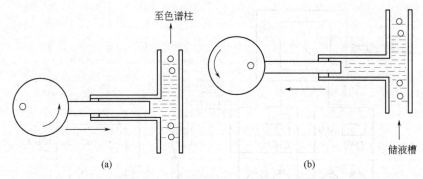

至色谱柱

储液槽

(a)   (b)

图 12-3   往复活塞泵的工作原理示意图

脉动的液流，常称为气动泵。这种泵简单价廉，但流速不如恒流泵精确稳定，故只适用于对流速精度要求不高的场合，或作为装填色谱柱用泵。

恒压泵的工作原理为：气缸内装有可以往复运动的活塞。通常气动活塞的截面积比液动活塞的截面积大 23～46 倍，因此，活塞施加于液体的压力，是按两个截面积同等比例放大的压力，比如气缸压力是 1kg/cm² 、液缸压力为 23kg/cm² 或 46kg/cm²。工作时，在恒定气压的作用下，活塞在缸内做往复运动，完成抽吸和输送液体的动作。气动放大泵的优点是容易获得高压，没有脉冲，流速范围大。缺点是受系统压力变化的影响大，因此，保留值重复性较差，不适于梯度洗脱操作，而且泵体积较大（2～70mL），更换溶剂麻烦，耗费量大。

3. 梯度洗脱装置

梯度洗脱也称溶剂程序，是指在分离过程中，随时间函数程序地改变流动相组成，即程序地改变流动相的强度（极性、pH 或离子强度等）。梯度洗脱装置有两种：一种是低压梯度装置；一种是高压梯度装置。高压梯度装置又可分为两种工作方式。一种是以两台或多台高压泵将不同的溶剂吸入混合室，在高压下混合，然后进入色谱柱。它的优点是只要通过电子器件分别程序控制两台或多台输液泵的流量，就可以获得任何一种形式的淋洗浓度曲线。其缺点是如需混合多种溶剂，则需要多台高压泵。另一种是以一台高压泵通过多路电磁阀控制，同时吸入几种溶剂（各路吸入的流量可以控制），经混合后送到色谱柱，这样只要一台高压泵。

二、进样系统

进样系统包括进样口、注射器、六通阀和定量管等，它的作用是把样品有效地送入色谱柱。进样系统是柱外效应的重要来源之一，为了减少对板高的影响，避免由柱外效应而引起峰展宽，对进样口要求死体积小，没有死角，能够使样品像塞子一样进入色谱柱。目前，多采用耐高压、重复性好、操作方便的带定量管的六通阀进样（图 12-4）。

三、色谱分离系统

色谱分离系统包括色谱柱、恒温装置、保护柱和连接阀等。分离系统性能的好坏是色谱分析的关键。采用最佳的色谱分离系统，充分发挥系统的分离效能是色谱工作中重要的一环。

1. 色谱柱

色谱柱包括柱子和固定相两部分。柱子的材料要求耐高压，内壁光滑，管径均匀，无条纹或微孔等。最常用的柱材料是不锈钢管。每根柱端都有一块多孔性（孔径 1μm 左右）的金属烧结隔膜片（或多孔聚四氟乙烯片），用以阻止填充物逸出或注射口带入颗粒杂质。当反压增高时，应予更换（更换时，用细针剔出，不能倒过来敲击柱子）。柱效除了与柱子材

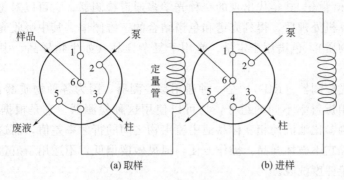

图 12-4　六通阀进样示意图

料有关外，还与柱内径大小有关，应使用"无限直径柱"以提高柱效。

2. 柱恒温器

柱温是液相色谱的重要操作参数。一般来说，在较高的柱温下操作，具有三个好处。

① 能增加样品在流动相中的溶解度，从而缩短分析时间。通常柱温升高 6℃，组分保留时间减少约 30%。

② 改善传质过程，减少传质阻力，增加柱效。

③ 降低流动相黏度，因而在相同的流量下，柱压力降低。液相色谱常用柱温范围为室温至 65℃。

3. 保护柱

为了保护分析柱，常在进样器与分析柱之间安装保护柱。保护柱是一种消耗性的柱子，它的长度比较短，一般只有 5cm 左右。虽然保护柱的柱填料与分析柱一样，但粒径要大得多，这样便于装填它。保护柱应该经常更换以保持它的良好状态而使分析柱不被污染。

四、检测器

检测器的作用是把洗脱液中组分的浓度转变为电信号，并由数据记录和处理系统绘出谱图来进行定性和定量分析。HPLC 的检测器要求灵敏度高、噪声低（即对温度、流量等外界变化不敏感）、线性范围宽、重复性好和适用范围广。

检测器按原理可分为光学检测器（如紫外、荧光、示差折光、蒸发光散射）、热学检测器（如吸附热）、电化学检测器（如极谱、库仑、安培）、电学检测器（电导、介电常数、压电石英频率）、放射性检测器（闪烁计数、电子捕获、氦离子化）以及氢火焰离子化检测器。按测量性质可分为通用型和专属型（又称选择性）。通用型检测器测量的是一般物质均具有的性质，它对溶剂和溶质组分均有反应，如示差折光、蒸发光散射检测器。通用型的灵敏度一般比专属型的低。专属型检测器只能检测某些组分的某一性质，如紫外、荧光检测器，它们只对有紫外吸收或荧光发射的组分有响应。按检测方式分为浓度型和质量型。浓度型检测器的响应与流动相中组分的浓度有关，质量型检测器的响应与单位时间内通过检测器的组分的量有关。检测器还可分为破坏样品和不破坏样品的两种。

（1）紫外检测器（UVD）　是 HPLC 中应用最广泛的检测器，用于有紫外吸收物质的检测。其作用原理和结果与常用的紫外可见分光光度计基本相同，服从朗伯-比尔定律，即检测器的输出信号与吸光度成正比，而吸光度与样品中某组分的浓度成正比。它的灵敏度高，噪声低，线性范围宽，对流速和温度均不敏感，可用于制备色谱。但在梯度洗脱时，会产生漂移。

紫外检测器分为固定波长检测器、可变波长检测器和光电二极管阵列检测器（PDAD）。

PDAD 检测器是 20 世纪 80 年代出现的一种光学多通道检测器，它可以对每个洗脱组分进行光谱扫描，经计算机处理后，得到光谱和色谱结合的三维图谱。其中吸收光谱用于定性（确证是否是单一纯物质），色谱用于定量。常用于复杂样品（如生物样品、中草药）的定性定量分析。

（2）示差折光检测器（RID） 是一种通用型检测器，因为各种物质都有不同的折射率，凡是具有与流动相折射率不同的组分，均可以使用这种检测器。它是根据折射率原理制成的，可以连续检测参比池流动相和样品池中流出物之间的折射率差值，而这一差值和样品的浓度成比例关系。它不破坏样品，操作方便，但灵敏度偏低，不适用于痕量分析，对温度变化敏感，不能用于梯度洗脱。

（3）荧光检测器（FD） 其作用原理和结构与常用的荧光分光光度计基本相同。它的优点是选择性好，灵敏度高（大多数情况下皆优于紫外吸收检测器），但线性范围较窄，应用范围也不普遍。

（4）质谱计（MS） 它灵敏、专属、能提供分子量和结构信息，HPLC-MS 联用，既可以定量，也可以定性。而要对被测组分定性，其他检测器均需要标准品对照，MS 则不需要，是复杂基质中痕量分析的首选方法，HPLC-MS 现已成为可常规应用的重要的现代分离分析方法。

五、记录数据处理系统

记录数据处理系统包括记录仪和微型数据处理机。记录数据处理系统与气相色谱仪相同。已有现成的色谱工作软件出售。

色谱工作站是由一台微型计算机来实时控制色谱仪，并进行数据采集和处理的一个系统。它由硬件和软件两个部分组成，硬件是一台微型计算机，再加上色谱数据采集卡和色谱仪器控制卡。软件包括色谱仪实时控制程序、峰识别程序、峰面积积分程序、定量计算程序和报告打印程序等。它具有如下较强的功能：识别色谱峰、基线的校准、重叠峰和畸形峰的解析、计算峰的参数（保留时间、峰高、峰面积和半峰宽等）、定量计算组分含量等。色谱工作站的工作界面目前多采用 Windows NT 或 Windows 95 平台，使用起来十分方便。

第四节　实　验　技　术

一、溶剂处理技术

1. 溶剂的纯化

分析纯和优级纯溶剂在很多情况下可以满足色谱分析的要求，但不同的色谱柱和检测方法对溶剂的要求不同，如用紫外检测时溶剂中就不能含有在检测波长下有吸收的杂质。目前，专供色谱分析用的"色谱纯"溶剂除最常用的甲醇外，其余多为分析纯，有时要进行除去紫外杂质、脱水、重蒸等纯化操作。

乙腈也是常用的溶剂，分析纯乙腈中还含有少量的丙酮、丙烯腈、丙烯醇和噁唑化合物，产生较大的背景吸收。可以采用活性炭或酸性氧化铝吸附纯化，也可采用高锰酸钾/氢氧化钠氧化裂解与甲醇共沸方法纯化。

四氢呋喃中的抗氧化剂 BHT（2,6-二叔丁基-4-甲基苯酚）可以通过蒸馏除去。四氢呋喃应在使用前蒸馏，长时间放置又会氧化，而且在使用前应检查有无过氧化物。检查方法是取 10mL 四氢呋喃和 1mL 新配制的 10% 碘化钾溶液，混合 1min 后，不出现黄色即可使用。

与水不混溶的溶剂（如氯仿）中的微量极性杂质（如乙醇），卤代烃（CH_9Cl_9）中的高浓度或高含量杂质可以用水萃取除去，然后再用无水硫酸钙干燥。

正相色谱中使用的亲油性有机溶剂通常都含有 $50\sim2000\mu g/mL$ 的水，水是极性最强的溶剂，特别是对吸附色谱来说，即使很微量的水也会因其强烈的吸附而占领固定相中很多吸附活性点，致使固定相性能下降。通常可用分子筛床干燥除去微量水。

卤代溶剂与干燥的饱和烃混合后性质比较稳定，但卤代溶剂（氯仿、四氯化碳）与醚类溶剂（乙醚、四氢呋喃）混合后会产生化学反应，生成的产物对不锈钢有腐蚀作用，有的卤代溶剂（如二氯甲烷）与一些反应活性较强的溶剂（如乙腈）混合放置后会析出结晶。因此，应尽可能避免使用卤代溶剂或现配现用。

2. 流动相脱气

流动相溶液往往因溶解有氧气或混入了空气而形成气泡。气泡进入检测器后会引起检测信号的突然变化，在色谱图上出现尖锐的噪声峰。小气泡慢慢聚集后会变成大气泡，大气泡进入流路或色谱柱中会使流动相的流速变慢或出现流速不稳定，致使基线起伏。气泡一旦进入色谱柱，排出这些气泡很费时间。溶解氧常和一些溶剂结合生成有紫外吸收的化合物。在荧光检测中，溶解氧还会使荧光淬灭。溶解气体还可能引起某些样品的氧化降解或使 pH 变化。

目前，液相色谱流动相脱气使用较多的是超声波振荡脱气、惰性气体鼓泡吹扫脱气和在线（真空）脱气装置 3 种。纯溶剂中的溶解气体比较容易脱去，而水溶液中的溶解气体就比较难脱去。超声波振荡脱气比较简便，基本上能满足日常分析的要求，是目前用得很多的脱气方法。惰性气体（通常用 He）鼓泡吹扫脱气的效果好，可能是 He 气将其他气体顶替出去，而它本身在溶剂中的溶解度又很小，微量 He 气所形成的小气泡对检测无影响。在线（真空）脱气装置的原理是将流动相通过一段由多孔性合成树脂膜制造的输液管，该输液管外有真空容器，真空泵工作时，膜外侧被减压，分子量小的氧气、氮气、二氧化碳就会从膜内进入膜外，而被脱除。

3. 过滤

过滤是为了防止不溶物堵塞流路和色谱柱入口处的微孔垫片。严格地讲，流动相都应用 $0.45\mu m$ 以下微孔滤膜过滤。滤膜分有机溶剂专用和水溶液专用两种。

二、分离方式的选择

分离方式是按固定相的分离机理分类的，选定了固定相（色谱柱）基本上就确定了分离方式。当然，即使同一根色谱柱，如果所用流动相和其他色谱条件不同，也可能构成不同的分离方式。选择分离方式大体上可以参照图 12-5。

三、流动相的选择

不同的分离方式，选择流动相的标准也不同，这里主要讨论吸附色谱和反相分配色谱中常用的流动相。

1. 吸附色谱流动相

吸附色谱中用得最多的流动相是非极性烃类，如己烷、庚烷等。有时为了调整流动相的极性，也加入一些极性的溶剂，如二氯甲烷、甲醇等。极性越大的组分保留时间越长，选择流动相的依据是溶剂强度或极性参数。

在吸附色谱中广泛使用混合溶剂作流动相，不同强度的溶剂按不同比例混合即可得到所需溶剂强度。流动相溶剂组成上的某些改变会显著影响分离效果，即使使用某几种相同强度的混合溶剂，也有可能得到差异很大的保留值。

吸附色谱所用固定相（硅胶或氧化铝）具有非常不均一的表面能，即使有极微量的水或

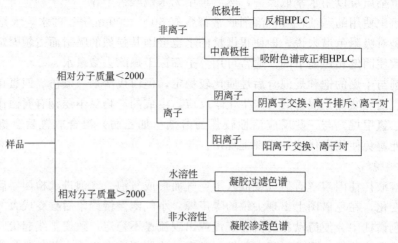

图 12-5　分离方式的选择原则

其他极性分子吸附在表面上，也会使吸附剂活性大大降低，从而使容量因子明显降低，使分离效果变差。同时，含水量的微小变化也会导致容量因子变化，从而难以获得较好的重现性。失活或不可逆污染后的吸附柱可以按下列溶剂顺序各冲洗 10～15min。

二氯甲烷→甲醇→水→甲醇→干燥二氯甲烷→干燥己烷

如果流动相是含大量水的极性溶剂，则硅胶会因吸附水而呈现一种动态离子交换的功能，可用来分离某些极性化合物，不过，此时的分离机理已不是吸附作用。

2. 反相分配色谱流动相

反相分配色谱的流动相为极性溶剂，如水和与水互溶的有机溶剂。一般要求溶剂沸点适中，黏度小，性质稳定，紫外吸收背景小，样品溶解范围宽。

在反相分配色谱中，多以水和极性有机溶剂的混合物作流动相。在大多数情况下，这类混合物的黏度并非体系组成的线性函数，混合物的黏度高于纯溶剂的黏度，在某一浓度下有一最高值。黏度增加使柱压升高，而且由于溶质在其中的扩散阻力增加，导致柱效下降。这种因流动相组成的变化而导致的压力升高现象，在梯度淋洗时必须注意。

在反相色谱中，流动相溶剂的表面张力和介电常数对分离也会产生显著影响。根据疏溶剂理论，在常用的溶剂中水的表面张力最大，是一种最弱的淋洗剂，增加水中有机溶剂的比例，表面张力减小，溶剂强度增加；反之，若在水中加入无机盐，则表面张力增加，淋洗能力减弱，溶质的保留值就会增加。

通常的分离要求流动相的溶剂强度大于水而小于纯溶剂。将有机溶剂和水按适当比例配制成混合溶剂就可以适应不同类型的样品分析。有时为了获得最佳分离，还可以采用三元甚至四元混合溶剂作流动相。考虑到流动相的背景紫外吸收和黏度等多种因素，在反相色谱中最具代表性的流动相是甲醇/水、乙腈/水、四氢呋喃/水。

四、固定相的选择

1. 液-固色谱固定相

液-固色谱用的固定相，大都是以硅胶为基体的各种类型的硅珠。最初使用的是粒度为 30～70μm 的全多孔硅珠，比表面积大约为 100～400m²/g，孔径大而深。由于粒度大，易于装柱；比表面积大则柱容量大，允许较大进样量；制作工艺简单，成本也低。但由于孔径深，传质阻力大，柱效不高。近年来，由于筛分工艺和装柱技术的进展，现已普遍采用粒度

为 $3\sim10\mu m$ 的全多孔微粒型硅珠，无论在柱效或柱容量方面都有很大提高。

多孔层硅珠也称表面多孔硅珠或薄壳型硅珠。它是在粒度为 $30\sim50\mu m$ 的硅珠表面上，覆盖一层多孔性基质，厚度为 $1\sim2\mu m$。这种多孔层硅珠的优点是孔浅，传质阻力小，柱效较高。此外，流动性好，可用干法装柱。缺点是比表面积小，只有 $1\sim20 m^2/g$，故样品容量小，易发生过载现象，只适用于高灵敏度检测器。

堆积型硅珠综合了上述两类硅珠的优点，以约 50×10^{-10} m 的硅胶悬浮液经成珠凝聚工艺处理，堆积成 $5\sim10\mu m$ 的堆积硅珠。它的特点是粒度分布窄 $[(5\pm1)\,\mu m]$，比表面积大，柱渗透性小，所以柱效高，压力低；缺点是制造工艺复杂，价格昂贵。

固定相的粒度对柱效的影响很大，因此，近年来发展的微粒型全多孔硅珠和堆积型硅珠具有传质快、柱效高、容量大的优点，已成为液-固色谱常用的固定相，普遍取代了多孔层硅珠。表 12-1 列出了两种固定相的性能比较。

表 12-1　两种固定相的性能比较

性　　能	多孔层硅珠	微粒型硅珠	性　　能	多孔层硅珠	微粒型硅珠
粒度/μm	$30\sim50$	$5\sim10$	柱压	小	大
最佳 H 值/mm	$0.2\sim0.4$	$0.01\sim0.03$	样品容量/(mg/g)	$0.05\sim0.1$	$1\sim5$
柱长/cm	$50\sim100$	$10\sim25$	比表面积/(m^2/g)	$10\sim25$	$400\sim600$
柱内径/mm	2	$2\sim5$			

除了上述各类硅珠外，还有氧化铝、分子筛、聚酰胺等，但目前已较少使用。

2. 液-液色谱固定相

在 20 世纪 60 年代末，液-液色谱采用的固定相主要是类似于气相色谱的涂渍固定相，只是粒度大大低于气相色谱固定相。常用的载体主要是液-固色谱的固定相全多孔型硅珠、薄壳型和堆积型硅珠。气相色谱里的其他担体也有应用，但不常用。常用的固定液只是极性不同的为数不多的几种，如 β,β'-氧二丙腈、聚乙二醇、角鲨烷等，这类涂渍固定相最大缺点是固定液容易流失，稳定性和重复性不易保证。因此，一般都需要在分析柱前加一根预饱和柱，即在普通担体上涂渍上高含量（一般为 30%）的与分析柱相同的固定液，让流动相先通过预饱和柱，事先用固定液把流动相饱和，以保护分析柱中固定液不被流失。但是，经过这样的改进，并未完全解决问题。为了克服这个缺点，人们研究了化学键合固定相，化学键合固定相的出现，是高效液相色谱发展的一个重要里程碑，它兼有吸附和分配色谱两种机理，这种色谱称为键合相色谱（bonded phase chromatography）或键合色谱（bonded chromatograph），简称 BPC。

化学键合固定相的优点是：①由于表面键合了有机物基团，消除了表面的吸附活性点，使表面更均一；②可以通过改变键合有机分子的各种不同基团来改变选择性；③柱效高；④固定液不流失，提高了柱子的稳定性和使用寿命；⑤由于牢固的化学键，能耐各种溶剂，有利于梯度淋洗和样品的回收。

化学键合相主要是以硅珠为基质，利用硅珠表面的硅酸基团与键合基反应。

国内化合键常以 YQG、YWG、YBG（分别代表堆积型、无定型、薄壳型硅基）与键合基反应制备化学键合固定相，如 $YWG-C_{18}H_{37}$ 代表无定型硅基与 $C_{18}H_{37}$ 反应制成。

五、凝胶色谱固定相

常用的凝胶色谱固定相分为软性、半硬质和刚性凝胶三种。凝胶是含有大量液体柔软而富有弹性的物质，是一种经过交联而具有立体网状结构的多聚体。

1. 软性凝胶

软性凝胶如葡聚糖凝胶、琼脂凝胶等。软性凝胶在高的流速下被压缩，只适用于低流速、低压下使用，不适用于高效液相色谱。

2. 半硬质凝胶

半硬质凝胶如苯乙烯-二乙烯基苯交联共聚凝胶是应用最多的凝胶，适用于非极性有机溶剂，小孔胶分离较小的分子，相对分子质量可达 1000，大孔胶分离大分子，可耐较高压力，但压力一般不能超过 $150kg/cm^2$，柱效高。

3. 刚性凝胶

刚性凝胶如多孔硅胶、多孔玻珠等。该类凝胶具有恒定的孔径和较窄的粒度分布，因此色谱柱易于填充均匀，对流动相溶剂体系、压力、流速、pH 和离子强度等都影响较小，适用于高效液相色谱操作。

第五节　高效液相色谱技术在食品检测中的应用

高效液相色谱由于对挥发性小或无挥发性、热稳定性差、极性强、特别是那些具有某种生物活性的物质提供了非常适合的分离分析环境，因而广泛应用于生物化学、生物医学、食品成分、食品卫生、环境监测和质检等许多分析检验部门。

在食品领域中的应用主要包括两方面：①食品分析，包括食品成分和食品添加剂的分析；②食品中的污染物分析。

一、HPLC 技术在食品分析中的应用

这里介绍对食品饮料中的亚硫酸进行测定（AOAC 标准方法 990.31）。

1. 原理

通过碱性水解，食品中的 SO_2 游离出来，在水溶液中形成亚硫酸盐，采用离子排斥色谱柱进行分离，由电化学检测器进行测定。该方法可用于测定 SO_2 含量不少于 $10mg/kg$ 的食品饮料中 SO_2 的检测，但不适于测定与 SO_2 具有很强结合力的深色食品或组分（如含有焦糖色的食品），也不能测定食品中天然存在的亚硫酸盐。所测定结果以 SO_2 计。

2. 试剂

① 缓冲溶液（pH9.0）　用去离子水配制 Na_2HPO_4 浓度为 $20mmol/L$、D-甘露醇浓度为 $10mmol/L$ 的缓冲溶液，脱气待用。

② 硫酸溶液（$20mmol/L$）　在 1000mL 的容量瓶中，将 1.07mL 浓硫酸加入水中，用水定容后脱气待用。

③ Na_2SO_3 标准纯度测定　准确称取约 250mg Na_2SO_3，加入盛有 50mL 0.05mol/L 碘溶液的玻璃烧杯中，在室温条件下放置 5min，然后加入 1mL HCl，以 10g/L 的淀粉水溶液为指示剂，采用 0.1mol/L Na_2SO_3 滴定过量的碘（消耗 1mL 0.05mol/L 的碘相当于 6.302mg Na_2SO_3）。

④ 亚硫酸盐标准溶液　准确称取 196.9mg Na_2SO_3，溶于上述缓冲溶液中，得到 SO_2 浓度为 1 000mg/L 的储备溶液，储备溶液要求每日重新配制；采用 pH9.0 的相同缓冲溶液将储备溶液稀释为 SO_2 浓度为 0.60mg/L 的工作溶液，工作溶液要求每 2 小时由储备溶液重新配制。

3. 仪器

配有离子排斥色谱柱（磺化聚苯乙烯/二乙烯基苯树脂）和电化学检测器（安培检测方式）的高效液相色谱系统或离子色谱系统。淋洗液为 20mmol/L 硫酸，电化学检测器的测定电位设置为＋0.6V（钯工作电极，Ag/AgCl 参比电极）。调节积分仪或图表记录仪的衰减，

使 0.60mg/L SO_2 溶液产生的信号大约是满量程的 1/2。采用峰高方式定量。

4. 操作步骤

对于液体样品，采用 pH9.0 的缓冲溶液进行稀释；对于固体样品，称取 0.2～1.0g 样品，加入 10～100 倍的 pH9.0 的缓冲溶液，在均质器中均质 1min，再经 0.2～0.45μm 滤膜过滤，必要时进行适当稀释。在提取液中加入 D-甘露醇，目的在于减少提取过程中亚硫酸盐的氧化损失。对于酸性样品如柠檬汁，如果稀释液 pH 小于 8.0，应采用稀 NaOH 溶液将 pH 调至 8～9，或者采用 Na_2HPO_4 浓度为 100mmol/L、D-甘露醇浓度为 10mmol/L 溶液进行提取。用最终的样品稀释液进样测定。在操作过程中提取液中亚硫酸根的浓度会逐渐减少，因此提取、过滤、稀释、进样的全部过程应当在 10min 之内完成。

样品溶液经多次进样后，检测器灵敏度会逐渐下降。为减少测定误差，可以将工作溶液和样品溶液的进样交替进行。为了减少测定过程中检测器灵敏度的下降，还可以在每次色谱仪运行之前清洗电极，将电位调至 −1.0V，保持几分钟，然后将电位调至 +1.8V，保持更长时间，再将电位调至 +0.6V，平衡仪器。或者设置程序，在每次进样后自动进行短时间的电极清洗。

5. 结果计算

$$x = 0.60\frac{h_1}{h_2}D \tag{12-1}$$

式中　x——样品中 SO_2 的含量，mg/kg；

　　　h_1——样品溶液的峰高；

　　　h_2——标准溶液的峰高；

　　　D——样品的总稀释倍数。

二、HPLC 技术在食品安全检测中的应用

HPLC 技术可以测定食品中残留的农药、抗生素、杀虫剂、重金属以及霉菌毒素等污染物。

食品中的黄曲霉毒素、赭曲霉毒素、黄杆菌毒素、大肠杆菌毒素等霉菌毒素，都具有荧光，测定时都采用荧光检测器，具有快速、简便、灵敏等优点。以下介绍果蔬及制品中展青霉素的测定。

1. 原理

展青霉素（patulin，下称 Pat）是由青霉和某些曲霉所产生的有毒代谢物，对人体有较强的三致作用，主要存在于水果、蔬菜及其制品中，样品中的展青霉素经有机溶剂萃取处理后，经高效液相色谱分离，根据保留时间进行定性，以峰高进行定量。

2. 试剂

① 乙腈、无水硫酸钠　用分析纯。

② 碳酸钠溶液　称取 2.0g 碳酸钠（Na_2CO_3），溶于水中，并用水稀释至 100mL。

③ 展青霉素标准储备液　精确称取展青霉素 10mg，用甲醇溶解，并定容至 100mL。此液每毫升含 0.1mg 展青霉素。

④ 展青霉素标准使用液　将展青霉素标准储备液用甲醇稀释成含展青霉素 0.5μg/mL、1.0μg/mL、1.5μg/mL、2.0μg/mL、2.5μg/mL 的标准系列溶液。

3. 仪器

高效液相色谱仪，紫外检测器，CSF-3A 超声仪，800 色谱工作站。

4. 测定方法

（1）样品处理　取试样 5g 于 25mL 具塞离心管中，加入乙酸乙酯振摇 2min，超声萃取

5min，1500r/min 离心 5min，用滴管吸取有机溶剂于 125mL 分液漏斗中（再重复上述萃取 2 次，每次加入乙酸乙酯 5mL），于分液漏斗中加入 1mL 2% Na_2CO_3 溶液，振荡 2min，静置分层后弃去 Na_2CO_3 层，再重复上述操作 2 次，有机相经盛有 1g 无水 Na_2SO_4 的漏斗滤入 K-D 浓缩器中，氮气流下 50℃蒸干，用甲醇定容至 0.5mL，供 HPLC 用。

（2）高效液相色谱参考条件

① 色谱柱：Zobax C_{18} 4.6mm×250mm，5μm。

② 柱温：35℃。

③ 流动相：乙腈＋水（5＋95）。

④ 流速：1.0mL/min。

⑤ 检测波长：275nm。

（3）校正曲线的绘制　分别进样展青霉素标准系列溶液 10μL，以不同浓度展青霉素对峰高值制成校正曲线。

5. 结果计算

$$x = \frac{m_1 \times 1000}{m_2 \dfrac{V_2}{V_1}} \tag{12-2}$$

式中　x——样品中展青霉素的含量，μg/kg；

m_1——进样体积中展青霉素的质量，μg；

V_2——进样体积，mL；

V_1——样品稀释总体积，mL；

m_2——样品质量，g。

第十三章　紫外-可见吸收光谱法

第一节　概　　述

分子的紫外-可见吸收光谱法是基于分子内电子跃迁产生的吸收光谱进行分析的一种常用的光谱分析法。分子在紫外-可见光区的吸收与其电子结构紧密相关。紫外光谱的研究对象大多是具有共轭双键结构的分子。

紫外-可见光区一般用波长（nm）表示。其研究对象大多在 $200\sim380nm$ 的近紫外光区和 $380\sim780nm$ 的可见光区有吸收。紫外-可见吸收测定的灵敏度取决于产生光吸收分子的摩尔吸收系数。该法仪器设备简单，应用十分广泛。如在医院的常规化验中，95％的定量分析都采用紫外-可见分光光度法。在化学研究中，如平衡常数的测定、求算主-客体结合常数等都离不开紫外-可见吸收光谱。

第二节　紫外-可见吸收光谱的基本原理

一、有机化合物的紫外-可见吸收光谱

紫外-可见吸收光谱起源于分子中电子能级的变化，各种化合物的紫外-可见吸收光谱的特征也就是分子中电子在各种能级间跃迁的内在规律的体现。据此，可以对许多化合物进行定量分析，深入认识有机化合物的结构。

有机化合物的紫外-可见吸收光谱取决于有机化合物分子的结构。从化合物的性质来看，与紫外-可见吸收光谱有关的电子跃迁在紫外-可见区域内，有机化合物吸收一定能量的辐射时，引起的电子跃迁主要有 $\sigma\rightarrow\sigma^*$、$n\rightarrow\sigma^*$、$\pi\rightarrow\pi^*$、$n\rightarrow\pi^*$ 这 4 种类型。σ、π 分别表示 σ、π 键电子，n 表示未成键的孤对电子，$*$ 表示反键状态。各种跃迁所需要的能量如图 13-1 所示。

二、无机化合物的紫外-可见吸收光谱

1. 电荷转移吸收光谱

某些无机化合物的分子同时具有电子授体和电子受体，当辐射照射到这些化合物时，电子从授体外层轨道跃迁到受体轨道，这种由于电子转移产生的吸收光谱，称为电荷转移光谱。电子电荷转移过程可用下式表示：$D-A \xrightarrow{h\nu} D^+-A^-$，D 和 A 分别表示电子授体和电子受体，在辐射作用下，一个电子从授体转移到受体，许多无机络合物能发生这种转移，例如 $Fe^{3+}-SCN \xrightarrow{h\nu} Fe^{2+}-SCN$。

在络合物的电荷转移过程中，金属离子通常是电子接受体，配位体是电子给予体。电荷转移吸收光谱的最大特点是吸收强度大，摩尔吸收系数一般超过 $10^4 L/(mol \cdot cm)$，这就为高灵敏测定某些化合物提供了可能性。

2. 配位体场吸收光谱

过渡元素都有未填满的 d 电子层，镧系和锕系元素含有 f 电子层，这些电子轨道的能量

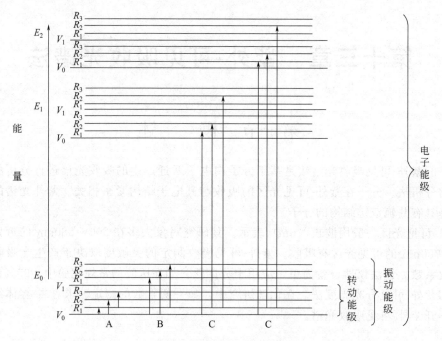

图 13-1　电磁波吸收与分子能级变化

A：转动能级跃迁（远红外区）；B：转动/振动能级跃迁（近红外区）；

C：转动/振动/电子能级跃迁（可见、紫外区）

通常是相等的（简并的）。当这些金属离子处于配位体形成的负电场时，低能态的 d 电子或 f 电子可以分别跃迁到高能态的 d 轨道或 f 轨道，这两类跃迁分别称为 d 电子跃迁和 f 电子跃迁。由于这两类跃迁必须在配位体的配位场作用下才能发生，因此又称为配位体场跃迁，相应的光谱称为配位体场吸收光谱。

配位体场吸收光谱通常位于可见光区，强度弱，摩尔吸收系数约为 $0.1\sim100$L/(mol·cm)，对于定量分析应用不大，多用于络合物研究。

三、紫外-可见吸收光谱的电子跃迁

电子光谱是指分子的外层电子或介电子（成键电子、非成键电子和反成键电子）的跃迁所得到的光谱。各类分子轨道的能量有很大的差别，通常反键大于成键，非成键电子的能级位于成键和反成键的能级之间。当分子吸收一定能量的辐射时，就发生相应的能级间的电子跃迁。

在紫外-可见光区域内，有机物经常发生的跃迁有 $\sigma \rightarrow \sigma^*$、$n \rightarrow \sigma^*$、$\pi \rightarrow \pi^*$ 和 $n \rightarrow \pi^*$ 四种类型，图 13-2 显示了四种类型跃迁以及它们的相对能级。

由图 13-2 可知，价电子在吸收一定的能量后，将跃迁至分子中能量交高的反键轨道，各种电子跃迁所需能量大小为：$\sigma \rightarrow \sigma^* > n \rightarrow \sigma^* > \pi \rightarrow \pi^* > n \rightarrow \pi^*$。

反键轨道的能量比成键轨道能量高得多，分子中 $n \rightarrow \pi^*$ 跃迁所需的能量小，故相应的吸收峰出现在长波段方向；$n \rightarrow \sigma^*$ 和 $\pi \rightarrow \pi^*$，所需能量较大，吸收峰出现在较短波段；而 $\sigma \rightarrow \sigma^*$ 跃迁所需能量最大，故吸收峰出现在远紫外区。

（1）$\sigma \rightarrow \sigma^*$ 跃迁　由单键构成的化合物如饱和碳氢化合物只有 σ 电子，只能发生 $\sigma \rightarrow \sigma^*$ 跃迁，其吸收发生在远紫外区，波长小于 210nm。例如，甲烷的吸收峰在 125nm，乙烷的吸收峰在 135nm。因此，己烷、庚烷、环己烷等饱和烃可作为紫外光谱分析用溶剂。大气

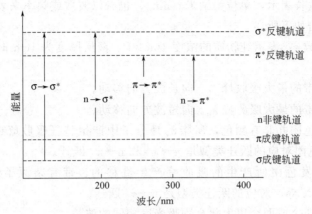

图 13-2 电子能级及电子跃迁示意图

中的氧在远紫外区会有强烈吸收，所以饱和烃必须在真空条件下操作，才能测得它们的吸收光谱，因此，远紫外又称真空紫外。

（2）$n \to \sigma^*$ 跃迁 含有杂原子的饱和化合物都可能发生 $n \to \sigma^*$ 跃迁。$n \to \sigma^*$ 跃迁比 $\sigma \to \sigma^*$ 跃迁所引起的吸收峰波长略长，大多是接近或在近紫外区。例如，甲烷吸收峰在 125nm，而一氯甲烷的吸收峰在 173nm，碘甲烷吸收峰在 258nm。由 $n \to \sigma^*$ 跃迁产生的吸收峰多为弱吸收峰，它们的摩尔吸光系数（ε_{max}）一般在 100～30 范围内，因而在紫外区有时不易观察到。

（3）$\pi \to \pi^*$ 跃迁（K 带） 含共轭双键的分子均可发生 $\pi \to \pi^*$ 跃迁。实现 $\pi \to \pi^*$ 跃迁比实现 $\sigma \to \sigma^*$ 跃迁所需的能量小，其吸收峰大多出现在 200nm 附近。发生在共轭非封闭体系中的 $\pi \to \pi^*$ 跃迁大多是强吸收峰（K 带）。其 ε_{max} 大于 10^4。例如，丁二烯的 λ_{max} 是 217nm，ε_{max} 是 21000。

发生在共轭封闭体系中的 $\pi \to \pi^*$ 跃迁产生强度较弱且波长较长的吸收带（B 带），这是芳香族化合物的光谱特征。例如，苯的 λ_{max} 是 256nm，其 ε_{max} 是 215。芳香族化合物的 K 吸收带称为 E 带，E 带也是芳香结构的吸收带之一，E 带为中强带。

如果芳香族化合物的紫外吸收光谱中同时出现 K 带、B 带和 R 带，则 R 带波长最长，B 带次之，K 带最短，但吸收强度的顺序正好相反。

（4）$n \to \pi^*$ 跃迁（R 带） 化合物分子中同时存在杂原子和双键时，就可发生 $n \to \pi^*$ 跃迁。例如 —C=O、—N=N—、—N=O 等基团。由图 13-2 可以看出，$n \to \pi^*$ 跃迁所需要能量最小，其最大吸收波长一般出现在大于 200nm 的紫外区，由跃迁产生的吸收带（R 带）的特点是 ε_{max} 小，一般不会超过 100。例如，乙醛分子中羰基 $n \to \pi^*$ 跃迁所产生的吸收带为 290nm，ε_{max} 是 17。

四、吸收光谱图与紫外-可见分析常用术语

物质对光的吸收强度（吸光度）随波长变化的关系曲线称为吸收光谱曲线或吸收光谱。吸收光谱描述了该化合物对不同波长光的吸收能力，因此，不同结构的化合物应具有不同的吸收光谱（不同的吸收波长和吸光度）。在实际工作中，化合物的吸收光谱可以为人们提供定性分析和结构分析的依据，以及定量分析时所选择的适宜的测定波长等信息。

以不同波长的光透过某一浓度的被测样品溶液，测出不同波长时溶液的吸光度，然后以波长为横坐标，以吸光度为纵坐标作图，即可得到被测样品的吸收光谱。在紫外-可见吸收光谱中，纵坐标大多用吸光度来表示吸收峰的强度，也可用摩尔吸收系数或百分透光率表示；横坐标大多用波长表示，单位为纳米（nm），也有以波数或频率来表示的。紫外光谱分析所涉及的常用术语如下所述。

① 摩尔吸光系数 ε：表示纯物质的浓度 1mol/L、液层厚度为 1cm 时，在一定波长下溶液的吸光度。

② 红移：吸收带的最大吸收峰 λ_{max} 向长波方向移动。

③ 蓝移：吸收带的最大吸收峰 λ_{max} 向短波方向移动。

④ 发色团：发色团并非有颜色，所指的是分子中产生特征吸收峰的基团。例如羰基、硝基、苯环等，发色团对应的跃迁类型是 $\pi \rightarrow \pi^*$ 和 $n \rightarrow \pi^*$ 跃迁。

⑤ 助色团：使发色团所产生的吸收峰产生红移的、带有杂原子的饱和基团。例如 —OH、—NH$_2$、—X 等，对应的跃迁类型是 $n \rightarrow \sigma^*$ 跃迁。

⑥ 等吸收点：两个或两个以上化合物吸光度相同的波长。

五、朗伯-比尔吸收定律

当一束平行的单色光照射到一定浓度的均匀溶液时，入射光被溶液吸收的程度与溶液厚度的关系为：

$$\lg \frac{I_0}{I} = kb \tag{13-1}$$

式中，I 为透射光强度；I_0 为入射光强度；b 为溶液厚度；k 为常数。这就是朗伯（S. H. Lambert）定律。当入射光通过同一溶液的不同浓度时，入射光与溶液浓度的关系为：

$$\lg \frac{I_0}{I} = k'c \tag{13-2}$$

式中，c 为溶液浓度；k' 为另一常数。这就是比尔（Beer）定律。当溶液厚度和浓度都可改变时，这时就要考虑两者同时对透射光的影响，则有

$$A = \lg \frac{I_0}{I} = \lg \frac{1}{T} = \varepsilon bc \tag{13-3}$$

式中，A 为吸光度；T 为透过率（以％表示）；ε 为摩尔吸收系数。这就是在分光光度测定中常用的朗伯-比尔定律，朗伯-比尔定律表示入射光通过溶液时，透射光与该溶液的浓度和厚度的关系。如果溶液浓度以 mol/L 表示，溶液厚度以 cm 表示，ε 的单位为 L/（mol·cm）。ε 愈大，表示溶液对单色光的吸收能力愈强，分光光度测定的灵敏度就愈高。

根据朗伯-比尔定律，吸光度与溶液浓度应是通过原点的线性关系（溶液厚度一定），但在实际工作中，吸光度与浓度之间常常偏离线性关系，产生偏离的主要因素有：

① 样品溶液因素　朗伯-比尔定律通常只有在稀溶液时才能成立，随着溶液浓度增大，吸光质点间距离缩小，彼此间相互影响和相互作用加强，破坏了吸光度与浓度之间的线性关系。

② 仪器因素　朗伯-比尔定律只适用于单色光，但经仪器狭缝投射到被测溶液的光，并不能保证理论上要求的单色光，这也是造成偏离朗伯-比尔吸收定律的一个重要因素。

第三节　紫外-可见分光光度计

一、主要部件的性能与作用

紫外-可见分光光度计的波长范围是 190～1000nm，其中 190～400nm 是紫外区，400～

750nm 是可见区。随着光学和电子学技术的不断发展，分光光度计的各个组件都在不断的更新和完善，使仪器的测量精度、功能和自动化程度都有了提高。目前商品化生产的分光光度计类型很多，但就其结构原理来说，基本上都是由辐射光源、单色器、样品吸收池、检测系统、信号指示系统五部分组成，其结构如图 13-3 所示。

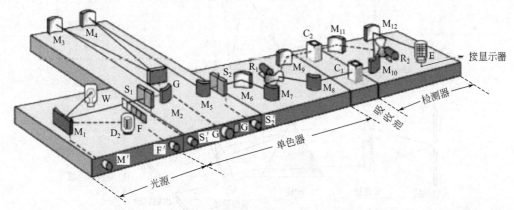

图 13-3 双光束紫外-可见分光光度计的结构示意图

(1) 辐射光源 辐射光源的作用是提供激发能，使待测分子产生吸收。要求能够提供足够强的连续光谱、有良好的稳定性、较长的使用寿命，且辐射能量随波长无明显变化。常用的光源有热辐射光源和气体放电光源。利用固体灯丝材料高温放热产生的辐射作为光源的是热辐射光源，如钨灯、卤钨灯。两者均在可见区使用，卤钨灯的使用寿命及发光效率高于钨灯。气体放电光源是指在低压直流电条件下，氢或氘气放电所产生的连续辐射。一般为氢灯或氘灯，在紫外区使用。这种光源虽然能提供至 160nm 的辐射，但石英窗口材料使短波辐射的透过受到限制（石英为 200nm，熔融石英 185nm），而大于 360nm 时，氢的发射谱线叠加于连续光谱之上，不宜使用。

(2) 单色器 单色器的作用是使光源发出的光变成所需要的单色光。通常由入射狭缝、准直镜、色散元件、聚焦透镜和出射狭缝构成，如图 13-4 所示。入射狭缝用于限制杂散光进入单色器，准直镜将入射光束变为平行光束后进入色散元件。后者将复合光分解成单色光，然后通过聚焦透镜将出自色散元件的平行光聚焦于出射狭缝。

(3) 样品吸收池 样品吸收池是用来盛放被测样品的。它必须选择在测定波长范围内无吸收的材质制成。按制作材料可分为石英吸收池和玻璃吸收池。在紫外区必须使用石英吸收池，可见和近红外区可用石英池，也可用玻璃池。吸收池的光程长度在 0.1～10cm 之间，常用的吸收池是 1cm，可根据被测样品的浓度和吸收情况来选择合适的吸收池。

(4) 检测系统 检测系统的功能是检测光信号，并将光信号转变成可测量的电信号。在简易型可见分光光度计中，使用光电池或光电管做检测。中高档紫外-可见分光光度计常用光电倍增管做检测器，它具有响应速度快、放大倍数高、频率响应范围广的优点。而光电二极管与光电倍增管相比，其动态范围更宽且寿命更长。

出现于 20 世纪 70 年代末期的光电二极管阵列分光光度计采用光电二极管阵列检测器，而不是采用单一的光电二极管。光电二极管阵列中的光电二极管单元数可达 1000 以上，每个光电二极管测量光谱中的一个窄带。这种检测器具有检测速度快、可同时进行多波长测量、动态范围宽、噪声低、可靠性高的特点。它可以在 1s 内实现全波段扫描，得到的不是某一波长下的吸光度，而是全部波长同时检测，直接给出测量波长范围内的吸收光谱；作

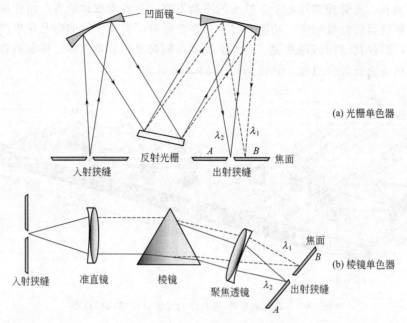

图 13-4　光栅和棱镜单色器构成图

1～4 阶导数光谱测量时，在 2s 内给出导数值和导数光谱显示。它特别适合于动态系统（如流动注射分析、过程控制、动力学测量等）及多组分混合物分析，是追踪化学反应以及快速反应动力学研究的重要手段。

（5）信号指示系统　常用的信号指示系统有检流计、数字显示仪、微型计算机等。采用光电倍增管作为检测器，由于样品光束吸收能量，所以产生不平衡电压，此不平衡电压被一个滑线电阻的等价电压所平衡，通过电学系统的比较和放大，记录笔随滑线的触点移动，记录笔的移动即反映了采用样品吸收能量的大小，记录样品的吸收曲线。新型紫外-可见分光光度计信号指示系统大多采用微型计算机，它既可以用于仪器自动控制，实现自动分析；又可用于记录样品的吸收曲线，进行数据处理，并大大提高了仪器的精度、灵敏度和稳定性。

二、紫外-可见分光光度计的类型

紫外-可见分光光度计的型号很多。按其光学系统可分为单波长分光光度计和双波长分光光度计，其中单波长分光光度计又有单光束和双光束分光光度计两种。

1. 单波长单光束分光光度计

单波长单光束分光光度计，用钨灯或氢灯作光源。目前国内广泛采用的简易单光束分光光度计是 721 型分光光度计。这种分光光度计结构简单、价格低廉、操作简便，维修也较容易，适用于常规分析。其基本结构如图 13-5 所示；721 型分光光度计采用自准式棱镜色散系统，属单光束非记录式，使用波长范围为 360～800nm，用钨灯作光源、光电管作检测器，光电流从微安表上读出。属于单波长单光束分光光度计的还有国产 751 型、xG-125 型、英国 SP500 型和伯克曼 DU-8 型等。

2. 单波长双光束分光光度计

单波长单光束分光光度计每换一个波长都必须用空白进行校准，如果要对某一试样作某波长范围的吸收图谱则很不方便，而且单波长单光束分光光度计要求光源和检测系统必须有较高的稳定性。单波长双光束分光光度计能自动比较透过空白和试样的光束强度，此比值即为试样的透光度，并把它作为波长的函数记录下来。这样，通过自动扫描就能迅速地将试样

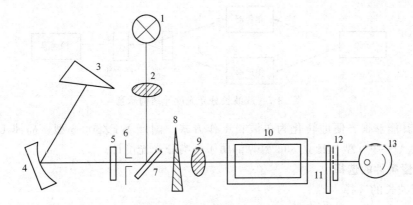

图 13-5　721 型分光光度计结构示意图

1—光源；2—聚光透镜；3—色散棱镜；4—准直镜；5,12—保护玻璃；6—狭缝；7—反射镜；
8—光栅；9—聚光透镜；10—吸收池；11—光门；13—光电管

的吸收光谱记录下来。图 13-6 为单波长双光束分光光度计的光路示意图。来自光源的光束经过单色器（M_0）后，分离出的单色光经反射镜（M_1）分解为强度相等的两束光，分别通过试样池（S）和参比池（R），然后在平面反射镜 M_3 和 M_4 的作用下重新汇合，投射到光电倍增管（PM）上。当调节器（T）带动 M_1 和 M_4 同步旋转时，两光束分别通过参比池 R 和试样池 S，然后经 M_3 和 M_4 分别投射到光电倍增管 PM 上。这样，检测器就可在不同的瞬间接受和处理参比信号和试样信号，其信号差再通过对数转换为吸光度。单波长双光束分光光度计大多设计为自动记录型。使用双光束的优点是除了能自动扫描吸收光谱外，还可自动消除电源电压波动的影响，减小放大器增益的漂移。但其结构较单光束分光光度计复杂。国产 710 型、730 型、740 型等都属于这种类型。

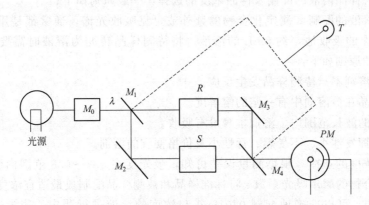

图 13-6　单波长双光束分光光度计原理图

M_0—单色器；M_1、M_2、M_3、M_4—反射镜；R—参比池；S—样品池；T—旋转装置；PM—光电倍增管

3. 双波长分光光度计

双波长分光光度计的某个光路如图 13-7 所示。从同一光源发出的光分为两束，分别经过两个单色器后，得到两束不同波长（λ_1 和 λ_2）的光。利用切光器使两束光以一定的频率交替照射同一吸收池，最后由检测器显示出两个波长下的吸光度差值（ΔA）。双波长分光光度计的优点是在有背景干扰或共存组分的吸收干扰的情况下，可以对某组分进行定量测定。除此以外，还可以利用双波长分光光度计获得微分光谱。双波长分光光度计设有工作方式转

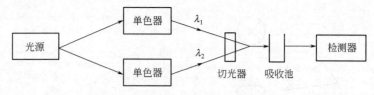

图 13-7　双波长分光光度计结构示意

换机构，使其能够很方便地转化为单波长工作方式。国产 WFZ800-5 型、岛津 UV-260 型、UV-265 型、UV-300 型、日立 356 型等都属于这类分光光度计。

三、测量条件的选择

1. 分析波长的选择

用紫外光谱法做定量分析时，通常选择被测样品的最大波长 λ_{max} 作为分析测定波长。因为在 λ_{max} 处每单位浓度所改变的吸光度最大，可获得最大的测量灵敏度。但在实际工作中，并非所有情况下都选择 λ_{max} 作为测定波长，有些情况下也可选用非特征吸收峰处的波长，如当被测样品的 λ_{max} 有其他组分的谱线干扰时，或者在测定高浓度的样品时，为了保证校正曲线的线性范围，这时应根据吸收最大、干扰最小的原则来选择灵敏度稍低而不受干扰的次强吸收峰或宽峰、肩峰等作为测定波长。

2. 测定狭缝的选择

分光光度计的狭缝宽度不仅影响光谱的纯度，也影响吸光度。狭缝太小，辐射强度过低，给微弱吸收峰的测量带来困难。但是如果测定狭缝过大，会引入非测定所需的杂色散光，导致灵敏度下降和校正曲线的线性关系变坏。不减小吸光度时的最大狭缝宽度，即是合适的狭缝宽度。

3. 吸光度要选择合适的测量范围

主要要考虑样品溶液的配制及样品浓度的选择，一般原则如下：

（1）样品溶液的配制　测定化合物的紫外或可见吸收光谱，通常都是用样品的溶液测定。如用 1cm 厚的吸收池，约 3mL 的溶液。将待测样品转变为溶液时需要选择合适的溶剂，选择溶剂的原则如下：

① 选择的溶剂不与待测样品发生反应。

② 待测样品在该溶剂中有一定的溶解度。

③ 在测定的波长范围内，溶剂本身没有吸收。

④ 应选择挥发性小、不易燃、毒性小及价格便宜的溶剂。

（2）样品浓度的选择　根据测量误差可知，吸光度在 0.2～0.8 范围内测量精度最好。因此应根据化合物的摩尔吸光系数 ε 将标准样品和被测样品配制成最适宜浓度的溶液。如果待测物的 ε 已知，可以准确地配制 0.01mol/L 浓度的溶液进行测定，若尝试浓度过高时，应逐级稀释进行测定，直到获得最适宜的浓度为止。或者选择不同厚度的吸收池使测得的吸光度在 0.2～0.8 之间。

四、反应条件的选择

在可见光区进行分光光度测定时，常常选择合适的显色剂将被测组分转变为有色化合物，然后进行测定。选择显色剂的一般原则是：显色反应的灵敏度高、显色剂的选择性好、显色时颜色变化鲜明、生成的有色化合物稳定性好及化合物的组成恒定等。除了选择合适的显色剂外，还需要控制适宜的显色反应条件，以保证被测组分最有效地转变为适于测定的有色化合物。影响显色反应的主要因素如下：

1. 酸度

溶液的酸度对显色反应有重要影响，而且影响是多方面的。例如，影响某些显色剂（如酸碱指示剂作为显色剂时）的颜色变化，影响有机弱酸显色剂的络合反应，酸度过低，高价金属离子容易水解生成沉淀，以及影响被测离子存在的状态等。显色反应的最适宜酸度范围可以通过实验来确定，即在相同浓度待测溶液系列中，分别调节试液的酸度，可得吸光度随溶液酸度变化的曲线，取平直部分（即吸光度恒定）所对应的酸度就是最适宜的酸度范围。

2. 显色剂的浓度

一般在定量分析时，显色剂是定量过量加入的。加入过量的显色剂可以加快显色反应趋于完全，但是，显色剂浓度过大，可能改变有色化合物的组成，因而化合物的颜色也发生变化。因此，显色剂的加入量必须通过实验来获得。测定溶液吸光度随显色剂浓度之间的变化曲线，在对应于吸光度恒定时对应的显色剂浓度区间内确定显色剂的加入量，同时还要兼顾具有一定的浓度范围。

3. 显色时间和反应温度

各种显色反应的反应速度不同，需要的显色时间也不同，生成的有色化合物的颜色稳定性也会变化。一般放置时间过长，有的就会逐渐退色或变色。因此，显色反应后必须在适当时间内进行吸光度测定。合适的显色时间与显色温度有关，一般在室温下进行。但是有的反应在室温下进行较慢，需要加热才能迅速完成，而如果温度过高则生成的有色化合物又会发生分解。因此，需要根据反应性质选择合适的反应温度和显色时间。

4. 试样中共存离子的干扰

共存离子有颜色或能与显色剂、加入的其他试剂反应生成有色化合物时，会使测量结果偏高；当共存离子与显色剂或被测组分反应，使显色剂或被测组分的浓度减少，就会妨碍显色反应的完成，使测量结果偏低。在测量条件下，若共存离子发生沉淀，也会影响吸光度的测定。消除干扰离子的影响，最常用的方法有：加入合适的掩蔽剂，改变干扰离子的价态；选择合适的显色条件（如控制酸度）以避免干扰离子的影响；选择不受干扰的测定波长，利用参比溶液抵消干扰或预先采用萃取、离子交换、柱色谱等方法，使被测组分与干扰离子分离。

第四节　定性与定量分析的应用

紫外-可见吸收光谱法可以利用物质在紫外-可见光区内具有特征吸收峰来进行定性鉴定与结构分析，其理论依据主要源于化合物分子结构中的发色团和助色团。因此，不同化合物分子中具有相同的发色团和助色团时，往往会具有相似的紫外吸收光谱特性（峰位、峰数、峰形、峰强），如甲苯和乙苯的紫外-吸收光谱基本是相同的。由此可知，物质的紫外-可见吸收光谱基本上是分子中发色团和助色团的特性，而不是整个分子的特性。此外，还有些有机化合物在紫外光区，特别是在近紫外区不产生吸收带，或仅有几个较宽的吸收带，因此紫外-可见光谱法的分子特征远不如红外吸收光谱。

然而紫外-可见光谱也有其特点，它能够提供分子中具有助色团、发色团和共轭程度的一些信息，这对于有机化合物的结构推断往往是重要的。同时，由于具有 π 电子和共轭双键的化合物，在紫外光区产生强烈的吸收，其摩尔吸收系数可达 $1 \times 10^4 \sim 1 \times 10^6$，因此，紫外-可见吸收光谱的定量分析具有很高的灵敏度和准确度，其相对灵敏度一般可达百万分之一级下，相对误差一般可达 2% 以下。

紫外-可见吸收光谱除了用于定性、定量和结构分析外，还用于氢键强度及相对分子质量的测定以及化学反应动力学的研究等方面。因此，它在各行各业许多部门都得到了广泛应用。

一、定性分析应用

1. 化合物纯度的鉴定

如果某一化合物在紫外区无吸收峰，而杂质有较强的吸收峰，则可用紫外吸收光谱法检出该化合物中的痕量杂质，如要检查甲醇或乙醇中的杂质苯，可利用苯在 265nm 处的吸收带来检出，而甲醇或乙醇在该波长处几乎无吸收，又如要检出四氯化碳中有无二硫化碳杂质，只要观察在 318nm 处有无二硫化碳的吸收峰即可。

如果某一化合物在紫外区有较强的吸收带，有时可用它的吸收系数来检查其纯度，如菲的氯仿溶液在 296nm 处有强吸收（$\lg\varepsilon=4.10$）。采用某种方法精制的菲，熔点 100℃，沸点 340℃，似乎已很纯，但用紫外光谱检查，测得的 $\lg\varepsilon$ 值比标准低 10%，其实际含量只有 90%，其余很可能是蒽等杂质。检查乙醇中有无杂质醛时，可用蒸馏水为参比，测定乙醇在 270～290nm 范围内的紫外吸收光谱，如在 280nm 左右有吸收峰，则表明有杂质醛存在，若无吸收峰出现或吸光度小于 0.02（药典规定），则为无醛乙醇。

2. 未知物的定性鉴定

在用紫外光谱定性分析时，通常是把在同样条件下测得的试样光谱与标样光谱（或标准图谱）进行比较，当浓度和溶剂相同时，两者谱图也相同，则两者可能为同一化合物，再换一种溶剂后分别测绘其光谱图，若两者光谱图仍相同，则可以认为它们是同一物质。例如，合成维生素 A_2 与天然产物的吸收光谱相同，因而可鉴定合成的试样是维生素 A_2。

但应注意，具有相同发色团的不同分子结构，往往有相同的紫外吸收光谱，即具有相同的紫外吸收光谱不一定是同一种化合物，但是不同结构的化合物，它们的吸收系数是有一定差别的。所以在紫外光谱定性分析时，不但要比较特征吸收光谱带 λ_{max} 的一致性，还要比较 ε_{max} 等特征常数的一致性。例如，甲基睾丸酮和丙酸睾丸素，它们在无水乙醇中最大吸收波长约为 $\lambda_{max}=240nm$，但甲基睾丸酮的百分吸收系数与丙酸睾丸素的百分吸收系数不同，因此，根据这些标准特征常数可鉴定未知物。

当被鉴定物质的紫外吸收峰较多时，可规定几个吸收峰处的吸光度比值 A_i/A_j 或摩尔吸收系数比值 $\varepsilon\lambda_i/\varepsilon\lambda_j$ 作为定性鉴定的标准。例如，维生素 B_2 在稀乙酸中有 267nm、375nm 和 444nm 三个吸收峰，它们相同浓度时的吸光度比为

$$A_{375nm}/A_{267nm}=0.314\sim0.333$$
$$A_{444nm}/A_{267nm}=0.364\sim0.338$$

根据以上标准特征吸收波长及其吸光度比值，可以鉴定未知物，即被鉴定物质在相同波长处，其吸收系数比值处于规定范围内时，就可认为是同一物质。

3. 分子结构的推断

根据化合物的紫外-可见光区的吸收光谱，可以推测化合物所含的官能团。例如，某一化合物在 220～400nm 范围内无吸收峰，则它不含双键或不含环状共轭体系（即无共轭链烯烃，以及 α、β 不饱和醛、酮及苯环和其相连的发色团），因此，它是饱和化合物（如脂肪族碳氢化合物、胺、腈、醇、羧酸、氯代烃和氟代烃等）。如果在 270～350nm 范围内仅出现很弱的吸收峰（$\varepsilon=10\sim100$）而无其他强吸收峰，则说明它只含有非共轭的，具有 n 电子的生色团。

若在 250～350nm 有中强吸收带，且有一定的精细结构，则表示存在苯环的特征吸收。

若在 210～250nm 有强吸收带，则可能含有两个双键的共轭单位。若在 260～350nm 有强吸收带，表示有 3～5 个共轭单位。如在 200～400nm 范围有许多吸收峰，有些吸收峰甚至出现在可见光区，则该化合物一定具有长链共轭体系或稠环芳香发色团。紫外吸收光谱除用于推测化合物所含官能团外，还用于鉴别某些同分异构体、测定氢键强度和同系物的相对分子质量。

二、定量分析应用

1. 定量分析的基本方法

（1）校正曲线法　配制一系列不同含量的标准试样溶液，以不含试样的空白溶液作为参比，测定标准试液的吸光度，并绘制吸光度-浓度曲线。未知试样和标准试样均要加入相同的试剂空白，在相同的操作条件下进行测定，然后根据校正曲线求出未知试样的含量。该方法属于常规分析方法，不适宜用于试样组成复杂、对分析结果要求较高的情况。

（2）标准对比法　标准对比法是标准曲线法的简化，即只配制一个浓度为 c_s 的标准溶液，并测量其吸光度，求出吸收系数 k，然后由 $A_x = kc_x$ 得到 c_x，该法只有在测定浓度处于线性范围，且 c_x 与 c_s 大致相当时，才可得到准确结果。

（3）标准加入法（增量法）　用校正曲线法时，要求标准试样和未知试样的组成保持一致，这在实际工作中难以做到。如果对分析结果的准确度要求较高时，可以选用增量法。采用增量法做定量分析，除被测组分的含量不同外，试样的其他成分都相同。因此，其他成分对测定的影响都能互相抵消，而不会干扰吸光度的测定。

2. 单组分定量分析

紫外-可见吸收光谱在定量分析领域中的应用比定性分析更为重要与广泛。对于单一组分进行定量分析，常采用的方法有直接分析法和间接分析法。

（1）直接分析法　直接分析法是利用化合物本身的共轭双键体系或芳环产生的特征吸收强度来进行定量测定。这种方法不需要对待测样品进行特殊的化学处理，样品溶液可直接进行测定，它广泛应用于染料、农药、药品、表面活性剂等精细化学品及有关中间体的定量分析。

（2）间接分析法　当待测组分本身的吸收在远紫外区，或者虽然出现在紫外-可见区，但有其他共存组分存在对测定有严重干扰时（吸收光谱重叠），用直接分析法就不能达到目的。此时可采用间接分析法，即把在紫外-可见区无吸收的待测样品与相应的试剂进行化学反应，使其转化为在紫外-可见区有吸收的化合物，通过测定反应产物的吸光度来计算待测组分的含量。实际操作时，通常是将待测样品转化为在可见区具有吸收的反应产物。

第五节　紫外-可见分光光度法在食品检测中的应用举例

紫外-可见分光光度法在食品分析中的应用很广，如在食品的营养成分、限制性成分及有害成分分析方面都有着相当广泛的应用，在此仅举一例［标准曲线法测定可乐中的咖啡因含量（GB/T 5009.139—2003 饮料中咖啡因的测定方法）］，以便于加深对紫外-可见分光光度法的理解。

1. 原理

咖啡因又名生物碱，属甲基黄嘌呤化合物，化学名称为 1,3,7-三甲基黄嘌呤。紫外分光光度法是通过测定被测物质在特定波长处或一定波长范围内光的吸收度，对该物质进行定性和定量分析的方法。

2. 试剂

本标准所用试剂均为分析纯试剂，实验用水为蒸馏水。

(1) 无水硫酸钠。

(2) 三氯甲烷　使用前重新蒸馏。

(3) 0.15g/L 高锰酸钾溶液　称取 1.5g 高锰酸钾，用水溶解并稀释至 100mL。

(4) 亚硫酸钠和硫氰酸钾混合溶液　称取 10g 无水亚硫酸钠（Na_2SO_3），用水溶解并稀释至 100mL。另取 10g 硫氰酸钾，用水溶解并稀释至 100mL，然后二者均匀混合。

(5) 15% （体积分数）磷酸溶液　吸取 15mL 磷酸置于 100mL 容量瓶中，用水稀释至刻度，混匀。

(6) 20% （w/V）氢氧化钠溶液　称取 20g 氢氧化钠，用水溶解，冷却后稀释至 100mL。

(7) 20% （w/V）醋酸锌溶液　称取 20g 醋酸锌 [$Zn(CH_3COO)_2 \cdot 2H_2O$] 加入 3mL 冰醋酸，加水溶解并稀释至 100mL。

(8) 10% （w/V）亚铁氰化钾溶液　称取 10g 亚铁氰化钾 [$K_4Fe(CN)_6 \cdot 3H_2O$] 用水溶解并稀释至 100mL。

(9) 咖啡因标准品　含量 98.0% 以上。

(10) 咖啡因标准储备液　根据咖啡因标准品的含量用重蒸三氯甲烷配制成每毫升相当于 0.5mg 咖啡因的溶液，置于冰箱中保存。

3. 仪器

紫外分光光度计。

4. 样品的处理

(1) 可乐型饮料　在 250mL 的分液漏斗中，准确移入 10.0～20.0mL 经超声脱气后的均匀可乐型饮料试样，加入 1.5% 高锰酸钾溶液 5mL，摇匀，静置 5min，加入混合溶液 10mL，摇匀，加入 20mL 重蒸三氯甲烷，振摇 100 次，静置分层，收集三氯甲烷。水层再加入 10mL 重蒸三氯甲烷，振摇 100 次，静置分层。合并两次三氯甲烷萃取液，并用重蒸三氯甲烷定容至 50mL，摇匀，备用。

(2) 咖啡、茶叶及其固体制成品　在 100mL 烧杯中称取经粉碎成低于 30 目的均匀样品 0.5～2.0g，加入 80mL 沸水，加盖，摇匀，浸泡 2h，然后将浸出液全部移入 100mL 容量瓶中，加入 20% 醋酸锌溶液 2mL，加入 10% 亚铁氰化钾溶液 2mL，摇匀，用水定容至 100mL，摇匀，静置沉淀，过滤。取滤液 5.0～20.0mL 按可乐型饮料操作进行，制备成 100mL 三氯甲烷溶液，备用。

(3) 咖啡或茶叶的液体制成品　在 100mL 容量瓶中准确移入 10.0～20.0mL 均匀样品，加入 20% 醋酸锌溶液 2mL，摇匀，加入 10% 亚铁氰化钾溶液 2mL，摇匀，用水定容至 100mL，摇匀，静置沉淀，过滤。取滤液 5.0～20.0mL 按可乐型饮料操作进行，制备成 50mL 三氯甲烷溶液，备用。

5. 标准曲线的绘制

从 0.5mg/mL 的咖啡因标准储备液中，用重蒸三氯甲烷配制成浓度分别为 0、5μg/mL、10μg/mL、15μg/mL、20μg/mL 的标准系列，以 0μg/mL 作参比管，调节零点，用 1cm 比色杯于 276.5nm 下测量吸光度，作吸光度-咖啡因浓度的标准曲线或求出直线回归方程。

标准系列浓度/$\mu g/mL$	0	5	10	15	20
$0.5\mu g/mL$ 体积数	0mL	0.5mL	1mL	1.5mL	2mL
$CHCl_3$ 体积数	50mL	49.5mL	49mL	48.5mL	48mL

6. 样品的测定

在 25mL 具塞试管中，加入 5g 无水硫酸钠，倒入 20mL 样品的三氯甲烷制备液，摇匀，静置。将澄清的三氯甲烷用 1cm 比色杯于 276.5nm 处测出其吸光度，根据标准曲线（直线回归方程）求出样品的吸光度相当于咖啡因的浓度 $c(\mu g/mL)$。同时用重蒸三氯甲烷作试剂空白。

7. 计算

$$可乐型饮料中咖啡因含量(mg/L) = \frac{(c-c_0) \times 50}{V} \times \frac{1000}{1000} \tag{13-4}$$

$$咖啡、茶叶及其固体制成品中咖啡因含量(mg/g) = \frac{(c-c_0) \times 100 \times 1000}{m} \tag{13-5}$$

$$咖啡或茶叶的液体制成品中咖啡因含量(mg/mL) = \frac{(c-c_0) \times 100 \times 1000}{V} \times V_1 \tag{13-6}$$

以上式(13-4)~式(13-6) 中，c 表示试样吸光度相当于咖啡因的浓度，$\mu g/mL$；c_0 表示试剂空白吸光度相当于咖啡因的浓度，$\mu g/mL$；m 表示称取样品的质量，g；V 表示移取试样的体积，mL；50 表示定容至 50mL；V_1 表示移取试样体积，mL。

第十四章 红外吸收光谱法

第一节 概　述

一、红外吸收光谱概述

红外吸收光谱（infrared absorption spectrum，IR）是利用物质的分子吸收了红外辐射后，并由其振动或转动引起偶极矩的净变化，产生分子振动和转动能级从基态到激发态的跃迁，得到分子振动能级和转动能级变化产生的振动-转动光谱，因为出现在红外区，所以称之为红外光谱。利用红外光谱进行定性、定量分析及测定分子结构的方法称为红外吸收光谱法。波长在 $0.78 \sim 1000 \mu m$ 之间的电磁波称为红外线，这个光谱区间称为红外光区。习惯上将红外区按波长不同分成 3 个区域，即近红外区、中红外区和远红外区。

二、区域及其应用

红外光谱属于振动光谱，其光谱区域的细分如表 14-1 所示。

表 14-1　红外波段划分

波段	波长/μm	波数/cm^{-1}	频数/Hz	能级跃迁类型
近红外	0.78~2.5	1280~4000	$3.8 \times 10^{14} \sim 1.2 \times 10^{14}$	O—H、N—H、S—H 及 C—H 键的倍频和合频的谱带
中红外	2.5~50	4000~200	$1.2 \times 10^{14} \sim 6.0 \times 10^{12}$	基频分子振动：伸缩、弯曲、摇摆和剪切
远红外	50~1000	200~10	$6.0 \times 10^{12} \sim 3.0 \times 10^{11}$	分子转动、晶格振动

红外光谱最重要的应用是中红外区有机化合物的结构鉴定。通过与标准谱图比较，可以确定化合物的结构；对于未知样品，通过官能团、顺反异构、取代基位置、氢键结合以及配合物的形成等结构信息可以推测结构。1990 年以后除传统的结构解析外，红外吸收及发射

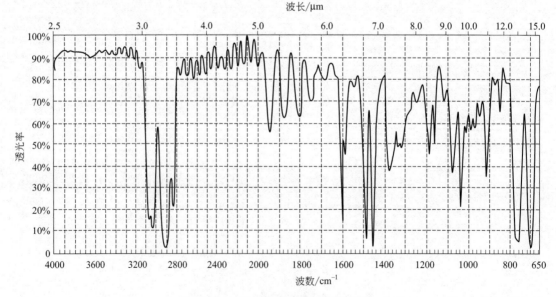

图 14-1　聚苯乙烯薄膜的红外光谱

光谱法用于复杂样品的定量分析，显微红外光谱法用于表面分析，全反射红外以及扩散反射红外光谱法用于各种固体样品分析等方面的研究报告不断增加。近红外仪器与紫外-可见分光光度计类似，有的紫外-可见分光光度计直接可以进行近红外区的测定。其主要应用是工农业产品的定量分析以及过程控制等。远红外区可用于无机化合物研究等。利用计算机的三维绘图功能（习惯上把数学中的三维在光谱中称为二维）给出分子在微扰作用下用红外光谱研究分子相关分析和变化，这种方法便是二维红外光谱法。二维红外光谱是提高红外谱图的分辨能力、研究高聚物薄膜的动态行为、液晶分子在电场作用下的重新定向等的重要手段。如图 14-1 所示为典型的红外光谱。

第二节　红外吸收的基本原理

一、光谱产生的条件

分子中的原子以平衡点为中心，作周期性的相对运动，这种运动方式称为振动。不同的振动方式具有不同的能量，故分为若干振动能级。同一振动能级又包含若干转动能级。红外吸收光谱是由于物质吸收红外光的能量，引起分子中振动、转动能级的跃迁而产生的。物质的分子吸收红外光必须满足如下两个条件：

（1）红外光辐射的能量应恰好能满足振动能级跃迁所需要的能量，也就是说红外光辐射的频率与分子中某基团的振动频率相同时，红外光辐射的能量才能被吸收，而产生吸收谱带。

（2）在振动过程中，分子必须有偶极矩的改变。极性分子就整体而言是呈电中性的，但由于构成分子的各原子电负性不同，分子呈不同的极性，以偶极矩 μ 来衡量。如图 14-2 所示，H_2O 和 HCl 分子的偶极矩 $\mu = q \cdot d$，偶极矩 μ 是分子中正、负电荷的大小 q 与正、负电荷中心的距离 d 乘积，分子具有确定的偶极矩变化频率，因为分子中的原子在平衡位置不断地振动，在振动过程中，正、负电荷的大小 q 不变，而正负电荷中心的距离 d 周期性变化。引起偶极矩呈周期性的变化。当红外光频率与分子的偶极矩变化频率一致时，由于振动偶合而增加振动能，使振幅增大。如果振动时没有偶极矩的变化，不吸收红外辐射，就不能产生红外吸收光谱，如 N_2、Cl 等对称分子。

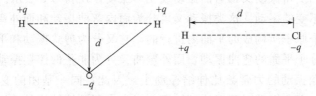

图 14-2　H_2O 和 HCl 分子的偶极矩

二、分子的振动形式与红外吸收光谱

红外光谱图中吸收谱带的位置与强弱，是由分子中基团的振动方式决定的。一般极性强的分子或基团，吸收谱带的强度都比较大，而极性比较弱的分子或基团吸收谱带的强度比较弱。

1. 双原子分子的振动

把双原子分子看作是质量为 m_1 与 m_2 的两个小球，连接它们的化学键看作是质量可以忽略的弹簧，原子在平衡位置附近作伸缩振动，那么，双原子分子的伸缩振动，可以近似地看成是沿键轴方向的简谐振动，如图 14-3 所示。双原子分子可以看成是谐振子，根据经典力学（胡克定律）得如下公式：

$$\sigma = \frac{N_A^{\frac{1}{2}}}{2\pi c} \sqrt{\frac{K}{M}} \tag{14-1}$$

式中，σ 为简谐振动的波数；c 为光速；N_A 为阿伏加德罗常数；K 是连接原子的化学键的力常数，N/cm，力常数 K 的值可以用来衡量化学键结合牢固的程度，K 值越大，组成化学键的原子间引力越大，结合就越牢固；M 是两个原子的折合质量，由两原子的相对原子质量 m_1、m_2 求得：

$$M = \frac{m_1 \times m_2}{m_1 + m_2} \tag{14-2}$$

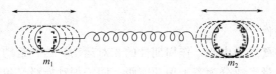

图 14-3 双原子分子的振动谐振子

将有关已知常数代入，得：

$$\sigma = 1303 \sqrt{\frac{K}{M}} \tag{14-3}$$

显然，振动频率 σ 与力常数 K 成正比，与原子质量 M 成反比。不同化合物的 M 和 K 各不相同，所以不同化合物各有自己的特征红外光谱。

2. 多原子分子的振动

双原子分子只有一种沿键轴方向相对伸缩的振动形式，多原子随着原子数目的增加，其振动形式也复杂得多，但基本上可以把它们的振动分为两类：

（1）伸缩振动 伸缩振动是指原子沿着键轴方向伸缩，即键长发生变化，键角不变的振动，用符号 γ 表示。它又可按其对称性的不同分为对称伸缩振动（符号 γ_s）和反对称伸缩振动 γ_{as}。在振动时各键同时伸长或缩短，称为对称伸缩振动，反之，称为不对称伸缩振动。一般反对称伸缩振动的频率高于对称伸缩振动的频率。

（2）变角振动 变角振动又称弯曲振动或变形振动，用符号 δ 表示。它是指基团键角发生周期变化而键长不变的振动。这类振动又可分为面内弯曲振动和面外弯曲振动。面内弯曲振动指振动是在几个原子所构成平面内进行的，它又分为剪式振动和平面摇摆振动；面外弯曲振动指垂直于分子平面的弯曲振动，面外弯曲又分为非平面摇摆振动和扭曲振动。如图 14-4 所示。由于变角振动的力常数比伸缩振动小，因此，同一基团的变角振动都在其伸缩振动的低频端出现。变角振动对环境比较敏感，通常由于环境结构的适当改变，同一振动可以在较宽的波段范围内出现。

3. 分子振动形式与红外吸收

如图 14-4 所示，亚甲基（—CH_2—）这样一个三原子基团，共有 6 种基本振动形式，多于 3 个原子的分子就有更多的振动形式，即存在更多的振动能级。每一种振动形式都有其特定的振动频率，每种振动能级的跃迁都吸收相应频率的红外光，产生相应的吸收峰。而实际观察到的红外吸收峰的数目，往往少于振动形式的数目，减少的原因主要有：

（1）不产生偶极矩变化的振动没有红外吸收，不产生红外吸收峰。

（2）有的振动形式不同，但振动频率相同，吸收峰在红外光谱图中同一位置出现，只观

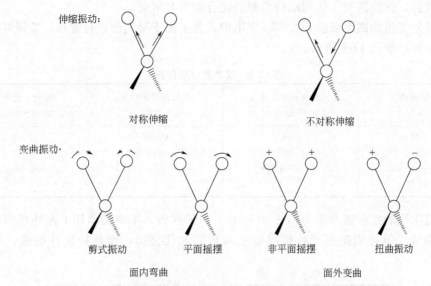

图 14-4 亚甲基的振动形式（＋、－表示与纸面垂直方向）

察到一个吸收峰，这种现象称为简并。

（3）吸收峰太弱，仪器不能分辨，或者超过了仪器可以测定的波长范围。

分子吸收一定频率的红外光后，振动能级由基态跃迁至第一激发态时所产生的吸收峰，称为基频峰。由基态跃迁至第二、三振动能级所产生的吸收峰，称为倍频峰。此外，还有合频峰和差频峰，合频是两种振动的基频之和，差频则为两者之差。倍频、合频和差频统称为泛频。

第三节　基团频率和特征吸收峰

一、红外光谱的特征

化学家们通过对大量的标准样品的测试，总结出了许多官能团的对应吸收特征，从中发现具有相同官能团（基团）的一系列化合物有近似相同的吸收频率 γ，此吸收谱带的频率称为基团频率，凡是可用于鉴定官能团存在的吸收峰称为特征吸收峰，简称特征峰。这证明了官能团的存在与谱图上吸收峰的出现是对应的，所以可根据吸收峰来确定官能团的存在。多数情况下，一个官能团有数种振动形式，每种红外活性的振动都相应产生一个吸收峰，习惯上把这些相互依存而又可相互佐证的吸收峰称为相关吸收峰，简称相关峰。大多数官能团都有一组相关峰。例如，甲基基团—CH_3，它有下列相关峰：$\gamma_{C-H(as)}=2960cm^{-1}$、$\gamma_{C-H}=2870cm^{-1}$、$\delta_{C-H}=1470cm^{-1}$、$\gamma_{C-H}=720cm^{-1}$。有的官能团（如 —$C\equiv N$ 基）只有一个 $\gamma_{C\equiv N}$峰，而无其他峰。用一组相关峰确定一个基团的存在，是红外光谱解析的一条重要原则。以下介绍红外光谱的分区。

（1）官能团区和指纹区　红外光谱的整个范围可分成 $1330\sim4000cm^{-1}$ 与 $600\sim1330cm^{-1}$两个区域，即官能团区和指纹区。

基团的特征吸收峰 $1330\sim4000cm^{-1}$区域是伸缩振动产生的吸收带高频范围，常常用于鉴别官能团的存在，称为官能团区。

在 $600\sim1330cm^{-1}$区域谱带特别密集，且不同分子有不同的特征，犹如人的指纹，因而称为指纹区，指纹区对于区别结构类似的化合物很有帮助。

（2）红外光谱的四个区段　在实际应用中，为了便于对光谱进行解释，常将红外光谱划分为四个区段，如表 14-2 所示。

表 14-2　红外光谱的区段

氢键伸缩振动区 $4000\sim2500cm^{-1}$	三键和累计双链区 $2500\sim2000cm^{-1}$	双键伸缩振动区 $2000\sim1500cm^{-1}$	部分单链振动区 $1500\sim400cm^{-1}$
O—H C—H N—H S—H 等	C≡C C≡N C=C=C 等	C=H C=O 等	见图

苯的衍生物的泛频谱带在 $1667\sim2000cm^{-1}$，强度弱，主要是苯环上面外弯曲振动的倍频峰等所构成。但可根据其吸收情况鉴定苯环的取代类型，而且特征性很强，如图 14-5 所示。

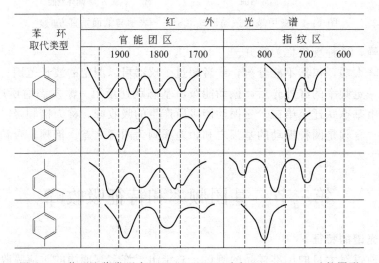

图 14-5　苯环取代类型在 $2000\sim1667cm^{-1}$ 和 $900\sim600cm^{-1}$ 的图形

一些基团的特征吸收频率范围可通过有关基团的一些红外光谱专著及手册中查到。

二、影响基团频率的因素

基团频率主要是由构成化学键原子的质量和化学键力常数决定，但分子中化学键的振动并不是孤立的，要受到分子内部结构如分子空间结构的影响，以及其他基团特别是邻近基团的影响；有时还会受到溶剂、测定条件等外部因素的影响，因此同一基团的同一振动在不同分子结构中或不同环境中或多或少有所差别，使红外特征吸收峰的频率和强度发生改变。因此，了解影响基团振动频率的因素，对于正确地解析红外光谱和推断分子结构是很有帮助的。引起基团频率位移的因素大致可分成两类，即内部因素和外部因素。

1. 内部因素

影响基团频率位移的外部因素主要包括以下几方面。

（1）诱导效应　基团旁连有电负性不同的原子（或基团），通过静电诱导作用，引起基团中各化学键电子云密度的变化，改变键的力常数，使基团特征频率位移。元素的电负性越强，则诱导效应越强，吸收峰向高波数移动的程度越显著。如：

$$
\begin{array}{cccc}
\overset{O}{\underset{R-C-R'}{\parallel}} & \overset{O}{\underset{R-C-H}{\parallel}} & \overset{O}{\underset{R-C-Cl}{\parallel}} & \overset{O}{\underset{R-C-F}{\parallel}}
\end{array}
$$

$\gamma_{C=O}$（cm^{-1}）　　1715　　　　　1730　　　　　1800　　　　　1920

（2）共轭效应　由于分子中形成大 π 键所引起的效应，称为共轭效应。它因减少了键级而使吸收频率峰下降，吸收峰向低波数方向移动。诱导效应和共轭效应都是由于化学键的电子云密度分布发生改变引起的。两种效应共存时，至于官能团的吸收频率偏向何方，应视具体情况下哪种效应为主而定。

（3）空间效应　分子内部基团的相互作用、空间立体障碍、多元环的张力等，都将给基团频率带来一定的影响，如脂环酮羰基：

六元环	五元环	四元环	三元环
$1715cm^{-1}$	$1745cm^{-1}$	$1780cm^{-1}$	$1850cm^{-1}$

（4）氢键　氢键的形成使基团频率降低。氢键 X—H…Y 形成后，由于氢原子周围的力场发生变化，使 X—H 振动的力常数改变，X—H 的伸缩振动频率降低，峰形变宽，吸收强度增加。如对醇的羟基：游离态（$3600\sim3610cm^{-1}$）、二聚体（$3500\sim3600cm^{-1}$）、多聚体（$3200\sim3400cm^{-1}$）。

2. 外部因素

影响基团频率的外部因素主要是指被测物质的状态和溶剂效应等因素。

（1）物质的状态　同一物质在不同的物理状态下测定，所获得的吸收光谱往往也不同。

（2）溶剂影响　同一物质在不同溶剂中测得的吸收光谱不同。为了消除溶剂影响，通常尽量采用非极性溶剂，如 CCl_4、CS_2 等，并以稀溶液来获得红外吸收光谱。

第四节　红外光谱仪

红外光谱仪（又称红外分光光度计）有两种类型：色散型红外光谱仪和傅里叶变换红外光谱仪（FTIR）。

一、色散型红外光谱仪

色散型是仪器中采用棱镜或光栅等色散元件与狭缝组成单色器，把光源发出的连续光谱分开，然后用检测器测出不同频率处化合物的吸收情况。色散型红外光谱仪的原理可用图14-6说明。从光源发出的红外辐射，分成两束，一束通过试样池，另一束通过参比池，然后进入单色器。在单色器内先通过以一定频率转动的扇形镜（斩光器），其作用与其他的双光束光度计一样，周期地切割两束光，使试样光束和参比光束交替地进入单色器中的色散棱镜或光栅，最后进入检测器。随着扇形镜的转动，检测器就交替地接受这两束光。

假定从单色器发出的为某波数的单色光，而该单色光不被试样吸收，此时两束光的强度相等，检测器不产生交流信号；改变波数，若试样对该波数的光产生吸收，则两束光的强度有差异，此时就在检测器上产生一定频率的交流信号（其频率决定于斩光器的转动频率）。通过交流放大器放大，此信号即可通过伺服系统驱动参比光路上的光楔（光学衰减器）进行补偿，此时减弱参比光路的光强，使投射在检测器上的光强等于试样光路的光强。试样对某一波数的红外光吸收越多，光楔也就越多地遮住参比光路以使参比光强同样程度地减弱，使两束光重新处于平衡。试样对各种不同波数的红外辐射的吸收有多有少，参比光路上的光楔

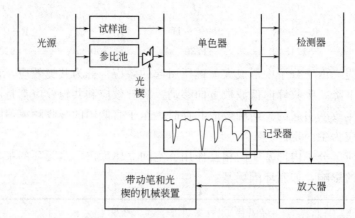

图 14-6 色散型红外光谱仪原理图

也相应地按比例移动以进行补偿。记录笔与光楔同步,因而光楔部位的改变相当于试样的透射比,它作为纵坐标直接被描绘在记录纸上。由于单色器内棱镜或光栅的转动,使单色光的波数连续地发生改变,并与记录纸的移动同步,这就是横坐标。这样在记录纸上就描绘出透射比 T 对波数(或波长)的红外光谱吸收曲线。

上例是双光束光学自动平衡系统的原理。也有采用双光束电学自动平衡系统来进行工作的仪器。这时不是采用光楔来使两束光达到平衡,而是测量两个电信号的比率。由上述可见,红外光谱仪与紫外-可见分光光度计类似,也是由光源、单色器、吸收池、检测器和记录系统等部分所组成。但由于红外光谱仪与紫外-可见分光光度计工作的波段范围不同,因此,每一个部件的结构、所用的材料及性能等与紫外-可见分光光度计不同。它们的排列顺序也略有不同,红外光谱仪的样品是放在光源和单色器之间;而紫外-可见分光光度计是放在单色器之后。现将中红外光谱仪的主要部件简要介绍如下。

1. 光源

红外光源是通过加热一种惰性固体使之发射高强度连续红外辐射。炽热固体的温度一般为 1500~2200K,最大辐射强度在 5900~5000cm^{-1} 之间。目前在中红外区较实用的红外光源主要有硅碳棒和能斯特灯。

硅碳棒由碳化硅烧结而成。其辐射强度分布偏向长波,工作温度一般为 1300~1500K,因为碳化硅有升华现象,使用温度过高将缩短硅碳棒的寿命,并会污染附近的反射镜。硅碳棒发光面积大,价格便宜,操作方便,使用波长范围较能斯特灯宽。

能斯特灯主要由混合的稀土金属(锆、钍、铈)氧化物制成。它有负的电阻温度系数,在室温下为非导体,当温度升高到大约 500℃ 以上时,变为半导体,在 700℃ 以上时,才变成导体。因此要点亮能斯特灯,需要事先将其预热并设计电源电路能控制的强度,以免灯过热而损坏,其工作温度一般约在 1750℃。能斯特灯使用寿命较长,稳定性较好,在短波范围使用比硅碳棒有利。但其价格较贵,操作不如硅碳棒方便。

在 >50μm 的远红外光区,需要采用高压汞灯;在 20000~8000cm^{-1} 的近红外光区通常采用钨丝灯。

2. 吸收池

因玻璃、石英等材料对红外光有吸收,不能透过红外光,红外吸收池要用可透过红外光的 NaCl、KBr、KRS-5 等材料制成窗片。用 NaCl、KBr、CsI 等材料制成的窗片需注意防潮。固体试样常与纯 KBr 混匀压片,然后直接进行测定。

3. 单色器

单色器由色散元件、准直镜和狭缝构成。光栅是最常用的色散元件，它的分辨本领高，易于维护。红外光谱仪常用几块光栅常数不同的光栅自动更换，使测定的波数范围扩展且能得到更高的分辨率。

狭缝的宽度可控制单色光的纯度和强度。然而光源发出的红外光在整个波数范围内不是恒定的，在扫描过程中狭缝将随光源的发射特性曲线自动调节宽度，既要使到达检测器上的光的强度近似不变，又要达到尽可能高的分辨能力。

4. 检测器

紫外-可见分光光度计中所用的光电管或光电倍增管不适用于红外区，因为红外光谱区的光子能量较弱，不足以引致光电子发射。常用的红外检测器有真空热电偶、热释电检测器和汞镉碲检测器。

真空热电偶是色散型红外光谱仪中最常用的一种检测器。它利用不同导体构成回路时的温差电势现象，将温差转变为电位差。其结构如图 14-7 所示。它以一小片涂黑的金箔作为红外辐射的接受面。在金箔的一面焊有两种不同的金属、合金或半导体作为热接点，而在冷接点端（通常为室温）连有金属导线（冷接点在图中未画出）。此热电偶封于真空度约为 $7 \times 10^{-7} Pa$ 的腔体内。为了接受各种波长的红外辐射，在此腔体上对着涂黑的金箔开一小窗，粘以红外透光材料，如 KBr（至 $25 \mu m$）、CsI（至 $50 \mu m$）、KRS-5（至 $45 \mu m$）等。当红外辐射通过此窗口射到涂黑的金箔上时，热接点温度升高，产生温差电势，在闭路的情况下，回路即有电流产生。由于它的阻抗很低（一般为 10Ω 左右），在和前置放大器耦合时需要用升压变压器。

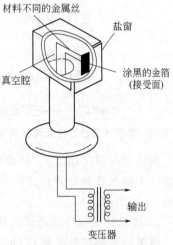

图 14-7　真空热电偶检测器

傅里叶变换红外光谱仪中应用的检测器有热释电检测器和汞镉碲检测器。热释电检测器用硫酸三甘肽 $(NH_2CH_2COOH)_3 H_2SO_4$（简称 TGS）的单晶薄片作为检测元件。TGS 的极化效应与温度有关，温度升高，极化强度降低。将 TGS 薄片正面真空镀铬（半透明），背面镀金形成两电极。当红外光照射时引起温度升高使其极化度改变，表面电荷减少，相当于因热而释放了部分电荷（热释电），经放大转变成电压或电流的方式进行测量。其特点是响应速度快，能实现高速扫描，目前使用最广的晶体材料是氘化硫酸三甘肽（DTGS）。

汞镉碲检测器（MCT）的检测元件由半导体碲化镉和碲化汞混合制成。改变混合物组成可得不同测量波段、灵敏度各异的各种 MCT 检测器。其灵敏度高于 TGS，响应速度快，适于快速扫描测量和色谱与红外光谱（傅里叶变换红外光谱）的联用。MCT 检测器需要在液氮温度下工作以降低噪声。

5. 记录系统

红外光谱仪一般都有记录仪，可自动记录图谱。记录笔的横坐标与单色器相连，纵坐标与检测器的放大器相连，则记录仪可同步描绘出 $T\%$ 随频率的变化曲线。

二、傅里叶变换红外光谱仪（FT-IR）

目前几乎所有的红外光谱仪都是傅里叶变换型的。色散型仪器扫描速度慢，灵敏度低，分辨率低，因此局限性很大。

1. 傅里叶变换红外光谱仪的构成

图 14-8 中，光源发出的光被分束器分为两束，一束经反射到达动镜，另一束经透射到达定镜。两束光分别经定镜和动镜反射再回到分束器。

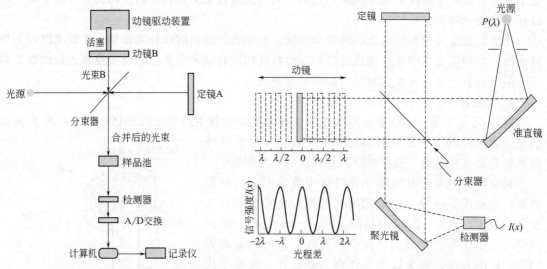

图 14-8　傅里叶变换红外光谱仪构成示意图　　　　图 14-9　Michelson 干涉仪示意图

动镜以一恒定速度 v_m 作直线运动，因而经分束器分束后的两束光形成光程差 δ，产生干涉。干涉光在分束器会合后通过样品池，然后被检测。傅里叶变换红外光谱仪的检测器有 TGS、MCT 等。

2. 傅里叶变换红外光谱的基本原理

傅里叶变换红外光谱仪的核心部分是迈克尔逊（Michelson）干涉仪，其示意图如图 14-9 所示。动镜通过移动产生光程差，由于移动速度 v_m 恒定，光程差与时间有关。光程差产生干涉信号，得到干涉图。光程差 $\delta=2d$，d 代表动镜移动离开原点的距离与定镜与原点的距离之差。由于是一来一回，应乘以 2。若 $\delta=0$，即动镜离开原点的距离与定镜与原点的距离相同，则无相位差，是相长干涉；若 $d=\lambda/4$，$\delta=\lambda/2$ 时，相位差为 $\lambda/2$，正好相反，是相消干涉；$d=\lambda/2$，$\delta=\lambda$ 时，又为相长干涉。因此动镜移动产生可以预测的周期性信号。

3. 傅里叶变换红外光谱仪的优点

（1）大大提高了谱图的信噪比。FT-IR 仪器所用的光学元件少，无狭缝和光栅分光器，因此到达检测器的辐射强度大，信噪比大。

（2）波长（数）精度高（$\pm 0.01\text{cm}^{-1}$），重现性好。

（3）分辨率高。

（4）扫描速度快。傅里叶变换仪器动镜一次运动完成一次扫描所需时间仅为一至数秒，可同时测定所有的波数区间。而色散型仪器在任一瞬间只观测一个很窄的频率范围，一次完整的扫描需数分钟。

由于傅里叶变换红外光谱仪的突出优点，目前已经取代了色散型红外光谱仪。

第五节　红外光谱法的应用

红外光谱在化学领域中的应用是多方面的，它不仅用于分子结构的基础研究，如确定分子的空间构型，求出化学键的力常数、键长和键角等，而且广泛地用于化合物的定性、定量分析和化学反应机理研究等。

一、定性分析

通常在得到样品的红外光谱图后，与纯物质的标准谱图进行对照，如果两张谱图各吸收峰的位置和形状完全相同，峰的相对强度一样，就可认为样品是该种化合物。利用红外光谱对化合物进行定性分析的过程，称为谱图解析。

1. 官能团的定性分析

官能团的确定可以采用"否定法"或"肯定法"。肯定法是根据红外光谱的特征吸收峰，确认某基团的存在。例如某化合物在 $2220\sim2260cm^{-1}$ 处有吸收，由红外光谱专著及手册中查知，我们可判断此化合物中含有 —C≡N 基。否定法是基于某个波数区间内的吸收峰对某个基团是特征的，在谱图中若无此吸收峰出现，则说明此基团在分子中不存在。由红外光谱专著及手册中查知，如果在 $3100\sim3650cm^{-1}$ 没有吸收谱带，就可以排除—NH 和—OH 的存在。

2. 已知化合物的鉴定

当需要检验试样是否为某种已知化合物时，用红外光谱验证是一种简便、可靠的方法。

(1) 用标准试样对照　若两者的红外吸收峰中谱带的数目、位置和形状完全相同，吸收强度一样，则此两物质便是同一物质。

(2) 与标准谱图对照　在没有标准物质时，对照已知化合物标准谱图。许多国家都编制出版了标准谱图集，如萨特勒红外谱图集，汇集有十余万张纯化合物的标准红外光谱图。在与标准谱图对照时应注意，被测物与标准谱图上标准物的聚集状态、制样方法以及谱图的条件等要相同，才有可比性。

对于简单的化合物，可以直接根据红外光谱进行解析。

3. 未知物结构分析

未知化合物的结构鉴定是红外光谱法最主要的用途。未知物结构分析的一般方法如下：了解与试样有关的资料。弄清试样物质的来源以估计其可能的范围，了解试样的物理性质和有关化学性质。对试样进行元素分析及分子量的测定以求出分子式；根据分子式计算化合物的不饱和度 U 的经验公式为：

$$U=1+n_4+1/2(n_3-n_1) \tag{14-4}$$

式中，n_1、n_3、n_4 分别为分子中含一价、三价、四价元素原子的个数。当计算得 $U=0$ 时，可能为链状饱和烃及其衍生物（不含双键）；$U=1$ 时，可能有一个双键或脂环；$U=2$ 时，可能有两个双键或两个脂环，也可能有一个叁键；$U=4$，可能有一个苯环等。应该指出，二价原子如氧、硫等不参加计算。

二、定量分析

朗伯-比尔定律也适用于红外光谱定量分析。但由于红外光谱较复杂，给红外光谱法定量分析带来了一些困难和实验技术的差别。在红外定量分析中的应用不如紫外-可见分光光度法广泛。

(1) 朗伯-比尔定律的偏差　红外光谱法定量测定的理论基础也是朗伯-比尔定律，然而红外光谱的定量测定很容易偏离比尔定律，导致浓度和吸光度的非线性关系。

(2) 参比吸收池　红外吸收池光程短，加之吸收池窗口易被腐蚀，吸收池厚度难以调节准确，在红外区不容易得到两只透明特性完全一致的吸收池，因此常不采用参比池，而只放一片盐窗作参比。

(3) 基线法测量吸光度　红外定量分析中基线法得到了广泛应用。方法如图 14-10 所

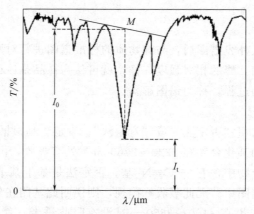

图 14-10　红外光谱法定量分析基线法

示，画一条与吸收谱带两肩相切的直线作为基线，通过峰值波长处作一条平行于纵轴的直线以确定入射辐射 I_0，在最大吸收点作平行于横轴的直线，确定透射强度 I_t，即可求出吸光度，再根据标准曲线就可查得组分的浓度。

$$A = \lg \frac{I_0}{I_t} \tag{14-5}$$

若使用傅里叶变换红外光谱仪，则可使用定量软件或自行编辑程序，进行峰高或峰面积定量，可使定量手续大为简化。

第六节　近红外光谱分析技术在食品检测中的应用

近红外在食品工业上的应用非常广泛。利用近红外光谱技术可以进行食品成分的定量分析、水分子中氢结合状态的解析、淀粉的损伤检测以及加工适应性的测定等。测量的食品形态可以是固态、液态、粉状、糊状。通过多种多样的样品杯及不同的光路组合，几乎可实现对所有食品的定性或定量测量。

一、近红外光谱分析技术在粮食作物检测中的应用

水分含量的正确估计，是谷物贸易高收益和谷物加工高效率的前提条件。而在许多情形下，测定速度显得更重要，因而，假如分析时间很短，即使精确度略有降低也是可以接受的。水分测定的标准方法烘箱法虽可同时测定多个样品，但耗时太长。几种类型的水分计对水分的测定虽具有简便、快速的特点，但大多精确度太差，尤其是当谷物水分含量超过时，各种水分计显得无能为力。有的学者用近红外光谱法测定了整粒和粗粉碎的小麦和大麦样品的水分含量，并与几种水分计的测定结果进行了比较。实验结果表明，回归方程的相关系数为 0.99，标准差为 0.2，残差为 0.38。对水分含量低于 20% 的样品测定的准确度较高，而水分含量高于 20% 时，则精确度显著降低，但仍优于传统的几种水分计。因此，尽管近红外分析的精确度（±1%）不足以使其代替标准烘箱法，但其对农场、商业、加工业用途来说，已具有足够高的精确度。

植物原料（包括种子、蔬菜组织和由它们加工而成的产品）中，氨基酸组成的常规分析对食品工业和饲料工业有着重要的意义。对人及动物营养最重要的氨基酸是 10 种必需氨基酸（赖氨酸、蛋氨酸、苏氨酸、色氨酸、异亮氨酸、精氨酸、亮氨酸、苯丙氨酸、缬氨酸和组氨酸），而其中前 5 种还是限制性氨基酸。因此，植物原料中蛋白质和氨基酸的快速测定

显得尤其重要。氨基酸组成的标准化学测定方法要先进行蛋白质水解，然后还要通过离子交换等色谱手段，才能完成测定，步骤复杂，耗时长。但有学者用近红外光谱法测定了小麦中四种限制性氨基酸（赖氨酸、蛋氨酸、苏氨酸和色氨酸）。共测定了 40 个已知氨基酸组成的样品，把其中 28 个样品用于建立模型，12 个样品用于预测。结果除蛋氨酸外，预测标准差（$<2.0\mu mol/L$）和变异系数（$<8\%$）都相当低。蛋氨酸的变异系数为 13.1%。这么高的变异系数产生的原因，可能不是近红外分析所致，而是由离子交换色谱分析中水解损失造成的。因此可以说，非特别精密要求的限制性氨基酸测定，用快速的近红外分析技术是完全可行的。

另外，可以通过近红外技术对小麦粉中的水分、蛋白质、干面筋的含量进行检测，且得到的结果与常规方法测定的结果非常接近，相关系数也都很高。另外，有科学家还比较了近红外测定小麦角质率、矿物质含量、降落值和黏度的结果与常规测定结果的差异，发现二者的相关性也很好，而且由于近红外方法费用低，完全适合面粉生产过程中原料与产品的品质评价及质量控制。近年来，近红外技术的应用甚至延伸到粮食的储存环节。1996 年，Ridgewei 利用近红外技术测定虫害发生期间水分的变化、虫类代谢物、蛋白质和甲壳质含量，来判断虫害发生的程度。美国农业研究局已经研究出了一种近红外设备，能部分自动地将小麦样品逐粒运送到近红外检测池中扫描，根据麦粒吸收或反射的光谱来判断小麦虫害发生的程度。

二、近红外光谱分析技术在牛奶和乳制品中的应用

随着人们对奶制品质量的关注，相关法规对牛奶及奶产品的成分进行了严格的控制。例如，牛奶中的脂肪是牛奶中最重要的成分，奶产品中的脂肪含量受法律控制或由消费者确定其含量。而且，随着对牛奶实行按质论价方案（即根据奶中的蛋白质和脂肪含量定价）的提出，这就迫使牛奶行业分析成千上万的鲜奶样品。

1957 年 Goulden 首先利用近红外技术对牛奶及乳制品进行了研究，之后近红外在这个领域内的应用变得广泛起来，人们建立了许多测定原料奶、奶粉、乳酪及黄油的模型。现在，经过研究人员的不断完善，这些模型的预测结果已经相当精确（$r>0.9$）。

1992 年，通过对原料奶和乳制品的在线实验也证明了近红外技术完全可以用于这些产品的在线检测，并指出近红外在线检测技术与牛奶的质量检测相结合，可以最大化地发挥近红外光谱分析的作用。

近年来，日本关西大学 Ozaki 研究组、加拿大 Laval 大学 Paul Paqiun 等研究组，在牛奶成分的近红外检测方面均进行了大量的基础性研究。利用近红外技术对牛奶主成分的研究，可以方便、快捷、无破坏地实现牛奶收购的按质论价、打击掺假、为牛奶质量的标准化提供依据。而且，利用近红外技术对牛奶主成分的研究，可以实现对奶牛健康的实时监控，它已成为奶牛厂的科学化管理的重要参数。例如，R. Tsenkova 和 S. Atanassova（2001）的研究表明，利用近红外技术对牛奶中体细胞数目（somatic cell count，SCC）进行测定，可以用来诊断奶牛是否患有乳腺炎，从而在发病的早期对奶牛进行治疗，使奶农的损失降到最低。

虽然近红外光谱技术已应用于乳制品检测领域，而牛奶为散射体，光谱信息的提取比较复杂，牛奶中的水分含量、脂肪球大小、温度、是否经过前处理以及其他化学成分等均对近红外的检测产生不利影响，许多科学家正在为得到更理想的结果而努力。

在其他乳制品方面，近红外检测技术也有广泛的应用。例如，从 19 世纪 70 年代后期，许多科学家致力于乳酪成分和乳酪质量在线检测技术的近红外研究，建立了大量的校正模

型，且检测效果在不断改进；有研究者利用近红外技术对乳清成分和乳清在加工过程中的成分变化进行了研究，结果表明，近红外技术可以用于乳清成分的预测，但对每一种乳清粉都要分别建立校正模型；而且有研究表明，利用主成分分析和聚类分析技术，近红外可以作为一种高效的检测技术用来对高热量、中热量、低热量的脱脂奶粉进行分级。奶酪是最难于用NTRS 进行分析的物质之一，因为它的加工过程不同，物理特性和化学组成不同，并且含有高含量的水分和脂肪。但通过对样品制备和准备程序的标准化，可以获得精确而具有代表性的测定结果。科学家通过标准化的制样程序，准确地建立了奶酪中水分、脂肪和蛋白质的预测模型，相关系数都在 0.9 以上，预测偏差在可接受的范围以内，并且找到了每种指标相应稳定的特征波长。

第十五章 免疫学检测技术在食品分析中的应用

第一节 概　　述

　　免疫分析是以抗原抗体的特异性、可逆性结合反应为基础的分析技术。抗原是一类能刺激机体免疫系统产生特异性应答，并能与相应免疫应答产物（即抗体和致敏淋巴细胞）在体内或体外发生特异性结合的物质。抗原的前一种性能称为免疫原性或抗原性，后一种性能称为反应原性。抗体是机体在抗原刺激下所产生的特异性球蛋白，抗体是免疫分析的核心试剂。

　　抗原、抗体的结合实质上只发生在抗原的抗原决定簇与抗体的抗原结合位点之间，由于两者在化学结构和空间构型上呈互补关系，所以抗原-抗体反应具有高度的特异性。抗原与抗体发生结合反应的物质基础是：抗原决定簇与抗体的抗原结合部位间存在结构的互补性，二者相互结合，在适宜条件下，出现可见反应。二者的空间构型互补程度不同，结合力强弱也各异，互补程度越高，结合能力越强。但是这种特异性也不是绝对的。假使两种化合物有着部分相同的结构，在抗原-抗体反应中可出现交叉反应。抗原抗体的结合是各种分子间作用力的综合作用，结合物的亲和常数达 10^9 或更高，因而具有单独任何一种理化分析技术难以达到的选择性和灵敏度。1959 年 Berson 和 Yalow 将放射性同位素示踪与免疫反应相结合建立了放射免疫分析（radioimmunoassay）技术，用来测定糖尿病患者血浆中胰岛素的含量，开创了免疫分析这一崭新领域。此后，随着各种抗原或抗体标记技术的出现，多种免疫分析方法如荧光免疫测定（fluorescence immunoassay，FIA）、酶免疫测定（enzyme immunoassay）和化学发光免疫分析（chemiluminescence immunoassay，CLIA）等相继产生。

　　简单的小分子物质通常只有反应原性而无免疫原性，如大多数的多肽、多糖、类脂和药物，但当其与大分子载体物质（如蛋白质）结合后可具有免疫原性。这一发现开辟了有机化合物的血清学研究，奠定了小分子免疫分析的基础，尤其是对农药残留和环境危害物的监测分析。可以说，经过 50 多年的发展，免疫分析已成为测定病原微生物、微量病毒、痕量蛋白、激素和小分子药物等常用的方法之一。

第二节　抗原抗体的制备

一、抗原

1. 分类与结构

　　抗原可分为完全抗原和不完全抗原即半抗原。完全抗原同时具有免疫原性和反应原性，如大多数蛋白质、细菌和病毒，抗原必须是一些大分子，或者是由大分子构成的物质。小分子物质本身不能成为抗原，然而有些小分子物质具有抗原的潜能，当它们和一些大分子物质共价结合之后，就能刺激免疫系统，使它产生针对这些小分子的抗体称为半抗原。半抗原物质的分子质量较小（常小于 4kDa），如多糖、多肽、抗生素、甾体激素、核苷等小分子物质。

　　在结构水平上，抗原分子具有若干个独特的分子结构，分别能引发各自的免疫应答，称之为抗原决定簇（antigenic determinant，AD）或抗原表位（epitode）。它是抗体或细胞与抗原结合的最小单位，大约是 3～6 个氨基酸或 5～6 个糖残基。半抗原通过共价键与大分子载体结合，在 T 细胞的辅助下诱导抗体形成应答。

2. 天然抗原的制备

为了制备特异性强、亲和力和效价均高的特异性抗原血清，对免疫动物用的抗原无论是颗粒性抗原还是可溶性抗原，都要求尽量选择合适的方法进行纯化并鉴定。对组织、细胞性抗原需先破碎匀浆，经胰蛋白酶消化后再提取，蛋白质抗原可采用盐析、离子交换、亲和色谱等方法纯化。

3. 人工结合抗原的制备

半抗原物质必须与载体，通常是蛋白质（如牛血清蛋白、卵白蛋白）等交联才具有免疫性。在制备人工结合抗原时，应根据半抗原性质的不同而选用不同的偶联剂和方法。结合抗原应最大限度保持半抗原的结构特异性，特别是立体结构；所用的连接方法不能明显改变抗原结构，并保留半抗原的决定簇，以利于诱导相应抗体的产生。由于抗体的特异性主要是针对半抗原分子中远离偶联键的结构，因此，在设计人工抗原结合物时，应选择远离半抗原特征结构的基团进行交联。

（1）免疫半抗原的设计　有些待测物如多肽，有时可作为半抗原直接与载体连接，但更多情况下待测物不宜作为免疫半抗原，所以实际中需根据分析目的和免疫学理论设计模拟待测物的免疫半抗原。半抗原的设计是小分子物质免疫分析至关重要的环节。

半抗原一般由下列结构构成：待测物特征结构、用于连接特征结构和载体的间隔分子和末端的活性基团。间隔臂的位置、结构和性质最能体现半抗原的设计意图，可以直接利用待测物中非特征性的结构部分作为间隔臂或自行构建间隔臂。

（2）间隔臂　间隔臂一般应为非极性，除偶联的活性基团外不应含有其他高免疫活性的结构，如苯环、杂环、杂原子等，避免降低抗体对间隔臂的识别和间隔臂对待测物结构特征的影响。间隔臂一般为饱和链烃，如—$(CH_2)_n$—COOH、—$(CH_2)_n$—NH_2 等，长度以 4～6 个碳为宜。

（3）连接方法的选择　交联方法的选择以及交联剂的设计主要取决于半抗原分子上的功能基团结构，不同的载体所能提供的交联基团是相似的。交联基团中所利用的主要化学基团为羧基、氨基、羟基、羰基和巯基等。

多肽类半抗原常用的偶联方法有戊二醛法、碳二亚胺法、混合酸酐法、活化酯法、羰基二咪唑法、重氮化法、琥珀酸酐法等。这些偶联方法使半抗原与载体在—COOH、—NH_2 或—OH 等基团部位发生结合。

合成肽具有游离的巯基，蛋白载体具有游离的氨基，则可应用顺丁烯酰胺苯甲酸-N-琥珀酸酯（MBS）直接连接，但是在合成肽时其 C-端或 N-端必须加入 Cys 残基。

如因某些原因不能通过 MBS 连接，如果存在非末端 Cys 残基，则可应用双重氮化联苯胺法（BDB）通过 C-端或 N-端 Tyr 连接；碳化二亚胺法（EDCI）以 C-端或 N-端连接；或戊二醛法通过 N-端 α-氨基连接。如果存在内部 Glu、Asp，或 Lys 残基，则不采用 EDCI 法连接。戊二醛法也不适宜对内部 Lys 残基的连接。

对含羧基的半抗原，如氟诺酮类抗生素、聚醚类药物，则可应用缩合剂使羧基首先被活化，生成不稳定的亲电性中间体，再与蛋白质游离氨基发生缩合反应。常用的方法有混合酸酐法（MA）、N-羟基琥珀酰亚胺活性酯法（NHS）等。

对含氨基的半抗原，如磺胺类和甲状腺等，其氨基可与载体蛋白的氨基、羧基或酚羟基

（邻位偶合）连接生成抗原。常用的方法有戊二醛法、二异氰酸酯法、卤代硝基苯法、重氮-偶合反应和硫代光气法等。

（4）结合抗原诱导抗体的产生　结合抗原的免疫原性和反应原性初次与再次免疫时，半抗原只有结合在相同的载体上才能产生抗半抗原的抗体。这说明半抗原与载体结合，不仅仅是增加半抗原的相对分子质量，更重要的是利用其强的免疫原性诱导免疫应答，对半抗原产生载体效应。蛋白质结构复杂，免疫原性好，是常用载体，如牛血清蛋白、鸡卵清蛋白等。使用与被免疫动物种属关系较远的载体制备的结合抗原作免疫原，易诱导强的免疫答应。

结合抗原将诱导机体产生针对载体决定簇、半抗原决定簇和载体与半抗原连接部位间隔臂的抗体。在产生的抗体中，只有针对半抗原决定簇的抗体对目标物的免疫测定是有用的，其他抗体会造成检测背景升高或灵敏度下降。可以通过使用与免疫原不同载体的半抗原包被抗原予以克服，也可用亲和层析的方法除去针对载体或间隔臂的抗体。

（5）结合抗原的纯化与鉴定　蛋白质交联反应中的小分子物质，如未结合的半抗原、交联剂、反应副产物等可通过凝胶柱色谱、透析或盐析沉淀的方法分离。脂溶性高的半抗原在透析时应适当延长透析时间。为获得相对分子质量更为均一的交联产物，可用高效液相色谱、电泳和离子交换色谱等方法分离纯化。

一般地，根据半抗原和载体的具体情况选择合适的结合比。测定连接产物中各组分的含量，常用的方法有：

① 比较游离半抗原、载体和结合抗原的紫外吸收光谱是确定连接的最简单方法。当半抗原和载体的吸收光谱不重叠，可选用合适的波长分别测定其 OD 值，计算两组分的物质的量浓度，推算结合比。

② 蛋白质氨基端参与交联，则游离氨基数减少。可用三硝基苯磺酸或二硝基苯酚法测定交联前后氨基的含量，推算结合比。

③ 制备结合物时加入含一定比例同位素标记的半抗原。除去未结合的半抗原，通过测定结合物的放射性比活来计算结合比，推测结合的半抗原量。

④ 利用考马斯亮蓝法及酚试剂法测定交联产物中蛋白质的含量，或利用酶或半抗原特有的显色反应测定其含量。

⑤ 用 SDS-PAGE 测定交联产物的相对分子质量，推算结合比。

二、抗体的制备

这里仅介绍动物免疫。

（1）实验动物的选择　利用实验动物制备抗血清，是某些医学实验中的一个重要部分。制备抗体成败的关键在于动物种类的选择，用于制备多克隆抗体的动物包括鼠、兔、羊、马、驴、豚鼠、猪、猴、狗和禽类的鸡、鸭、鸽子以及两栖类的蛙等，其中最为常用的是鼠、兔和羊等。在选择实验动物时，首先要考虑抗原的来源和免疫动物的亲缘关系，一般地，两者的亲缘关系越远则产生的抗体效价越好，相反则抗体效价越差。实验动物的年龄和营养状况与抗体的产生也有密切关系，年龄太小易产生免疫耐受，而年龄过大或营养不良则动物的免疫能力低下，也不易产生高效价的抗体。选择好实验动物后，在注射抗原前应采集少量的动物血清（阴性血清）和抗原进行血清反应，选择不和抗原反应的动物进行免疫实验。

对于单克隆抗体的制备及杂交瘤技术，进行实验的动物需有能在体外长期稳定生存的瘤细胞。所以，用于制备单克隆抗体的实验动物常用的是 Balb/c 小鼠。目前，还有科学家获得兔子的瘤细胞，从而开创了兔单克隆抗体的新技术。

（2）佐剂的选择　半抗原与载体蛋白质连接而成的抗原是可溶性抗原，其免疫原性差，需要加入佐剂以增强免疫性。佐剂是指自身不能刺激机体产生抗体，在加入免疫抗原中能增强机体对抗原的免疫应答能力，延长抗原在机体内的半衰期，降低抗原毒副作用，以使机体产生高效价抗血清的物质。目前，最常用的佐剂是弗氏佐剂，它分为完全弗氏佐剂和不完全弗氏佐剂。不完全弗氏佐剂是由液状石蜡和羊毛脂充分混合而成，完全弗氏佐剂是在不完全弗氏佐剂的基础上添加灭活的（2～20mg/mL）卡介苗混合而成。一般地，实验免疫动物在首次注射抗原时，抗原通常和完全弗氏佐剂混合，而在加强注射（首次注射抗原之后的注射）时则需要和不完全弗氏佐剂混合即可。佐剂与抗原以1:1混合后，充分乳化至静置不发生油水分离时即可注射实验动物。

（3）抗原乳剂的制备　方法一般有两种，其一，将等量的完全佐剂（注意佐剂必须预先加热融化，但不超过50℃）和抗原溶液分别吸入两个5mL注射器内，在两个注射器的12#针头间套上一根长约8～12cm的医用无毒塑料管，将两个注射器连接在一起（塑料管必须先经酒精浸泡消毒，使用时取出，用灭菌生理盐水冲洗后，与注射器针头相连接，塑料管与针头的口径须合适，不能松，稍紧些为宜），针头插进塑料管约1～2cm，然后由两人相对而坐后缓缓推动注射器，使管内溶液进入塑料管道至对侧注射器内，每次推动注射器时必须把管内容物全部推出，另一侧也同样操作，使管内液体往返混合，直至形成油包水乳剂（Water-in-oil enulsion）为止。其二是，将等量的佐剂和抗原溶液倒入钵内，经过反复碾磨，也可形成油包水乳剂，该法主要优点是快速、可靠，不足方面主要是由于黏附过多，浪费佐剂及抗原。

制成的乳剂是否形成油包水乳剂直接影响免疫效果，因此，必须进行质量检查，检查的方法是将制成的乳剂滴一滴在凉水（自来水）表面，质量合格的乳剂滴入水面保持滴珠完整而不分散，不合格者进入水面后立即扩散，水面油亦逐渐扩大，这就必须要继续操作至质量合格为止。

（4）免疫剂量及免疫途径　抗原需求量多，时间间隔长，剂量可适当加大。大动物抗原剂量（以蛋白抗原为准）约0.5～1mg/只，小动物约0.1～0.6mg/只。有时主观希望加强免疫效果而不适当地加大剂量，往往会弄巧成拙。因为剂量加大会造成免疫耐受（免疫抑制）而遭失败。已有证明，几微克的蛋白质也能很好地免疫出抗血清。

抗原的免疫途径很多，不同的注射途径对抗原的吸收、机体的免疫应答、抗原的毒副作用和抗原的注射量等都有影响。常用的抗原注射途径包括静脉、脾脏、淋巴结、腹腔、肌肉、皮下和皮内等，它们对抗原的吸收速度为静脉＝脾脏＝淋巴结＞腹腔＞肌肉＞皮下＞皮内。抗原吸收越快，分解代谢越快，对机体的影响时间越短，单位时间内有效抗原的量越大，机体的免疫应答越强，抗原的毒副作用也越强。一般来说，没有哪种免疫方法是最好的，每种免疫方法都有其优缺点。在具体的免疫过程中应根据动物的种类、抗原的特性和是否使用佐剂等来选择注射途径。腹腔注射、肌内注射、皮内注射、皮下注射和淋巴结注射适合于任何抗原，这些途径主要是通过刺激局部淋巴结发生免疫应答，初次免疫和加强免疫都可以使用，静脉注射只适合于可溶性抗原和分散的单细胞悬液，且不能使用佐剂，其诱发的免疫应答主要发生在脾脏。脾脏注射比较适合微量抗原。皮内免疫法所需的抗原量少，在抗原宝贵时特别适用。但相对地，它产生抗体的量也不多。皮下或肌肉免疫产生的抗体比较多。目前，人们一般将多种免疫法结合起来使用，创造出更多类型的免疫方法。

要得到高效价的抗体，除了应注意免疫途径和抗原的剂量外，初次免疫后再进行2～3次以上的加强免疫是非常必要的。两次免疫注射之间的时间间隔，小动物一般为10～14天，大动物则为2月左右，在最后一次免疫加强注射后一周左右采集抗血清可获得高水平的抗体。

（5）免疫时间间隔　第一次免疫后，因动物机体正处于识别抗原和B细胞增殖阶段，如很快接着第二次注入抗原，极易造成免疫抑制。一般以间隔10～20天为好。两次以后每次的间隔一般为 7～10 天，不能太长，以防刺激变弱，抗体效价不高。对于半抗原的免疫间隔则要求较长，有的报告 1 个月，有的长达 40～50 天，这是因为半抗原是小分子，难以刺激机体产生免疫反应。免疫的总次数多，多为 5～8 次。如为蛋白质抗原，第 8 次免疫未获得抗体，可在 30～50 天后再追加免疫一次；如仍不产生抗体，则应更换动物。半抗原需经长时间的免疫才能产生高效价抗体，有时总时间为一年以上。

（6）动物采血法　常用的采血法主要包括以下三种：①颈动脉放血法。这是常用的方法，对家兔、山羊等动物皆可采用。②心脏采血法。此法多用于豚鼠、大鼠、鸡等小动物。采血技术应熟练，穿刺不准容易导致动物急性死亡。③静脉多次采血。家兔可用耳中央静脉，山羊可用颈静脉。

三、抗体的分类、抗血清的制备纯化、效价及特异性测定

1. 抗体的分类

小分子残留物或污染物与大分子载体偶联后的复合物免疫动物使机体产生抗残留物或污染物的抗体，取其免疫动物血清，然后进行分离纯化，鉴定其特异性抗体。抗体的产生一般可采用两种途径：多克隆抗体生产多克隆抗体和杂交瘤技术生产单抗。也有一些最新研究采用基因工程方法生产重组抗体。

（1）多克隆抗体　多克隆抗体是动物血液中多个 B 淋巴系统分泌的具有不同选择性和亲和力抗体的混合物，通常以免疫原直接免疫动物，然后从血清（哺乳动物）或卵黄（禽类）中分离得到。用于免疫的动物有兔、羊等。兔对抗原的免疫性较好，抗体较为均一，不分亚类，实验中易于管理，并且以兔的抗体再免疫羊，能方便地制备出羊抗兔抗体（二抗），在间接免疫分析方法中应用。由于免疫原含有多个抗原决定簇，免疫系统中产生抗体的细胞将会产生具有不同特异性的几种抗体。每个 B 细胞或者淋巴细胞都会产生针对免疫原一定部位的一种特异性抗体，这些抗体被称为多克隆抗体，其特异性主要决定于半抗原和载体的连接化学性质，以及连接物的纯度。免疫原中存在的杂质会导致非特异性抗体的产生，在检测中发生交叉反应，影响反应的特异性。

多克隆抗体技术的具体步骤一般为：将 4～6 只雄性新西兰纯种实验用兔作为免疫动物，月龄 3 个月，体重 1.5kg，饲养于标准实验室的动物房中，连续观察 3 天，确定兔体状况正常后进行免疫。在每千克体重几十微克到几十毫克范围内设定 2～3 个免疫剂量进行动物免疫，采用多点皮内和肌内注射。初次免疫时取人工抗原溶于 0.9% 的 NaCl 溶液，与弗氏完全佐剂乳化后初次免疫，加入弗氏完全佐剂用以提高抗原的免疫原性。一般初次免疫后 2 周、4 周、6 周、12 周、16 周背部皮内或大腿肌内注射加强免疫五次，加强免疫用人工抗原溶于 0.9% 的 NaCl 溶液和弗氏不完全佐剂乳化后免疫。分别于第三、四、五、六次免疫后 10 天，由兔子的耳缘静脉取血，进行效价检测。当血清抗体达到一定滴度后由颈动脉取全血，离心取血清，−20℃保存。采用多克隆抗体方法具有生产成本低、方法简便等特点，但是其抗体的特异性不够强，会随着动物种类及个体差异而有变化，生产数量上也会受到一定的限制，不利于批量生产。

（2）单克隆抗体　单克隆抗体是由一个 B 细胞演变的浆细胞产生的抗体，只针对抗原的某一决定簇有特异性免疫反应。其选择性、亲和力及理化性质高度均一，易于标准化和大量扩增。1975 年，德国学者 Kohler 和美国学者 Milstein 将小鼠骨髓瘤细胞和绵羊红细胞免疫的小鼠脾细胞在体外进行两种细胞融合，形成的部分杂交瘤细胞，既有大量无限生长的特性，又具有合成和分泌抗体的能力。它们是由识别一种抗原决定簇的细胞克隆产生的均一性抗体。由此现在已发展成了一整套"杂交瘤技术"，可以连续不断地生产特异性和亲和力均

保持恒定的单克隆抗体。制备过程主要包括动物免疫，小鼠血清检测，细胞融合，杂交瘤细胞的培养和筛选，阳性杂交瘤细胞的冻存和扩大培养，腹水单抗的制备、纯化和鉴定等，其中动物免疫程序的设计、杂交瘤细胞的制备和筛选至关重要。

但是单克隆抗体对反复冻融或不利介质条件的抵抗性不如多克隆抗体强。自细胞融合技术产生之后，杂交瘤技术已日趋完善。虽然单克隆抗体对设备要求相对较高，技术相对较复杂，且成本也高，但是其具有特异性强、质量易于控制、易于标准化等非常明显的优点，在药物残留的免疫分析中具有广阔的应用前景，为生产商品试剂盒提供了极为有利的条件。

2. 抗血清效价的监测

(1) 凝集试验测定抗血清效价

① 原理　凝集反应是指细菌、红细胞等颗粒性抗原或表面覆盖抗原的颗粒状物质（如细菌、螺旋体、红细胞、聚苯乙烯胶乳等），与相应抗体结合，在一定条件下，形成肉眼可见的凝集团块现象。早在 1896 年，Widal 就利用伤寒患者的血清与伤寒杆菌发生特异性凝集的现象，有效地诊断伤寒病。至 1900 年，Landsteriner 在特异性血凝现象的基础上发现了人类血型，并于 1930 年获得了诺贝尔奖。在颗粒性抗原与相应抗体所产生的凝集反应中，参与反应的抗原称凝集原（agglutinogen），抗体称为凝集素（agglutinin）。凝集实验灵敏度高，方法简便，迄今已成为通用的免疫学实验技术，广泛应用于临床检验。

细菌或其他凝集原都带有相同的电荷（负电荷），在悬液中相互排斥而呈均匀的分散状态。抗原与抗体相遇后，由于抗原和抗体分子表面存在着相互对应的化学基团，因而发生特异性结合，成为抗原抗体复合物。由于抗原与抗体结合，降低了抗原分子间的静电排斥力，抗原表面的亲水基团减少，由亲水状态变为疏水状态，此时已有凝集的趋向，在电解质（如生理盐水）参与下，由于离子的作用，中和了抗原抗体复合物外面的大部分电荷，使之失去了彼此间的静电排斥力，分子间相互吸引，凝集成大的絮片或颗粒，出现了肉眼可见的凝集反应。一般细菌凝集均为菌体凝集（O 凝集），抗原凝集呈颗粒状。有鞭毛的细菌如果在制备抗原时鞭毛未被破坏（鞭毛抗原在 56℃ 时即被破坏），则反应出现鞭毛凝集（H 凝集），鞭毛凝集时呈絮状凝块。凝集反应的发生分两个阶段：①抗原抗体的特异结合；②出现可见的颗粒凝集。抗原与抗体相遇，很快就发生特异性结合，至于是否会出现可见反应，则受一定条件的影响。

② 实验材料和试剂　抗原、抗血清、0.01mol/L PBS(pH7.2)；96 孔 V 型血凝板，1000μL 微量可调加样器及吸头，1.5mL 无菌尖底离心管，离心管架。

③ 操作步骤

稀释抗血清：取 1.5mL 无菌尖底离心管 8 支排列于离心管架上并做好标记，在每管各加入生理盐水 0.5mL，吸取 1∶10 稀释抗血清 0.5mL 加入第 1 管中并充分混匀；自第 1 管中吸出 0.5mL 加入第 2 管中，经充分混匀后吸出 0.5mL 加入第 3 管中，如此依次 2× 稀释至第 7 管，混匀后吸出 0.5mL 弃去。此时 1~7 管所含免疫血清的稀释度为 1∶20、1∶40、1∶80、1∶160、1∶320、1∶640、1∶1280。

加抗血清：在血凝板孔中加入上述 1~8 管的稀释抗血清和对照各 250μL，第 8 管不加免疫血清作为阴性对照。

加抗原：将一定稀释倍数的抗原加入。

凝集反应：平稳涡式混合血凝板中液体，静置于 37℃ 下，1h 后观察结果并写出实验记录。

④ 结果观察　观察前切勿摇动试管，以免凝集分散；首先应观察对照管，该管因无相对应的免疫血清故不应有凝集现象，抗原应全部沉于试管底部呈规则圆盘状，如出现凝集现象则说明实验操作有误或抗原本身有自凝现象，试验结果不能成立。对照管无凝集现象，试

验结果成立再观察 1～7 试验管，并以＋＋＋＋、＋＋＋、＋＋、＋分别表示凝集强度，不凝集者记以"－"。如图 15-1 所示。

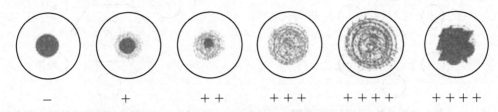

图 15-1　凝集反应强度示意图

a. ＋＋＋＋：完全凝集，呈厚膜状铺于管底，边缘呈锯齿状。

b. ＋＋＋：呈薄层贴于管底，边缘不齐。

c. ＋＋：中央呈较小圆盘状沉淀，边缘凝集呈颗粒状。

d. ＋：呈较大的圆盘状沉淀，边缘有少量凝集颗粒。

e. －：无凝集，细胞沉于管底呈圆盘状。

以血清最高稀释度仍能出现"＋＋"凝集现象者，作为该免疫血清的效价（滴度）。例如，在实验中第 5 管（1：640）呈"＋＋"凝集，第 6 管（1：1280）呈"＋"凝集或"－"，对照管为"－"，则该血清的效价为 1：640。

(2) 琼脂双扩散试验测定抗血清效价

① 原理　在溶液中的可溶性多价抗原与血清抗体相遇，当两者的比例适当时可以形成一种网状的不溶性的大分子复合物，发生免疫沉淀反应。当这样的抗原和相应的抗体在含有电解质的琼脂凝胶中相对扩散时，在抗原与抗体的比例适当处会形成可见的沉淀线。利用这种反应检测抗原-抗体反应的实验技术叫免疫双扩散实验，是免疫沉淀反应的一种。免疫双扩散常用于动物免疫效果的检测和血清抗体效价的测定。沉淀线的特征与位置不仅取决于抗原抗体的特异性及相互间浓度比例，而且与其分子大小及扩散速度相关。当抗原抗体存在多种系统时，可呈现多条沉淀线以至交叉反应。

② 实验材料　抗原：用 0.01mol/L PBS（pH7.2）或生理盐水稀释成 1mg/mL；抗血清；0.01mol/L PBS（pH7.2）；1%琼脂糖；11cm 培养皿；200μL 微量可调加样器及吸头，1.5mL 无菌尖底离心管，打孔器。

③ 操作步骤

1%琼脂糖配制：称取琼脂糖 1g，加入 0.01mol/L PBS（pH7.2）100mL，微波炉中小功率加热，使琼脂完全融化。

倒平板：取干净 11cm 培养皿 3 个平放于实验台（台面要水平），将融化的 1%琼脂糖趁热倒入培养皿中（约加 15mL），使琼脂糖厚度达 3mm，在室温下放置使琼脂糖冷却凝固。

打孔：将琼脂糖平板放在画好的打孔式样的样板上，用自制打孔器（内径 3～5mm）在琼脂上照样板打孔，打出两组呈梅花状排列的小孔。用针头小心地将打好的孔中的琼脂挑出，当心不要碰伤了孔周围的琼脂。如图 15-2 所示。

抗原稀释：取 1.5mL 无菌尖底离心管 6 支排列于离心管架上并做好标记，在每管各加入生理盐水 50μL，吸取 1：10 稀释的 1mg/mL 抗原 50μL 加入第 1 管中并充分混匀；自第 1 管中吸出 50μL 加入第 2 管中，经充分混匀后吸出 50μL 加入第 3 管中，如此依次 2×稀释至第 6 管，混匀后吸出 50μL 弃去。此时 1～6 管所含抗原的稀释度为 1：2、1：4、1：8、1：16、1：32、1：64。

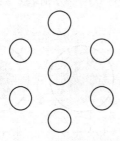

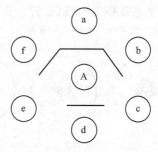

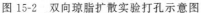

图 15-2　双向琼脂扩散实验打孔示意图　　　　图 15-3　双向琼脂扩散实验结果示意图

抗血清稀释：取 1.5mL 无菌尖底离心管 8 支排列于离心管架上并做好标记，在每管各加入生理盐水 50μL，吸取抗血清 50μL 加入第 1 管中并充分混匀；自第 1 管中吸出 50μL 加入第 2 管中，经充分混匀后吸出 50μL 加入第 3 管中，如此依次 2×稀释至第 6 管，混匀后吸出 50μL 弃去。此时 1~6 管所含免疫血清的稀释度为 1∶2、1∶4、1∶8、1∶16、1∶32、1∶64。

加样：在每组呈梅花状排列的小孔的中央孔中加一滴稀释抗原约 30μL 的免疫血清，周围孔加不同稀释度抗血清。加样时将每孔加满即可，注意不要使溢出孔外。

孵育：盖上培养皿盖放 37℃温箱中过夜。

④ 结果观察　将培养皿从塑料盒中取出，在散射光的背景下（培养皿后方约 15cm 处用手或深色物挡住）观察，或在凝胶成像系统上用白光光源观察抗体孔与适当稀释的抗原孔之间的白色沉淀线，有沉淀线为阳性，否则为阴性。如图 15-3 所示。

（3）ELISA 测定抗血清效价

① 实验材料　抗原：用 0.01mol/L PBS（pH7.2）稀释成 1mg/mL；抗血清；0.01mol/L PBS（pH7.2），0.01mol/L 碳酸盐缓冲液（1.59g Na_2CO_3、2.93g $NaHCO_3$，加 ddH_2O 至 1000mL）；0.01mol/L PBST（pH7.2，含 0.05% Tween-20）；1%BSA；HRP-羊抗鼠 IgG；HRP-羊抗兔 IgG；TMB/H_2O_2 底物液，2mol/L H_2SO_4；96 孔酶标板，200μL 微量可调加样器及吸头，5mL 无菌试管，洗板机，酶标仪。

② 操作步骤

抗原稀释：取 5mL 无菌试管 8 支排列于离心管架上并做好标记，在每管各加入 0.01mol/L 碳酸盐缓冲液（pH9.6）2.34mL，吸取 260μL 1mg/mL 抗原，加入第 1 管中并充分混匀；自第 1 管中吸出 1.3mL 加入第 2 管中，经充分混匀后吸出 1.3mL 加入第 3 管中，如此依次 2×稀释至第 8 管，混匀后吸出 1.3mL 弃去。此时 1~8 管抗原的稀释度为 1∶20、1∶40、1∶80、1∶160、1∶320、1∶640、1∶1024、1∶2048。

抗血清稀释：取 5mL 无菌试管 12 支排列于离心管架上并做好标记，在每管各加入 0.01mol/L PBS（pH7.2）0.9mL，吸取 1∶50 稀释的抗血清 0.9mL 加入第 1 管中并充分混匀；自第 1 管中吸出 0.9mL 加入第 2 管中，经充分混匀后吸出 0.9mL 加入第 3 管中，如此依次 2×稀释至第 12 管，混匀后吸出 0.9mL 弃去。此时 1~12 管所含免疫血清的稀释度为 1∶100、1∶200、1∶400、1∶800、1∶1600、1∶3200、1∶6400、1∶12800、1∶51200、1∶102400、1∶204800、1∶409600。

包被酶标板：在 96 孔酶标板 A 行各孔加入 1∶20 稀释的抗原 100μL，B~H 行各孔依次加入其余各稀释度的抗原 100μL，于 37℃温浴 1h 后将酶标板平放在湿盒中 4℃过夜。

封闭：取出 96 孔酶标板，设置程序用洗板机吸净或甩干各孔中包被液，将 96 孔酶标板倒扣在吸水纸上拍干，每孔各加入用 0.01mol/L PBST（pH7.2）稀释的 1%BSA 100μL，37℃孵育 1h。

洗板：取出 96 孔酶标板，设置程序用 0.01mol/L PBST（pH7.2）洗板机洗酶标板各孔 3 次，每次浸泡 1min。或人工洗板即每孔加满 0.01mol/L PBST（pH7.2），浸泡 3～5min，甩干后再重复洗涤操作 2 次，将 96 孔酶标板倒扣在吸水纸上叩干或拍干。

加抗血清：在 96 孔酶标板 1 列各孔加入 1：100 稀释的抗原 100μL，2～12 列各孔依次加入其余各稀释度的抗原 100μL，12 列最后 4 孔留作对照，H12 不加任何血清留作空白对照、G12 和 F12 孔加入未免疫动物血清作阴性对照，E12 孔加入免疫动物未稀释血清作阳性对照，将酶标板平放在湿盒中 37℃孵育 1h。之后洗板。

加酶标二抗：在 96 孔酶标板各孔加入用 0.01mol/L PBST（pH7.2）稀释至使用浓度的 HRP-羊抗鼠 IgG 或 HRP-羊抗兔 IgG100μL，将酶标板平放在湿盒中 37℃孵育 1h。之后洗板。

加底物：在 96 孔酶标板各孔加入 TMB 底物 A 液、B 液各 50μL，将酶标板避光，37℃孵育 10min。

加终止液：在 96 孔酶标板各孔加入 50μL 2mol/L H_2SO_4，终止反应。

③ 酶标仪读数　在 630nm 波长下以空白孔 H12 调零，设定阴性对照孔 OD 读数的 2.1 倍为阈值，OD 值大于阈值的判断为阳性、小于阈值的判断为阴性。

3. 抗体的纯化和保存

选择抗血清效价较高、特异性较好（抑制率较高）的抗血清进一步进行纯化。对于 ELISA 检测中的抗体是特异性的 IgG，纯化的方法主要有以下几种：①粗提法提取免疫球蛋白 IgG，大多数用硫酸铵盐析法或硫酸钠盐析法；②离子交换色谱法提取 IgG，常用的离子交换剂有 DEAE 纤维素或 QAE 纤维素；③亲和色谱法提取特异性 IgG；④酶解法制备 F(ab)$_2$ 片段。在这里主要介绍采用 Protein A-Sepharose 4B 亲和色谱法的抗血清的纯化制备抗体，具体步骤如下。

用磷酸盐缓冲液平衡柱子，流速 1mL/min；用磷酸盐缓冲液稀释抗血清后上柱，流速 0.5mL/min。IgG 抗体被 Protein A-Sepharose 4B 吸附，其他杂蛋白随缓冲液流出；用磷酸盐缓冲液洗柱子，280nm 检测，当基线平衡后用甘氨酸盐酸 pH2.7 缓冲液洗脱 IgG，流速 0.5mL/min。收集洗脱液，迅速用 1mol/L Tris-Cl（pH9.1）中和抗体，用 PBS 透析 3 天。

用 Protein A-Sepharose 4B 作亲和色谱介质，第一个峰为杂蛋白峰，第二个峰为抗体蛋白峰，收集第二个峰流出的液体透析后即为抗待测物的抗体。

提纯后的抗体保存有三种方法：第一种是 4℃保存，将纯化后的液体状态保存于普通冰箱，可以存放 3 个月到半年。保存时如加入防腐剂则保存期还可延长。第二种方法是低温冷冻保存，放在 -70～-20℃，一般保存 5 年效价不会明显下降，但应防止反复冻融，反复冻融几次则效价明显降低。因此低温冻存前应根据抗体的用量进行分装，以备取出后在短期内用完。第三种方法是冷冻干燥，最后制品内水分不应高于 0.2%，封装后可以长期保存，一般在冰箱中 5～10 年内效价不会明显降低。

第三节　酶联免疫吸附法（ELISA）在食品检测中的应用

酶联免疫技术是三大经典标记免疫技术之一，是以酶标记抗体或抗原为主要试剂的一种标记免疫分析技术。随着相关新技术的不断问世，如杂交瘤单克隆抗体技术（使各种对抗原决定簇高度特异的单克隆抗体可以在体外批量生产)、生物素-亲和素放大系统的应用以及与化学发光和电化学发光技术的偶联等,明显地提高了分析和测定方法的特异性、灵敏度及其自动化程度,使酶免疫技术不断更新,应用范围不断拓宽。当前,酶联免疫技术已与形式各异、各具特点和用途的定位、定量和超微量测定的标记免疫分析技术融合发展,在医学和生物学中的应用日益广泛,是取代放射免疫技术的主要方法之一。

酶联免疫技术是以酶标记抗原或酶标记抗体为主要试剂,通过复合物中的酶催化底物呈色而对被测物进行定性或定量的标记免疫技术。

一、基本原理

将酶与试剂抗原或抗体用交联剂结合起来,此种酶标记抗原或抗体与标本中相应抗体或抗原发生特异反应,并牢固结合,在加入相应的酶的底物时,底物被酶催化生成呈色产物,在免疫组化染色时可指示待测反应物的存在和定位,在酶免疫测定中,则可根据呈色物的有无和呈色深浅作定性或定量观察。由于此技术是建立在抗原-抗体反应和酶的高效催化作用的基础上,故而该技术具有检测灵敏度高、特异性强、准确性好等特点,而且,可与其他技术偶联而衍生出适用范围更广的新方法。

酶联免疫检测的步骤为:①使抗原或抗体结合到某种固相载体表面,并保持其免疫活性。②使抗原或抗体与某种酶连接成酶标抗原或抗体,且既保留其免疫活性又保留酶的活性。③标本中的抗原或抗体、标记抗原或抗体能按一定的次序与固相载体表面的抗体或抗原反应,并通过底物与酶的反应来反映标本中的抗原或抗体的量。

二、酶免疫技术的分类

按检测对象的不同一般分为两类,即酶免疫组织化学技术(enzyme immunohisto chemistry,EIH),可用于检测组织切片或细胞涂片中的抗原或抗体。酶免疫测定技术(enzyme immunoassay,EIA),可用于检测体液样本中可溶性抗原或抗体。

根据抗原-抗体反应后是否需要分离结合的和游离的酶标记物,可分为:均相法(homogenous),即不需要分离结合和游离的酶标记物,直接进行测定;以及异相法(heterogenous),即需要分离结合和游离的酶标记物后才能进行测定。

必备试剂:①固相抗原或抗体——免疫吸附剂;②酶标记的抗原或抗体——酶结合物;③酶反应的底物——底物。

1. 双抗体夹心法

双抗体夹心法属于非竞争结合测定。它是检测抗原最常用的 ELISA,适用于检测分子中具有至少两个抗原决定簇的多价抗原,而不能用于小分子半抗原的检测。

其工作原理(图 15-4)是:利用连接于固相载体上的抗体和酶标抗体分别与样品中被检测抗原分子上的两个抗原决定簇结合,形成固相抗体-抗原-酶标抗体免疫复合物。由于反应系统中固相抗体和酶标抗体的量相对于待测抗原是过量的,因此复合物的形成量与待测抗原的含量成正比(在方法可检测范围内)。测定复合物中的酶作用于加入的底物后生成的有色物质量(OD 值),即可确定待测抗原含量。若固相载体上的抗体和酶标抗体分别与样品中被检测抗原分子上两个不同的抗原决定簇结合,则属于双位点夹心法。

2. 双抗原夹心法

双抗原夹心法属于非竞争结合测定。它是检测抗体的 ELISA。

其工作原理是:利用连接于固相载体上的抗原和酶标抗原分别与样品中被检测抗体分子上两个抗原结合位点结合,形成固相抗原-抗体-酶标抗原免疫复合物。由于反应系统中固相抗原和酶标抗原的量相对于待测抗体是过量的,因此复合物的形成量与待测抗体的含量成正

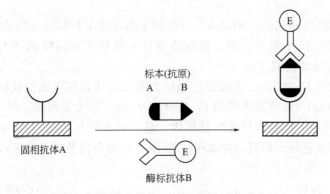

图 15-4　双抗体夹心 ELISA 测定原理示意图

比（在方法可检测范围内）。测定复合物中的酶作用于加入的底物后生成的有色物质量（OD值），即可确定待测抗体含量。若采用固相载体上的抗原和酶标抗原分别与样品中被检测抗体分子结合，则是双抗原夹心法。

双抗原夹心法——操作步骤：

（1）将特异性抗原包被固相载体。孵育一定时间，使形成固相抗原，洗涤除去未结合的抗原和杂质。

（2）加待检标本，孵育，使标本中的抗体与固相载体上的抗原充分反应，形成固相抗原抗体复合物。洗涤除去其他未结合物质。

（3）加酶标抗原，孵育，使形成固相抗原-待测抗体-酶标抗原夹心复合物。洗涤除去未结合酶标抗原。

（4）加底物显色。固相上的酶催化底物产生有色产物，通过比色，检测标本中抗体的量。

3. 间接法

此法是测定抗体最常用的方法，属非竞争结合试验。

其基本原理（图 15-5）是将抗原连接到固相载体上，样品中待测抗体与之结合成固相抗原-受检抗体复合物，再用酶标二抗（针对受检抗体的抗体，如羊抗人 IgG 抗体）与固相免疫复合物中的抗体结合，形成固相抗原-受检抗体-酶标二抗复合物，测定加底物后的显色程度，确定待测抗体含量。

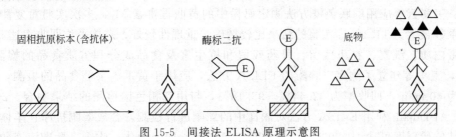

图 15-5　间接法 ELISA 原理示意图

4. 竞争法

竞争法 ELISA 可用于抗原和半抗原的定量测定，也可对抗体进行检测。

竞争法利用标记抗原（抗体）与待测的非标记抗原（抗体）之间竞争性地与固相载体上的限量抗体（抗原）结合，待测抗原（抗体）多，则形成非标记复合物多，标记抗原与抗体结合就减少，也就是标记复合物少，因此，显色程度与待测物含量成反比。

5. 捕获法

捕获法（亦称反向间接法）ELISA，主要用于血清中某种抗体亚型成分（如 IgM）的测定。以目前最常用的 IgM 测定为例，因血清中针对某种抗原的特异性 IgM 和 IgG 同时存在，则后者可干扰 IgM 的测定。

其工作原理（图 15-6）为：先将针对 IgM 的第二抗体连接于固相载体，用以结合（"捕获"）样品中所有 IgM（特异或非特异），洗涤除去 IgG 等无关物质，然后加入特异抗原与待检 IgM 结合；再加入抗原特异的酶标抗体，最后形成固相二抗-IgM-抗原-酶标抗体复合物，加酶底物作用显色后，即可对样品中待检 IgM 是否存在及其含量进行测定。

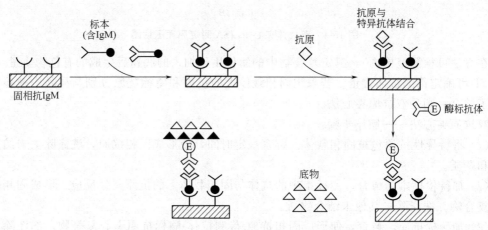

图 15-6　捕获法 ELISA 测定 IgM 原理示意图

三、酶免疫技术的应用

酶免疫技术发展迅猛，种类繁多，酶免疫技术分为酶免疫组化技术和酶免疫测定技术，酶免疫测定技术又分为均相免疫测定技术和异相免疫测定技术，异相免疫测定技术又分为固相免疫测定技术和液相免疫测定技术。

ELISA 技术把抗原抗体特异性与酶反应的敏感性相结合，使食品在未经分离提取的情况下，即可进行定性和定量分析。近年来，该技术在食品安全检测中正逐步推广应用，用于细菌及其毒素、真菌及其毒素、病毒、寄生虫的检测。M. S. Lyer 和 M. A. Cousin 等人研究用间接 ELISA 法来检测食品和饲料中镰刀菌的灵敏度和特异性，可检测出 $10^2 \sim 10^3$ cfu/mL 的含量；王彩云等应用酶联免疫方法测定奶粉中的黄曲霉毒素 M_1，多次实验重复测定结果的变异系数最大为 11.1%，实验的结果比较精确，重现性较好，总体平均回收率达 92.5%。还用于蛋白质、激素、农药残留、兽药残留和抗生素及食品成分和劣质食品的检测分析。1993 年，王勇等建立了测定三唑酮的 ELISA 方法，应用于黄瓜、梨等食品的检测，其最低检出限为 40ng/g，回收率为 92.44%～98.18%，与用气相色谱检测的结果吻合。2006 年，E. A. S. Al-Dujaili 利用 ELISA 方法对尿样中的睾酮进行检测，合成睾酮抗原在羊体内获得抗体，其抗稀释度可达 1：200000。尿样经二氯甲烷萃取、净化、吹干、标准溶液的零样复溶后，进行 ELISA 检验，其灵敏度可达 12pg/mL。Frank 等采用不同连接臂的单环或双环半抗原分子与载体蛋白连接分别制得免疫原、包被原和酶标抗原。由双环抗原得到的抗体所建立的 ELISA 方法对 15 种磺胺药物的 IC_{50} 低于 $100\mu g/L$。ELISA 技术由于灵敏度高、特异性强、检测费用低和易于商品化，具有十分广阔的应用前景。

以下介绍酶联免疫吸附测定方法的建立。

(1) 常用溶液的配制 对于建立 ELISA 方法，首先要介绍以下几种溶液试剂的配制。

① 包被缓冲溶液 (0.05mol/L 碳酸钠-碳酸氢钠缓冲溶液，pH 9.6) 取 1.6g 碳酸钠及 2.9g 碳酸氢钠，加双蒸水至 1000mL，调 pH 至 9.6。

② 封闭液 (1% BSA/PBS 溶液) 1g BSA、100mL PBS。

③ 样本稀释液 (PBS，pH 7.4) 取 $Na_2HPO_4 \cdot 12H_2O$ 68.8g、NaH_2PO_4 6.9g、NaCl 45g，加双蒸水至 1000mL，调节 pH 至 7.4。

④ 洗涤液 (PBST，pH 7.4) 取 $Na_2HPO_4 \cdot 12H_2O$ 68.8g、NaH_2PO_4 6.9g、NaCl 45g、Tween-20 0.5mL，加双蒸水至 1000mL，调节 pH 至 7.4。

⑤ 底物液 (TMB-过氧化氢脲溶液) a. 底物液 A：取无水乙酸钠 8.2g、β-糊精 2.5g、过氧化氢脲 428.6mg，加双蒸水至 1000mL，调节 pH 至 5.0，4℃保存，使用时达室温；b. 底物液 B：取 100mg 3,3′,5,5′-四甲基联苯胺 (TMB) 溶于 10mL 二甲基亚砜 (DMSO) 中，棕色瓶保存；c. 使用前将 14.6mL 底物液 A 和 0.45mL 底物液 B 混合 15min；d. 终止液：1.25mol/L 的 H_2SO_4 溶液。

(2) 试剂工作浓度的选择 在 ELISA 方法中，首先要确定的变异因素就是酶标记物的工作浓度。因为酶标记物浓度的很小变化，便可导致试验结果产生很大的波动。另外，由于浓度过高，可使非特异性反应增加，而浓度过低又可影响测定的敏感性。因此，正式试验前准备滴定其工作浓度。另外，包被抗体的量对 ELISA 方法的灵敏度也会有一定的影响，因此包被抗体的量也需进行优化。采用棋盘滴定法对酶标板每孔包被抗体的量和酶标抗原稀释度进行优化的具体步骤为：抗体用包被液稀释，按蛋白量分别为 0.5μg/孔、1μg/孔和 1.5μg/孔，在 ELISA 板上进行包被，将酶标抗原用 PBS 进行不同比例稀释（由 1：1000 至 1：32000），分别加入每一包被浓度的一个纵行中。选择吸光值在 1.0 左右的抗体量和酶标抗原稀释度作为最佳的工作浓度。

(3) 标准曲线的建立及结果计算 用 PBS 缓冲溶液稀释待测物标准储备液，得到一系列不同浓度的待测物标准溶液，按照上述 ELISA 测定方法得到一系列浓度标准溶液孔的吸光度值。

按照下式计算不同浓度待测物对抗原-抗体结合反应的抑制率值：

$$IC = \left[1 - \frac{A_{样品} - A_{空白}}{A_{对照} - A_{空白}} \right] \times 100 \tag{15-1}$$

式中 IC——待测物对抗原-抗体结合反应的抑制率，%；

$A_{对照}$——450nm 吸光值与 650nm 吸光值的差值；

$A_{样品}$——待测物标准液或样液的平均吸光度值；

$A_{空白}$——不加入酶标及待测物标准液的平均吸光度值。

绘制标准曲线：以抑制率为纵坐标、待测物浓度对数值为横坐标绘制标准曲线。每次试验均应重新绘制标准曲线。

结果计算：从绘制的标准曲线上读取样液抑制率所对应的待测物浓度 (c)，按下式计算试样中的待测物残留量：

$$X = c \times V / m \tag{15-2}$$

式中 X——试样中待测物残留量，μg/kg；

c——根据样品孔的抑制率查得试样中待测物浓度，μg/L；

V——样品的体积，L；

m——待测物的质量，kg。

（4）应用实例　以 ELISA 法（双抗体夹心法）检测致泻性大肠埃希菌肠毒素为例，说明 ELISA 在食品检验中的应用。

① 产毒培养：将菌株和阳性及阴性对照菌株分别接种于 0.6mL CAYE 培养基内，37℃ 振荡培养过夜。加入 20000IU/mL 的多黏菌素 B 0.05mL，于 37℃ 离心 1h，分离上清液，加入 0.1% 硫柳汞 0.05mL，于 4℃ 保存待用。

② 包被：先在产肠毒素大肠埃希菌 LT 酶标诊断试剂盒中取出包被用 LT 抗体管，加入包被液 0.5mL，混匀后全部吸出于 3.6mL 包被液中混匀，以每孔 100μL 量加入到 40 孔聚苯乙烯硬反应板中，第一孔留空作对照，于 4℃ 冰箱湿盒中过夜。

③ 洗板：将板中溶液甩去，用洗涤液洗三次，甩尽液体，翻转反应板，在吸水纸上拍打，去尽孔中残留液体。

④ 封闭：每孔加 100μL 封闭液，置于 37℃ 水浴中 1h。

⑤ 洗板：操作同上。

⑥ 加样品：每孔分别加各种试验菌株产毒培养液 100μL，置于 37℃ 水浴中 1h。

⑦ 洗板：操作同上。

⑧ 加酶标抗体：先在酶标 LT 抗体管中加 0.5mL 稀释液，混匀后全部吸出于 3.6mL 稀释液中混匀，每孔加 100μL，置 37℃ 水浴中 1h。

⑨ 洗板：操作同上。

⑩ 酶底物反应：每孔（包括第一孔）各加基质液 100μL，室温下避光作用 5～10min，加入终止液 50μL。

⑪ 结果判定：以酶标仪在波长 492nm 下测定吸光度 OD 值，待测标本 OD 值大于 3 倍以上为阳性，目测颜色为橘黄色或明显高于阴性对照为阳性。

第四节　免疫荧光法在食品检测中的应用

一、免疫荧光法

免疫荧光技术是在免疫学、生物化学和显微镜技术的基础上建立起来的一项技术。它是根据抗原-抗体反应的原理，先将已知的抗原或抗体标记上荧光基团，再用这种荧光抗体（或抗原）作为探针检测细胞或组织内的相应抗原（或抗体）。利用荧光显微镜可以看见荧光所在的细胞或组织，从而确定抗原或抗体的性质和定位，以及利用定量技术（比如流式细胞仪）测定含量。

免疫荧光分析（immuno fluorescence assay，IFA）始创于 20 世纪 40 年代初，1942 年 Cons 等首次报道用异硫氰酸荧光素标记抗体，检测小鼠组织切片中的可溶性肺炎球菌多糖抗体，但此种荧光素标记物的性能较差，未能推广应用。50 年代，Riggs 等合成了性能较为优良的异硫氰酸荧光素。Mashall 等对荧光抗体的标记方法又进行了改进，从而使得免疫荧光技术逐渐推广应用。

免疫荧光实验的主要步骤包括细胞片制备、固定及通透（或称为透化）、封闭、抗体孵育及荧光检测等。细胞片制备是免疫荧光实验的第一步，细胞片的质量对实验的成败至关重要。这一步关键的是玻片（slides 或 coverslips）的处理以及细胞的活力，有人根据经验总结出许多有益的细节或小窍门，非常值得借鉴。固定和通透步骤最重要的是根据所研究抗原的性质选择适当的固定方法，合适的固定剂和固定程序对于获得好的实验结果是非常重要的。免疫荧光中的封闭和抗体孵育与其他方法（如 ELISA 或 Western Blot）中的相同步骤是类似的，最重要的区别在于免疫荧光实验中要用到荧光抗体，因此必须谨记避光操作，此外，抗体浓度的选择可能更加关键。最后需要注意的是，标记好荧光的细胞片应尽早观察，或者用封片剂封片后在4℃或−20℃避光保存，以免因标记蛋白解离或荧光减弱而影响实验结果。

　　由于操作步骤比较多，同时在分析结果时无法根据分子量的大小区分非特异性识别，所以要得到一个完美的免疫荧光实验结果，除了需要高质量的抗体，以及对实验条件进行反复优化外，还必须设立严谨的实验对照。总之，免疫荧光实验从细胞样品处理、固定、封闭、抗体孵育到最后的封片及观察拍照，每步都非常关键，需要严格控制实验流程中每个步骤的质量，才能最终达到实验目的。

二、基本实验步骤

1. 基本操作步骤

　　(1) 细胞准备　对单层生长细胞，在传代培养时，将细胞接种到预先放置有处理过的盖玻片的培养皿中，待细胞接近长成单层后取出盖玻片，PBS洗2次；对悬浮生长细胞，取对数生长细胞，用PBS离心洗涤 (1000r/min，5min) 2次，用细胞离心甩片机制备细胞片或直接制备细胞涂片。

　　(2) 固定　根据需要选择适当的固定剂固定细胞。固定完毕后的细胞可置于含叠氮钠的PBS中4℃保存3个月。PBS洗涤3×5min。

　　(3) 通透　使用交联剂 (如多聚甲醛) 固定后的细胞，一般需要在加入抗体孵育前，对细胞进行通透处理，以保证抗体能够到达抗原部位。选择通透剂应充分考虑抗原蛋白的性质。通透的时间一般在5～15min。通透后用PBS洗涤3×5min。

　　(4) 封闭　使用封闭液对细胞进行封闭，时间一般为30min。

　　(5) 一抗结合　室温孵育1h或者4℃过夜。PBST漂洗3次，每次冲洗5min。

　　(6) 二抗结合　间接免疫荧光需要使用二抗。室温避光孵育1h。PBST漂洗3次，每次冲洗5min后，再用蒸馏水漂洗一次。

　　(7) 封片及检测　滴加封片剂一滴，封片，荧光显微镜检查。

2. 细胞准备

　　用于免疫荧光实验的细胞可以是直接生长在盖玻片上的贴壁细胞，也可以是经过离心后涂片的悬浮细胞或者是将取自体内的组织细胞悬液离心后涂片。贴壁良好的细胞一般在培养时直接放入coverslips让细胞生长在其上即可，尽量避免使用贴壁性能不好的细胞进行免疫荧光实验，以免后续的漂洗操作引起细胞脱落。少数实验需要使用这类细胞或者悬浮细胞进行免疫荧光观察，建议使用细胞离心甩片机制备细胞片或直接制备细胞涂片。

3. 固定和通透

　　除研究细胞表面抗原或不稳定抗原可不固定外，一般均应固定。固定的目的有三：

① 防止细胞从玻片上脱落；

② 除去妨碍抗原-抗体结合的类脂；

③ 使标本易于保存。

标本的固定原则是：

① 不能损伤细胞内的抗原；

② 不能凝集蛋白质；

③ 应保持细胞和亚细胞结构；

④ 固定后应保持通透性，以保证抗体自由进入所有细胞和亚细胞组分与抗原结合。

常用的固定剂有多种，应根据所研究抗原的性质和所使用的抗体特性选择适当的固定剂。通常固定方法可以分为两类：有机溶剂和交联剂。有机溶剂如甲醇和丙酮等可去除类脂并使细胞脱水，同时将细胞结构蛋白沉淀。交联剂如多聚甲醛通常通过自由氨基酸基团形成分子间桥连，从而产生一种抗原相互连接的网络结构。交联剂比有机溶剂更易于保持细胞的结构，但因为交联阻碍抗体结合，可能会降低一些细胞组分的抗原性，因此需要增加一个通透步骤以使抗体能够进入标本。两种固定方法都可能使蛋白抗原变性，因此使用变性蛋白作为抗原生产的抗体在免疫荧光中可能更为有效。

最常用的固定剂有多聚甲醛和甲醇，少数情况也使用乙醇、丙酮及戊二醛等进行固定。通常，细胞结构抗原、病毒及一些酶类抗原使用丙酮、乙醇及高浓度的甲醛固定可获得较好的结果，而细胞膜相关组分抗原一般以多聚甲醛固定。细胞器和细胞颗粒内的抗原一般也用多聚甲醛固定，并需要进行通透以使抗体能达到抗原表位。

通透步骤只在检测细胞内抗原表位的时候才需要，因为抗体需要进入细胞内部去检测蛋白质。但是，如果待检测的是跨膜蛋白，且其抗原表位处于胞质内区域，则同样需要对细胞进行通透。相反，如果所检测的抗原表位位于膜蛋白的胞外段，则不需要进行通透。丙酮本身具有通透作用，因此用丙酮作为固定剂时是不需要通透的。甲醇同样具有通透作用，但有些场合并不适合用甲醇，因为一些表位对甲醇非常敏感。常用的通透剂是去垢剂，如Triton、NP-40 以及 Tween-20、Saponin、Digitonin 和 Leucoperm 等。Triton 和 NP-40 属于烈性去垢剂，可部分溶解细胞核膜，因此非常适合核抗原检测。但应该注意的是，如果在高浓度下使用或者作用时间过长，它们将破坏蛋白质，从而影响实验结果。Triton X-100 是最常用的通透剂，但是它将破坏细胞膜，因此不适用于细胞膜相关抗原。后面一组去垢剂要温和得多，它们可以在细胞质膜上形成足够大的孔隙以允许抗体通过，但是不会溶解细胞质膜，适于胞质抗原或者质膜上靠近胞质一面的抗原，也适于可溶性的核抗原。

一般的操作程序是先固定后通透，但针对有些水不溶性的目的抗原的检测宜先通透再固定，这样做的原因主要是可以通过通透去除许多水溶性的蛋白质，从而大大减少免疫荧光的背景和非特异性信号。固定后以冷 PBS 液漂洗，最后以蒸馏水冲洗，防止自发性荧光。

4. 封闭

封闭的目的是为了减少抗体的非特异性结合，最常用的封闭剂为 1% BSA、PBS pH 7.5，其他可选择的封闭剂还有 1%明胶或 1%BSA（牛血清白蛋白）或与二抗种属相同的血清（3%～10%）等。

5. 抗体孵育

直接免疫荧光法中的一抗和间接免疫荧光法中的二抗都是荧光抗体，因此在这些抗体孵育的时候必须注意避光。此外，为保证结合质量和防止干燥，抗体孵育应尽量在湿盒中进行。

6. 封片及荧光观察

标记好荧光的细胞片原则上可以直接进行观察，特别是有时候封片不当反而使得前功尽弃。但在绝大多数情况下，为了保存结果，以便进一步观察、照相。进行统计分析等，需作封片处理。常规的方法是采用甘油或中性树脂封片，为了增强封片效果，往往需要在封片时添加特殊的抗荧光淬灭剂。

7. 标本保存

由于荧光色素和蛋白质分子的稳定性都是相对的，因此随着保存时间的延长，在各种条件影响下，标记蛋白可能变性解离，失去其应有的亮度和特异性，因此给标本的保存带来一定的困难，所以在标本进行荧光染色之后应立即观察。由于性能良好的抗荧光淬灭剂的出现，荧光标记的标本可以在低温（4℃或－20℃）下保存相当长的时间。在某些情形下，考虑到实验的成本及实验条件，也可以采取权宜的办法，比如固定标本片后低温保存，在需要时再进行荧光标记，即随用随染。

三、直接免疫荧光法测抗原

1. 基本原理

将荧光素标记在相应的抗体上，直接与相应抗原反应。其优点是方法简便、特异性高，非特异性荧光染色少。缺点是敏感性偏低；而且每检查一种抗原就需要制备一种荧光抗体。此法常用于细菌、病毒等微生物的快速检查和肾炎活检、皮肤活检的免疫病理检查。

2. 试剂与仪器

磷酸盐缓冲液（PBS）：0.01mol/L，pH7.4。

荧光标记的抗体溶液：以0.01mol/L、pH7.4的PBS进行稀释。

缓冲甘油：分析纯无荧光的甘油9份＋pH9.2 0.2mol/L碳酸盐缓冲液1份配制。

搪瓷桶三只（内有0.01mol/L pH7.4的PBS 1500mL）。

有盖搪瓷盒一只（内铺一层浸湿的纱布垫）、荧光显微镜、玻片架、滤纸H、37℃温箱等。

3. 实验步骤

（1）滴加0.01mol/L pH7.4的PBS于待检标本片上，10min后弃去，使标本保持一定湿度。

（2）滴加适当稀释的荧光标记的抗体溶液，使其完全覆盖标本，置于有盖搪瓷盒内，保温一定时间（参考：30min）。

（3）取出玻片，置玻片架上，先用0.01mol/L pH7.4的PBS冲洗后，再按顺序过0.01mol/L pH7.4的PBS三缸浸泡，每缸3～5min，不时振荡。

（4）取出玻片，用滤纸吸去多余水分，但不使标本干燥，加一滴缓冲甘油，以盖玻片覆盖。

（5）立即用荧光显微镜观察。观察标本的特异性荧光强度，一般可用"＋"表示：

（－）无荧光；（±）极弱的可疑荧光；（＋）荧光较弱，但清楚可见；（＋＋）荧光明亮；（＋＋＋～＋＋＋＋）荧光闪亮。待检标本特异性荧光染色强度达"＋＋"以上，而各种对照显示为（±）或（－），即可判定为阳性。

4. 注意事项

（1）对荧光标记的抗体的稀释，要保证抗体蛋白有一定的浓度，一般稀释度不应超过1：20，抗体浓度过低，会导致产生的荧光过弱，影响结果观察。

（2）染色的温度和时间需要根据各种不同的标本及抗原而变化，染色时间可以从10min到数小时，一般30min已足够。染色温度多采用室温（25℃左右），高于37℃可加强染色效果，但对不耐热的抗原（如流行性乙型脑炎病毒）可采用0～2℃的低温，延长染色时间。低温染色过夜较37℃30min效果好得多。

（3）为了保证荧光染色的正确性，首次试验时需设置下述对照，以排除某些非特异性荧光染色的干扰。

标本自发荧光对照：标本加1～2滴0.01mol/L pH7.4的PBS。

特异性对照（抑制试验）：标本加未标记的特异性抗体，再加荧光标记的特异性抗体。

阳性对照：已知的阳性标本加荧光标记的特异性抗体。

如果标本自发荧光对照和特异性对照呈无荧光或弱荧光，阳性对照和待检标本呈强荧光，则为特异性阳性染色。

（4）一般标本在高压汞灯下照射超过3min就有荧光减弱现象，经荧光染色的标本最好在当天观察，随着时间的延长，荧光强度会逐渐下降。

四、免疫荧光染色（间接法）

（1）切片固定后用毛细滴管吸取经适当稀释的免疫血清滴加在其上，置于染色盒中保持一定的湿度，37℃作用30min。然后用0.01mol/L pH7.2 PBS洗2次，每次5min，用吸水纸吸去或吹干余留的液体。

（2）再滴加间接荧光抗体，同上步骤，染色30min，37℃，缓冲盐水洗2次，每次5min，搅拌，缓冲甘油封固，镜检。

对照染色：①抗体对照 用正常兔血清或人血清代替免疫血清，再用上法进行染色，结果应为阴性。②抗原对照 即类属抗原染色，亦应为阴性。③阳性对照。

间接法中上述方法称双层法（double layer method）。另一种称夹心法，即用未标记的特异性抗原加在切片上先与组织中的相应抗体结合，再用该抗原的荧光抗体重叠结合其上，而间接地显示出组织和细胞中抗体的存在，方法步骤如下：

① 切片或涂片固定后，置于染色湿盒内。

② 滴加未标记的特异性抗原作用切片于37℃，30min。

③ 缓冲盐水洗2次，每次5min，吹干。

④ 滴加特异性荧光抗体作用（目的是抗原与抗体结合）切片于37℃，30min。

⑤ 如③水洗。

⑥ 缓冲甘油封固，镜检。

五、细胞内抗原的检测——间接免疫荧光法

细胞内抗原的检测过程与细胞表面抗原检测过程基本一致，只是在与一抗孵育前，需要预先对细胞用非离子去污剂进行透化处理。

1. 操作方法

（1）取已固定好的细胞爬片或甩片或经过预处理的组织切片（石蜡或冰冻切片）。

（2）用含0.2%Triton X-100或NP-40的PBS溶液透化固定后的细胞2min（室温），有些标本可能需要长达15min，时间视抗原而定。

（3）余下步骤接上述"免疫荧光染色（间接法）"步骤②。

2. 注意事项

（1）在使用前，一抗、二抗均应测试其合适的稀释度。

（2）多聚甲醛的固定是不稳定的，标本经多聚甲醛固定后，应再用去污剂处理，如果标本在水溶液中浸泡的时间过长，则会使交联结构解体。因此，应避免固定后的标本在水溶液中浸泡的时间过长。

（3）信号微弱的解决方法

① 提高一抗和二抗的浓度以增强敏感性，这必须测试各种浓度抗体的滴度。

② 延长一抗和二抗的孵育时间。由于细胞染色时抗原吸附在固相载体上，抗原抗体结合时间较在溶液中长。孵育时间可因实验设计作适当调整，但少于20min抗体和抗原几乎不能有效结合。在以上两点中，应摸索出一个最佳条件以产生有效信号且保持良好的背景。这就需要反复试验，因为每组抗体和抗原的情况会有所不同。

③ 改变检测方法，用共聚焦显微镜观察，可提高敏感性。

（4）背景不好的解决方法 细胞样本进行荧光染色时，背景问题主要来自两个方面，即非特异性染色和特异性交叉反应。

① 非特异性吸附 非特异性吸附背景问题的产生与抗原抗体的特异性结合无关。即一

抗或二抗与样品相互作用而发生吸附，而不是与抗原发生特异性结合。将所有抗体溶液或含蛋白的检测试剂以100000g离心30min以去除蛋白聚合物。滴定一抗和所用的检测试剂，以确定能够产生合适信号的最低浓度。固定后，用饱和量并不被检测试剂结合的非特异性抗体封闭样品，有效的封闭液包括5％的与标记二抗来源相同的同种血清、3％的BSA和3％的脱脂奶粉。用上述封闭液稀释抗体和检测试剂。固定后，在所有的缓冲液及洗涤液中加入2％Tween-20。缩短一抗或标记试剂的孵育时间。充分洗涤（延长洗涤时间，重复次数）。改变检测方法。

② 特异性背景　造成特异性背景问题的原因有三种因素，即污染抗体所致假阳性、交叉反应和样品中含有能与IgG结合的蛋白质。

六、免疫荧光技术的应用

免疫荧光检测技术已经广泛应用于医药卫生领域，可检测细菌、病毒、寄生虫等，在食品卫生领域也应用得越来越多，以下以沙门菌的荧光抗体检验为例，说明免疫荧光抗体技术在食品检验中的应用。

1. 试剂及器材

除沙门菌等所需药品外，另需如下材料。

（1）载玻片　76mm×26mm，厚0.8~1.0mm，事先刻好4×2个小方格，并编号。先用洗涤剂彻底洗净油污，经滴定检查证实无油污，再浸于95％酒精中备用。

（2）盖玻片　22mm×22mm，厚0.13~0.17mm，同上洗净，浸于95％酒精中备用。

（3）荧光显微镜。

（4）溶液与试剂　磷酸盐缓冲液：0.01mol/L（pH 9.0）PBS-0.85％ NaCl；固定液：按顺序将无水乙醇60mL、三氯甲烷30mL混匀，再加入36％~38％甲醛10mL，混匀，4℃储存，重复使用次数以不超过三次为宜；pH 9.0碳酸盐缓冲甘油：无水Na_2CO_3（相对分子质量105.99）6g，无水$NaHCO_3$（84.01）37g溶于蒸馏水中，加至100mL，混匀，即成pH 9.0碳酸盐缓冲溶液，以此一份加九份甘油混匀即成，4℃，不超过2周为宜；沙门菌多价荧光抗体试剂：选用经国家进出口商品检验局批准的以FITC标记的沙门菌A-67全价"OH"免疫球蛋白（或沙门菌A-60多价"OH"免疫球蛋白），染色时应按试剂所标明的常规染色工作浓度和稀释方法进行稀释后使用。稀释后的荧光抗体试剂置4℃储存，可使用1个月左右，保持其固有的染色亮度不变。

2. 操作步骤

荧光抗体技术是利用已知的标记有荧光素的抗体来检测相应抗原的一种特异、敏感的方法。它可直接用于细菌混杂培养物的检验，因而比常规的血清学方法优越。

本法对实验中试样制备、增菌培养方法、涂片、染色镜检及溶液试剂的配制、标记抗体的储存和染色效价测定等各项都有严格规定，以尽量减少非特异性着染，避免造成失误。其方法操作如下。

（1）试样制备　对规定的直接增菌培养的肉类样品，可采用剪碎法或棉拭涂抹法而不宜用均质器打碎法，以免细微颗粒过多干扰镜检效果。

（2）增菌培养　试样以SF或MM培养基增菌，培养18h左右。

（3）涂片、固定、染色

① 以直径为2mm的接种环取已接种的最后培养物一环，制成较薄的标本涂片。

② 将沙门菌A-67全价"OH"免疫球蛋白试剂（染色工作浓度）滴加于各标本涂片上，置湿盒内经37℃、30min后取出，用0.01mol/L pH 9.0 PBS冲去多余的荧光抗体，另换相

同的 PBS 浸洗 10min，再以蒸馏水冲洗后晾干。

③ 滴加 pH 9.0 碳酸盐缓冲甘油后，加盖玻片。

（4）镜检　先以低倍镜后以高倍镜观察，记录染色亮度与菌量情况等封片。

① 菌体荧光染色亮度评定标准

＋＋＋＋：黄绿色闪亮荧光，菌体周围及中心轮廓清晰；

＋＋＋：黄绿色明亮荧光，菌体周围及中心轮廓清晰；

＋＋：黄绿色荧光较弱，周围及中心轮廓清晰；

＋：仅有暗淡的荧光，菌形尚可见；

－：无荧光，或菌形不清。

② 结果判定

阳性：菌体荧光亮度达到＋＋～＋＋＋，菌体形态特征符合沙门菌，多数视野中均能检出数个菌体以上。

疑似阳性：a. 菌形符合，荧光亮度在＋＋以上，但单位视野中菌量过少或仅个别视野见到有部分菌体聚集现象；b. 荧光亮度在＋＋以上，但菌体荧光不完整或形态不典型；c. 菌形符合，荧光亮度在＋～＋＋，但菌量较多且分布较均匀。

阴性：荧光亮度在＋＋以下，且不属于疑似阳性范围者，均为阴性。

（5）报告

① 镜检阴性　报告为"未检出沙门菌"，或"未检出亚利桑那菌"或"未检出沙门菌和亚利桑那菌"。

② 镜检阳性　按 ZB-8-83《出口食品沙门菌（包括亚利桑那菌）检验方法》继续进行培养检查，并根据结果作出报告。若培养法与荧光法检验结果不一致，应以原增菌液重新进行纯分离培养检查，并根据该结果报告。

③ 镜检疑似阳性　以原增菌液重新涂片、染色、镜检，如仍不能确定时，同样以原增菌液按原方法继续培养检查，并根据培养法检查结果作出报告。

第五节　放射免疫分析法在食品检测中的应用

放射免疫分析（radio immunoassay，RIA）是以放射性核酸为标记物的标记免疫分析法，是由 Yalow 和 Berson 于 1960 年创建的标记免疫分析技术。由于标记物放射性核素的检测灵敏性，本法的灵敏度高达纳克甚至皮克水平。测定的准确性良好，纳克量的回收率接近 100%。本法特别适用于微量蛋白、激素和多肽的精确定量测定，是定量分析方面的一次重大突破，Yalow 和 Berson 于 1977 年荣获诺贝尔生物医学奖。

一、基本原理

放射性免疫分析的基本原理是标记抗原 Ag^* 和非标记抗原 Ag 对特异性抗体 Ab 的竞争结合反应。它们的反应式为：

$$Ag^* + Ab \Longleftrightarrow Ag^* Ab$$
$$+$$
$$Ag$$
$$\Updownarrow$$
$$AgAb$$

在这一反应系统中，作为试剂的标记抗原和抗体的量是固定的。抗体的量一般取用能结

合 $40\%\sim50\%$ 的标记抗原，而受检标本中的非标记抗原是变化的。根据标本中抗原量的不同，得到不同的反应结果。

假设受检标本中不含抗原时的反应为：

$$4Ag^* + 2Ab \longrightarrow 2Ag^*Ab + 2Ag^*$$

在标本中存在抗原时的反应为：

$$4Ag^* + 4Ag + 2Ab \longrightarrow 1Ag^*Ab + 3Ag^* + 1AgAb + 3Ag$$

当标记抗原、非标记抗原和特异性抗体三者同时存在于一个反应系统时，由于标记抗原和非标记抗原对特异性抗体具有相同的结合力，因此两者相互竞争结合特异性抗体。由于标记抗原与特异性抗体的量是固定的，故标记抗原抗体复合物形成的量就随着非标记抗原的量而改变。非标记抗原量增加，相应地结合较多的抗体，从而抑制标记抗原对抗体的结合，使标记抗原抗体复合物相应减少，游离的标记抗原相应增加，亦即抗原抗体复合物中的放射性强度与受检标本中抗原的浓度呈反比。若将抗原抗体复合物与游离标记抗原分开，分别测定其放射性强度，就可算出结合态的标记抗原（B）与游离态的标记抗原（F）的比值（B/F），或算出其结合率 $[B/(B+F)]$，这与标本中的抗原量呈函数关系。用一系列不同剂量的标准抗原进行反应，计算相应的 $B/B+F$，可以绘制出一条剂量-反应曲线。受检标本在同样条件下进行测定，计算 $B/B+F$ 值，即可在剂量-反应曲线上查出标本中抗原的含量。

二、放射免疫测定技术的种类

放射免疫测定方法可分为两大类，即液相放射免疫测定和固相放射免疫测定。液相放射免疫测定需加入分离剂，将标记抗原抗体复合物 B 和游离标记抗原 F 分离，而固相放射免疫测定测试程序简单，通常无需离心操作。即使没有经过严格训练的工作人员，在采用固相分离方法进行测定时，也很少产生分离误差。因此，固相放射免疫测定（SPRIA）是体外放射免疫发展的主要方向。液相放射免疫测定的基本过程为：①适当处理待测样品；②按一定要求加样，使待测抗原与标记抗原竞相与抗体结合或顺序结合；③反应平衡后，加入分离剂，将 B 和 F 分离开；④分别测定 B 和 F 的脉冲数；⑤计算 B/F 值或 $B\%$ 等值；⑥在标准曲线上查出待测抗原的量。固相放射免疫测定是将抗体吸附在固相载体上，分竞争性和非竞争性。竞争性又分为单层竞争法、多层竞争法，非竞争性又分为单层非竞争法和多层非竞争法。

1. 单层竞争法

预先将抗体连接在载体上，加入标记抗原（Ag^*）和待测抗原（Ag）时，二者竞争与固相载体结合。若固相抗体和 Ag^* 的量不变，则加入 Ag 的量越多，B/F 值或 $B\%$ 越小。根据这种函数关系，则可作出标准曲线。

2. 多层竞争法

先将抗原与载体结合，然后加入抗体与抗原结合，载体上的放射量与待测物浓度成反比。此法较繁杂，有时重复性差。

3. 单层非竞争法

先将待测物与固相载体结合，然后加入过量相对应的标记物，经反应后，洗去离心标记物测放射量。即可算出待测物浓度。本法可用于抗原、抗体，方法简单，但干扰因素较多。

4. 多层非竞争法

预先制备固相抗体，加入待测抗原使固相成固相抗体-抗原复合物，然后加入过量的标记抗体，与上述复合物形成抗体-抗原-标记抗体复合物，洗去游离抗体，测放射性，便可推测出待测物的浓度。与 ELISA 的双抗体夹心法相似。

三、放射免疫技术的应用

RIA 测定就是应用放射性物质代替 ELISA 中的标记酶作为抗原或抗体偶联物，在食品安全检测中最常见的同位素是 ^3H 和 ^{14}C。1981 年，放射免疫分析法（RIA）首先用于检测人的血液和莴苣叶片上的对硫磷残留量，检测限为 $10\sim20ng/L$，检测水中的残留量可达 $4ng/mL$。放射免疫检测在快速检测方面最成功的是 Charm II 6600/7600 抗生素快速检测系统。该系统就是利用专一受体来识别结合于同一类抗生素族中的母环以便最快速地同时检测同一抗生素族在样品中的残留情况。目前，Charm II 7600 检测系统就 β-内酰胺类、氯霉素类、四环素类、磺胺类、氨唑西林及碱性磷酸酶这六项检测已被美国 FDA 认可。1986 年，Evrard 等对牛尿提取浓缩后，利用放射免疫法（RIA）对其中残留的诺龙进行了检测，其灵敏度是 $6pg/mL$，IC_{50} 值为 $59pg/mL$。通过对免疫原的设计，使得这种方法对其代谢产物 19-NA、19-NE 等也有较高的交叉反应，具有较高的检出率。放射免疫技术由于可以避免假阳性，适宜于阳性率较低的大量样品检测，在水产品、肉类产品、果蔬产品中的农药残留量的检测中广泛应用。还可检测经食品传播的细菌及毒素、真菌及毒素、病毒和寄生虫及小分子物质和大分子物质。

第六节　免疫胶体金技术

一、原理

免疫胶体金技术是以胶体金作为示踪标志物应用于抗原抗体的一种新型的免疫标记技术。胶体金是由氯金酸（$HAuCl_4$）在还原剂如白磷、抗坏血酸、枸橼酸钠、鞣酸等的作用下，聚合成为特定大小的金颗粒，并由于静电作用而成为一种稳定的胶体状态，称为胶体金。胶体金在弱碱环境下带负电荷，可与蛋白质分子的正电荷基团形成牢固的结合，由于这种结合是静电结合，所以不影响蛋白质的生物特性。

胶体金除了与蛋白质结合以外，还可以与许多其他生物大分子结合，如 SPA、PHA、ConA 等。根据胶体金的一些物理性状，如高电子密度、颗粒大小、形状及颜色反应，加上结合物的免疫和生物学特性，因而使胶体金广泛地应用于免疫学、组织学、病理学和细胞生物学等领域。

二、胶体金的制备

根据不同的还原剂可以制备大小不同的胶体金颗粒。常用来制备胶体金颗粒的方法如下。

1. 枸橼酸三钠还原法

（1）10nm 胶体金颗粒的制备　取 0.01% $HAuCl_4$ 水溶液 100mL，加入 1% 枸橼酸三钠水溶液 3mL，加热煮沸 30min，冷却至 4℃，溶液呈红色。

（2）15nm 胶体金颗粒的制备　取 0.01% $HAuCl_4$ 水溶液 100mL，加入 1% 枸橼酸三钠水溶液 2mL，加热煮沸 15~30min，直至颜色变红。冷却后加入 0.1mol/L K_2CO_3 0.5mL，混匀即可。

（3）15nm、18~20nm、30nm 或 50nm 胶体金颗粒的制备　取 0.01% $HAuCl_4$ 水溶液 100mL，加热煮沸。根据需要迅速加入 1% 枸橼酸三钠水溶液 4mL、2.5mL、1mL 或 0.75mL，继续煮沸约 5min，出现橙红色。这样制成的胶体金颗粒则分别为 15nm、18~20nm、30nm 和 50nm。

2. 鞣酸-枸橼酸钠还原法

A 液：1% $HAuCl_4$ 水溶液 1mL 加入 79mL 双蒸馏水中混匀。

B 液：1％枸橼酸三钠 4mL、1％鞣酸 0.7mL、0.1mol/L K₂CO₃ 液 0.2mL，混合，加入双蒸馏水至 20mL。

将 A 液、B 液分别加热至 60℃，在电磁搅拌下迅速将 B 液加入 A 液中，溶液变蓝，继续加热搅拌至溶液变成亮红色。此法制得的金颗粒的直径为 5nm。如需要制备其他直径的金颗粒，则按表 15-1 所列的数字调整鞣酸及 K_2CO_3 的用量。

表 15-1　鞣酸-枸橼酸钠还原法试剂配制表

金粒直径/nm	A 液		B 液			
	1％ HAuCl₄	双蒸馏水	1％ 枸橼酸三钠	0.1mol/L K₂CO₃	1％ 鞣酸	双蒸馏水
5	1	79	4	0.20	0.70	15.10
10	1	79	4	0.025	0.10	15.875
15	1	79	4	0.0025	0.01	15.9875

3. 制备高质量胶体金的注意事项

(1) 玻璃器皿必须彻底清洗，最好是经过硅化处理的玻璃器皿，或用第一次配制的胶体金稳定的玻璃器皿，再用双蒸馏水冲洗后使用。否则影响生物大分子与金颗粒结合和活化后金颗粒的稳定性，不能获得预期大小的金颗粒。

(2) 试剂配制必须保持严格的纯净，所有试剂都必须使用双蒸馏水或三蒸馏水并去离子后配制，或者在临用前将配好的试剂经超滤或微孔滤膜（0.45μm）过滤，以除去其中的聚合物和其他可能混入的杂质。

(3) 配制胶体金溶液的 pH 以中性（pH7.2）较好。

(4) 氯金酸的质量要求上乘，杂质少。

(5) 氯金酸配成 1％水溶液在 4℃可保持数月稳定，由于氯金酸易潮解，因此在配制时，最好将整个小包装一次性溶解。

三、胶体金标记蛋白的制备

胶体金对蛋白质的吸附主要取决于 pH 值，在接近蛋白质的等电点或偏碱的条件下，二者容易形成牢固的结合物。如果胶体金的 pH 值低于蛋白质的等电点时，则会聚集而失去结合能力。除此以外，胶体金颗粒的大小、离子强度、蛋白质的分子量等都影响胶体金与蛋白质的结合。

(1) 待标记蛋白溶液的制备　将待标记蛋白预先于 0.005mol/L pH7.0 NaCl 溶液中 4℃透析过夜，以除去多余的盐离子，然后于 100 000g 4℃离心 1h，去除聚合物。

(2) 待标记胶体金溶液的准备　以 0.1mol/L K₂CO₃ 或 0.1mol/L HCl 调胶体金液的 pH 值。标记 IgG 时，调至 9.0；标记 McAb（单克隆抗体）时，调至 8.2；标记亲和色谱抗体时，调至 7.6；标记 SPA（葡萄球菌 A 蛋白）时，调至 5.9～6.2；标记 ConA（刀豆蛋白A）时，调至 8.0；标记亲和素时，调至 9～10。

由于胶体金溶液可能损坏 pH 计的电板，因此，在调节 pH 时，采用精密 pH 试纸测定为宜。

(3) 胶体金与标记蛋白用量之比的确定

① 根据待标记蛋白的要求，将胶体金调好 pH 之后，分装 10 管，每管 1mL。

② 将标记蛋白（以 IgG 为例）以 0.005mol/L pH9.0 硼酸盐缓冲液做系列稀释为 5～50μg/mL，分别取 1mL，加入上列胶体金溶液中，混匀。对照管只加 1mL 稀释液。

③ 5min 后，在上述各管中加入 0.1mL 10％NaCl 溶液，混匀后静置 2h，观察结果。

④ 结果观察，对照管（未加蛋白质）和加入蛋白质的量不足以稳定胶体金的各管，均

呈现出由红变蓝的聚沉现象；而加入蛋白质量达到或超过最低稳定量的各管仍保持红色不变。以稳定 1mL 胶体金溶液红色不变的最低蛋白质用量，即为该标记蛋白质的最低用量，在实际工作中，可适当增加 10%～20%。

（4）胶体金与蛋白质（IgG）的结合　将胶体金和 IgG 溶液分别以 0.1mol/L K_2CO_3 调 pH 至 9.0，电磁搅拌 IgG 溶液，加入胶体金溶液，继续搅拌 10min，加入一定量的稳定剂以防止抗体蛋白与胶体金聚合发生沉淀。常用稳定剂是 5%胎牛血清（BSA）和 1%聚乙二醇（分子质量 20kDa）。加入的量：5%BSA 使溶液终浓度为 1%；1%聚乙二醇加至总溶液的 1/10。

（5）胶体金标记蛋白的纯化

① 超速离心法　根据胶体金颗粒的大小、标记蛋白的种类及稳定剂的不同选用不同的离心速度和离心时间。

用 BSA 作稳定剂的胶体金-羊抗兔 IgG 结合物可先低速离心（20nm 金胶粒用 1200r/min，5nm 金胶粒用 1 800r/min）20min，弃去凝聚的沉淀。然后将 5nm 胶体金结合物以 6000g、4℃离心 1h；20～40nm 胶体金结合物，14000g、4℃离心 1h。仔细吸出上清，沉淀物用含 1%BSA 的 PB 液（含 0.02%NaN_3）重悬为原体积的 1/10，4℃保存。如在结合物内加 50%甘油可贮存于－18℃保存一年以上。

为了得到颗粒均一的免疫金试剂，可将上述初步纯化的结合物再进一步用 10%～30%蔗糖或甘油进行密度梯度离心，分带收集不同梯度的胶体金与蛋白质的结合物。

② 凝胶过滤法　此法只适用于以 BSA 作稳定剂的胶体金蛋白结合物的纯化。将胶体金蛋白结合物装入透析袋，在硅胶中脱水浓缩至原体积的 1/10～1/5。再经 1500r/min 离心 20min。取上清加至 Sephacryl S-400（丙烯葡聚糖凝胶 S-400）色谱柱分别纯化。色谱柱为 0.8cm×20cm，加样量为床体积的 1/10，以 0.02mol/L PBS 液洗脱（内含 0.1%BSA、0.05%NaN_3，pH8.2 者用 IgG 标记物），流速为 8mL/h。按红色深浅分管收集洗脱液。一般先滤出的液体为微黄色，有时略浑浊，内含大颗粒聚合物等杂质。继之为纯化的胶体金蛋白质结合物，随浓度的增加而红色逐渐加深，清亮透明，最后洗脱出略带黄色的为标记的蛋白质组分。将纯化的胶体金蛋白结合物过滤除菌、分装，4℃保存。最终可得到 70%～80%的产量。

（6）胶体金蛋白结合物的质量鉴定

① 胶体金颗粒平均直径的测量　用支持膜的镍网（铜网也可）蘸取金标记蛋白试剂，自然干燥后直接在透射电镜下观察。或用醋酸铀复染后观察。计算 100 个金颗粒的平均直径。

② 胶体金溶液的 OD_{520nm} 值测定　胶体金颗粒在波长 510～550nm 之间出现最大吸收值峰。用 0.02mol/L pH8.2 PBS 液（含 1%BSA、0.02%NaN_3）将胶体金蛋白试剂作 1：20 稀释，OD_{520nm}=0.25 左右。一般应用液的 OD_{520nm} 应为 0.2～0.4。

③ 金标记蛋白的特异性与敏感性测定　采用微孔滤膜免疫金银染色法（MF-IGSSA）。将可溶性抗原（或抗体）吸附于载体上（滤纸、硝酸纤维膜、微孔滤膜），用胶体金标记的抗体（或抗原）以直接或间接染色法并经银显影来检测相应的抗原或抗体，对金标记蛋白的特异性和敏感性进行鉴定。

四、胶体金标记技术在免疫学中的应用

胶体金标记技术由于标记物的制备简便，方法敏感、特异，不需要使用放射性同位素，或有潜在致癌物质的酶显色底物，也不需要荧光显微镜，它的应用范围广，除应用于光镜或电镜的免疫组化法外,更广泛地应用于各种液相免疫测定和固相免疫分析以及流式细胞术等。

(1) 液相免疫测定 将胶体金与抗体结合,建立微量凝集试验检测相应的抗原,如间接血凝一样,用肉眼可直接观察到凝集颗粒。利用免疫学反应时金颗粒凝聚导致颜色减退的原理,建立的均相溶胶颗粒免疫测定法(sol particle immunoassay,SPIA)已成功地应用于PCG(多梳蛋白)的检测,直接应用分光光度计进行定量分析。

(2) 金标记流式细胞术 胶体金可以明显改变红色激光的散射角,利用胶体金标记的羊抗鼠 IgG 免疫球蛋白抗体应用于流式细胞术,分析不同类型细胞的表面抗原,结果胶体金标记的细胞在波长 632nm 时,90°散射角可放大 10 倍以上,同时不影响细胞活性,而且与荧光素共同标记,彼此互不干扰。

(3) 胶体金固相免疫测定法

① 斑点免疫金银染色法(dot-IGS/IGSS) 是将斑点 ELISA 与免疫胶体金结合起来的一种方法。将蛋白质抗原直接点样在硝酸纤维膜上,与特异性抗体反应后,再滴加胶体金标记的第二抗体,结果在抗原-抗体反应处发生金颗粒聚集,形成肉眼可见的红色斑点,此称为斑点免疫金染色法(dot-IGS)。此反应可通过银显影液增强,即斑点金银染色法(dot-IGS/IGSS)。

② 斑点金免疫渗滤测定法(dot immuno-gold filtration assay,DIGFA) 此法原理完全同斑点免疫金染色法,只是在硝酸纤维膜下垫有吸水性强的垫料,即为渗滤装置。在加抗原(抗体)后,迅速加抗体(抗原),再加金标记第二抗体,由于有渗滤装置,反应很快,在数分钟内即可显出颜色反应。此方法已成功地应用于人的免疫缺陷病病毒(HIV)的检查和人血清中甲胎蛋白的检测中。

五、免疫胶体金检测技术在食品检测中的应用

胶体金免疫色谱技术在医学上应用较多,在食品检测领域的应用在近几年才发展起来。国外在此方面起步较早,现在已经有很多成熟的产品问世,而国内的研究主要集中于疾病诊断领域,对在食品检测方面应用的研究才刚起步。此技术主要用于食品中常见的致病菌,如大肠杆菌、金黄色葡萄球菌、沙门菌、布氏杆菌、霍乱弧菌等,以及食品中农药、兽药、生物毒素残留的检测。

附 录

附表 1 χ^2 分布表

f	α						α					
	0.995	0.99	0.975	0.95	0.90	0.75	0.25	0.10	0.05	0.025	0.01	0.005
1	—	—	0.001	0.004	0.016	0.102	1.323	2.706	3.841	5.024	6.635	7.879
2	0.010	0.020	0.051	0.103	0.211	0.575	2.773	4.605	5.991	7.378	9.210	10.597
3	0.072	0.115	0.216	0.352	0.584	1.213	4.108	6.251	7.815	9.348	11.345	12.838
4	0.207	0.297	0.484	0.711	1.064	1.923	5.385	7.779	9.488	11.143	13.277	14.860
5	0.412	0.554	0.831	1.145	1.610	2.675	6.626	9.236	11.071	12.833	15.086	16.750
6	0.676	0.872	1.237	1.635	2.204	3.455	7.841	10.645	12.592	14.449	16.812	18.548
7	0.989	1.239	1.690	2.167	2.833	4.255	9.037	12.017	14.067	16.013	18.475	20.278
8	1.344	1.646	2.180	2.733	3.490	5.071	10.219	13.362	15.507	17.535	20.090	21.955
9	1.735	2.088	2.700	3.325	4.168	5.899	11.389	14.684	16.919	19.023	21.666	23.589
10	2.156	2.558	3.247	3.940	4.865	6.737	12.549	15.987	18.307	20.483	23.209	25.188
11	2.603	3.053	3.816	4.575	5.578	7.584	13.701	17.275	19.675	21.920	24.725	26.757
12	3.074	3.571	4.404	5.226	6.304	8.438	14.845	18.549	21.026	23.337	26.217	28.299
13	3.565	4.107	5.009	5.892	7.042	9.233	15.984	19.812	22.362	24.736	27.688	29.819
14	4.075	4.660	5.629	6.571	7.790	10.165	17.117	21.064	23.685	26.119	29.141	31.319
15	4.601	5.229	6.262	7.261	8.547	11.037	18.245	22.307	24.996	27.488	30.578	32.801
16	5.142	5.812	6.908	7.962	9.312	11.912	19.369	23.542	26.296	28.845	32.000	34.267
17	5.697	6.408	7.564	8.672	10.085	12.792	20.489	24.769	27.587	30.191	33.409	35.718
18	6.265	7.015	8.231	9.390	10.865	13.675	21.605	25.989	28.869	31.526	34.805	37.156
19	6.844	7.633	8.907	10.117	11.651	14.562	22.718	27.204	30.144	32.852	36.191	38.582
20	7.434	8.260	9.591	10.851	12.443	15.452	23.828	28.412	31.410	34.170	37.566	39.997
21	8.034	8.897	10.283	11.591	13.240	16.344	24.935	29.615	32.671	35.479	38.932	41.401
22	8.643	9.542	10.982	12.338	14.042	17.240	26.039	30.813	33.924	36.781	40.289	42.796
23	9.260	10.193	11.689	13.091	14.848	18.137	27.141	32.007	35.172	38.076	41.638	44.181
24	9.885	10.593	12.401	13.848	15.659	19.037	28.241	33.196	36.415	39.364	42.980	45.559
25	10.520	11.524	13.120	14.611	16.473	19.939	29.339	34.382	37.652	40.646	44.314	46.928
26	11.160	12.198	13.844	15.379	17.292	20.843	30.435	35.563	38.885	41.923	45.642	48.290
27	11.808	12.879	14.573	16.151	18.114	21.749	31.528	36.741	40.113	43.194	46.963	49.645
28	12.461	13.555	15.308	16.928	18.939	22.657	32.602	37.916	41.337	44.461	48.278	50.993
29	13.121	14.257	16.047	17.708	19.768	23.567	33.711	39.081	42.557	45.722	49.588	52.336
30	13.787	14.954	16.791	18.493	20.599	24.478	34.800	40.256	43.773	46.979	50.892	53.672
31	14.458	15.655	17.539	19.281	21.434	25.890	35.887	41.422	44.985	48.232	52.191	55.003
32	15.134	16.362	18.291	20.072	22.271	26.304	36.973	42.585	46.194	49.480	53.486	56.328
33	15.815	17.047	19.047	20.867	23.110	27.219	38.058	43.745	47.400	50.725	54.776	57.648
34	16.501	17.789	19.806	21.664	23.952	28.136	39.141	44.903	48.602	51.966	56.061	58.964
35	17.682	18.509	20.569	22.465	24.797	29.054	40.223	46.059	49.802	53.203	57.342	60.275
36	17.887	19.233	21.336	23.269	25.643	29.973	41.304	47.212	50.998	54.437	58.619	61.581
37	18.586	19.950	22.106	21.075	25.492	30.893	42.383	48.363	52.192	55.668	59.892	62.883
38	19.289	20.691	22.878	24.884	27.343	31.815	43.462	49.513	53.384	56.896	61.162	64.181
39	19.996	21.426	23.654	25.695	28.196	32.737	44.539	50.660	54.572	58.120	62.428	65.476
40	20.707	22.164	24.433	26.509	29.051	33.660	45.616	51.805	55.758	59.342	63.691	66.766
41	21.421	22.906	25.215	27.326	29.907	34.585	46.692	52.949	56.942	60.561	64.950	68.053

续表

| f | α | | | | | | α | | | | | |
---	0.995	0.99	0.975	0.95	0.90	0.75	0.25	0.10	0.05	0.025	0.01	0.005
42	22.138	23.650	25.999	28.144	30.765	35.510	47.766	54.090	58.124	61.777	66.206	69.336
43	22.859	24.398	26.785	28.965	31.625	36.436	48.840	55.230	59.304	62.990	67.459	70.615
44	23.584	25.148	27.575	29.787	32.487	37.363	49.913	56.369	60.481	64.201	68.710	71.893
45	24.311	25.901	28.366	30.612	33.350	38.291	50.985	57.505	61.656	65.410	69.957	73.166
46	25.041	26.657	29.160	31.439	34.215	39.220	52.056	58.641	62.830	66.617	71.201	74.437
47	25.775	27.416	29.956	32.268	35.081	40.149	53.127	59.774	64.001	67.821	72.443	75.704
48	26.511	28.177	30.755	33.098	35.949	41.079	54.196	60.907	65.171	69.023	73.683	76.969
49	27.249	28.941	31.555	33.930	36.818	42.010	55.265	62.038	66.339	70.222	74.919	78.231
50	27.991	29.707	32.357	34.764	37.689	42.942	56.334	63.167	67.505	71.420	76.154	79.490
51	28.735	30.475	33.162	35.600	38.560	43.874	57.401	64.295	68.669	72.616	77.386	80.747
52	29.481	31.246	33.968	36.437	39.433	44.808	58.468	65.422	69.832	73.810	78.616	82.001
53	30.230	32.018	34.776	37.276	40.303	45.741	59.534	66.548	70.993	75.002	79.843	83.253
54	30.981	32.793	35.586	38.116	41.183	46.676	60.600	67.673	72.153	76.192	81.069	84.502
55	31.735	33.570	36.398	38.958	42.060	47.610	61.665	68.796	73.311	77.380	82.292	85.749
56	32.490	34.350	37.212	39.801	42.937	43.546	62.729	69.919	74.468	78.567	83.513	86.994
57	33.248	35.131	38.027	40.646	43.816	59.482	63.793	71.040	75.624	79.752	84.733	88.236
58	34.008	35.913	38.844	41.492	44.696	50.419	64.857	72.160	76.778	80.936	85.950	89.477
59	34.770	36.698	39.662	42.339	45.577	51.356	65.919	73.279	77.931	82.117	87.166	90.715
60	35.534	37.485	40.482	43.188	46.459	52.294	66.981	74.397	79.082	83.298	88.379	91.952
61	36.300	38.273	41.303	44.038	47.342	53.232	68.043	75.514	80.232	84.476	89.591	93.186
62	37.058	39.063	42.126	44.889	48.226	54.171	69.104	76.630	81.381	85.654	90.802	94.419
63	37.838	39.855	42.950	45.741	49.111	55.110	70.165	77.745	82.529	86.830	92.010	95.649
64	38.610	40.649	43.776	46.595	49.996	56.050	71.225	78.860	83.675	88.004	93.217	96.878
65	39.383	41.444	44.603	47.450	50.883	56.990	72.285	79.973	84.821	89.117	94.422	98.105
66	40.158	42.240	45.431	48.305	51.770	57.931	73.344	81.085	85.965	90.349	95.626	99.330
67	40.935	43.038	46.261	49.162	52.659	58.872	74.403	82.197	87.108	91.519	96.828	100.554
68	41.713	43.838	47.092	50.020	53.543	59.814	75.461	83.308	88.250	92.689	98.028	101.776
69	42.494	44.639	47.924	50.879	54.438	60.756	76.519	84.418	89.391	93.856	99.228	102.996
70	43.275	45.442	48.758	51.739	55.329	61.698	77.577	85.527	90.531	95.023	100.425	104.215
71	44.058	46.246	49.592	52.600	56.221	62.641	78.634	86.635	91.670	96.189	101.621	105.432
72	44.843	47.051	50.428	53.462	57.113	63.585	79.690	87.743	92.808	97.353	102.816	106.648
73	45.629	47.858	51.265	54.325	58.006	64.528	80.747	88.850	93.945	98.516	104.010	107.862
74	46.417	48.666	52.103	55.189	58.900	65.472	81.803	89.956	95.081	99.678	105.202	109.074
75	47.206	49.475	52.945	56.054	59.795	66.417	82.858	91.061	96.217	100.839	106.393	110.286
76	47.997	50.286	53.782	56.920	60.690	67.362	83.913	92.166	97.351	101.999	107.583	111.495
77	48.788	51.097	54.623	57.786	61.585	68.307	84.968	93.270	98.484	103.158	108.771	112.704
78	49.582	51.910	55.466	58.654	62.483	69.252	86.022	94.374	99.617	104.316	109.958	113.911
79	50.376	52.725	56.309	59.522	63.380	70.198	87.077	95.476	100.749	105.473	111.144	115.117
80	51.172	53.540	57.153	60.391	64.278	71.145	88.130	96.578	101.879	106.629	112.329	116.321
81	51.969	54.357	57.998	61.261	65.176	72.091	89.184	97.680	103.010	107.783	113.512	117.524
82	52.767	55.174	58.845	62.132	66.075	73.038	90.237	98.780	104.139	108.937	114.695	118.726
83	53.567	55.993	59.692	63.004	66.976	73.985	91.289	99.880	105.267	110.090	115.876	119.927
84	54.368	56.813	60.540	63.876	67.875	74.933	92.342	100.980	106.395	111.242	117.057	121.126
85	55.170	57.634	61.389	64.749	68.777	75.881	93.394	102.079	107.522	112.393	118.236	122.325
86	55.973	58.456	62.239	65.623	69.679	76.829	94.446	103.177	108.648	113.544	119.414	123.522
87	56.777	59.279	63.089	66.498	70.581	77.777	95.497	104.275	109.773	114.693	120.591	124.718
88	57.582	60.103	63.941	67.373	71.484	78.726	96.548	105.372	110.898	115.841	121.767	125.913
89	58.389	60.928	64.793	68.249	72.387	79.675	97.599	106.469	112.022	116.980	122.942	127.406
90	59.196	61.754	65.647	69.126	73.291	80.625	98.650	107.365	113.145	118.136	124.116	128.299

附表 2 Spearman 秩相关检验临界值表

α \ n	4	5	6	7	8	9	10	11	12	13	14	15	16	17	18	19	20
0.05	1.000	0.900	0.829	0.714	0.643	0.600	0.564	0.536	0.503	0.484	0.464	0.446	0.429	0.414	0.401	0.391	0.380
0.01	—	1.000	0.943	0.893	0.833	0.783	0.745	0.709	0.678	0.648	0.626	0.604	0.582	0.566	0.550	0.535	0.520

附表 3 F 分布表

$$P(F > F_a) = \alpha$$

分母自由度 f_2	α	分子自由度 f_1															
		1	2	3	4	5	6	7	8	9	10	12	15	20	30	60	120
1	0.005	16211	2000	21615	32500	23056	23437	23715	23925	24091	24224	24426	24630	24836	25044	25253	25359
	0.010	4052	4999	5403	5624	5763	5859	5928	5981	6022	6056	6106	6157	6209	6261	6313	6339
	0.025	647.8	799.5	864.2	899.6	921.8	937.1	948.2	855.7	963.3	968.6	976.7	984.9	993.1	1001	1010	1014
	0.050	161.4	199.5	215.7	224.6	230.2	234.0	236.0	238.9	240.5	241.9	243.9	245.9	248.0	250.1	252.2	253.3
2	0.005	198.5	199.0	199.2	199.2	199.3	199.3	199.4	199.4	199.4	199.4	199.4	199.4	199.4	199.5	199.5	199.5
	0.010	98.50	99.00	99.17	99.25	99.30	99.33	99.36	99.37	99.39	99.40	99.42	99.43	99.45	99.47	99.48	99.49
	0.025	38.51	39.00	39.17	39.25	39.30	39.30	39.36	39.37	39.39	39.40	39.41	39.43	39.45	39.46	39.48	39.49
	0.050	18.51	19.00	19.16	19.25	19.30	19.33	19.35	19.37	19.38	19.40	19.41	19.43	19.45	19.46	19.48	19.49
3	0.005	55.55	49.80	47.47	46.19	45.39	44.84	44.43	44.13	43.88	43.69	43.39	43.08	42.78	42.47	42.15	41.99
	0.010	34.12	30.82	29.46	28.71	28.24	27.91	27.67	27.49	27.35	27.23	27.05	27.87	26.69	26.50	26.32	26.22
	0.025	17.44	16.04	15.44	15.10	14.88	14.73	14.62	14.54	14.47	14.42	14.34	14.25	14.17	14.08	13.99	13.95
	0.050	10.13	9.552	9.277	9.117	9.014	8.941	8.887	8.845	8.812	8.786	8.745	8.703	8.660	8.617	8.572	8.549
4	0.005	31.33	26.28	24.26	23.15	22.46	21.97	21.62	21.35	21.14	20.97	20.70	20.44	20.17	19.89	19.61	19.47
	0.010	21.20	18.00	16.69	15.98	15.52	15.21	14.98	14.80	14.65	14.55	14.37	14.20	14.02	13.84	13.65	13.66
	0.025	12.22	10.65	9.979	9.604	9.364	9.197	9.074	8.980	8.905	8.844	8.751	8.656	8.560	8.461	8.360	8.309
	0.050	7.709	6.944	6.591	6.388	6.256	6.163	6.094	6.041	5.999	5.964	5.912	5.858	5.802	5.746	5.688	5.658
5	0.005	22.78	18.31	15.53	15.56	14.94	14.51	14.20	13.96	13.77	13.62	13.38	13.15	12.90	12.66	12.40	12.27
	0.010	16.26	13.27	12.06	11.39	10.97	10.67	10.46	10.29	10.16	10.05	9.888	9.722	9.553	9.370	9.202	9.112
	0.025	10.01	8.434	7.764	7.388	7.146	6.978	6.853	6.757	6.681	6.619	6.525	6.428	6.328	6.227	6.122	6.069
	0.050	6.608	5.786	5.410	5.192	5.050	4.950	4.876	4.818	4.772	4.735	4.678	4.619	4.558	4.496	4.431	4.398
6	0.005	18.63	14.54	12.92	12.03	11.46	11.07	10.79	10.57	10.25	10.13	10.03	9.814	9.589	9.358	9.122	9.002
	0.010	13.75	10.92	9.780	9.148	8.746	8.466	8.260	8.102	7.976	7.874	7.718	7.559	7.396	7.228	7.057	6.969
	0.025	8.813	7.260	6.599	6.227	5.988	5.820	5.696	5.600	5.523	5.461	5.366	5.269	5.168	5.065	4.956	4.904
	0.050	5.987	5.143	4.757	4.534	4.387	4.284	4.207	4.147	4.099	4.060	4.000	3.874	3.938	3.808	3.740	3.705
7	0.005	16.24	12.40	10.88	10.05	9.522	9.155	8.885	8.678	8.514	8.380	8.176	7.968	7.754	7.534	7.309	7.193
	0.010	12.25	9.547	8.451	7.847	7.460	7.191	6.993	6.840	6.719	6.620	6.469	6.314	6.155	5.992	5.824	5.737
	0.025	8.073	6.542	5.890	5.523	5.285	5.119	4.995	4.899	4.823	4.761	4.666	4.568	4.467	4.362	4.254	4.199
	0.050	5.591	4.737	4.347	4.120	3.972	3.868	3.787	3.726	3.677	3.636	3.575	3.511	3.444	3.376	3.304	3.267
8	0.005	14.69	11.04	9.536	8.805	8.302	7.952	7.694	7.495	7.339	7.211	7.015	6.814	6.608	6.396	6.177	6.065
	0.010	11.26	8.649	7.591	7.006	6.632	6.371	6.178	5.029	5.911	5.814	5.667	5.515	5.359	5.198	5.032	4.946
	0.025	7.571	6.060	5.416	5.053	4.817	4.652	4.529	4.433	4.357	4.295	4.200	4.101	4.000	3.894	3.784	3.728
	0.050	5.318	4.459	4.066	3.838	3.688	3.581	3.500	3.438	3.388	3.347	3.284	3.218	3.150	3.079	3.005	2.967

续表

分母自由度 f_2	α	分子自由度 f_1															
		1	2	3	4	5	6	7	8	9	10	12	15	20	30	60	120
9	0.005	13.81	10.11	8.717	7.956	7.471	7.134	6.885	6.693	6.541	6.417	6.227	6.032	5.832	5.625	5.410	5.300
	0.010	10.56	8.022	6.992	6.422	6.057	5.592	5.613	5.467	5.351	5.256	5.111	4.962	4.808	4.649	4.483	4.398
	0.025	7.209	5.715	5.078	4.718	4.484	4.320	4.197	4.102	4.026	3.964	3.868	3.769	3.667	3.560	3.449	3.392
	0.050	5.117	4.256	3.863	3.633	3.482	3.374	3.293	3.230	3.179	3.173	3.073	3.006	2.936	2.864	2.787	2.748
10	0.005	12.83	9.247	8.081	7.343	6.872	6.545	6.302	6.116	5.968	5.847	5.661	5.471	5.274	5.070	4.859	4.750
	0.010	10.04	7.559	6.552	5.994	5.636	5.386	5.200	5.057	4.942	4.849	4.706	4.558	4.405	4.247	4.082	3.996
	0.025	6.937	5.456	4.826	4.468	4.236	4.072	3.950	3.855	3.779	3.717	3.621	3.522	3.419	3.311	3.198	3.140
	0.050	4.955	4.103	3.708	3.478	3.236	3.217	3.136	3.072	3.020	2.978	2.913	2.845	2.774	2.700	2.621	2.580
12	0.005	11.75	8.510	7.226	6.521	6.071	5.757	5.524	5.345	5.202	5.086	4.906	4.721	4.530	4.331	4.123	4.015
	0.010	9.330	6.927	5.953	5.412	5.064	4.821	4.640	4.499	4.388	4.296	4.155	4.010	3.858	3.701	3.536	3.449
	0.025	6.554	3.096	4.474	4.121	3.891	3.728	3.606	3.512	3.436	3.374	3.277	3.177	3.073	2.963	2.848	2.787
	0.050	4.747	3.885	3.490	3.259	3.106	2.996	2.913	2.849	2.976	2.753	2.687	2.617	2.544	2.466	2.384	2.341
15	0.005	10.30	7.701	6.476	5.803	5.372	5.071	4.847	4.674	4.536	4.424	4.250	4.070	3.663	3.687	3.480	3.372
	0.010	8.683	6.359	5.417	4.893	4.556	4.318	4.142	4.004	3.895	3.805	3.666	3.522	3.372	3.214	3.047	2.960
	0.025	6.200	4.765	3.153	3.804	3.576	3.415	3.293	3.199	3.123	3.060	2.963	2.862	2.756	2.644	2.524	2.461
	0.050	4.543	3.682	3.287	3.056	2.901	2.790	2.707	2.641	2.538	2.544	2.475	2.404	2.328	2.247	2.160	2.114
20	0.005	9.944	6.986	5.818	5.174	4.762	4.472	4.257	4.090	3.956	3.847	3.678	3.502	3.318	3.123	2.916	2.806
	0.010	8.096	5.819	4.938	4.431	4.103	3.871	3.699	3.564	3.457	3.368	3.231	3.088	2.938	2.778	2.608	2.517
	0.025	5.872	4.461	3.859	3.515	3.289	3.128	3.007	2.913	2.836	2.774	2.676	2.573	2.464	2.349	2.223	2.156
	0.050	4.351	3.493	3.098	2.866	2.711	2.599	2.514	2.447	2.393	2.348	2.278	2.203	2.124	2.309	1.946	1.896
30	0.005	9.180	6.355	5.239	4.623	4.228	3.949	3.742	3.580	3.450	3.344	3.179	3.006	2.823	2.628	2.415	2.300
	0.010	7.562	5.390	4.510	4.018	3.699	3.474	3.304	3.173	3.066	2.979	2.843	2.700	2.549	2.386	2.208	2.111
	0.025	5.568	4.182	3.589	3.250	3.026	2.867	2.746	2.651	2.575	2.511	2.412	2.307	2.195	2.074	1.940	1.866
	0.050	4.171	3.316	2.922	2.090	2.534	2.420	2.334	2.266	2.211	2.165	2.092	2.015	1.932	1.841	1.740	1.684
60	0.005	8.495	5.795	4.729	4.140	3.760	3.492	3.291	3.134	3.008	2.904	2.742	2.570	2.387	2.187	1.962	1.834
	0.010	7.077	4.977	4.126	3.649	3.339	3.119	2.953	2.823	2.718	2.632	2.496	2.352	2.193	2.028	1.836	1.726
	0.025	5.286	3.925	3.342	3.008	2.786	2.627	2.507	2.412	2.334	2.270	2.169	2.061	1.944	1.815	1.667	1.581
	0.050	4.001	3.150	2.758	2.525	2.368	2.254	2.163	2.097	2.040	1.993	1.917	1.836	1.748	1.649	1.534	1.467
120	0.005	8.179	5.539	4.497	3.921	3.548	3.285	3.087	2.933	2.808	2.705	2.544	2.373	2.188	1.984	1.747	1.606
	0.010	6.851	4.786	3.949	3.480	3.174	2.956	2.792	2.663	2.559	2.472	2.336	2.192	2.035	1.860	1.656	1.533
	0.025	5.512	3.805	3.227	2.894	2.674	2.515	2.395	2.299	2.222	2.157	2.055	1.915	1.825	1.690	1.530	1.433
	0.050	3.920	3.072	2.680	2.447	2.290	2.175	2.087	2.016	1.969	1.910	1.834	1.750	1.659	1.564	1.429	1.352

附表 4　方差齐次性检验临界值表

评价员数	显著水平		评价员数	显著水平		评价员数	显著水平	
	0.01	0.05		0.01	0.05		0.01	0.05
3	0.942	0.871	13	0.450	0.371	22	0.307	0.252
4	0.864	0.768	14	0.427	0.352	23	0.297	0.243
5	0.788	0.684	15	0.407	0.335	24	0.287	0.235
6	0.722	0.616	16	0.388	0.319	25	0.278	0.228
7	0.664	0.561	17	0.372	0.305	26	0.270	0.221
8	0.615	0.516	18	0.356	0.293	27	0.262	0.215
9	0.573	0.478	19	0.343	0.281	28	0.255	0.209
10	0.536	0.445	20	0.330	0.270	29	0.248	0.203
11	0.504	0.417	21	0.318	0.261	30	0.241	0.198
12	0.475	0.392						

附表5　斯图登斯化范围表

$q(t,\varphi,0.05)$，$t=$比较物个数，$\varphi=$自由度

φ \ t	2	3	4	5	6	7	8	9	10	12	15	20
1	18.00	27.0	32.8	37.1	40.4	43.1	45.4	47.4	49.1	52.0	55.4	59.6
2	6.09	8.3	9.8	10.9	11.7	12.4	13.0	13.5	14.0	14.7	15.7	16.8
3	4.50	5.91	6.82	7.50	8.04	8.48	8.85	9.18	9.46	9.95	10.52	11.24
4	3.93	5.04	5.76	6.29	6.71	7.05	7.35	7.60	7.83	8.21	8.66	9.23
5	3.64	4.60	5.22	5.67	6.03	6.38	6.58	6.80	6.99	7.32	7.72	8.21
6	3.46	4.34	4.90	5.31	5.63	5.89	6.12	6.32	6.49	6.79	7.14	7.59
7	3.34	4.16	4.68	5.06	5.36	5.61	5.82	6.00	6.16	6.43	6.76	7.17
8	3.26	4.04	5.43	4.89	5.17	5.40	5.60	5.77	5.92	6.18	4.48	6.87
9	3.20	3.95	4.42	4.76	5.02	5.24	5.43	5.60	5.74	5.98	6.28	6.64
10	3.15	3.88	4.33	4.65	4.91	5.12	5.30	5.46	5.60	5.83	6.11	6.47
11	3.11	3.82	4.26	4.57	4.82	5.03	5.20	5.35	5.49	5.71	5.99	6.33
12	3.08	3.77	4.20	4.51	4.75	4.95	5.12	5.27	5.40	5.62	5.88	6.21
13	3.06	3.73	4.15	4.45	4.69	4.88	5.05	5.19	5.32	5.53	5.79	6.11
14	3.03	3.70	4.11	4.41	4.64	4.88	4.99	5.13	5.25	5.46	5.72	6.03
15	3.01	3.67	4.08	4.37	4.60	4.78	4.94	5.08	5.20	5.40	5.65	5.96
16	3.00	3.65	4.05	4.30	4.56	4.74	4.90	5.03	5.15	5.35	5.59	5.90
17	2.98	3.63	4.02	4.30	4.52	4.71	4.86	4.99	5.11	5.31	5.55	5.84
18	2.97	3.61	4.00	4.28	4.49	4.67	4.82	4.96	5.07	5.27	5.50	5.79
19	2.96	3.59	3.98	4.25	4.47	4.65	4.79	4.92	5.07	5.23	5.46	5.75
20	2.95	3.58	3.96	4.23	4.45	4.62	4.77	4.90	5.01	5.20	5.43	5.71
24	2.92	3.53	3.90	4.17	4.37	4.54	4.68	4.81	4.92	5.10	5.32	5.59
30	2.89	3.49	3.84	4.10	4.30	4.46	4.60	4.72	4.83	5.00	5.21	5.48
40	2.86	3.44	3.79	4.04	4.23	4.39	4.52	4.63	4.74	4.91	5.11	5.36
60	2.83	3.40	3.74	3.93	4.16	4.31	4.44	4.55	4.65	4.81	5.00	5.24
120	2.80	3.36	3.84	3.92	4.10	4.24	4.36	4.48	4.56	4.72	4.90	5.13
∞	2.77	3.31	3.63	3.88	4.03	4.17	4.29	4.39	4.47	4.62	4.80	5.01

附表6　随机数表

	00　04	05　09	10　14	15　19	20　24	25　29	30　34	35　39	40　44	45　49
00	39591	66082	48626	95780	55228	87189	75717	97042	19696	48613
01	46304	97377	43462	21739	14566	72533	60171	29024	77581	72760
02	99547	60779	22734	23678	44895	89767	18249	41702	35850	40543
03	06743	63537	24553	77225	94743	79448	12753	95986	78088	48019
04	69568	65496	49033	88577	98606	92156	08846	54912	12691	13170
05	68198	69571	34349	73141	42640	44721	30462	35075	33475	47407
06	27974	12609	77428	64441	49008	60489	66780	55499	80842	57706
07	50552	20688	02769	63037	15494	71784	70559	58158	53437	46216
08	74687	02033	98290	62635	88877	28599	63682	35566	03271	05651
09	49303	76629	71897	50990	62923	36686	96167	11492	90333	84501
10	89734	39183	52026	14997	15140	18250	62831	51236	61236	09179
11	74042	40747	02617	11346	01884	82066	55913	72422	13971	64209
12	84706	31375	67053	73367	95349	31074	36908	42782	89690	48002
13	83664	21365	28882	48926	45435	60577	85270	02777	06878	27561
14	47813	74854	73388	11385	99108	97878	32858	17473	07682	20166
15	00371	56525	38880	53702	09517	47281	15995	98350	25233	79718
16	81182	48434	27431	55806	25389	20774	72978	16835	65066	28732

附表 7　高锰酸钾滴定法测还原糖换算表

（相当于氧化亚铜质量的葡萄糖、果糖、乳糖、转化糖质量表）　　　　单位：mg

氧化亚铜	葡萄糖	果糖	乳糖（含水）	转化糖	氧化亚铜	葡萄糖	果糖	乳糖（含水）	转化糖
11.3	4.6	5.1	7.7	5.2	57.4	24.6	27.1	39.1	26.0
12.4	5.1	5.6	8.5	5.7	58.5	25.1	27.6	39.8	26.5
13.5	5.6	6.1	9.3	6.2	59.7	25.6	28.2	40.6	27.0
14.6	6.0	6.7	10.0	6.7	60.8	26.1	28.7	41.4	27.6
15.8	6.5	7.2	10.8	7.2	50.7	21.6	23.8	34.5	22.9
16.9	7.0	7.7	11.5	7.7	61.9	26.5	29.2	42.1	28.1
18.0	7.5	8.3	12.3	8.2	63.0	27.0	29.8	42.9	28.6
19.1	8.0	8.8	13.1	8.7	64.2	27.5	30.3	43.7	29.1
20.3	8.5	9.3	13.8	9.2	65.3	28.0	30.9	44.4	29.6
21.4	8.9	9.9	14.6	9.7	66.4	28.5	31.4	45.2	30.1
11.3	4.6	5.1	7.7	5.2	67.6	29.0	31.9	46.0	30.6
22.5	9.4	10.4	15.4	10.2	68.7	29.5	32.5	46.7	31.2
23.6	9.9	10.9	16.1	10.7	69.8	30.0	33.0	47.5	31.7
24.8	10.4	11.5	16.9	11.2	70.9	30.5	33.6	48.3	32.2
25.9	10.9	12.0	17.7	11.7	72.1	31.0	34.1	49.0	32.7
27.0	11.4	12.5	18.4	12.3	73.2	31.5	34.7	49.8	33.2
28.1	11.9	13.1	19.2	12.8	74.3	32.0	35.2	50.6	33.7
29.3	12.3	13.6	19.9	13.3	75.4	32.5	35.8	51.3	34.3
30.4	12.8	14.2	20.7	13.8	76.6	33.0	36.3	52.1	34.8
31.5	13.3	14.7	21.5	14.3	77.7	33.5	36.8	52.9	35.3
32.6	13.8	15.2	22.2	14.8	78.8	34.0	37.4	53.6	35.8
33.8	14.3	15.8	23.0	15.3	79.9	34.5	37.9	54.4	36.3
34.9	14.8	16.8	23.8	15.8	81.1	35.0	38.5	55.2	36.8
36.0	15.3	16.8	24.5	16.3	82.2	35.5	39.0	55.9	37.4
37.2	15.7	17.4	25.3	16.8	83.3	36.0	39.6	56.7	37.9
38.3	16.2	17.9	26.1	17.3	84.4	36.5	40.1	57.5	38.4
39.4	16.7	18.4	26.8	17.8	85.6	37.0	40.7	58.2	38.9
40.5	17.2	19.0	27.6	18.3	86.7	37.5	41.2	59.0	39.4
41.7	17.7	19.5	28.4	18.9	87.8	38.0	41.7	59.8	40.0
42.8	18.2	20.1	29.1	19.4	88.9	38.5	42.3	60.5	40.5
43.9	18.7	20.6	29.9	19.9	90.1	39.0	42.8	61.3	41.0
45.0	19.2	21.1	30.6	20.4	91.2	39.5	43.4	62.1	41.5
46.2	19.7	21.7	31.4	20.9	92.3	40.0	43.9	62.8	42.0
47.3	20.1	22.2	32.2	21.4	93.4	40.5	44.5	63.6	42.6
48.4	20.6	22.8	32.9	21.9	94.6	41.0	45.0	64.4	43.1
49.5	21.1	23.3	33.7	22.4	95.7	41.5	45.6	65.1	43.6
50.7	21.6	23.8	34.5	22.9	96.8	42.0	46.1	65.9	44.1
51.8	22.1	24.4	35.2	23.5	97.9	42.5	46.7	66.7	44.7
52.9	22.6	24.9	36.0	24.0	99.1	43.0	47.2	67.4	45.2
54.0	23.1	25.4	36.8	24.5	100.2	43.5	47.8	68.2	45.7
55.2	23.6	26.0	37.5	25.0	101.3	44.0	48.3	69.0	46.2
56.3	24.1	26.5	38.3	25.5	102.5	44.5	48.9	69.7	46.7

续表

氧化亚铜	葡萄糖	果糖	乳糖(含水)	转化糖	氧化亚铜	葡萄糖	果糖	乳糖(含水)	转化糖
103.6	45.0	49.4	70.5	47.3	150.9	66.4	72.7	102.9	69.5
104.7	45.5	50.0	71.3	47.8	152.0	66.9	73.2	103.6	70.0
105.8	46.0	50.5	72.1	48.3	153.1	67.4	73.8	104.4	70.6
107.0	46.5	51.1	72.8	48.8	154.2	68.0	74.3	105.2	71.1
108.1	47.0	51.6	73.6	49.4	155.4	68.5	74.9	106.0	71.6
109.2	47.5	52.2	74.4	49.9	157.6	69.5	76.0	107.5	72.7
110.3	48.0	52.7	75.1	50.4	158.7	70.0	76.6	108.3	73.2
111.5	48.5	53.3	75.9	50.9	159.9	70.5	77.1	109.0	73.8
112.6	49.0	53.8	76.7	51.5	161.0	71.1	77.7	109.8	74.3
113.7	49.5	54.4	77.4	52.0	162.1	71.6	78.3	110.6	74.9
114.8	50.0	54.9	78.2	52.5	163.2	72.1	78.8	111.4	75.4
116.0	50.6	55.5	79.0	53.0	164.4	72.6	79.4	112.1	75.9
117.1	51.1	56.0	79.7	53.6	165.5	73.1	80.0	112.9	76.5
118.2	51.6	56.6	80.5	54.1	166.6	73.7	80.5.	113.7	77.0
119.3	52.1	57.1	81.3	54.6	167.8	74.2	81.1	114.4	77.6
120.5	52.6	57.7	82.1	55.2	168.9	74.7	81.6	115.2	78.1
121.6	53.1	58.2	82.8	55.7	170.0	75.2	82.2	116.0	78.6
122.7	53.6	58.8	83.6	56.2	171.1	75.7	82.8	116.8	79.2
123.8	54.1	59.3	84.4	56.7	172.3	76.3	83.3	117.5	79.7
125.0	54.6	59.9	85.1	57.3	173.4	76.8	83.9	118.3	80.3
126.1	55.1	60.4	85.9	57.8	174.5	77.3	84.4	119.1	80.8
127.2	55.6	61.0	86.7	58.3	175.6	77.8	85.0	119.9	81.3
128.3	56.1	61.6	87.4	58.9	176.8	78.3	85.6	120.6	81.9
129.5	56.7	62.1	88.2	59.4	177.9	78.9	86.1	121.4	82.4
130.6	57.2	62.7	89.0	59.9	179.0	79.4	86.7	122.2	83.0
131.7	57.7	63.2	89.8	60.4	180.1	79.9	87.3	122.9	83.5
132.8	58.2	63.8	90.5	61.0	181.3	80.4	87.8	123.7	84.0
134.0	58.7	64.3	91.3	61.5	182.4	81.0	88.4	124.5	84.6
135.1	59.2	64.9	92.1	62.0	183.5	81.5	89.0	125.3	85.1
136.2	59.7	65.4	92.8	62.6	184.5	82.0	89.5	126.0	85.7
137.4	60.2	66.0	93.6	63.1	185.8	82.5	90.1	126.8	86.2
138.5	60.7	66.5	94.4	63.6	186.9	83.1	90.6	127.6	86.8
139.6	61.3	67.1	95.2	64.2	188.0	83.6	91.2	128.4	87.3
140.7	61.8	67.7	95.9	64.7	189.1	84.1	91.8	129.1	87.8
141.9	62.3	68.2	96.7	65.2	190.3	84.6	92.3	129.9	88.4
143.0	62.8	68.8	97.5	65.8	191.4	85.2	92.9	130.7	88.9
144.1	63.3	69.3	98.2	66.3	192.5	85.7	93.5	131.5	89.5
145.2	63.8	69.9	99.0	66.8	193.6	86.2	94.0	132.2	90.0
146.4	64.3	70.4	99.8	67.4	194.8	86.7	94.6	133.0	90.6
147.5	64.9	71.0	100.6	67.9	195.9	87.3	95.2	133.8	91.1
148.6	65.4	71.6	101.3	68.4	197.0	87.8	95.7	134.6	91.7
149.7	65.9	72.1	102.1	69.0	198.1	88.3	96.3	135.3	92.2

续表

氧化亚铜	葡萄糖	果糖	乳糖(含水)	转化糖	氧化亚铜	葡萄糖	果糖	乳糖(含水)	转化糖
199.3	88.9	96.9	136.1	92.8	246.6	111.3	120.9	168.7	116.0
200.4	89.4	97.4	136.9	93.3	247.7	111.9	121.5	169.5	116.5
201.5	89.9	98.0	137.7	93.8	248.8	112.4	122.1	170.3	117.1
202.7	90.4	98.6	138.4	94.4	249.9	112.9	122.6	171.0	117.6
203.8	91.0	99.2	139.2	94.9	251.1	113.5	123.2	171.8	118.2
204.9	91.5	99.7	140.0	95.5	252.2	114.0	123.8	172.6	118.8
206.0	92.0	100.3	140.8	96.0	253.3	114.6	124.4	173.4	119.3
207.2	92.6	100.9	141.5	96.6	254.4	115.1	125.0	174.2	119.9
208.3	93.1	101.4	142.3	97.1	255.6	115.7	125.5	174.9	120.4
209.4	93.6	102.0	143.1	97.7	256.7	116.2	126.1	175.7	121.0
210.5	94.2	102.6	143.9	98.2	257.8	116.7	126.7	176.5	121.6
211.7	94.7	103.1	144.6	98.8	258.9	117.3	127.3	177.3	122.1
212.8	95.2	103.7	145.4	99.3	260.1	117.8	127.9	178.1	122.7
213.9	95.7	104.3	146.2	99.9	261.2	118.4	128.4	178.8	123.3
215.0	96.3	104.8	147.0	100.4	262.3	118.9	129.0	179.6	123.8
216.2	96.8	105.4	147.7	101.0	263.4	119.5	129.6	180.4	124.4
217.3	97.3	106.0	148.5	101.5	264.6	120.0	130.2	181.2	124.9
218.4	97.9	106.6	149.3	102.1	265.7	120.6	130.8	181.9	125.5
219.5	98.4	107.1	150.1	102.6	266.8	121.1	131.3	182.7	126.1
220.7	98.9	107.7	150.8	103.2	268.0	121.7	131.9	183.5	126.6
221.8	99.5	108.3	151.6	103.7	269.1	122.2	132.5	184.3	127.2
222.9	100.0	108.8	152.4	104.3	270.2	122.7	133.1	185.1	127.8
224.0	100.5	109.4	153.2	104.8	271.3	123.3	133.7	185.8	128.3
225.2	101.1	110.0	153.9	105.4	272.5	123.8	134.2	186.6	128.9
226.3	101.6	110.6	154.7	106.0	273.6	124.4	134.8	187.4	129.5
227.4	102.2	111.1	155.5	106.5	274.7	124.9	135.4	188.2	130.0
228.5	102.7	111.7	156.3	107.1	275.8	125.5	136.0	189.0	130.6
229.7	103.2	112.3	157.0	107.6	277.0	126.0	136.6	189.7	131.2
230.8	103.8	112.9	157.8	108.2	278.1	126.6	137.2	190.5	131.7
231.9	104.3	113.4	158.6	108.7	279.2	127.1	137.7	191.3	132.3
233.1	104.8	114.0	159.4	109.3	280.3	127.7	138.3	192.1	132.9
234.2	105.4	114.6	160.2	109.8	281.5	128.2	138.9	192.9	133.4
235.3	105.9	115.2	160.9	110.4	282.6	128.8	139.5	193.6	134.0
236.4	106.5	115.7	161.7	110.9	283.7	129.3	140.1	194.4	134.6
237.6	107.0	116.3	162.5	111.5	284.8	129.9	140.7	195.2	135.1
238.7	107.5	116.9	163.3	112.1	286.0	130.4	141.3	196.0	135.7
239.8	108.1	117.5	164.0	112.6	287.1	131.0	141.8	196.8	136.3
240.9	108.6	118.0	164.8	113.2	288.2	131.6	142.4	197.5	136.8
242.1	109.2	118.6	165.6	113.7	289.3	132.1	143.0	198.3	137.4
243.1	109.7	119.2	166.4	114.3	290.5	132.7	143.6	199.1	138.0
244.3	110.2	119.8	167.1	114.9	291.6	133.2	144.2	199.9	138.6
245.4	110.8	120.3	167.9	115.4	292.7	133.8	144.8	200.7	139.1

氧化亚铜	葡萄糖	果糖	乳糖（含水）	转化糖	氧化亚铜	葡萄糖	果糖	乳糖（含水）	转化糖
293.8	134.3	145.4	201.4	139.7	341.1	157.9	170.2	234.3	164.0
295.0	134.9	145.9	202.2	140.3	342.3	158.5	170.8	235.1	164.5
296.1	135.4	146.5	203.0	140.8	343.4	159.0	171.4	235.9	165.1
297.2	136.0	147.1	203.8	141.4	344.5	159.6	172.0	236.7	165.7
298.3	136.5	147.7	204.6	142.0	345.6	160.2	172.6	237.4	166.3
299.5	137.1	148.3	205.3	142.6	346.8	160.7	173.2	238.2	166.9
300.6	137.7	148.9	206.1	143.1	347.9	161.3	173.8	239.0	167.5
301.7	138.2	149.5	206.9	143.7	349.0	161.9	174.4	239.8	168.0
302.9	138.8	150.1	207.7	144.3	350.1	162.5	175.0	240.6	168.6
304.0	139.3	150.6	208.5	144.8	351.3	163.0	175.6	241.4	169.2
305.1	139.9	151.2	209.2	145.4	352.4	163.6	176.2	242.2	169.8
306.2	140.4	151.8	210.0	146.0	353.5	164.2	176.8	243.0	170.4
307.4	141.0	152.4	210.8	146.6	354.6	164.7	177.4	243.7	171.0
308.5	141.6	153.0	211.6	147.1	355.8	165.3	178.0	244.5	171.6
309.6	142.1	153.6	212.4	147.7	356.9	165.9	178.6	245.3	172.2
310.7	142.7	154.2	213.2	148.3	358.0	166.5	179.2	246.1	172.8
311.9	143.2	154.8	214.0	148.9	359.1	167.0	179.8	246.9	173.3
313.0	143.8	155.4	214.7	149.4	360.3	167.6	180.4	247.7	173.9
314.1	144.4	156.0	215.5	150.0	361.4	168.2	181.0	248.5	174.5
315.2	144.9	156.5	216.3	150.6	362.5	168.8	181.6	249.2	175.1
316.4	145.5	157.1	217.1	151.2	363.6	169.3	182.2	250.0	175.7
317.5	146.0	157.7	217.9	151.8	364.8	169.9	182.8	250.8	176.3
318.6	146.6	158.3	218.7	152.3	365.9	170.5	183.4	251.6	176.9
319.7	147.2	158.9	219.4	152.9	367.0	171.1	184.0	252.4	177.5
320.9	147.7	159.5	220.2	153.5	368.2	171.6	184.6	253.2	178.1
322.0	148.3	160.1	221.0	154.1	369.3	172.2	185.2	253.9	178.7
323.1	148.8	160.7	221.8	154.6	370.4	172.8	185.8	254.7	179.2
324.2	149.4	161.3	222.6	155.2	371.5	173.4	186.4	255.5	179.8
325.4	150.0	161.9	223.3	155.8	372.7	173.9	187.0	256.3	180.4
326.5	150.5	162.5	224.1	156.4	373.8	174.5	187.6	257.1	181.0
327.6	151.1	163.1	224.9	157.0	374.9	175.1	188.2	257.9	181.6
328.7	151.7	163.7	225.7	157.5	376.0	175.7	188.8	258.7	182.2
329.9	152.2	164.3	226.5	158.1	377.2	176.3	189.4	259.4	182.8
331.0	152.8	164.9	227.3	158.7	378.3	176.8	190.1	260.2	183.4
332.1	153.4	165.4	228.0	159.3	379.4	177.4	190.7	261.0	184.0
333.3	153.9	166.0	228.8	159.9	380.5	178.0	191.3	261.8	184.6
334.4	154.5	166.6	229.6	160.5	381.7	178.6	191.9	262.6	185.2
335.5	155.1	167.2	230.4	161.0	382.8	179.2	192.5	263.4	185.8
336.6	155.6	167.8	231.2	161.6	383.9	179.7	193.1	264.2	186.4
337.8	156.2	168.4	232.7	162.2	385.0	180.3	193.7	265.0	187.0
338.9	156.8	169.0	232.7	162.8	386.2	180.9	194.3	265.8	187.6
340.0	157.3	169.6	233.5	163.4	387.3	181.5	194.9	266.6	188.2

续表

氧化亚铜	葡萄糖	果糖	乳糖（含水）	转化糖	氧化亚铜	葡萄糖	果糖	乳糖（含水）	转化糖
388.4	182.1	195.5	267.4	188.8	435.7	206.9	221.3	300.6	214.2
389.5	182.7	196.1	268.1	189.4	436.8	207.5	2219	301.4	214.8
390.7	183.2	196.7	268.9	190.0	438.0	208.1	222.6	302.2	215.4
391.8	183.8	197.3	269.7	190.6	439.1	208.7	232.2	303.0	216.0
392.9	184.4	197.9	270.5	191.2	440.2	209.3	223.8	303.8	216.7
394.0	185.0	198.5	271.3	191.8	441.3	209.9	224.4	304.6	217.3
395.2	185.6	199.2	272.1	192.4	442.5	210.5	225.1	305.4	217.9
396.3	186.2	199.8	272.9	193.0	443.6	211.1	225.7	306.2	218.5
397.4	186.8	200.4	273.7	193.6	444.7	211.7	226.3	307.0	219.1
398.5	187.3	201.0	274.4	194.2	445.8	212.3	226.9	307.8	219.8
399.7	187.9	201.6	275.2	194.8	447.0	212.9	227.6	308.6	220.4
400.8	188.5	202.2	276.0	195.4	448.1	213.5	228.2	309.4	221.0
401.9	189.1	202.8	276.8	196.0	449.2	214.1	228.8	310.2	221.6
403.1	189.7	203.4	277.6	196.6	450.3	214.7	229.4	311.0	222.2
404.2	190.3	204.0	278.4	197.2	451.5	215.3	230.1	311.8	222.9
405.3	190.9	204.7	279.2	197.8	452.6	215.9	230.7	312.6	223.5
406.4	191.5	205.3	280.0	198.4	453.7	216.5	231.3	313.4	224.1
407.6	192.0	205.9	280.8	199.0	454.8	217.1	232.0	314.2	224.7
408.7	192.6	206.5	281.6	199.6	456.0	217.8	232.6	315.0	225.4
409.8	193.2	207.1	282.4	200.2	457.1	218.4	233.2	315.9	226.0
410.9	193.8	207.7	283.2	200.8	458.2	219.0	233.9	316.7	226.6
412.1	194.4	208.3	284.0	201.4	459.3	219.6	234.5	317.5	227.2
413.2	195.0	209.0	284.8	202.0	460.5	220.2	235.1	318.3	227.9
414.3	195.6	209.6	285.6	202.6	461.6	220.8	235.8	319.1	228.5
415.4	196.2	210.2	286.3	203.2	462.7	221.4	236.4	319.9	229.1
416.6	196.8	210.8	287.1	203.8	463.8	222.0	237.1	320.7	229.7
417.7	197.4	211.4	287.9	204.4	465.0	222.6	237.7	321.6	230.4
418.8	198.0	212.0	288.7	205.0	466.1	223.3	238.4	322.4	231.0
419.9	198.5	212.6	289.5	205.7	467.2	223.9	239.0	323.2	231.7
421.1	199.1	213.3	290.3	206.3	468.4	224.5	239.7	324.0	233.2
422.2	199.7	213.9	291.1	206.9	469.5	225.1	240.3	324.9	232.9
423.3	200.3	214.5	291.9	207.5	470.6	225.7	241.0	325.7	233.6
424.4	200.9	215.1	292.7	208.1	471.7	226.3	241.6	326.5	234.2
425.6	201.5	215.7	293.5	208.7	472.9	227.0	242.2	327.4	234.8
426.7	202.1	216.3	294.3	209.3	474.0	227.6	242.9	328.2	235.5
427.8	202.7	217.0	295.0	209.9	475.1	228.2	243.6	329.1	236.1
428.9	203.3	217.6	295.8	210.5	476.2	228.8	244.3	329.9	236.8
430.1	203.9	218.2	296.6	211.1	477.4	229.5	244.9	330.8	237.5
431.2	204.5	218.8	297.4	211.8	478.5	230.1	245.6	331.7	238.1
432.3	205.1	219.5	298.2	212.4	479.6	230.7	246.3	332.6	238.8
433.5	205.1	220.1	299.0	213.0	480.7	231.4	247.0	333.5	239.5
434.6	206.3	220.7	299.8	213.6	481.9	232.0	247.8	334.4	240.2

附表 8　铁氰化钾法测定还原糖换算表

（还原糖含量以麦芽糖计）

0.1mol/L K_3Fe(CN)_6 体积/mL	还原糖含量 /%	0.1mol/L K_3Fe(CN)_6 体积/mL	还原糖含量 /%	0.1mol/L K_3Fe(CN)_6 体积/mL	还原糖含量 /%
0.10	0.05	3.40	1.71	6.70	3.79
0.20	0.10	3.50	1.76	6.80	3.85
0.30	0.15	3.60	1.82	6.90	3.92
0.40	0.20	3.70	1.88	7.00	3.98
0.50	0.25	3.80	1.95	7.10	4.06
0.60	0.31	3.90	2.01	7.20	4.12
0.70	0.36	4.00	2.07	7.30	4.18
0.80	0.41	4.10	2.13	7.40	4.25
0.90	0.46	4.20	2.18	7.50	4.31
1.00	0.51	4.30	2.25	7.60	4.38
1.10	0.56	4.40	2.31	7.70	4.45
1.20	0.60	4.50	2.37	7.80	4.51
1.30	0.65	4.60	2.44	7.90	4.58
1.40	0.71	4.70	2.51	8.00	4.65
1.50	0.76	4.80	2.57	8.10	4.72
1.60	0.80	4.90	2.64	8.20	4.78
1.70	0.85	5.00	2.70	8.30	4.85
1.80	0.90	5.10	2.76	8.40	4.92
1.90	0.96	5.20	2.82	8.50	4.99
2.00	1.01	5.30	2.88	8.60	5.02
2.10	1.06	5.40	2.95	8.70	5.12
2.20	1.11	5.50	3.02	8.80	5.19
2.30	1.16	5.60	3.08	8.90	5.27
2.40	1.21	5.70	3.15	9.00	5.34
2.50	1.26	5.80	3.22	9.10	5.42
2.60	1.30	5.90	3.28	9.20	5.50
2.70	1.35	6.00	3.34	9.30	5.58
2.80	1.40	6.10	3.41	9.40	5.68
2.90	1.45	6.20	3.47	9.50	5.78
3.00	1.51	6.30	3.53	9.60	5.88
3.10	1.56	6.40	3.60	9.70	5.98
3.20	1.61	6.50	3.67	9.80	6.08
3.30	1.66	6.60	3.73	9.90	6.18

参 考 文 献

[1] Harry T. Lawless, Hildegrads Heymann 著. 食品感官评价原理与技术. 王栋等译. 北京: 中国轻工业出版社, 2001.

[2] 白新鹏. 食品检测新技术. 北京: 中国计量出版社, 2009.

[3] 陈晓平. 食品理化检验. 北京: 中国计量出版社, 2008.

[4] 大连轻工业学院等. 食品分析. 北京: 中国轻工业出版社, 1994.

[5] 赵杰文. 现代食品检测技术. 北京: 中国轻工业出版社, 2005.

[6] 杜苏英. 食品分析与检验. 北京: 高等教育出版社, 2002.

[7] 方忠祥. 食品感官评定. 北京: 中国农业出版社, 2010.

[8] 曹泳淮. 分析化学: 仪器分析部分. 第3版. 北京: 高等教育出版社, 2003.

[9] 高向阳. 食品分析与检验. 北京: 中国计量出版社, 2008.

[10] 侯玉泽. 食品分析. 郑州: 郑州大学出版社, 2011.

[11] 金万浩. 食品物性学. 北京: 中国科学技术出版社, 1991.

[12] 田地, 金钦汉. 近红外光谱仪器分析. 分析仪器, 2001: 3.

[13] 李里特. 食品物性学. 北京: 中国农业出版社, 1998.

[14] 刘魁英. 食品研究与数据分析. 北京: 中国轻工业出版社, 1998.

[15] 刘绍. 食品分析与检验. 武汉: 华中科技大学出版社, 2011.

[16] 刘长虹. 食品分析及实验. 北京: 化学工业出版社, 2006.

[17] 宁玉祥. 食品成分分析手册. 北京: 中国轻工业出版社, 1998.

[18] 传经. 气相色谱分析原理与技术. 北京: 化学工业出版社, 1985.

[19] 周良模. 气相色谱新技术. 北京: 科学出版社, 1994.

[20] 王正范. 色谱的定性与定量分析. 北京: 化学工业出版社, 2000.

[21] 傅若农. 色谱分析概论. 北京: 化学工业出版社, 2002.

[22] 唐英章. 现代食品安全检测技术. 北京: 科学出版社, 2004.

[23] 屠康, 姜松. 食品物性学. 南京: 东南大学出版社, 2006.

[24] 王晶, 王林, 黄晓蓉. 食品安全快速检测技术. 北京: 化学工业出版社, 2002.

[25] 王矾, 张鸿雁, 王俊平. 酶联免疫分析方法基本原理及其在食品化学污染物检测中的应用. 北京: 科学出版社, 2011.

[26] 王廷华, 李官成. 抗体理论与技术. 北京: 科学出版社, 2009.

[27] 王燕. 食品检验技术: 理化部分. 北京: 中国轻工业出版社, 2008.

[28] 王永华. 食品分析. 北京: 中国轻工业出版社, 2010.

[29] 王璋译. 食品化学. 北京: 中国轻工业出版社, 2003.

[30] 王肇慈. 粮油食品品质分析. 北京: 中国轻工业出版社, 2000.

[31] 吴谋成. 食品分析与感官评定. 北京: 中国农业出版社, 2002.

[32] 刘约全. 现代仪器分析. 北京: 高等教育出版社, 2001.

[33] 贾春晓. 现代仪器分析技术及其在食品中的应用. 北京: 中国轻工业出版社, 2005.

[34] 冯玉红. 现代仪器分析实用教程. 北京: 北京大学出版社, 2008.

[35] 陈培榕, 李景虹, 邓勃. 现在仪器分析实验与技术. 北京: 清华大学出版社, 1999.

[36] 谢笔钧, 何慧主编. 食品分析. 北京: 科学出版社, 2009.

[37] 高向阳. 新编仪器分析. 北京: 科学出版社, 2009.

[38] 杨瑞芳．流变学理论基础及其应用．重庆：重庆大学出版社，1998．

[39] 吴谋成．仪器分析．北京：科学出版社，2003．

[40] 林新花．仪器分析．广州：华南理工大学出版社，2002．

[41] 刘密新．仪器分析．北京：清华大学出版社，2002．

[42] 周梅村．仪器分析．武汉：华中科技大学出版社，2008．

[43] 朱明华，胡坪．仪器分析．北京：高等教育出版社，2008．

[44] 朱明华．仪器分析．北京：高等教育出版社，2000．

[45] 朱振中．仪器分析．上海：上海交通大学出版社，2010．

[46] 李吉学．仪器分析．北京：中国医院科技出版社，1999．

[47] 杨万龙，李文友．北京：科学出版社，2008．

[48] 张水华．食品分析．北京：中国轻工业出版社，2009．

[49] 张水华．食品感官分析与实验．北京：化学工业出版社，2008．

[50] 张晓明．食品感官评定．北京：中国轻工业出版社，2006．

[51] 张意静．食品分析技术．北京：中国轻工业出版社，2001．

[52] 张拥军．食品卫生与检验．北京：中国计量出版社，2011．

[53] 赵镭，刘文．感官分析技术应用指南．北京：中国轻工业出版社，2011．

[54] 祝美云．食品感官评价．北京：化学工业出版社，2008．